国家林业局普通高等教育"十三五"规划教材

森林防火学概论

舒立福　刘晓东　主编

中国林业出版社
China Forestry Publishing House

图书在版编目（CIP）数据

森林防火学概论/舒立福，刘晓东主编. 北京：中国林业出版社，2016.12
（2023.7重印）
国家林业局普通高等教育"十三五"规划教材
ISBN 978-7-5038-8871-7

Ⅰ.①森… Ⅱ.①舒…②刘… Ⅲ.①森林防火—高等学校—教材 Ⅳ.①S762.3

中国版本图书馆 CIP 数据核字（2016）第 307339 号

本书得到国家自然科学基金项目——"森林可燃物生态调控基础研究"（项目号31270696）资助出版

审图号：GS 京(2022)1175 号

| 策划编辑：杨长峰 肖基浒 | 责任编辑：肖基浒 |
| 电　　话：(010)83143555　83143561 | 传　　真：(010)83143516 |

出版发行　中国林业出版社(100009　北京市西城区德内大街刘海胡同7号)
　　　　　E-mail:jiaocaipublic@163.com　电话：(010)83143500
　　　　　http://www.forestry.gov.cn/lycb.html
经　　销　新华书店
印　　刷　北京中科印刷有限公司
版　　次　2016年12月第1版
印　　次　2023年7月第2次印刷
开　　本　787mm×1092mm　1/16
印　　张　20.75
字　　数　518千字
定　　价　56.00元

未经许可，不得以任何方式复制或抄袭本书之部分或全部内容。
版权所有　侵权必究

《森林防火学概论》
编写人员

主　　编　舒立福　刘晓东

副 主 编　赵凤君　杨　光　张运生

编写人员　（以姓氏拼音排序）
　　　　　　何　诚（南京森林警察学院）
　　　　　　李炳怡（北京林业大学）
　　　　　　刘晓东（北京林业大学）
　　　　　　刘冠宏（北京林业大学）
　　　　　　舒立福（中国林业科学研究院）
　　　　　　田晓瑞（中国林业科学研究院）
　　　　　　王明玉（中国林业科学研究院）
　　　　　　王秋华（西南林业大学）
　　　　　　文东新（中南林业科技大学）
　　　　　　杨　光（东北林业大学）
　　　　　　赵凤君（中国林业科学研究院）
　　　　　　张运生（南京森林警察学院）
　　　　　　周汝良（西南林业大学）

前　言

森林火灾是当今世界破坏性大、救助极为困难的灾害之一，受全球气候变暖和极端天气增多的影响，世界各国都被多发、高发的森林大火所困扰。大规模森林火灾的发生，严重威胁到人类的生命安全和健康，严重破坏森林生态系统的服务功能，甚至威胁到国土生态安全。从国际层面，森林防火工作关系到林业应对气候变化；从国家层面，关系到生态文明及美丽中国建设；从行业层面，关系到保护民生林业及生态林业建设成果。因此，森林防火工作具有极为特殊的重要地位。我国目前森林防火方面的专业人才相对匮乏，加强森林防火方面的教学及人才培养工作无疑具有重要意义。

在我国，森林防火教学工作始于20世纪50年代，最早由我国著名森林防火专家郑焕能教授，在东北林业大学为林学、森保专业开设森林防火选修课，并于1962年编著了我国第一本相关教材《森林防火》。之后，其他院校也相继开设了森林防火课程。20世纪80年代初，郑焕能教授等又编写出版了《林火管理》教材，成为许多农林院校森林防火教学的重要参考书。1992年，由林业部教育司组织编写，郑焕能教授又主编了全国高等林业院校试用教材《森林防火》。2005年，胡海清教授主持编写了《林火生态与管理》，较为全面地介绍了林火管理的知识。随着时代的发展，以及森林防火领域新技术的应用及研究的不断深入，需要编著一本比较系统、全面、完整的森林防火教材。

本书编委会由中国林业科学研究院、北京林业大学、东北林业大学、中南林业科技大学、西南林业大学、南京森林警察学院、北华大学的科研和教学人员组成，编写人员均为长期从事森林防火工作的专家和学者。本书在编写过程中，查阅了国内外与森林防火相关的最新文献和数据，并增加了一些新内容，如森林可燃物调控、无人机技术等。

本书由舒立福、刘晓东主编，赵凤君、杨光、张运生为副主编。全书共分18章。具体编写分工如下：第1章绪论及第12由舒立福编写；第3章刘晓东编写；第4章由赵凤君编写；第5章由王明玉编写；第6章由田晓瑞编写；第7章由周汝良编写；第8章由李炳怡编写；第9章由王秋华编写；第10章为文东新编写；第11章为杨光编写；第12章为何诚编写；第13章、第14章为舒立福、张运生编写；第15章为刘晓东编写，第16章为刘冠宏编写；第17章为赵凤君编写；第18章为舒立福编写。全书由刘晓东、赵凤君、杨光统稿、修稿，最后由舒立福审定。

本书可作为森林防火、林学、森林保护专业本科生教材，同时可供研究生和其他相关专业学生参考，也可为从事森林防火教学、科研、管理和生产实践的工作者提供参考。

由于编著时间仓促，水平有限，书中难免存在一些错误和不足，恳请广大同行和读者批评指正。

编　者

2016 年 11 月

目 录

前 言

第1章 绪 论 (1)
1.1 森林与人类 (1)
1.1.1 世界森林资源现状 (1)
1.1.2 中国森林资源现状 (4)
1.1.3 森林服务功能 (5)
1.2 森林与森林火灾 (7)
1.2.1 森林分布概况 (7)
1.2.2 森林火灾 (8)
1.3 林火与林火管理 (12)
1.3.1 人类对火的认识和发展 (12)
1.3.2 国外林火管理概况 (13)
1.3.3 我国林火管理概况 (15)
1.3.4 林火管理技术 (16)

第2章 森林燃烧 (18)
2.1 燃烧三要素 (18)
2.2 森林燃烧的基本特征和过程 (20)
2.2.1 森林燃烧概述 (20)
2.2.2 森林燃烧的三个阶段 (21)
2.3 森林燃烧环 (22)
2.4 森林火灾碳排放 (23)
2.4.1 森林火灾碳排放计算方法 (23)
2.4.2 森林火灾碳排放统计 (25)
2.5 烟雾管理 (26)
2.5.1 污染物排放种类 (26)

2.5.2 烟雾管理内容 (27)

第3章 森林可燃物 (29)

3.1 森林可燃物理化性质 (29)
3.1.1 物理性质 (29)
3.1.2 化学性质 (33)

3.2 森林可燃物分类 (33)
3.2.1 按种类划分 (34)
3.2.2 按危险程度划分 (35)
3.2.3 按空间位置划分 (35)

3.3 森林特性与森林可燃物 (36)

3.4 森林可燃物类型及其燃烧性 (37)
3.4.1 我国主要可燃物类型 (37)
3.4.2 森林可燃物燃烧性 (38)

3.5 森林可燃物载量及其动态变化规律 (38)
3.5.1 可燃物载量定义 (38)
3.5.2 可燃物载量测定 (39)

3.6 森林可燃物调控技术 (40)
3.6.1 调控技术方法概述 (41)
3.6.2 景观尺度上可燃物处理 (43)
3.6.3 可燃物调控的生态影响 (44)
3.6.4 森林可燃物调控技术展望 (45)

第4章 林火环境 (48)

4.1 影响林火的气象因素 (48)

4.2 影响林火的天气系统 (54)
4.2.1 气团 (54)
4.2.2 锋 (55)
4.2.3 气旋 (55)
4.2.4 反气旋 (56)

4.3 气候类型与林火 (56)

4.4 气候变化与林火 (57)

4.5 雷击火与天气 (61)
4.5.1 雷击火发生与成灾条件 (61)
4.5.2 预防雷击火措施 (62)

4.6 地形与林火 (62)

4.6.1	地形对林火的影响	(63)
4.6.2	山地林火特点	(63)
4.6.3	焚风与林火	(64)
4.6.4	长白山地形焚风与林火	(64)
4.6.5	长白山林火多发区的特点	(65)

第5章 森林火源 (67)

5.1 火源种类 (67)
- 5.1.1 自然火源 (68)
- 5.1.2 人为火源 (68)
- 5.1.3 吸烟火源剖析 (70)

5.2 火源的地理分布规律 (70)

5.3 火源的时间分布规律 (71)
- 5.3.1 火烧轮回期 (71)
- 5.3.2 林火季节变化规律 (72)

5.4 森林火源的管理方法 (73)
- 5.4.1 火源分布图和林火发生图 (73)
- 5.4.2 火源目标管理 (74)
- 5.4.3 火源区管理 (74)
- 5.4.4 严格控制火源 (74)

第6章 林火行为 (76)

6.1 林火行为概念 (76)
- 6.1.1 林火强度 (77)
- 6.1.2 林火烈度 (78)

6.2 林火引燃 (79)

6.3 林火蔓延及蔓延模型 (80)
- 6.3.1 林火蔓延 (80)
- 6.3.2 林火蔓延速度 (81)
- 6.3.3 林火蔓延模型 (82)

6.4 林火能量释放 (85)

6.5 林火种类 (86)
- 6.5.1 地表火 (86)
- 6.5.2 树冠火 (87)
- 6.5.3 地下火 (88)

6.6 特殊林火行为 (88)

  6.6.1 特殊火行为的形成 ·· (88)
  6.6.2 特殊火行为特征 ·· (90)
  6.6.3 1987 年春大兴安岭特大森林火灾的火行为特征 ············ (92)

第7章 林火生态 ··· (95)

7.1 火生态学概述 ·· (95)
  7.1.1 火生态学发展历程 ·· (96)
  7.1.2 应用火生态 ·· (97)
  7.1.3 火生态学展望 ·· (98)

7.2 林火生态影响概述 ··· (98)
  7.2.1 火对生物的影响 ·· (98)
  7.2.2 火对环境的影响 ·· (99)
  7.2.3 火对生态系统的影响 ··· (100)

7.3 林火对环境的影响 ·· (101)
  7.3.1 火对土壤的影响和作用 ··· (101)
  7.3.2 火对光和温度的影响 ··· (105)
  7.3.3 火对水的影响 ·· (106)
  7.3.4 火对空气的影响 ··· (108)

7.4 林火对野生动物的影响 ······································· (111)
  7.4.1 火对野生动物的直接和间接影响 ···························· (111)
  7.4.2 火烧后动物种群的变化 ··· (112)
  7.4.3 野生动物与火的关系 ·· (114)

7.5 林火对植物及森林群落的影响 ····························· (116)
  7.5.1 火对植物的影响 ··· (116)
  7.5.2 火对森林群落的影响 ·· (117)
  7.5.3 火在森林群落演替中的作用 ·································· (122)
  7.5.4 植物对火的适应性及其抗火性 ······························ (124)

7.6 林火对森林生态系统的影响 ································ (128)
  7.6.1 火在生态平衡中的作用 ··· (128)
  7.6.2 火对能流、物流和信息流的影响 ··························· (129)
  7.6.3 火对林分生产力与生物量的影响 ··························· (133)
  7.6.4 火在不同森林生态系统中的作用 ··························· (133)

7.7 火后森林生态系统恢复与重建 ···························· (145)

第8章 林火预测预报 ··· (149)

8.1 森林火险预报的种类 ··· (149)

8.2 火险天气的预报 …………………………………………………………………… (150)
   8.2.1 火险天气概念 …………………………………………………………… (150)
   8.2.2 火险天气等级的划分 ……………………………………………………… (150)
8.3 林火发生预报 ……………………………………………………………………… (151)
   8.3.1 林火发生预报方法及原理 ………………………………………………… (151)
   8.3.2 林地潜在人为火发生的动态模型 ………………………………………… (155)
   8.3.3 林火预报系统 ……………………………………………………………… (159)
8.4 林火行为预报 ……………………………………………………………………… (161)
   8.4.1 林火蔓延速度的计算方法 ………………………………………………… (161)
   8.4.2 林火强度和燃烧方程 ……………………………………………………… (167)
   8.4.3 林火强度的模拟计算 ……………………………………………………… (170)
   8.4.4 地形对林火强度的反馈效应 ……………………………………………… (171)
   8.4.5 林火强度测定与预报 ……………………………………………………… (174)
   8.4.6 林火烈度 …………………………………………………………………… (175)
8.5 森林火险等级系统 ………………………………………………………………… (177)
   8.5.1 我国森林火险等级 ………………………………………………………… (177)
   8.5.2 世界火险等级系统 ………………………………………………………… (178)

第9章 林火预防 …………………………………………………………………… (182)
9.1 林火预防管理措施 ………………………………………………………………… (182)
9.2 林火预防技术措施 ………………………………………………………………… (188)
   9.2.1 防火线 ……………………………………………………………………… (188)
   9.2.2 防火林带 …………………………………………………………………… (191)
   9.2.3 防火沟 ……………………………………………………………………… (192)
   9.2.4 生物和生物工程防火 ……………………………………………………… (192)
   9.2.5 森林防火瞭望台 …………………………………………………………… (193)
   9.2.6 防火公路网 ………………………………………………………………… (193)
   9.2.7 防火通信网 ………………………………………………………………… (194)
   9.2.8 化学消防站 ………………………………………………………………… (194)
   9.2.9 防火气象站 ………………………………………………………………… (195)
   9.2.10 加速实现"四网、两化" ………………………………………………… (195)

第10章 林火监测 …………………………………………………………………… (197)
10.1 地面巡护 ………………………………………………………………………… (197)
10.2 瞭望台监测 ……………………………………………………………………… (198)
   10.2.1 瞭望台的作用与设置原则 ……………………………………………… (198)

10.2.2　瞭望台的密度 …………………………………………………………… (198)
　　10.2.3　瞭望台结构与高度 ……………………………………………………… (199)
　　10.2.4　瞭望台的设施 …………………………………………………………… (199)
　　10.2.5　配备训练有素的瞭望员 ………………………………………………… (200)
　　10.2.6　方位刻度盘的制造与使用 ……………………………………………… (200)
　　10.2.7　单点瞭望台探火 ………………………………………………………… (201)
　　10.2.8　多点瞭望台探火 ………………………………………………………… (202)
  10.3　卫星监测 ……………………………………………………………………… (202)
　　10.3.1　卫星探火的基本知识 …………………………………………………… (202)
　　10.3.2　卫星遥感在防火灭火中的应用 ………………………………………… (205)
　　10.3.3　红外和卫星遥感技术展望 ……………………………………………… (206)
  10.4　林火监测新技术 ……………………………………………………………… (207)

第11章　森林防火通信 …………………………………………………………… (210)
  11.1　森林防火通信系统概况 ……………………………………………………… (210)
　　11.1.1　森林防火调度指挥通信网 ……………………………………………… (210)
　　11.1.2　森林扑火现场移动战术通信网 ………………………………………… (211)
  11.2　无线电通信基础知识 ………………………………………………………… (211)
　　11.2.1　无线电波传播的基本特性 ……………………………………………… (211)
　　11.2.2　影响通信距离的主要因素 ……………………………………………… (213)
　　11.2.3　无线电波的传播与波段的划分 ………………………………………… (213)
  11.3　移动通信 ……………………………………………………………………… (214)
  11.4　防火通信新技术 ……………………………………………………………… (216)
　　11.4.1　短波通信技术在森林防火中的应用 …………………………………… (216)
　　11.4.2　消防新技术在现代通信中的应用 ……………………………………… (218)
　　11.4.3　新型灭火技术的应用 …………………………………………………… (219)

第12章　航空护林 ………………………………………………………………… (221)
  12.1　航空护林概述 ………………………………………………………………… (221)
　　12.1.1　航空护林的特点 ………………………………………………………… (222)
　　12.1.2　航空护林的任务 ………………………………………………………… (222)
　　12.1.3　航空护林的其他用途 …………………………………………………… (222)
  12.2　巡护飞行与观察火情 ………………………………………………………… (223)
　　12.2.1　巡护飞行 ………………………………………………………………… (223)
　　12.2.2　观察技术 ………………………………………………………………… (223)
　　12.2.3　火场位置和面积的确定 ………………………………………………… (224)

  12.2.4 火灾种类的确定 ………………………………………………………… (224)
  12.2.5 空投火报 ………………………………………………………………… (225)
  12.2.6 无线电通信 ……………………………………………………………… (225)
  12.2.7 地对空符号 ……………………………………………………………… (225)
 12.3 机降灭火 ……………………………………………………………………… (226)
  12.3.1 直升机在机降灭火中的应用 …………………………………………… (226)
  12.3.2 我国机降灭火概况 ……………………………………………………… (226)
 12.4 索降和吊桶灭火 ……………………………………………………………… (228)
  12.4.1 索降灭火 ………………………………………………………………… (228)
  12.4.2 吊桶灭火 ………………………………………………………………… (230)
 12.5 航空化学灭火 ………………………………………………………………… (231)
  12.5.1 化学灭火原理 …………………………………………………………… (232)
  12.5.2 化学灭火剂的种类 ……………………………………………………… (232)
  12.5.3 航空化学灭火概况 ……………………………………………………… (232)
 12.6 我国目前使用的几种航护飞机 ……………………………………………… (233)
  12.6.1 飞机的飞行原理 ………………………………………………………… (233)
  12.6.2 飞机基本结构与操纵 …………………………………………………… (233)
  12.6.3 我国常用的护林飞机及其性能 ………………………………………… (234)
  12.6.4 飞机场 …………………………………………………………………… (234)

第13章 林火扑救 ……………………………………………………………… (236)

 13.1 林火扑救的基本概念 ………………………………………………………… (236)
  13.1.1 灭火原则和方法 ………………………………………………………… (236)
  13.1.2 灭火三个阶段 …………………………………………………………… (237)
  13.1.3 战略灭火地带 …………………………………………………………… (237)
 13.2 扑救林火的具体方法 ………………………………………………………… (238)
  13.2.1 直接灭火法 ……………………………………………………………… (238)
  13.2.2 间接灭火法 ……………………………………………………………… (239)
 13.3 扑火指挥 ……………………………………………………………………… (241)
  13.3.1 扑火组织 ………………………………………………………………… (242)
  13.3.2 火场前线指挥部 ………………………………………………………… (242)
  13.3.3 指挥方法 ………………………………………………………………… (242)
 13.4 扑火安全 ……………………………………………………………………… (243)
  13.4.1 我国森林火灾中人员伤亡时空分布特征 ……………………………… (243)
  13.4.2 森林火灾扑救中扑火队员的安全防范 ………………………………… (245)

第14章 森林防火灭火机具 (249)

14.1 森林防火机具 (249)
14.1.1 点火器 (249)
14.1.2 开沟机 (250)
14.1.3 东风-5型烟雾机 (250)

14.2 森林灭火机具 (251)
14.2.1 灭火手工具 (251)
14.2.2 灭火器 (251)
14.2.3 风力灭火机 (252)
14.2.4 灭火弹 (252)
14.2.5 干粉灭火器 (253)
14.2.6 灭火炸药 (253)
14.2.7 多功能火柴 (253)
14.2.8 灭火飞机 (253)
14.2.9 余火探测器(仪) (254)
14.2.10 推土机——隔离带开设工具 (254)
14.2.11 高压细水雾 (254)

14.3 森林消防车辆 (254)

第15章 营林安全用火 (257)

15.1 营林用火的理论基础 (257)
15.1.1 营林用火的定义 (257)
15.1.2 营林用火与森林火灾的区别 (258)
15.1.3 营林用火在营林中的作用 (259)
15.1.4 营林用火的基本理论 (260)
15.1.5 营林用火系统的结构模式 (261)

15.2 火在森林经营中的应用 (261)

15.3 营林用火技术和方法 (263)
15.3.1 营林用火的应用范围 (263)
15.3.2 营林用火的用火条件 (263)
15.3.3 营林用火的点烧方法 (264)
15.3.4 营林用火的步骤 (267)
15.3.5 营林用火的评价 (268)

第16章 林火灾后管理 (270)

16.1 火灾面积调查 (270)

16.2 林木损失调查 (271)
　　16.2.1 调查方法 (271)
　　16.2.2 调查内容 (272)
16.3 其他损失计算 (273)
16.4 经济损失估算 (273)
16.5 生态效益损失计算 (275)
16.6 火烧迹地的清理与更新 (278)
16.7 森林火灾统计 (278)
16.8 森林火灾档案 (279)

第17章 森林防火规划 (285)

17.1 森林防火规划的重要性 (285)
17.2 森林防火规划的原则 (287)
17.3 森林防火规划的方法与步骤 (288)
17.4 森林防火规划的内容 (289)
　　17.4.1 全国森林防火中长期发展规划 (289)
　　17.4.2 森林火险等级的划分和火险图绘制 (301)
　　17.4.3 火源管理 (303)

第18章 世界森林防火概况 (306)

18.1 世界森林火灾发生状况 (306)
18.2 各国森林防火工作概况 (307)
18.3 世界森林防火研究机构 (309)
18.4 我国森林防火科研现状与展望 (310)

参考文献 (313)

第 1 章

绪 论

森林防火学是研究森林火灾基本原理、林火预防和扑救以及营林安全用火的技术与理论的一门新兴的边缘科学;也是一门综合性的科学,既存自然科学知识(植物学、森林学、气象学、数理统计、物理学、化学、电子计算机、遥感、无线电等),又有社会科学知识(组织管理学、心理学、法律学等)。森林防火是一项综合的大型系统工程。

1.1 森林与人类

"森林"是一个被广泛使用的术语,没有标准确切的定义,总的来说,森林是由乔木为主体的,由生物和非生物共同组成、相互影响和作用的一片广阔区域,是地球上主要的生态系统。在地球生物圈总初级生产力的75%,其中,包含了地球植物生物量的80%。不包括那些用于农业或城市建设的土地。从古至今,森林都占据不可或缺的地位,不仅为古老的人类祖先提供栖息地,同时也是现代人类的重要生活环境,具有重要的生态价值。森林资源的数量和分布变化对全球环境、气候变化、生态系统造成影响,是关系到人类生存的不可或缺的部分;森林中的各类资源,为人类的发展带来巨大的经济、文化、社会等多方面效益。然而,随着人口的增长,森林被人类大幅度干扰。过度伐木、耕地、放牧以及不适当的土地利用等人类活动的增加,令原始森林的面积锐减,生态功能退化,过去许多茂密的森林几近彻底消失。

人类与森林密切相关,人类的生存和发展不得不依赖森林。因此,要坚持森林的可持续发展,才能确保与森林长期和谐共存。

1.1.1 世界森林资源现状

全球森林资源分布不均,主要分布在北半球,欧洲、亚洲南部和北部、北美洲、南美

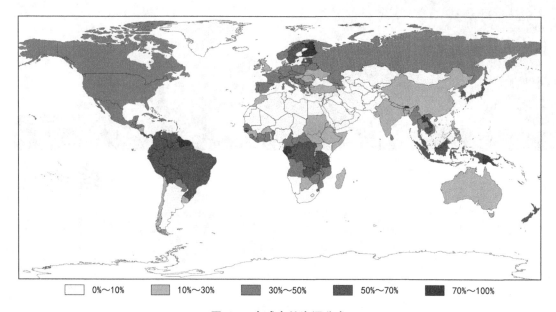

图1-1 全球森林资源分布

(注：图片来自2015全球森林资源评估报告)

洲北部及非洲中南部(图1-1)。

根据2015年全球森林资源评估数据显示，自1990年至今，全球森林资源总体呈现下降趋势。1990年全球森林面积 $41.28 \times 10^8 hm^2$，2015年森林面积为 $39.99 \times 10^8 hm^2$，从31.6%下降至30.6%。全球范围内拥有森林面积最大的国家为俄罗斯联邦，大约有 $8.15 \times 10^8 hm^2$，占全球森林面积的20%(表1-1)。

表1-1 全球森林面积前十位国家

序号	国家	森林面积($\times 10^3 hm^2$)	占陆地面积百分比(%)	占全球森林面积百分比(%)
1	俄罗斯	814 931	50	20
2	巴西	493 538	59	12
3	加拿大	347 069	38	9
4	美国	310 095	34	8
5	中国	208 321	22	5
6	刚果民主共和国	152 578	67	4
7	澳大利亚	124 751	16	3
8	印度尼西亚	91 010	53	2
9	秘鲁	73 973	58	2
10	印度	70 682	24	2
	总计	2 686 948		67

注：数据来自2015年全球森林资源评估报告《世界森林变化情况》。

全球天然林面积占全部森林面积的93%，即 $36.95 \times 10^8 hm^2$，其中26%属于原生林，大约占 $13 \times 10^8 hm^2$，原生林有一半分布在热带地区；74%属于其他天然林再生林。1990~2015的25年间，天然林面积净损失为 $1.29 \times 10^8 hm^2$，森林面积减少最多地区为热带，其次为南美和非洲；人均森林面积从 0.8hm² 下降到 0.6hm²，人均森林面积减少最多的地区为热带和亚热带地区，主要受人口增长导致的林地转化为农业和其他用地影响。

以大洲为目标对森林面积、天然林面积、人工林面积、森林蓄积量进行比较，欧洲是世界占有森林面积最多的地区，森林面积呈增长趋势；其次是南美洲，森林面积呈减少趋势(表 1-2)。

表 1-2　各大洲森林面积等数据比较

大洲	森林面积	天然林面积	天然林比例(%)	人工林面积	森林蓄积量(m³/hm²)
非洲	624	600	96.1	16	79
亚洲	593	462	77.9	129	55
欧洲	1015	929	91.5	83	115
北美和中美洲	751	707	94.1	43	96
大洋洲	174	169	97.1	4.4	35
南美洲	842	827	98.2	15	150

注：数据来自 2015 年全球森林资源评估报告《世界森林变化情况》

人均森林面积最高地区位于寒带，气候寒冷不宜人居，森林不易受到人为干扰，保存良好，人口少，人均面积高；人均森林面积最低地区是温带和亚热带，该地区气候宜人适合人类居住，人口稠密、增长速度快，因而人均森林面积少，对木材的需求和土地的多种利用导致森林很大程度受到人类影响，森林面积退减。

通过表 1-2 可以看出欧洲同时是森林面积和天然林面积最多的地区，但是根据 2015 年全球森林资源评估结果，全球只有亚洲和欧洲的森林面积是增长状态，而其他大洲森林面积都有所减少；近些年随着世界对森林的重视和保护，人工林面积普遍呈增长趋势，亚洲是人工林面积增长最多地区，如图 1-2 所示。

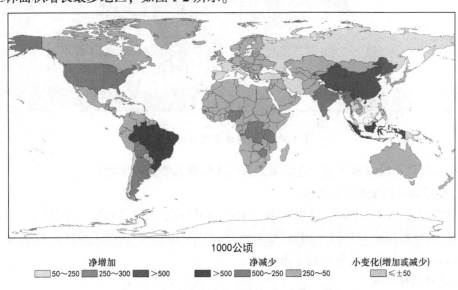

图 1-2　按国家划分的森林净增加/减少量

注：图片来自 2015 年全球森林资源评估报告《世界森林变化情况》

中国是 2010—2015 年最大年度森林面积净增加（$154.2 \times 10^4 \text{hm}^2$）第一位，巴西是 2010—2015 年最大年度面积净损失量（$98.4 \times 10^4 \text{hm}^2$）第一位。

1.1.2 中国森林资源现状

中国的森林分布如图 1-3 所示。根据第八次全国森林资源清查结果，我国全国森林面积 $2.08 \times 10^8 \text{hm}^2$，森林覆盖率达到 21.63%，森林蓄积 $151.37 \times 10^8 \text{m}^3$，较过去有一定增长。人工林面积 $0.69 \times 10^8 \text{hm}^2$，蓄积 $24.83 \times 10^8 \text{m}^3$。但是人均面积仍旧只占世界人均水平的 1/4，人均森林蓄积占世界人均水平的 1/7。与其他森林资源丰富的国家相比，我国仍存在森林资源总量不够、人均森林资源少、质量不高、分布不均的问题。

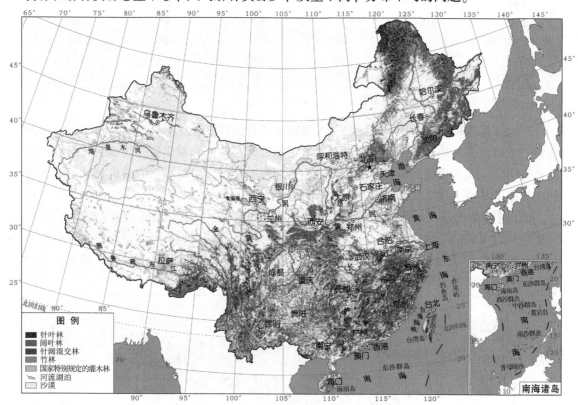

图 1-3　全国森林资源分布示意

根据我国第八次森林资源清查结果，表明我国森林资源的现状和特点：

（1）我国森林总量在持续增长

森林面积从 $1.95 \times 10^8 \text{hm}^2$ 增加到 $2.08 \times 10^8 \text{hm}^2$；森林覆盖率从 20.36% 提高到 21.63%；森林蓄积从 $137.21 \times 10^8 \text{m}^3$ 增加到 $151.37 \times 10^8 \text{m}^3$，其中天然林蓄积增加占比更高，可达 63%，人工林蓄积增加量占 37%。

（2）森林质量提高

森林每公顷蓄积量、每公顷年均增长量、株数与平均胸径以及混交林面积比例等方面都有提高。随着森林总量、结构和质量的提高，森林生态功能增强。主要表现在全国森林植被总生物量、总碳储量、年涵养水源量、年固土保肥量和年吸收污染物量都有巨大的提高。

(3) 天然林稳步增加

天然林是依靠自然能力而形成的森林，主要位于我国的东北、内蒙古和西南等林区。天然林的森林结构稳定、有丰富的物种多样性、生态功能强。但是我国天然林总量不足、分布不均、结构不合理而且生态功能和生态多样性下降是天然林存在的问题。第八次森林资源清查以后表明，天然林面积、天然林蓄积均有所增加。其中主要是依靠天保工程区建设，促使天然林面积增加 $189 \times 10^4 hm^2$，蓄积增加 $5.46 \times 10^8 m^3$，对天然林增加的贡献很大。

(4) 人工林发展迅速

人工林面积从 $6\,169 \times 10^4 hm^2$ 增加到 $6\,933 \times 10^4 hm^2$；人工林蓄积从 $19.61 \times 10^8 m^3$ 增加到 $24.83 \times 10^8 m^3$；人工造林是人工林增加的主要因素。

(5) 森林采伐中人工林所占比例上升

天然林年均采伐量下降，人工林年均采伐量 $1.55 \times 10^8 m^3$，增加 26%，占总森林采伐的 46%，说明我国森林采伐已经向人工林转移。

然而我国森林总量小、人均森林面积与人均森林蓄积量低、森林资源分布不均、结构不合理等问题仍旧存在，还有很多地区的森林在退化，没有得到合理的保护。因此，虽然我国森林发展的整体趋势好，但是仍旧需要及时处理和解决现存的问题。我国生态状况已经进入治理和破坏相持的关键阶段，这是一个对峙更加激烈、拉锯更加显著、任务更加艰巨的阶段。

1.1.3 森林服务功能

根据最新全球森林资源评估报告显示，森林面积占全球陆地面积的 30.6%，森林对陆地、对全球、对全人类的影响都是不可忽视的力量。森林生态系统是全球生态系统的组成部分，不仅可以固碳释氧、调节气候、涵养水源、固持水土，还可以提高人类生活环境的质量，减少噪音、防风固沙、净化空气、美化、为人类提供丰富的资源等，对全球变化、生态平衡等方面具有重要影响。生态系统具有能量流动、信息传递、物质循环三大功能，生态系统健康和服务功能价值关系其对环境和人类可以起到什么程度的作用。随着生态学家对该领域研究和认识的发展，Costanza 等(1997)提出关于全球生态系统服务与自然资本价值估算的研究工作。生态服务价值是外部经济效益、属于公共商品、不属于市场行为、属于社会资本。

1.1.3.1 森林对人类的影响

森林为远古的人类祖先提供栖息地，没有森林就没有人类，更没有后来的文明。现代人类居住城市，已经不再以森林为住所，但是森林仍旧为人类的生存和生活提供丰富的资源，如木材、燃料、林产品、药材等。

森林为人类提供休闲修养身心的场所，林内空气清新、气候适宜，久居城市的人们在忙碌的工作之余，可以来森林感受静谧的气息，陶冶情操。森林为艺术家们提供灵感，帮助他们成就更多艺术作品。

森林具有美化功能，花草树木分泌的物质具有宁神的作用，使人心旷神怡。提供欣赏、踏青、旅游场所。

森林具有吸尘作用，可以净化空气。工业革命之后，随着化石燃料使用增多，向空气和河流中排放大量污染物，生活环境受到污染。通过光合作用，吸收 CO_2 并释放 O_2，还能够吸收有害气体。树木的分泌物能起到杀菌的作用，减少空气内病菌数量，极大程度降低人类生病的概率，同时为人类呼吸提供更纯净的空气。

森林具有降低噪声的功能，林内的枝干和树叶可以阻挡声音的传递。研究表明，长期接触噪声，会听力损伤、引起心脏血管损害、影响睡眠、导致疲惫等问题。根据森林降低噪声的原理，可以通过营造隔音林减少噪声对人类的影响，平均40m宽的林带可以降低 10～15dB，为人类提供更健康的居住环境。

1.1.3.2 森林的生态功能

根据 2015 全球森林资源评估，森林面积占全球面积 30.6%，森林生态系统对全球的生态环境具有重要影响。生态系统功能的发挥不仅直接关系人类生存、经济发展，还关系到全球生态系统之间的平衡。我国有近20%的国土沙漠化，是世界上受沙漠化危害最严重的国家。自然因素和人为活动破坏生态系统平衡，出现风沙、风蚀、风积地貌等土地退化现象，而森林可以降低风速，减少由风力带来的损害。此外，森林的地表枯落物不断增多，形成较厚的腐殖层，具有很强的吸水能力，起到延缓径流、削弱洪峰的功能；树冠截留作用减少雨水对地面的冲击力，保持水土，减少侵蚀；庞大的树木根系可以固持水土，涵养水源，减少水土流失。

森林内部构成复杂，世界上有50%以上的物种在森林中栖息繁衍，森林是巨大的基因宝库。人口增长、森林资源和面积减少造成生物多样性降低。任何一种物种的灭绝，都会对人类、社会、自然产生巨大的危害。物种灭绝导致食物链结构变得简单，意味着上一层生物的食物选择减少，而下一层生物的生存面临威胁，加速该类物种的灭绝。

1.1.3.3 森林对全球变暖的影响

森林可以利用光能固定二氧化碳，制造氧气，维持大气圈碳氧平衡。$150hm^2$ 杨、柳树阔叶林一天可以吸收大量 CO_2 并产生 100t 的 O_2，不仅可以满足城市居民的呼吸所需的氧气，还可以消化人口释放出的二氧化碳。对提高空气质量，降低温室效应程度有着巨大贡献。

环境可以改变森林内部的构成，森林可以反作用于环境。树木等绿色植物能够吸收大量太阳辐射，通过植物蒸腾作用降低周围环境温度，保持林内的水分和湿度，茂密的林木能够降低风速，使森林内部形成独特的小气候，林内小气候对大气候具有调节作用。茂密的树木通过散射、反射太阳辐射，减少地表增温，削减风速，降低蒸发，起到保温保湿作用。树木根系渗入地下，源源不断吸取深层土壤水分供树木蒸腾，使林区形成雾气，增加降水。

植被的凋落物使土壤表面保持一定温度，防止土壤冻结，还可以涵养水源。林内生物的活动改变土壤理化性质，动植物残体分解后进入土壤，土壤养分发生变化。

1.2 森林与森林火灾

1.2.1 森林分布概况

联合国粮农组织(Food and Agriculture Organization of the United Nations, FAO)发布《世界森林资源评估(2015):世界森林如何变化?》的研究报告中,得出2015年的世界森林面积为$39.99\times10^8 hm^2$,与1990年$41.28\times10^8 hm^2$相比,从31.6%下降到30.6%。其中热带地区的森林是面积减少最大的地区,尤其是非洲和南美洲。而大部分温带和北方区域的森林面积呈增加趋势。

中国在1990年至2015年的25a期间中,森林面积从$1.57\times10^8 hm^2$增加到$2.08\times10^8 hm^2$。尤其是在2000年以后,我国森林面积增长趋势更快。

我国地形复杂,东高西低,呈阶梯状分布,地形多样,山区面积大。各地区受水热影响不同,植被分布表现出差异。我国森林主要分布在东北、西南和东南三大部分。其中有很多林区都是位于偏远且交通不便的深山地区。

依据植被区划原则,《中国植被》(1983)将我国植被划分为8个植被区,本章的八个植被区作为简单概要,详细分析请参见本书第7章。

(1)寒温带针叶林区域

位于大兴安岭北部山地,是位于我国最北部的植被区域。平均海拔在700～1100m,年均气温在0℃以下,无霜期90～110d,年平均降水量为360～600mm,地带性土壤为棕色针叶林土。山势平缓,河谷开阔。是我国分布面积广,资源丰富的森林类型。主要由云杉属、冷杉属、落叶松属等耐寒树种组成。林内结构相对简单,植被类型比较单一。

(2)温带针阔混交林区域

本区域包括松辽平原以北、松嫩平原以东的山地。该区域范围大,地势起伏不平,地形复杂,受日本海影响,具有海洋性温带季风气候特征。冬季长夏季短,年降水量600～800mm,地带性土壤为暗棕壤,地带性植被是红松为主的温带针阔混交林,阔叶树种有水曲柳、黄檗、核桃楸、紫椴等,林下灌木有五加、丁香等,藤本植物有山葡萄、南蛇藤、木通等。林内生长各种名贵药材,栖息各种野生动物。是我国重要的木材生产基地之一。

(3)暖温带落叶阔叶林区

该区域包括辽东、胶东半岛,全区域东高西低,平均海拔超过1500m,有明显的山地、平原和丘陵的划分。冬季严寒干燥,夏季炎热多雨,年平均气温8～14℃、植被组成复杂,地带性土壤是褐色和棕色森林土。地带性植被是落叶阔叶林,以栎林为代表。由于该区域长期垦殖,原始森林基本消失。

(4)亚热带常绿阔叶林区域

该区域是我国面积最大的植被区,占全国总面积的1/4,主要位于秦岭——淮河线以南,以东南海岸和台湾与沿海诸岛为东界,西部延伸至云南。整体地势西高东低,年平均气温15～24℃,年降水量普遍高于1000mm,土壤以红壤和黄壤为主。地带性植被为亚热带常绿阔叶林，常见植被有栲属、青冈属、石栎属等。山茶科的木荷属是该地区的优势种或建群种。由于该区域面积广大，北部为常绿落叶阔叶混交林，南部为季风常绿阔叶林。各区域优势树种有所差异。

本区域自然地理条件优越，气候温和，降水丰沛，林木种类和珍稀树种繁多。

（5）热带雨林、季雨林区域

热带雨林、季雨林区是我国最南部的植被区域，除个别高山外，多为海拔较低的台地或数百米的丘陵盆地。年平均气温在22℃以上，全年无霜期，年降水量在1 280~2 000mm，土壤为砖红壤。该区域是我国所有森林类型中植物种类最丰富的地区。雨林内结构和层次复杂，多附生植物、寄生植物、藤本植物等，没有明显的优势树种。

热带季雨林主要位于我国广东、广西南部和云南海拔1 000m以下的干热河谷两侧和开阔的河谷盆地。年平均气温20~22℃，年降水量1 000~1 800mm，有干湿两季之分，地面蒸发强烈，以喜光耐旱的热带落叶树种为主，有明显的季相变化。常见落叶树种有木棉、厚皮树、合欢等。

（6）温带草原区域

温带草原区域主要位于我国松辽平原、内蒙古高原、黄土高原、新疆北部阿尔泰山区一带，面积广阔，以高原和平原为主。包括半湿润的森林草原区和半干旱的草原区以及部分荒漠草原。气候属于典型的大陆性气候，蒸发量大于降水量，植被大多是耐旱的多年生根茎禾本科草类为主，地带性植物是以针茅属为主的丛生禾草草原，植物有明显的旱生特性形态，如叶子卷曲、细长，深根系，茎、叶有绒毛。

在半湿润区的低山丘陵北坡、沟谷等处分布着岛状森林。

（7）温带荒漠区域

该区域主要位于新疆准噶尔盆地与塔里木盆地、甘肃和宁夏北部的阿拉善高原以及内蒙古西部，高山和盆地相间。受地形影响，距离海洋远，被高原与大山阻隔，气候极端干燥，冷热变化剧烈，风大沙多，降水量低于200mm。只能生长一些极端耐旱的小乔木、灌木和草本植物，具有明显的旱生形态，如叶片缩小、叶子退化成刺甚至完全退化，茎、叶上有密集的绒毛，有肉质茎或肉枝叶来存储水分和减少水分蒸发，植物根系发达，以便汲取深层土壤的水分。常见植物有沙拐枣、胡杨、木麻黄、沙蒿、薹草、针茅等。

（8）青藏高原高寒植被区域

该区域位于我国西南部，平均海拔在4 000m以上，年降水量在100mm以下，气候寒冷干燥，主要植被是灌丛草甸、草原和荒漠植被。但是该区域的东部和东南部，受夏季风影响，降水丰沛，温暖湿润，年降水量400~900mm，植被类型增多，在既定经纬度位置上，海拔高度的变化导致气候条件的垂直梯度变化，植被分布随之改变。

青藏高原高寒植被区存在大面积原始森林，此外森林内分布多条河流，是几条流经东南亚的大河以及长江、黄河的发源地，在我国具有重要意义。

1.2.2　森林火灾

森林火灾是指失去人为控制，在森林中自由蔓延和扩展，达到一定面积，并且对森林生态系统造成一定危害和损失的林地起火。不同可燃物、不同气象等条件对森林火灾的发生和发展造成的影响不同,"森林火险"是森林火灾发生的可能性和蔓延难易程度的一种重要度量指标。我国于 2006 年 6 月 22 日发布《中华人民共和国气象行业标准》(QX/T 77—2007),并在 2007 年 10 月 1 日起正式实施。森林火险天气等级共划分为五个等级(表 1-3)。

表 1-3 森林火险气象等级

级别	名称	危险程度	易燃程度	蔓延扩散程度	表征颜色
一级	低火险	低	难	难	绿
二级	较低火险	较低	较难	较难	蓝
三级	较高火险	较高	较易	较易	黄色
四级	高火险	高	易	易	橙色
五级	极高火险	极高	极易	极易	红色

森林火灾具有突发性、破坏性。我国是一个森林火灾多发的国家,每年因森林火灾而造成的各种损失不计其数。1984 年 9 月 20 日通过《中华人民共和国森林法》,并于 1985 年 1 月 1 日正式实施。内容共计 7 章 49 条,分别从森林管理、森林保护、植树造林、森林采伐和法律责任五个方面对森林进行管理。其中,第 3 章第 21 条是关于地方各级人民政府森林火灾预防和扑救的工作内容,具体内容如下:

①规定森林防火期,在森林防火期内,禁止在林区野外用火;因特殊情况需要用火的,必须经过县级人民政府或者县级人民政府授权的机关批准;

②在林区设置防火设施;

③发生森林火灾,必须立即组织当地军民和有关部门扑救;

④因扑救森林火灾负伤、致残、牺牲的,国家职工由所在单位给予医疗、抚恤;非国家职工由起火单位按照国务院有关主管部门的规定给予医疗、抚恤,起火单位对起火没有责任或者确实无力承担的,由当地人民政府给予医疗、抚恤。

为了加强对森林火灾的管理,提高群众对森林火灾的认识和了解,做到及时预防与扑救,最大程度保障人民生命财产安全、保护森林资源、维护生态安全,我国于 2008 年 12 月 1 日正式发布《森林防火条例》。《森林防火条例》根据《中华人民共和国森林法》制定,条例内容共计 6 章 56 条,重点从预防、扑救、灾后处置、法律责任四个方面进行规定,主要内容包括:①以法规形式将森林防火方针固定下来;②规定森林防火组织机构及其主要职责;③规定森林防火预防和扑救具体措施,对森林防火期、野外用火管理、进入林区管理、森林防火设施建设、火险天气预测预报、建立专业和群众扑火组织、扑救森林火灾的组织和指挥、扑火费用支付等做了严格、明确的规定;④规定违反森林防火条例行为所受处罚。于 2009 年 1 月 1 日正式施行。条例第三条表明我国森林防火的工作方针为"预防为主、积极消灭"。第五条,森林防火工作实行地方各级人民政府行政首长负责制。第十条,各级人民政府、有关部门应当组织经常性的森林防火宣传活动、普及森林防火知识,做好森林火灾预防工作。十六、十七条要求县级以上地方人民政府林业主管部门应当编制森林火灾应急预案。森林火灾应急预案应当包括下列内容:

①森林火灾应急组织指挥机构及其职责;

②森林火灾的预警、监测、信息报告和处理;

③森林火灾的应急响应机制和措施;

④资金、物资和技术等保障措施;

⑤灾后处置。

我国每年发生森林火灾频繁,从森林火灾发生次数来看,森林火灾主要集中在我国东部,呈现南多北少的规律,其中华南地区以湖南为森林火灾发生最多城市;从受灾严重程度来看,我国东北地区的森林虽然发生火灾的次数较少,但是受灾面积大、受损程度严重;从时间来看,我国东北在春、秋两季容易发生火灾,这是因为冬季气温寒冷有积雪,不易发生火灾;而夏季植物正处在生长季,且进入降雨季,因此不易发生火灾。而春秋两季,空气干燥,降水少,植物含水率低,地面可燃物和杂草裸露,容易发生火灾。我国南方春、冬两季为防火期。南方冬季天气寒冷,植物停止生长,树木开始落叶,可燃物增加,降水减少,因此森林火灾发生的可能性增加;从地形影响因素来看,随着海拔的升高会出现不同的火灾季节,一般海拔高度越高,火灾季节越晚。

根据中华人民共和国国家统计的资料显示,2000—2014 年,我国发生森林火灾的次数先升后降,但总体呈下降的趋势。我国发生森林火灾的次数平均为 7 945 次/a,其中特大森林火灾次数最多的发生在 2000 年,共计 8 次(表 1-4),通过数据显示,我国发生的森林火灾中,一般森林火灾占森林火灾总数的主要部分。受害森林面积平均 100 326 hm^2/a,东北林区最为严重,其次为西南林区(表 1-5)。

表 1-4 我国森林火灾年发生次数

年份	总次数	一般森林火灾	较大森林火灾	重大森林火灾	特别重大森林火灾
2000	5 934	2 722	3 144	60	8
2001	4 933	2 984	1 929	17	3
2002	7 527	4 450	3 046	24	7
2003	10 463	5 582	4 860	14	7
2004	13 466	6 894	6 531	38	3
2005	11 542	6 574	4 949	16	3
2006	8 170	5 467	2 691	7	5
2007	9 260	6 051	3 205	4	
2008	14 144	8 458	5 673	13	
2009	8 859	4 945	3 878	35	1
2010	7 723	4 795	2 902	22	4
2011	5 550	2 993	2 548	9	
2012	3 966	2 397	1 568	1	
2013	3 929	2 347	1 582		
2014	3 703	2 080	1 620	2	1

注:表格数据《来自中华人民共和国国家统计》(2001—2015)。

表1-5 我国不同地区森林火灾总次数及受害森林面积

地区		森林火灾总次数(次)	年平均发生森林火灾次数(次)	受害森林面积(hm^2)	年平均受害森林面积(hm^2)
华北地区	北京	61	5	130	11
	天津	142	12	96	8
	河北	1 193	99	1 776	148
	山西	375	31	9 376	781
	内蒙古	1 399	117	213 862	17 822
	合计	3 170	264	225 241	18 770
东北地区	辽宁	186	155	2 594	216
	吉林	796	66	981	82
	黑龙江	935	78	721 960	60 163
	合计	3 594	300	725 535	60 461
华东地区	江苏	828	69	786	65
	浙江	5 013	418	37 708	3 142
	安徽	2 054	171	4 863	405
	福建	4 381	365	55 239	4 603
	江西	4 294	358	42 013	3 501
	山东	444	37	1 856	155
	合计	17 014	1 418	142 466	11 872
华南地区	河南	7 192	599	6 130	511
	湖北	7 491	624	9 939	828
	湖南	23 090	1 924	96 655	8 055
	广东	2 193	183	14 572	1 214
	广西	7 476	615	23 599	1 967
	海南	1 233	103	2 398	200
	合计	48 575	4 048	153 293	12 774
西南地区	重庆	1 370	114	2 200	183
	四川	4 356	363	11 348	946
	贵州	15 192	1 266	30 497	2 541
	云南	5 510	459	26 663	2 222
	西藏	120	10	549	46
	合计	26 548	2 212	71 257	5 938
西北地区	陕西	928	77	1 924	160
	甘肃	194	16	863	72
	青海	120	10	1 075	90
	宁夏	159	13	79	7
	新疆	473	39	956	80
	合计	1 874	156	4 897	408

注：表格数据来自《中华人民共和国国家统计》(2001—2015)。

1.3 林火与林火管理

按林火两重性的内容，将林火分为对森林起到有害作用的森林火灾和有益作用的森林用火，如营林用火、计划火烧等。林火管理是预防林火、安全用火、计划用火和控制用火等一系列活动。

1.3.1 人类对火的认识和发展

早在人类还没出现的几亿年之前，地球就已经存在火。原始的人类祖先以森林为栖息地，与野兽斗争并以此为食物，过着茹毛饮血的生活，对神秘的大自然几乎一无所知，因此早期人类对火是没有认识的。人类第一次见到的火是受自然条件产生的自然火，如雷击火。雷击造成的火花引燃森林，不仅烧毁人类生活的栖息地，还烧死没有来得及逃开的人，使我们的祖先对火非常恐惧。然而人类发现被火燃烧过的肉类很好吃，而且可以通过火来取暖、照明、与野兽斗争御敌等，这改变了对火的恐惧，开始进入使用火的阶段，然而人类并没有办法主动获取火，只能想办法保存火源。有遗迹证明最早的用火记录可以追溯到猿人时期，即旧时代时期初期，位于北京周口店十三点和十五点。人类对火的认识和发展与人类文明发展息息相关，会使用火是人类从动物分化出来的一个重要因素。

打石取火、钻木取火是人类被动用火到主动用火的转折。通过两块石头摩擦和碰撞出现的火花获得火源。人工取火的出现，让人类可以自由地选择使用火的时间和地点，是人类文明史上的一大飞跃。在希腊神话中传说，普罗米修斯为了给人类造福，冒着生命的危险，从太阳神阿波罗那里盗走了火种，自此以后人间有烟火。

据《拾遗记》中记载："遂明国有大树，名遂，屈盘万顷。后世有圣人游明之外，至于其国，见此树下。有鸟啄树，粲然火出。圣人感焉，因用小枝钻火，号燧人氏。"描述的则是钻木取火的传说，燧人氏在游览时经过一棵巨大的树木，看到鸟在啄树干时产生了火花，燧人氏观此有感，学着啄木鸟的样子在一个小枝上尝试，果然取到了火源。恩格斯对人工取火有此评价，"就世界性的解放作用而言，摩擦生火还是超过了蒸汽机，因为摩擦生火第一次使人支配了一种自然力，从而最终把人同动物界分开。"

随着人类对火认识的发展，人类对火从恐惧到利用再到预防甚至管理。我国古代就具有很强的防火意识。防火思想从春秋战国时期就已经出现，《管子》中有言"山泽不救于火，草木不植成，国之贫也；山泽救于火，草木植成，国之富也。"到后期还设立长官火的官职，立火禁等。

认识到林火具有两重性之后，人们了解林火虽然会烧毁森林、牧场、危害生命财产，但是也会给森林带来好处，使火害变火利。通过火可以消除地被物，改善林地条件，减少可燃物积累，降低火险，同时还可以促进森林更新，改善野生动物栖息地环境等。随着科技发展和对火认识的发展，对火有了更全面、更科学的认识，并更大程度控制和管理用火，让其发挥更大效用。

1.3.2 国外林火管理概况

美国是世界上林火多发的国家，也是少数几个林火管理水平最高的国家之一。美国的林火专家把美国的林火管理分成四个阶段：1900 年以前，任其自然，不打火；1900—1971 年，森林防火，消灭一切火；1972—1994 年，林火管理，消灭火灾，但允许计划烧除；1995 年以后，生态系统管理，用火来实现管理目标。

历史早期的欧洲移民到美洲大陆时，常常用火来清理土地，以便于定居、开垦农田和其他目的。在北美大陆开发初期，除了自然因素引发的林火外，早期移民的生产和生活用火也常常引起森林火灾。由于北美大陆森林广袤，人口稀少，人类活动而引起的林火对整个森林生态系统的影响不大。虽然有时林火也会造成很大危害，如 1871 年发生在美国南部威斯康星州的两场森林火灾使 2 250 人丧生。但总的来讲，在 20 世纪以前，美国的林火基本上处于自生自灭的状态，人们还没有有意识到采取预防和扑救林火的措施。

到 19 世纪末 20 世纪初，当灾难性的森林大火对社会产生巨大影响，人们开始认识到火对森林生态系统和社会都有危害作用，火会破坏有价值的林木，干扰自然演替进程，引起财产和生命的巨大损失。特别是 1910 年的灾难性大火后，提高了社会对林火研究的兴趣。这些早期研究大都是由林务局的管理人员和研究人员在加利福尼亚共同开展的，主要包括林火案例研究与火灾统计的回顾分析。1915 年，林务局成立了一个新的林火控制部门和一个独立的研究分部。1926 年，开展了一项国家林火研究项目，建立了加利福尼亚试验站，并把林火研究项目作为它的主要研究领域。1928 年，《迈克斯维尼——迈克纳瑞(McSweeney McNary)法案》规定联邦政府的所有林火研究都由林务局负责。早期的工作集中于火灾统计、火险和火行为的分析，重点发展林火扑救技术。这项工作也成为创建于 1935 年的"上午 10:00 政策"的基础(要求前一天发生的火灾要在第二天上午 10:00 前扑灭)。当时这一政策得到政治上和公众的广泛支持，但一些研究人员和用火者(如美国东南部)对这项全面政策的科学性提出了质疑。虽然林务局的研究结果在几年后才公开出版，但林务局和一些大学的研究人员仍对经常的"轻度火烧"的影响继续进行研究。华盛顿、加利福尼亚和耶鲁大学的研究人员和佛罗里达的木材研究站是火生态和火应发挥其自然作用观点的倡导者。

虽然对"轻度火烧"和作为管理工具的计划火烧的作用与影响的讨论一直持续到现在，但林火的预防与扑救是林火管理讨论的焦点。到 20 世纪 40 年代，研究焦点开始逐渐改变，计划火烧被逐渐提倡和应用，森林防火政策也发生了改变，开始允许进行计划火烧。在多数情况下，国家公园事务局负责完成西部地区的计划火烧。但除南部外，计划火烧的面积通常很小。到 20 世纪 90 年代，一系列重大火灾成为单纯防火对生态系统和火险产生负面影响的科学证据，这增加了人们对荒地和城郊的林火管理重视程度，从而致使联邦机构对林火管理政策做出重大改变。联邦政府的可燃物管理和计划火烧项目也有了很大转变，如美国农业部林务局和土地管理部内务部开始把林火管理与土地管理计划相结合。如果土地管理者想要降低发生灾难性大火的危险性，就要对大面积森林进行有效管理，确保植被的增加不会影响到森林的健康，也不会提高森林火险，并监测管理措施对森林的影响。从 20 世纪林火政策变化的过程来看，林火研究提高了林火扑救能力，为人们改变对野火的态度与管理政策提供了科学依据。

火生态的研究成果使人们更深刻地认识火的本质：火烧是一个自然过程及火的自然作用、生态作用，保持并改善生态系统的龄级分布，使火依赖植物种得以延续，改善野生动物的栖息地，保持生态系统的健康，定期的火烧是森林经营的工具，长期不过火的林分将易于被火毁灭。

虽然官方政策不允许，但计划火烧仍在一些地方应用，特别是在东南部和西部火间隔期短的松林系统中被采用。20世纪40和50年代，计划火烧作为一种管理工具开始在南部和西部的一些地区越来越多地被采用。两次世界大战期间和战后，联邦的许多林火研究项目着重于军事目的，开展的研究课题包括核攻击引起的大量火灾研究，到目前这些研究的许多结果仍属于机密。20世纪50年代初，林务局林火研究项目的重点又回到野火预测、火行为和野火控制等方面，特别是对灭火装备与扑救技术进行了大量研究，如灭火飞机、隔离带，而火对生态系统的影响的有关研究不是重点。这一时期，在航空灭火剂的投放与测试方面也开展了大量的研究项目，目前这一项目作为发展与应用项目，由林务局与航空部门支持，还在继续进行。同时，大学和研究所的研究增加了火生态和火自然作用的内容。1953和1955年的严峻防火期后，联邦政府增加了对林火研究的支持，50年代后期林务局终于在蒙大拿的密苏拉(Missoula)、佐治亚的梅肯(Macon)和加利福尼亚的里弗赛德(Riverside)建立3个主要的林火研究实验室。这些实验室最初主要研究火运行支持系统的模型与工具(包括火行为和火险等级系统)，但后来的研究项目逐渐集中在火对生态与环境的影响、防火与用火方面。70年代，在亚利桑那开展了一个主要研究项目，研究火生态与管理和火对土壤侵蚀与集水区的影响。太平洋西北实验室开展了一个大的研究项目，着重研究采伐剩余物燃烧、烟雾和森林可燃物，中北部森林与草地实验站开展了野火管理和大气变化对社会的影响的研究。在过去30年中，联邦政府和大学的火研究在资金支持与研究能力上都发生了很大变化。80年代，火研究基金的减少导致梅肯实验室关闭，大量人员流失，研究人员严重减少，其他地区的项目也被迫停止。林务局项目的研究人员减少趋势一直持续到90年代，在1985—1999年间，林务局林火研究项目的固定工作人员减少了大约50%。目前，除两个主要实验室外，50%以上的美国林务局林火研究人员常常从事一些跨学科的研究项目，如造林或生态系统研究。内务部的少部分火研究项目，原来主要属于国家公园事务部，也由于行业重组而中断，现在归属于美国地质勘查部(USGS)下的内务部(DOI)研究项目。过去20多年里，许多大学包括华盛顿大学、加利福尼亚大学、北亚利桑大学、亚利桑州立大学、蒙大拿大学、爱达荷大学、杜克大学和科罗拉多大学，已经在火研究的各方面具备了很强的研究力量，特别是火生态、火历史和遥感方面有了很强的研究基础。在80和90年代，美国林火研究的主要成就包括：发展了火行为模型系统、国家火险等级系统、可燃物模型、紧急事务指挥系统、火发散模型；改进了季节火险预测模型；对火天气、火生态、火对土壤侵蚀和植被结构及动态的影响、养分循环等有了更深的理解。卫星数据也得到广泛应用，现在可以在互联网上得到大尺度的火险图和其他参数。美国林火学家研制的许多系统(如BEHAVE系统、景观火模型系统FARSITE、紧急事务指挥系统)在国外得到广泛应用。在研究的发展与应用上，林火研究人员与应用者密切合作。目前美国的许多林火研究在学科之间展开，一般包括联邦、州、地方土地管理机构、非政府组织、大学、美国林务局、美国地质勘测部、美国国家航空航天局、能源部和其他一些管理机构，如环境保护机构和国家空气质量委员会之间的合作，科研资金也通常来源于多种渠道。1998年建立了机构间联合火科学项目，为联邦政府的土地可燃物管理提供科学支持，也为火科学在各学科上的应用提供竞争性基金。其他方面的火研究由美国国家航空航天局、环境保护机构和其他机构进行资金支持。美国的林火研究还比较注重国际合作。长期以来，美国和加拿大林火研究人员实行资料共享，经常进行学术交流，促进了双方林火研究的发展。同时，美国还和其他国家，如西班牙、葡萄牙、澳大利亚、德国、中国、日本、南非、津巴布韦、巴西、洪都拉斯、危地马拉、墨西哥和法国等国家进行了长期合作。这些合作有助于火行为模型、火作用、植被动态、火管理策略、社会与经济因素对火应用和灭火的影响、火与全球变化的相互作用等问题的理解。当前国际合作研究的一些主要领域包括火监测，过火面积的遥感测量，火行为模型的发展与检验，碳循环和生态系统过程模型，计划火烧应用与影响等。

今后，美国的火研究将受到几种趋势的强烈影响，包括：更加注重把林火管理纳入土地管理计划中；重新认识林火对森林健康和可持续性的影响；在地区、国家和全球碳计算中，进一步量化火灾动态变化的影响；对火与其他重要干扰，如全球变化、极端天气、病虫害的相互作用的理解和预测；林火管理的社会作用。要研究这些问题，就要求把火计划与经济学、物理科学、火作用、生态系统方法和社会科学的研究相结合。

具体要求包括：

①更好地量化火在景观尺度上的范围与强度，以及火对生态系统动态和碳循环的影响；

②改进烟雾发散模型，以便更好地进行空气质量管理和更好地了解燃烧产物对区域与全球的影响；

③改进火天气模型和火险预测与制图系统；

④在景观和国家的水平上，监测和模拟植被（可燃物）管理措施的影响；

⑤经过改进与验证的火行为和火影响模型相结合的模拟系统；

⑥有关可燃物制图与监测的方法和随时间变化可燃物发展与演替模型；

⑦评估管理策略对环境和效益的影响；

⑧火和其他干扰的相互作用模型与深入理解。

林火扑救计划与管理工具会继续得到发展，同时，未来的火研究将重点转移到有助于管理者和政策制定者确定相关关键问题的研究上，包括景观生态管理、计划策略、火影响、火管理策略对地区与全球环境的影响、火对为满足人类需要的生态系统可持续性的影响。

1.3.3 我国林火管理概况

人类对林火的认识经历用火为主→防火→林火管理三个阶段。

第一阶段：用火为主，远古时代的人类为了生存，同野兽斗争、放火烧山驱兽等。为了得到粮食和其他农作物，焚林开垦，刀耕火种。这个阶段大片森林被毁，导致世界森林面积日渐减少。

第二阶段：森林火灾不仅烧毁森林，中断人类获取资源的关系链，同时威胁人们的生命财产安全。因此人们开始采取多种手段和措施来防止森林火灾的发生。建立一系列防火组织机构，制定防火法规，结束刀耕火种的历史。但是这个阶段的人们将火灾看成完全有害，杜绝森林中一切用火，这是不科学的。

第三阶段：林火管理阶段。林火管理的前提是遵循林火的客观规律，运用管理科学的原理和方法，通过计划、组织、指挥、监督、调节，有效地使用人力、物力、财力、时间、信息，达到阻止森林火灾，保护森林资源，促进林业发展，维护自然生态平衡的目的。这个阶段的人们已经意识到火虽然会给森林带来损失和损害，但是也可以通过正确的利用火，为人类所用，对森林有益。

现代化林火管理是管理组织系统化；管理方法法制化；管理人员专业化；消防队伍正规化；消防装备现代化；消防技术科学化。林火管理必须坚持四项基本原则，群众性原则；科学性原则；民主集中性原则；依法管理原则。

现代化林火管理需要遵循的基本原理有：一是辩证唯物主义和历史唯物主义基本原理；二是火和火灾的基本原理；三是系统论、信息论、控制论的科学方法以及相关原理，如系统整理性原理、动态相关性原理、时空变化性原理、信息传递性原理等。

1.3.4 林火管理技术

传统林火管理方式是通过控制可燃物来降低森林火灾的可能，改善林内环境，从而达到管理作用，如计划火烧清除地表可燃物等。随着科技的发展，林火管理技术与时俱进，主要表现在林火管理和计算机、网络、卫星技术紧密相连。现代化林火管理具有更全面、更完善、更详细、更具体、更准确等特点。近些年我国对林火管理更为重视，不仅在技术和资金上投入，还注重对民众的教育和宣传，使林火管理得到更好的发展。

1.3.4.1 生物工程防火

生物工程防火是利用和培育森林生态系统中各种有生命物质为依托的繁衍、代谢，在其个体或群里水平上进行的多层次调整，借以降低森林燃烧性，提高森林抗火性和耐火性的技术总成。生物工程防火主要包括以下三种措施。

第一，利用抗火和耐火树种营造防火林带，优化林火阻隔系统，有效阻止林火蔓延；第二，在易燃针叶树或阔叶树林分中引入抗火或耐火树种，形成防火性能较强的混交林；第三，利用或繁殖各种腐食链生物，加速森林凋落物分解，减少林下可燃物积累。

生物防火工程具有高效、持久、低成本、"绿色"的特点。

1.3.4.2 计算机在林火管理中的应用

计算机在林火管理中主要起到辅助决策的作用。最初用于森林火险天气预测，继而发展到火行为预测、林火预测、航空护林等。20世纪80年代中期开始将计算机辅助决策系统应用到森林火灾扑救。计算机可以存储大量的火灾历史资料、气象资料、防火措施和方法等，并把这些资料建立数据库进行分析。利用计算机建立行政区划图、地形图、交通图、林相图、可燃物类型图等。后来，利用计算机可以确定起火地点，并显示发生火灾地点的具体信息，如地理位置、地貌特征、交通状况、附近是否具有有效扑火力等。根据计算机中各项信息的分析和显示，帮助制定消防人员扑火的最佳路线和位置，计算到达火场时间，需要多少人力等。

1.3.4.3 "3S"技术在林火管理中的应用

"3S"技术是指遥感技术(remote sensing system，RS)、地理信息系统(geographical information system，GIS)和全球定位系统(global position system，GPS)。

遥感技术可以监测火情，远程操控，第一时间发现火点，尤其是一些不容易发现的隐藏火点也可以通过遥感图像，找出火灾的具体位置。还可以对一个地区进行长时间监测，通过异常数值的变化来预测森林火灾的发生。

地理信息系统主要起到决策支持作用，它是以计算机技术为基础的新兴管理和研究空间数据的技术。通过GIS可以提取地理系统不同侧面、不同层次的时空特征，能够快速模拟自然过程的演变，并用地图、图形、数据的形式将结果展现出来，为扑火指挥员提供决策依据和方案，辅助扑火指挥员做出正确决策。

全球定位系统主要起到导航、定位和面积测定作用，扑火指挥部可以根据扑火队报告其所在位置，随时掌握扑火力量的布局和动态。在扑火结束后，所保存的信息还将为预测下一次森林火灾的发生提供有效数据。

【本章小结】

本章主要内容包括森林与人类、森林与森林火灾、林火与林火管理，重点让学生了解我国森林资源及分布状况，森林生态系统服务功能，同时了解我国森林火灾状况以及国内外林火管理概况及林火管理技术。

【思 考 题】

1. 我国森林资源分布特点是什么？并简述其原因。
2. 森林生态系统具有哪些服务功能？
3. 我国森林火灾具有哪些特征？
4. 请简述国内外林火管理概况。

推荐阅读书目

森林生态学. 李俊清主编. 高等教育出版社，2010.

第 2 章

森林燃烧

【本章提要】林火——森林燃烧,包括森林火灾和计划火烧。林火原理主要是研究林火的性质、燃烧现象、火行为、林火发生发展的基本规律和环境因子之间的关系,并探讨林火蔓延和火强度等问题。因此在林火预防、扑救和营林用火的工作中,都具有重要意义。本章从燃烧三要素、森林燃烧的基本特征和过程、森林燃烧环、森林火灾碳排放以及烟雾管理几个方面对森林燃烧进行阐述。

2.1 燃烧三要素

燃烧必须具备三要素:可燃物、助燃物(氧气)和一定温度,森林燃烧也不例外。但是森林燃烧物始终置于富氧条件下,即一般不受氧气条件的约束。相对而言,气象条件对于森林燃烧和燃烧过程影响很大。如果缺了任何一个要素或破坏了三者之间的联系,燃烧就会终止。

(1) 可燃物

森林中所有有机物质均属于可燃物,如树叶、树枝、树干、树根、枯枝落叶,林下草本植物、苔藓、地衣、腐殖质和泥炭等均可以燃烧。大量细小可燃物如枯草、枯枝落叶属于易燃物,最危险,又称为引火物。

有焰可燃物:占可燃物总量的85%~90%,如杂草,枯枝落叶、枝桠等,其燃烧蔓延比无焰可燃物快13~14倍,容易扑打。

无焰可燃物(暗火可燃物):森林可燃物不能分解足够可燃性气体时,就不能产生火焰。它占可燃物总量6%~10%,蔓延速度慢,消耗热量50%,不易扑打,易产生复燃现象。

一般可燃物含水率>25%不发生火灾，17%~25%可以发生，<10%时发生强烈燃烧。据统计：林地可燃物积累可达 50t/hm²，燃烧时可释放热量，每秒钟达 20.92~41.84GJ，相当于一吨汽油每秒释放的热量。大兴安岭沟塘草甸一般积累 3~5a 以上，就会发生较强烈火灾。可燃物数量增加 1 倍，火的强度可增加 4 倍。

没有森林可燃物就不可能发生火灾。森林可燃物的种类、数量、成分、结构和空间分布状况对林火是否发生或林火蔓延状况的影响极大。

(2) 氧气（助燃物）

森林燃烧是森林可燃物与氧化和再生新物质的过程。若没有氧或氧气浓度低，燃烧不能进行。空气中含有 21% 的氧。据统计：一亩阔叶林每天能释放出 48.7kg 的 O_2，吸收 66.7kg 的 CO_2，一个成年人每天需要氧气 0.75kg，一亩森林约可满足 65 个成年人氧气的需要。1kg 木材燃烧，大约需要 3.2~4m³ 的空气。需纯氧 0.6~0.8m³。燃烧是在高温作用下促使氧活化，活化氧很容易与可燃物化合，形成连锁反应。因此，在燃烧过程中，如果空气中氧的含量减少到 14%~18% 时，燃烧就会停止。

森林燃烧过程中，若氧气供应充分，火焰明亮且基本无烟雾，燃烧后生成的物质主要是二氧化碳、水蒸气和灰分，不能再次燃烧，释放热量也多，这种燃烧称为完全燃烧；若氧气供应不充分，火焰暗红并伴有大量烟雾，燃烧生成很多还可以再次燃烧的中间产物，如焦油、碳粒子、一氧化碳等，释放热量较少，这种燃烧则称为不完全燃烧。在森林火场中，不完全燃烧往往比较普遍。

(3) 一定的温度

一切可燃物质都可能由于有火源的作用引起燃烧，不同可燃物燃点各不相同，干枯杂草燃点为 150~200℃ 之间，当温度达到 260~305℃ 干木材可以燃烧，要达到这样的高温度，必须要有外来火源，而木炭的燃点可高达 300~600℃。

温度是可燃物燃烧的必要条件。

引火点——外界加温，起初温度上升缓慢，大量水汽蒸发，开始挥发可燃性气体，产生冒烟现象时的温度称为引火点。

燃点——可燃物温度上升加快，有大量可燃性气体挥发到开始着火时的温度称为燃点。

达到燃点后，可燃物无需外部火源，依靠自身释放热量就能继续燃烧。

部分森林可燃物的燃点和自燃最高温度，见表 2-1。

表 2-1 森林可燃物的燃点和自燃最高温度

可燃物名称	试料规格	平均重(g)	加热时间(s)	燃点(℃)	自燃最高温度(℃)
拂子茅	茎叶截段	0.3	251	269	381
莎草	茎叶截段	0.3	253	263	399
鸭公树	茎叶截段	0.3	263	294	402
枯枝落叶	小捆	0.61	242	261	395
胡枝子	枝叶	0.66	260	295	450
白桦	带皮边材	0.95	305	366	445
山杨	幼树树干	0.93	235	301	440
落叶松	边材	0.47	289	364	434

①草本植物燃点较低，在260℃以上，即可自燃时的最高温度在380~400℃之间。

②木本植物，尤其是乔木碎片的燃点均在360℃以上，自燃温度较高，在400~450℃之间，燃点比草高。

③木本植物比草本高100℃，自燃温度高50℃左右。这里看出：林地上的枯枝落叶和枯萎的草本植物是主要的引火物。一般情况，高温物体，火源落在地上，首先和这些物质接触，引起燃烧。如果可燃物是连续的，则燃烧由初级反应进入次级反应，燃烧过程交替进行，表现其链式反应的全过程。一个燃烧系统的初级反应是决定性的，所谓初级反应就是可燃物受热之后，蒸发掉所含的水分，进行热分解，产生可燃性气体，开始自燃。自燃是指没有外界火源点燃而可燃物自然着火燃烧的现象。如褐煤没有热源加热也能燃烧，湿稻草长期堆放会自发着火，森林或草地中泥炭也会自燃等。但是，在森林中由于自身温度升高而引起的自燃现象十分少见，森林可燃物自燃所要求的最低温度，通常要比其燃点高出100~2 000℃。

2.2 森林燃烧的基本特征和过程

2.2.1 森林燃烧概述

森林燃烧在通常情况下可分为两种类型：一种是有焰燃烧，也就是燃烧时有火焰，如通常情况下的森林地表火、树冠火，这种有焰燃烧要放出大量的光和热。另一种是无焰燃烧，也就是它在燃烧时没有火焰，放出很少和较少热，如地下火以及木炭燃烧都是无焰燃烧。两种燃烧都能对森林造成破坏，有焰燃烧容易扑救，无焰燃烧容易产生复燃现象。

森林燃烧是自然界中燃烧的一种现象。其特征：

①森林燃烧是森林可燃物与氧化合的一种化学反应；

②森林燃烧产生大量热量；

③森林燃烧会发出光和大量气体飞散到空中。

有外国学者表明，森林燃烧是光合作用的逆反应，光合作用需要时间和能量的积累，而森林燃烧可以快速释放能量。如果把光合作用和燃烧写成方程式，就比较容易观察到这个关系。

光合作用(贮存能量)：

$$6CO_2 + 12H_2O \xrightarrow[\text{叶绿素}]{\text{光}} C_6H_{12}O_6 + 6H_2O + 6O_2 \uparrow$$

森林燃烧(释放能量)：

$$C_6H_{12}O_6 + 6H_2O + 6O_2 \xrightarrow[\text{燃烧}]{\text{点火温度}} 6CO_2 \uparrow + 12H_2O + 热$$

森林贮存能量是缓慢的，可是森林燃烧是快速地释放能量。森林燃烧也是另一类型氧化过程，它是在高温作用下，快速地连锁反应。森林燃烧具有两种性质，一种是破坏性的，一种是有益的。

2.2.2 森林燃烧的三个阶段

(1) 第一阶段：预热阶段。

预热阶段是指森林可燃物在火源作用下，因受热而干燥、收缩，并开始分解生成挥发性可燃气体，如 CO、H_2、CH_4 等，但是尚不能进行燃烧的点燃前阶段。可燃物受热分解为小分子物质的过程，叫做热分解。自然条件下，森林可燃物都含有水分，在预热阶段，外界火源提供的热量，使可燃物温度不断升高，体内水分不断蒸发，同时形成烟雾，在可燃物达到一定温度时，热分解开始进行，小分子的挥发性可燃气体才不断逸出，因此这个阶段需要环境提供热量，预热阶段也成为吸热阶段。

火灾初发阶段，燃烧物质受热后，温度缓慢升高，水分逐渐蒸发，物质变得越来越干燥，冒烟最后达到燃点以前为第一阶段。

预热阶段的长短既与火源体的大小有关，也与可燃物的干湿有关。对同一火源，干燥的可燃物，预热阶段十分短暂；湿润的可燃物，则需要较长的预热阶段。

(2) 第二阶段：气体燃烧阶段。

随着可燃物温度继续上升，热分解产生更多的挥发性的可燃气体，大量的可燃物气体与周围空气进行着混合，当温度上升至可燃物燃点，而且挥发物浓度达到一定数值时，在固体可燃物上方就形成明亮的火焰并放出大量热量，产生二氧化碳和水汽。这个阶段就是气体燃烧阶段。气体燃烧阶段是放热的阶段。气体燃烧的火焰温度可达 700~1100℃，是燃烧过程中表现最剧烈的阶段，它对林火的蔓延和发展有重要的促进作用。

可燃性气体开始点燃，温度迅速上升，此时发出黄红色火焰，产生巨大烟尘。此阶段火势旺，为火发展、火灾传播阶段。

(3) 第三阶段：木炭燃烧阶段（固体燃烧阶段）

表面燃烧。最后只剩下少量灰分。

森林火灾三个燃烧阶段，有时交错进行，但都能明显看出。森林火灾燃烧过程可以概略地用图2-1表示：

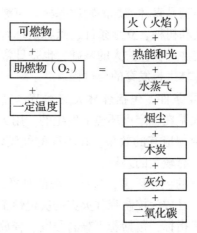

图 2-1 森林火灾燃烧过程示意

该阶段的热量释放速度比较缓慢，释放出的热量较前一阶段少。木炭燃烧得充分与否，取决于空气供应情况和环境的温度。

大多数森林可燃物，如木材、枝桠、枯枝等，在燃烧时，都可以明显观察到以上3个阶段。一些细小可燃物，则几乎是在同一时刻完成燃烧的三阶段；也有些森林可燃物如泥炭、腐殖质、腐朽木和病腐木等，没有明显的气体燃烧阶段，只能看到烟，看不到明显的火焰。人们根据森林可燃物燃烧过程中，是否产生火焰，将森林燃烧划分为有焰燃烧和无焰燃烧两种。有焰燃烧是指可燃物能够会发出足够的可燃性气体，在可燃物上方产生明显火焰的燃烧现象，也称为明火。有焰燃烧的速度快，进行直接扑救的危险大。无焰燃烧是指燃烧过程不能挥发出足够的可燃性气体，不产生火焰的森林燃烧现象也叫暗火。暗火燃烧速度缓慢，但持续时间长，不易被发现和扑灭。在森林中，有焰燃烧可燃物的数量大约可占森林可燃物的85%～90%，无焰燃烧的可燃物的数量只占森林可燃物总量的5%～10%。

2.3 森林燃烧环

在同一气候区内，可燃物类型、火环境和火源条件基本相同，火行为基本相似的可燃复合体叫森林燃烧环（图2-2）。因为森林燃烧不是某一种可燃物燃烧，而是多种可燃物燃烧。如不同树种的枝叶、灌木和草本植物，它们是多种可燃物的组合。从外观上看，森林燃烧环由三角形的外切圆和内切圆共同构成，三角线的三条边分别代表火源条件、火环境、可燃物类型，外切圆代表气候区，内切圆代表火行为。森林燃烧环内的五个要素相互关联、相互影响。

图2-2 森林燃烧环

可燃物类型，指可燃物同质（即其群落组成、结构基本相似）、同一地理区域、同一生长节律的可燃物复合体。可燃物类型是森林燃烧的物质基础。可燃物类型的划分是依据优势植被和树种、立地条件、森林破坏程度等。调节可燃物类型的燃烧性是森林防火的基础，也是日常工作的内容，它贯穿于整个森林生长发育的全过程。

火环境是森林燃烧的重要条件，包括森林火灾季节、气象条件、地形因子、土壤类型、林内小气候等。森林防火是在一定火环境下发生的，用火和以火防火是有条件的，只有在安全保障的情况下才能取得应有的效果。在不同的气候区，具有不同的森林燃烧环，同类型燃烧环因大气候不同，有较大的差异。

火源条件是引起森林火灾的主导因素，包括火源的种类、频率、时间和地理分布等。在防火季节中严格控制火源，已成为控制森林火灾的决定性工作。

火行为是森林燃烧的重要指标，包括着火难易程度、释放能量大小、火蔓延方向和速度、火强度、火持续时间、火烈度和火灾种类以及高强度火的火行为特点等。在扑救森林火灾时，掌握了火行为的特点，采取相应措施，才能有效地控制森林火灾的发展，直至使其全部熄灭。

2.4 森林火灾碳排放

中国领土面积广阔无垠，陆地面积是 $963\times10^4\text{km}^2$，而森林面积还不到陆地面积的五分之一。根据第八次全国森林资源清查结果显示，中国的森林面积为 $2.08\times10^8\text{hm}^2$，虽然较过去有所增长，但是与世界其他发达国家的森林面积相比，仍旧具有很大的距离。

森林对生态系统和全球环境具有重大影响，面对近些年愈发严重的全球变化，尤其是以温室气体浓度增多而导致的气候变暖问题。森林具有碳汇功能，通过光合作用、呼吸作用等方式吸收和固定碳量。

然而森林火灾的发生会向大气中排放大量的二氧化碳，干扰森林生态系统和全球碳平衡，深刻影响气候变化，森林的功能从碳汇转为碳源。一场大规模的火灾可能将森林生态系统中储存几十年甚至几百年的碳一次性释放到大气中，直接改变大气碳循环。赵凤君等人通过研究表明，森林火灾每年向大气圈中释放的碳量相当于化石燃料燃烧的70%。由此可见，森林火灾是影响陆地生态系统碳源的关键因子。估算森林火灾碳排放，对量化分析森林火灾对生态系统碳循环的影响提供理论依据。

2.4.1 森林火灾碳排放计算方法

世界森林面积占全球的30%左右，根据国外专家计算，全球平均每年大约有1%的森林遭受火干扰的影响，森林火灾产生的有害气体不仅对环境造成污染，同时森林火灾碳排放对全球大气平衡造成重大影响。随着近几年全球变暖加剧，极端气候出现频率增多，湿润的地方更加湿润，干旱的地区更为干旱，更大程度增加森林火灾发生的频率和强度。因此，准确计量森林火灾直接排放的碳量，对进一步量化森林火灾对大气碳平衡的贡献以及对正确评价森林火灾在森林生态系统碳平衡中的作用具有重要意义，并为国家履约谈判提供科学支持。

国外对森林火灾给予高度重视，对森林火灾及碳排放的研究起步早，因此森林火灾数据保存得比较完整。这对森林火灾碳排放的估算提供重要基础。中国自1987年大兴安岭特大火灾发生之后，意识到森林火灾预防和治理的重要性，国内很多林火方面的专家与时俱进，同时吸收国外技术与经验，开始对森林火灾碳排放进行估算。如田晓瑞根据1991—2000年森林火灾统计数据和生物量研究结果，估算中国森林火灾直接排放的碳量；胡海清等人结合室内控制实验和野外火烧迹地调查相结合的方式，对大兴安岭呼中区2010年森林火灾碳排放量进行估算；王效科等人在各省火灾统计资料和生物量估计的基础上，采用排放因子法和排放比法，算出中国森林火灾释放 CO_2、CO、CO_4 的量。

森林火灾碳排放量估算主要涉及火强度、燃烧效率、排放因子。

测定火强度等级主要参考的数据有火线强度、火焰长度、火焰高度、可燃物载量及火蔓延速度等。国内主要通过去火烧迹地进行实地调查来确定火强度，调查树干熏黑程度、树木死伤情况等方面,对火烧强度进行界定,根据火强度和可燃物载量的相关关系,以及各强度火灾在火烧迹地的分布情况及比例状况来确定火强度,并把火强度分为重度、中度、轻度3个等级,主要通过不同火强度消耗可燃物的不同,推算火强度等级。

燃烧效率的测定是森林火灾碳排放估算的关键因子,计算公式为:

$$\beta = M_i / M \tag{2-1}$$

式中　β——可燃物燃烧效率;
　　　M_i——可燃物消耗量;
　　　M——可燃物载量。

排放因子是表示消耗的单位质量物质所释放的某种化合物的量,及消耗单位质量碳所释放的某种气体的量,单位为 g/kg,其计算公式为:

$$E_{fs} = E_s / C_t \tag{2-2}$$

式中　E_{fs}——不同含碳气体的排放因子;
　　　E_s——森林火灾排放的某种含碳气体;
　　　C_t——燃烧过程中总碳排放量。

碳排放计量公式:

$$M = A \cdot B \cdot a \cdot b \tag{2-3}$$

式中　M——森林火灾所消耗可燃物载量(t);
　　　A——森林火灾燃烧面积(hm^2);
　　　B——未燃烧前某单位面积内平均可燃物载量(t/hm^2);
　　　a——地上部分生物量占整个系统生物量的百分比(%);
　　　b——地上可燃物载量燃耗效率。

Levine 等根据可燃物载量的含碳率(f_c),假设所有被烧掉的可燃物载量中的碳都变成了气体,就可以计算由于森林火灾燃烧所造成的碳损失(C_t),表达式为:

$$C_t = M \cdot f_c \tag{2-4}$$

式中　C_t——可燃物燃烧所排放的碳量(t);
　　　f_c——可燃物含碳率(%)。

如果森林火灾中不同可燃物碳密度为已知条件,结合以上两个公式进行修正和估算可燃物燃烧过程中排放的总碳量,其表达式为:

$$C_t = A \cdot B \cdot f_c \cdot \beta \tag{2-5}$$

式中　β——可燃物燃烧效率。

但是这个公式估算的结果通常小于实际排放量,主要是因为计算森林火灾可燃物消耗时,忽略地表部分对碳排放量的影响。因此,Amiro 将地表影响因素考虑在内,对公式进行修正,得到新的估算公式:

$$C_t = A(B_a f_{ca} \beta_a + C_l \beta_l + C_d \beta_d + C_c \beta_c) \tag{2-6}$$

式中　B_a——森林火灾所消耗地上部分可燃物载量(t/hm^2);
　　　f_{ca}——地上部分可燃物含碳率;
　　　β_a——地上可燃物燃烧效率

C_1——地表凋落物碳密度(t/hm^2);

β_1——地表凋落物燃烧效率

C_d——地表有机质碳密度(t/hm^2);

β_d——地表有机质 燃烧效率

C_c——粗木质残体碳密度(t/hm^2);

β_c——粗木质残体燃烧效率。

2.4.2 森林火灾碳排放统计

国外研究学者在20世纪70年代末已经开始估算非工业源温室气体排放量,并发现森林火灾对全球碳循环影响巨大。20世纪80年代之后,国外对森林火灾和大气碳平衡的研究更多,以加拿大、美国、俄罗斯等发达国家为主的研究者对北方森林碳平衡问题进行深入研究,并对火灾碳排放量进行初步估算。20世纪90年代初期,美国科学家Williamsburg召开第一次森林燃烧和温室气体的Chapman会议。90年代中期,在东南亚开展有关火试验的国际项目,对森林燃烧生物质和大气圈碳循环间的作用进行深入研究。进入21世纪以后,更多研究者发现,火灾的时空信息对于科学进行森林火灾区域的碳收支研究十分重要。国外对森林火灾和碳平衡之间关系研究起步早,将大量数据建立成数据库系统,配合迅猛发展的科技,已经得出很多关键性结果。

我国早期对火灾的研究不够重视,没有足够的森林火灾数据,直到1987年大兴安岭特大森林火灾发生之后,才加紧了对森林火灾的控制和研究。研究地点相对集中是我国森林火灾研究中存在的问题,比如东北林区备受重视,而对其他森林地区的火灾研究则相对较少。

田晓瑞等统计了1991—2000年10年间我国的森林火灾资料,并结合各省、直辖市的生物量研究成果,初步测算了我国森林火灾向大气中直接释放的碳量。研究结果表明,我国森林火灾每年平均燃烧损失森林地上生物量5~7Tg,直接从碳库转移出20.24~28.56Tg碳量,释放CO_2和CO分别为74.2~104.7Tg和1.797~2.536Tg。以2000年全国总排放为参照标准,1991—2000年10年间森林火灾平均每年向大气中排放二氧化碳量占我国总排放碳量的2.7%~3.9%,甲烷的年平均排放量占总排放量的3.3%~4.7%。森林火灾已成为全球环境变化的一个主要驱动力。我国森林生物量的消耗主要由寒温带森林火灾造成的,占总排放量的63.8%~67.9%。植被燃烧时直接向大气圈排放CO_2、CO、CH_4、含碳氢化物、氮氧化物等气体,在植被燃烧中,森林火灾是造成植被燃烧的主要原因,森林火灾排放的含碳气体对大气圈有长期的影响。

根据郭怀文对福建三明地区2000—2011年森林火灾的研究和调查表明,不同森林类型所排放的含碳气体差异较大,不同等级森林火灾损失的碳量也不一样,一般火灾损失碳量所占百分比最低,重大火灾火烧损失碳量所占百分比最高。

森林火灾碳排放的数量深刻影响全球碳平衡,因此,对二者关系进行深入的研究和探讨,对解决目前全球变化下的各种问题都有重要价值,对解决气候变暖问题做出重要贡献。

2.5 烟雾管理

森林火烧会产生烟雾，其主要成分有二氧化碳、水蒸气、一氧化碳、碳氢化合物、硫化物、微粒物质等。烟雾中含有一些有毒物质，给前来扑救火灾的消防人员带来生命危险。烟尘直接影响光照的数量和质量，直射光变少、散射光变多。

2.5.1 污染物排放种类

林火及计划火烧对空气的主要污染是向空气中释放烟尘颗粒。据测定火烧所产生的颗粒有23.7%被释放到大气中去。这些颗粒最显著的影响是降低大气能见度。大颗粒可很快降落到地面，而小颗粒(特别是微粒)可在空气中悬浮几天或更长。森林火灾排放的大量污染物直接影响全球变化，其成分会在很长的一段时间里对当地生态环境造成困扰。森林火灾排放的污染物造成空气污染。森林火灾排放物主要有含碳气体、含氮气体、颗粒物、气溶胶。

近几年雾霾愈演愈烈，$PM_{2.5}$是雾霾的罪魁祸首。$PM_{2.5}$是指直径小于等于2.5μm的颗粒物，它非常微小，容易附带有毒、有害物质而不被人察觉，在大气中停留时间长且输送距离远，一场森林火灾会释放一定量的$PM_{2.5}$，对大气环境和人类健康危害巨大。2010年韦斯特通过研究，得出全球每年因室外有毒空气污染细颗粒物而死亡的人数大约有210万。

含碳气体是森林火灾排放物的主要成分，90%的碳以CO_2或CO形式释放到大气中。含碳气体的过量排放干扰全球碳平衡，温室气体浓度增加则加剧气候变暖，而温度上升致使森林火灾发生的频率、强度不断增加，进而增加灾难性森林火灾发生的可能。含碳气体的大量排放还会导致植物逐渐降低甚至丧失吸收CO_2的功能。森林原本具有碳汇功能，森林火灾的发生，使森林功能发生转变，由碳汇变成碳源。

碳氢化合物是火烧时产生的第二类最重要的燃烧产物。据测定，火烧时有6.9%的碳氢化合物被释放到大气中。在森林可燃物燃烧时，所释放出的CO的量是可观的(25kg/t)，但它很快氧化，对人及动植物不会造成危害。木质可燃物燃烧时，硫的释放量很少，氮氧化物也很少见，因为形成NO_x化合物的温度要比木质可燃物的燃烧温度高。

气溶胶(aerosol)，即气体分散体系，由固体或液体小质点分散并悬浮在气体介质中形成的交替分散体系，大小约1~100nm。分为天然气溶胶和人为气溶胶。挪威国际气候和环境研究中心的气候科学家冈纳·迈尔(Gunnar Myhre)在 Science 报告中提到"气溶胶排放的全球模型显示，温室气体造成的全球变暖有大约10%被气溶胶的冷却效应消除了。"但是在森林燃烧中会产生黑炭气溶胶，它是大气气溶胶的一部分，是不完全燃烧的产物，粒径0.01~1.0μm。黑炭气溶胶吸收从可见光到红外的波长范围内的太阳辐射，对全球气候有重要影响。IPCC报告指出，黑炭气溶胶导致正的辐射强迫，从而极大减弱气溶胶对地球的冷却效果。其次，黑炭气溶胶能吸附其他污染物，通过人类呼吸，将有毒物质带入人体而危害健康。

在全球变化的形势下，对森林火灾污染物排放的研究是不可或缺的一部分，为气候变化条件下制定合理的林火管理政策提供有效、可信的参考。

2.5.2 烟雾管理内容

烟雾最直观的影响是使空气能见度降低，另外烟雾本身使人看起来不舒服。为了减少这种影响，火烧可在早晨的逆温已经消失、晚间逆温层形成以前进行。大气的混合深度和风对烟雾的消散具有促进作用，寻找这样的点烧时机有时是不容易的。特别是在人烟密集的地方要十分慎重。火烧时间尽可能短些。因为人们可以忍耐几个小时的烟雾，但是几天恐怕是不行的。有时公民对烟雾反应强烈时，不得不对火烧做些限制。虽然这会限制火的应用，但是，点烧一定要选择有利时机和条件，不能超出污染控制标准。

烟雾管理主要包括以下三个方面。

(1) 建立计划火烧计划

在充分了解和掌握用地区可燃物、地形、气候类型等自然条件基础上，根据天气条件，如气温、相对湿度、风速、风向的变化，选择火烧时机，并提前做好人力和物力的安排。

计划火烧能够有效地控制林内可燃物载量，清除杂草，降低森林火灾发生的可能性。

(2) 选择合适的点火方法

在计划火烧时要考虑将产生的烟雾对空气污染的影响降到最低，因此用火技术在此尤为重要。干旱或大气不稳定的情况下看通常采用逆风点火技术，烟雾释放速度慢，燃烧完全，产生烟雾较少。而计划火烧面积大且天气稳定时，可采用空中点火或地面顺风点火技术。这种方法，火强度大，烟雾上升高度高并且蔓延速度快，需要谨慎把握用火时机，否则会出现跑火成灾的可能。

(3) 清理工作

在计划火烧后需要及时清理火场，降低火持续时间，消除暗火，这样可以有效降低有害物质释放。

无焰燃烧（暗火）微粒物质的释放量比有焰燃烧高出数倍，而且不易发现，它产生的烟雾接近地面，产生污染物质最多。

因此，火烧后及时清理火场可以极大程度地降低烟雾对空气造成的污染。

【本章小结】

本章重点讲述森林燃烧内容，从燃烧三要素、森林燃烧基本特征和过程、森林燃烧环、森林火灾碳排放、烟雾管理五个方面来了解森林燃烧的定义、特征、影响因素、燃烧过程以及燃烧后的统计和管理。前三节为基础概念内容，需要学生准确的了解和掌握相应定义，第四节与第五节面向实际，结合近些年火灾统计数据学习计算碳排放量；最后一节内容包括火灾排放的污染物种类与烟雾管理内容，研究森林火灾排放物具体成分，学习我国对烟雾管理规定。从理论到实践学习，有利于更好地了解我国森林火灾发生于管理状况。

【思考题】

1. 什么是燃烧三要素，它们分别起到什么作用？
2. 请论述燃烧三要素之间的关系。
3. 请简要概述森林燃烧环的结构和内容。
4. 烟雾中都含有哪些成分，列举并说明这些成分对环境、人有什么影响？
5. 结合本书学习内容和自己的理解，论述为何计算森林火灾碳排放量？

【推荐阅读书目】

1. 林火生态与管理．胡海清主编．中国林业出版社，2005.
2. 林火原理．秦富仓，王玉霞主编．机械工业出版社，2014.

第3章 森林可燃物

【本章提要】 森林可燃物是指森林和林地上一切可以燃烧的物质，如树木的干、枝、叶、树皮；灌木、草本、苔藓、地表枯落物、土壤中的腐殖质、泥炭等。森林可燃物是森林火灾发生的物质基础，也是发生森林火灾的首要条件。在分析森林能否被引燃，如何蔓延以及整个火行为过程时，可燃物比任何其他因素都重要。不同种类的可燃物构成的可燃物复合体，具有不同的燃烧特性，产生不同的火行为特征。所以，只有了解了燃烧区域可燃物种类的易燃性和可燃物复合体的燃烧性，才能更好地开展林火预报，预测火行为，制定扑火预案。

3.1 森林可燃物理化性质

可燃物的物理性质和化学性质决定可燃物的燃烧性质。森林可燃物物理性质有：可燃物的结构、含水率、发热量等；化学性质有：油脂含量、可燃气体含量、灰分含量等。由于森林群落的多样性和复杂性，可燃物存在着地域性差异。为了描述和比较不同类型、种类、层次的可燃物，常采用可燃物负载量、可燃物分布（水平分布和垂直分布）、可燃物密度、可燃物含水率、可燃物大小和形状以及可燃物的化学性质来反映其自身特征。

3.1.1 物理性质

物理性质是指可燃物颜色、气味、状态、熔点、沸点、导热性等方面的性质。这些性质通常可以通过观察和测量获得，不需要经过化学反应就可以表现出来的性质。

3.1.1.1 可燃物床层的结构

可燃物床层（fuel bed）是指从土壤下层的矿质层起，上至植被顶端（树冠）之间的各种可燃物的综合体。可燃物床层中既有活可燃物、枯死可燃物,也包括土壤中的有机物质(腐殖质、泥炭、树根及各种小动物和微生物)。通常是指土壤表面以上的可燃物总体。可燃物结构主要是指可燃物床层中可燃物负荷量、大小、紧密度、连续性等。

可燃物负荷量(fuel loading)是指单位面积上可燃物的绝干重量,单位是 kg/m^2、t/hm^2。1971 年,福特·罗勃逊(Ford Robertson)对可燃物进行了定义:"可以点着和燃烧的任何物质或复杂的混合物"。从理论上讲,所有物质都可以燃烧,但在实际中有的物质在特定的林火中从来没有燃烧过。所以,可燃物负荷量又可分为总可燃物负荷量、潜在可燃物负荷量和有效可燃物负荷量。

①总可燃物负荷量,即从矿物土壤层以上,所有可以燃烧的有机质总量。

②潜在可燃物负荷量,指在最大强度火烧中可以消耗掉的可燃物量。这是最大值,而实际上在森林火烧中烧掉的可燃物比它少得多。

③有效可燃物负荷量,是指在特定的条件下被烧掉的可燃物量。它比潜在可燃物负荷量少。

可燃物负荷量的变化很大,不易精确测定。估测方法有样方法、标准地法等。

可燃物的大小(粗细)影响可燃物对外来热量的吸收。对于单位质量的可燃物来说,可燃物越小,表面积越大,受热面积大,接收热量多,水分蒸发快,可燃物越容易燃烧。常用表面积与体积比(surface-area-to-volume ratio)来衡量可燃物的粗细度。可燃物的表面积与体积比值越大,单位体积可燃物的表面积就越大,越容易燃烧。我们可以根据可燃物的形状(如圆柱体、半圆体、扇形体、长方体等),确定表面积与体积比的公式,对各种可燃物的表面积与体积比值进行估测,如树木的枝条可以看作圆柱体,其表面积与体积比为:

$$\sigma = \frac{2\frac{\pi}{4}d^2 + \pi d \times l}{\frac{\pi}{4}d^2 \times l} = \frac{\frac{\pi}{2}d^2 + \pi dl}{\frac{\pi d^2 l}{4}} = \frac{\frac{d}{2l}+1}{\frac{d}{4}} = \frac{4}{d}\left(1+\frac{d}{2l}\right) = \frac{4}{d}+\frac{2}{l} \approx \frac{4}{d} \quad (3-1)$$

式中　σ——表面积与体积比(cm^{-1});

　　　d——圆柱体的直径(cm);

　　　l——圆柱体的长度(cm)。

根据式(3-1),用游标卡尺测定圆柱体的直径 d,即可求出其表面积与体积比。又如,油松和樟子松的针叶可以看作半圆柱体;白皮松和红松的针叶可以看作扇形柱体。通过一定的数学推导,得出表面积和体积比的计算公式。

可燃物床层中可燃物颗粒自然状态下堆放的紧密程度称为紧密度(compactness)。紧密度影响着可燃物床层中空气的供应,同时也影响火焰在可燃物颗粒间的热量传递。紧密度的计算公式如下:

$$\beta = \rho_b/\rho_p \quad (3-2)$$

式中　β——可燃物的紧密度,无量纲;

　　　ρ_b——可燃物床层的容积密度(g/cm^3 或 kg/m^3);

　　　ρ_p——可燃物的基本密度(g/cm^3 或 kg/m^3)。

可燃物床层在空间上的配置和分布的连续性(continuity)对火行为有着极为重要的影响。可燃物在空间上是连续的,燃烧方向上的可燃物可以接收到火焰传播的热量,使燃烧可以持续进行；可燃物在空间上是不连续的，彼此间距离较远，不能接收到燃烧传播的热量，燃烧就会局限在一定的范围内。

(1) 可燃物的垂直连续性

垂直连续性是指可燃物在垂直方向上的连续配置，在森林中表现为地下可燃物(腐殖质、泥炭、根系等)、地表可燃物(枯枝落叶)、草本可燃物(草类、蕨类等)、中间可燃物(灌木、幼树等)、上层树冠可燃物(枝叶)各层次可燃物之间的衔接，有利于地表火转变为树冠火。

(2) 可燃物的水平连续性

水平连续性是指可燃物在水平方向上的连续分布，在森林中表现为各层次本身的可燃物分布的衔接状态。各层次可燃物的连续分布将使燃烧在本层次内向四周蔓延。一般来讲，地表可燃物有很强的水平连续性，如大片的草地，连续分布的林下植被(草本植物、灌木和幼树)；在森林中的树冠层因树种组成不同而具有不同的连续性，如针叶纯林有很高的连续性，支持树冠火的蔓延；而针阔混交林和阔叶林的树冠层，易燃枝叶是不连续的，不支持树冠火的蔓延；树冠火在蔓延中，出现阔叶树或树间有较大的空隙，树冠火就下落成为地表火，见表3-1。

表3-1 火焰高度等级与连续性

等级	火焰高度范围(m)	连续性	描 述
I	<0.5	不连续	火无法向上传播
II	$0.5 \leqslant h < 0.75$	低度连续	火向上传播可能性很小
III	$0.75 \leqslant h < 1$	中度连续	火向上传播可能性很大
IV	$\geqslant 1$	高度连续	火能够向上传播

(3) 影响可燃物连续性的主要因素

①坡度 坡度同时影响可燃物水平连续性和垂直连续性，随着坡度的增加，连续性上升的速度增加。火灾坡地燃烧时，受空气热对流的作用会形成向坡上推进的风，能够加速火势蔓延。一般来说，坡度越大，林火蔓延越快，扑救难度越大。

②风速 风不仅加快火蔓延，而且还会带来新的氧气，增大火势。风速对林火的蔓延有着尤为重要的影响，是最不具有确定性的影响因子。对可燃物垂直连续性的影响主要是林内的风速。森林内草木众多，可以起到阻挡的作用，因此林内风速降低幅度大。一般而言，风速较小的时候，风速增加幅度较大，风速较大的情况下，增加幅度会变得平缓；风速对水平连续性的影响非常大，尤其风速在5级以上时，火焰和热流呈水平传播状态。

③郁闭度 是可燃物垂直连续性的间接影响因素，主要有两种方向的影响：郁闭度高可以抑制草本植物和灌木的生长，减少灌草负载量和灌草高度，有效降低垂直连续性；可以促进自然整枝，活枝死在树干或凋落在地表，增加了枯枝负荷量，同时增加了垂直连续性。

④林木枝下高 枝下高的高低与垂直连续性有密切联系，直接影响垂直连续性；同时也与水平连续性有关，改变树冠长度和负荷量，间接影响水平连续性。常见的情况是地表火演变成林冠火，这是因为林木枝下高处的枝条被引燃，导致高处林冠部分也被燃烧到。

因此枝下高的高低，是调控垂直连续性的关键。

⑤灌木 灌木的高度、密度与负荷量是影响垂直连续性的重要因素。灌木负荷量比重较小，对垂直连续性的影响不大，但是灌木的高度和密度直接影响着垂直连续性，而且灌木的高度和密度与负荷量密切相关，是灌木负荷量调控的重点。

⑥草本，地表枯枝 草本、地表枯枝负荷量的增加会直接增加可燃物垂直连续性。对二者进行及时调控，可以有效控制和降低垂直连续性。一般而言，即使草本、地表枯枝负荷量较大，只要均匀分布，它的影响就是有限的。但是，草本和地表枯枝出现堆积的情况，即使负荷量不高，也会在局部形成很高的火焰，引发林冠火。

3.1.1.2 可燃物含水率

可燃物含水率影响着可燃物达到燃点的速度和可燃物释放的热量多少，影响到林火的发生、蔓延和强度，是进行森林火灾监测的重要因素。可燃物含水量的度量方法可分为绝对含水率和相对含水率，详见式3-3、式3-4。

$$AMC = (W_H - W_D)/W_D \times 100\% \tag{3-3}$$

$$RMC = (W_H - W_D)/W_H \times 100\% \tag{3-4}$$

式中 AMC——绝对含水率(%)；

RMC——相对含水率(%)；

W_H——可燃物的湿重(取样时的样品重量)；

W_D——可燃物的干重(样品烘干后的绝干重量)。

含水率越小，有效能量越大，火的蔓延速度越快，火温越高。例如：中国科学院林业土壤研究所测定大兴安岭草类—落叶松林含水率14.5%~22.5%，有效能量为12 363kJ/m²，5min可蔓延6m²；矾踯躅—落叶松林含水率70.8%，有效能量为7 162kJ/m²，5min蔓延面积为2.8m²。

(1) 可燃物含水率与易燃性

可燃物含水率与易燃性关系密切，可燃物含水率高，相对不易发生燃烧，相反可燃物含水率低，发生燃烧的概率增加。枯死可燃物和活可燃物的可燃物含水率差异大，对燃烧的影响也不一样。枯死可燃物含水率变化幅度大于活可燃物含水率变化，它可以吸收超过自身质量1倍以上的水。具体死可燃物含水率与易燃性之间的关系参见表3-2。

表3-2 死可燃物含水率与易燃性的关系

可燃物含水率变化(FMC)	易燃性表现	可燃物含水率变化(FMC)	易燃性表现
>35%	不燃	10%~16%	易燃
25%~35%	难燃	<10%	极易燃
17%~25%	可燃		

(2) 死可燃物含水率和活可燃物含水率

可燃物含水率在燃烧难易程度和剧烈程度上具有显著的影响。可燃物含水率有两种类型，即死可燃物含水率与活可燃物含水率。死可燃物含水率是指枯死的可燃物中的含水量，死可燃物含水量随空气含水量变化而变化，变化范围为2%~250%。活可燃物含水率是指有生命的、正在生长的可燃物的含水率。活可燃物含水量一般随树种和一年中的月份有所变化，变化范围在75%~150%。

(3) 平衡含水率与可燃物时滞等级

平衡含水率是指森林可燃物在一定的状态(温度、相对湿度)的环境条件下，吸收大气水分的速度与蒸发到大气中水分的速度达到平衡时的可燃物含水率。此时可燃物内部水分饱和，外部环境水气压与可燃物内部水气压相等，两者之间的水分扩散运动相对静止。

3.1.2 化学性质

森林可燃物的化学组成可以分为纤维素与半纤维素、木素、油脂、挥发油和灰分等5类。化学成分不同的可燃物其燃烧性必然有差异。

(1) 纤维素和半纤维素

均属于碳水化合物，约占植物体重量的50%~70%。半纤维素被加热到150℃时，开始热分解，释放出可燃气体；至220℃时，呈放热的热分解。纤维素加热至162℃，有明显的热解反应；加热至275℃，呈放热热解反应。两者热解反应所产生的可燃气体被点燃后，形成有焰燃烧。两者燃烧释放的热量差异不明显，约为16 119J/g。

(2) 木素

又称木质素，是植物木质化组织中与纤维素、半纤维素伴生的无定形芳香性高分子化合物。在大多数森林可燃物中的含量一般为15%~35%；腐朽木中可达75%甚至更高。针叶树木材中木质素含量通常比阔叶树和乔木科草本植物要高。木质素热解所需温度比纤维素和半纤维素要高150~200℃。其完全燃烧释放的热量可达23 781J/g。

(3) 油脂含量最多的可燃物容易燃烧，发热量大。针叶树一般含油脂比阔叶树多，草本含油脂最少。

(4) 挥发油

可燃物含挥发油越多越容易燃烧。挥发油是一种易挥发的易燃芳香油。挥发油用水蒸气蒸馏样品提取。不同树种所含挥发油不同，相应地，不同树种的燃烧性就有差异。马尾松含挥发油2.75mL/kg，大叶桉为3.23mL/kg，樟树为13.70mL/kg，木荷为0mL/kg。

(5) 灰分

灰分是指可燃物中的矿物质含量，主要有Na、K、Ca、Mg、Si等。各种矿物质通过催化纤维素的某些反应，增加木炭和减少焦油的形成，而降低火强度，因此，灰分含量高的可燃物不容易燃烧。马尾松总灰分含量为2.42%，木荷为3.58%。木荷因其良好的耐火性和抗火性，常用于营造防火林带。

3.2 森林可燃物分类

森林中的一切有机物都是森林可燃物，包括所有的乔木、灌木、草本、苔藓、地衣、枯枝落叶、腐殖质和泥炭等。森林可燃物是森林火灾的物质基础，也是火灾传播的主要因素，它的性质、大小、数量、分布和配置等，对森林火灾的发生发展、控制和扑救以及安全用火均有明显影响。

3.2.1　按种类划分

(1) 死地被物

主要由枯死的凋落物组成,如落叶、杂草、苔藓、枯枝、球果等。由于它们的种类、大小和分布状态不同,燃烧特点也不相同。枯死的杂草比枯死的苔藓易燃;阔叶比针叶易燃,但持续时间短。死地被物的易燃程度还取决于它们的结构状况。一般死地被物可分为上、下两层。上层结构疏松、孔隙大、水分易流失、易蒸发,其含水量随大气温度而变化;容易干燥、易燃。地表下层,结构紧密、孔隙小,处于分解或半分解状态,保水性强;一般不会燃烧,只在长期干燥时,才能燃烧。

(2) 地衣

是容易燃烧的物质。燃点低,在林中多呈点状分布,为林中的引燃物。吸水快,失水也快,所以容易干燥。如附生在树冠枝条上的长、节松萝易引起树冠火。

(3) 苔藓

吸水性较强,燃烧速度较地衣、杂草慢。在林地上的苔藓一般不易着火;因为它们多生长在阴湿密林下,只在连续干旱时才能燃烧。但是,生长在树皮、树枝上的藓类,燃烧性强,危险性也大,如树毛(小白齿藓),常是引起常绿针叶树发生树冠火的危险物,燃烧时间持续长,尤其是靠近树根和树干附近的苔藓,在燃烧时对树根和树干的危害极大。如果出现有泥炭藓的地方,在干旱年代,有发生地下火的危险。

(4) 草本植物

在生长季节,体内含水分较多,一般不易发生火灾。但在早霜以后,植株开始枯黄而死亡,根系失去吸水能力,就是长在水湿地上的薹草也极易燃。又如东北地区,在春季雪融后,新草尚未萌发,遗留的干枯杂草常是最容易发生火灾的策源地。在草本植物中,又分为易燃和不易燃两大类。易燃的:大多为禾本科、莎草科及部分菊科等的喜光杂草。其常生长在无林地及疏林地;植株高大,生长密集;枯黄后,不易腐烂;植株体内含有较多纤维,干旱季节非常易燃。不易燃的:多属于毛茛科、百合科、酢浆草科、虎耳草科植物。叶多为肉质或属膜状;多生长在肥沃潮湿的林地,植株矮小;枯死后,容易腐烂分解;不容易干燥,不易燃。此外,东北林区的早春植物,也属于耐火植物。在春季防火期,正是开花,枝叶茂盛的生长时期,如冰里花、草玉梅、延胡索等。还有些植物能够阻止火的蔓延,如石松、圣柳等,都属于不易燃的植物。

(5) 灌木

为多年生木本植物。体内含水分较多,不易燃烧,如柃木、越橘、接骨木、牛奶果等许多常绿灌木和小乔木。有些灌木冬季上部枝条干枯,如胡枝子、铁扫帚。有些灌木冬季枯叶不脱落,都属于易燃的、还有些为针叶灌木,如杜松和偃松等。体内含有大量树脂和挥发性油类都属于易燃的灌木。灌木的生长状态和分布状况均影响火的强度。通常丛状生长的比单株散生的灌木危害严重,不易扑救。此外,灌木与乔本科、莎草科以及易燃性杂草混生时,也能提高火的强度。

(6) 乔木

因树种不同,燃烧特点也不同。通常,针叶树较阔叶树易燃,因为针叶树的树叶、枝条、树皮和木材都含有大量挥发性油类和树脂，这些物质都是容易燃烧的。阔叶树一般体内含水分较多，所以不容易燃烧，如杨树、柳树、赤杨等。但有些阔叶树也是易燃的，如桦木、树皮呈薄膜状，含油质较多，极易点燃。又如，蒙古栎多生长在干燥山坡，冬季幼林叶子干枯而不脱落，容易燃烧。南方的桉树和樟树也都属于易燃的常绿阔叶树。但大多数常绿阔叶树体内含水分较多，都属于不易燃的树种。

（7）森林杂乱物

包括风倒木、枯立木、风折木和采伐剩余物，能影响火的蔓延和火的发展。它们的数量多少直接影响火的强度，对燃烧的影响，主要取决于它的组成、湿度和数量。残留在采伐迹地上的云杉枝条最易燃烧；其次是白桦和松树；再次为山杨。新鲜的或潮湿的杂乱物，其燃烧较困难，干燥的或不新鲜的杂乱物则容易燃烧。在北方针叶林内，一般可根据杂乱物的多少来划分等级，如每公顷杂乱物在 20m³ 以下为弱度；21～55m³ 为中度；55～95m³ 为强度。当林内有大量杂乱物时，火的强度就大，不易扑救。在针叶林内还很容易造成树冠火。

3.2.2 按危险程度划分

根据上述可燃物燃烧的难易程度可分为三大类：

（1）危险可燃物

在一般情况之下，容易着火，燃烧快，如地表的干枯杂草、小枝、落叶、树皮、地衣和苔藓等。这些可燃物的特点是：干燥快、燃点低、燃烧速度快，它们是林中的引燃物。

（2）燃烧缓慢可燃物

一般都是粗大的重型可燃物，如枯立木、腐殖质、泥炭、树根、大枝桠和倒木等，这些可燃物不易燃烧，着火后能长期保持热量，不易扑救。因此，在清理火场时，这类可燃物难以清理，容易形成复燃火。这种可燃物在极干的情况下，发生大火灾时才会燃烧，给扑火工作带来很大困难。

（3）难燃可燃物

指正在生长的草本植物、灌木和乔木。体内含有大量的水分，不易燃烧，有时还可减弱火势或使火熄灭。但是，遇到强火时，这些绿色植物也能脱水干燥而燃烧。

3.2.3 按空间位置划分

由于可燃物在森林中所处的位置不同，发生森林火灾的种类也就不同，一般分为三层。

（1）地下可燃物

指枯枝落叶层以下半分解或分解的腐殖质、泥炭和树根等，其燃烧特点是：释放可燃性气体少，不产生火焰，燃烧缓慢，持续时间长，不易扑救。主要表现为地下火。

（2）地表可燃物

指枯枝落叶层到离地 1.5m 以内的所有可燃物，如枯枝落叶、杂草、苔藓、地衣、幼苗、灌木、幼树、倒木、伐根等。它们的燃烧强度、蔓延速度视其大小和含水量而定。主要表现为地表火。

(3) 空中可燃物

指离地面 1.5m 以上的可燃物均为空中可燃物，也称林中可燃物，如乔木的树枝、树叶、树干、枯立木、附生在树干上的苔藓和地衣以及缠树的藤本植物等。主要表现为树冠火，如枯立木较多的林分易发生飞火。

3.3 森林特性与森林可燃物

森林火灾的发生发展不仅与可燃物的性质有关，而且与森林特性也有密切关系。影响森林特性的元素有：林木组成、郁闭度、林木年龄、林木层次等。

(1) 林木组成

它能影响林下死地被物的组成和特性，它又能影响林下活地被物的组成和分布，因此，林木组成直接影响可燃物的性质。

(2) 郁闭度

它的大小直接影响林下可燃物的数量和湿度，以及林内小气候的变化。如，小兴安岭地区胡枝子柞木林、由于郁闭度不同，其死地被物重量也有所变化，见表3-3。

表3-3　胡枝子柞木林郁闭度与死地被物重量关系

郁闭度	0.4	0.5	0.6	0.7	0.8	0.9
死地被物(t/hm^2)	2	2.9	3.5	5	9	12.9

随郁闭度的增加，死地被物的重量也增加。相反，郁闭度降低，死地被物重量减少，而林内活地被物数量增多。此外，郁闭度的大小对林内的光线、湿度和风速都有很大影响。一般情况下，郁闭度愈大，林内光线愈弱温度越低、湿度越大，不易燃烧，郁闭度小，发生火灾可能性越大。

(3) 林木年龄

年龄不同，树高也不同。针叶幼树自然整枝和自然稀疏，林内有大量枯立木和干枯树枝，易使地表火转为树冠火，使针叶幼林遭受毁灭。老龄林林冠稀疏，林木年龄不同，死地被物的数量有明显变化。如，小兴安岭地区，胡枝子柞木林，年龄与死地被物的关系，见表3-4。

表3-4　林龄与死地被物关系

林　龄	40	60	80	100	120	140	160	180	200
死地被物(t/hm^2)	3.2	4.8	8.1	9.6	12.9	14.0	10.5	6.2	2.5

(4) 林木层次

林木层次对森林燃烧有一定影响，一般单层林易发生地表火，复层林尤其是复层针叶林，地表火容易转变为树冠火。

森林可燃物是森林燃烧的物质基础，森林中所有有机物质均属于可燃物：如树叶、树枝、树干、树根、枯枝落叶、林地草类、苔藓、地衣和腐殖质、泥炭等均可以燃烧。森林可燃物、气象条件和火源被称作森林火灾"三大要素"。要发生火灾必须三大要素齐备,缺一不可。

3.4 森林可燃物类型及其燃烧性

近年来,森林火灾成为一种严重威胁生态环境和资源的重要灾害。解决这一问题,首先需要了解可燃物状况。可燃物类型是描述可燃物状态的基本概念,通常用于森林火险等级系统火行为模型的基本输入因子。

森林可燃物类型是指具有同一性质(林分组成)同一空间(水平和垂直分布)和同一时间(林分发生和发展过程)的森林可燃物复合体。划分森林可燃物类型具有重要意义:它是林火管理的基础,是森林防火和营林安全用火的主要依据。这是因为森林可燃物类型不同,其燃烧性和火行为等均不相同。扑救火灾可根据不同可燃物类型安排人力和物力,决定扑火方法和扑火工具及扑火对策。在营林安全用火中,可根据不同可燃物类型决定用火方法和用火技术,可燃物类型是林火预测预报基础,特别是火行为预报。

3.4.1 我国主要可燃物类型

3.4.1.1 东北林区

①落叶松　主要分布在大、小兴安岭和长白山。华北、西北也有。该树种含有树脂,树冠稀疏,林内光线比较充足,因而,林下易燃杂草较多,但随地形变化和沼泽化的程度不同,燃烧性有明显差异。如大兴安岭林区落叶松林,按照燃烧性可分为三类:

易燃的:草类—落叶松,蒙古栎—落叶松,杜鹃—落叶松林。

可燃的:矾踯躅—落叶松林,偃松—落叶松林。

难燃的或不燃的:溪旁—落叶松,藓类—云杉、落叶松林,泥炭藓—矾踯躅—落叶松林。

②樟子松　主要分布在大兴安岭海拔400~1 000m的阳坡和沙丘上,呈块状分布,它是常绿针叶林,枝、叶和木材均含有大量树脂,易着树冠火。这类森林多分布于较干燥的立地条件上,属易燃型。

③红松林　主要分布在小兴安岭海拔650m以下,长白山海拔800~1 100m或以下的山地。它的枝叶、木材和球果均含有大量树脂,尤其枯枝落叶非常易燃。

④云冷杉林　主要分布在大兴安岭东北坡,小兴安岭和长白山地区。它喜欢生长在湿度大的山地。分布在亚高山地带和低海拔河谷地带。林冠厚密,林下阴湿,多生长苔藓。云冷杉枝叶和木材均含有大量挥发性油类,一旦遭受火灾,危害性是较重的。

⑤柞木林　分布在比较干燥的立地条件下,它本身抗火性强、但多次生林,属易燃林分。

⑥阔叶林　东北地区大多数为阔叶林,因为阔叶林体内含水分较多,都属于可燃、难燃或不燃的林分,根据生长的立地条件和林下易燃植物分布,可分为两类:

可燃的:草类山杨林,草类白桦林。

难燃的：沿溪朝鲜柳林、珍珠赤杨林、洼地柳林等。

3.4.1.2 南方和西南地区

①杉木林　枝叶易燃，耐阴，林冠层深厚，一旦发生火灾容易形成树冠火，危害较严重，如芒其骨—杉木林。

②桉树林　枝叶和木材中均含有挥发性油类，枝叶易燃。此外，还有香樟、安息香等含有挥发性油类阔叶林，也容易燃烧。

③云南松林和马尾松林　多数为"飞播林"。是最容易发生森林火灾的地区。

④竹林　竹林一般不易燃烧，如乌饭树—毛竹林。

⑤常绿阔叶林　其燃烧性主要根据其分布的立地条件不同来决定。立地条件湿润或水湿地就不易发生火灾，其林分多属于不燃或难燃；立地条件比较干燥和干燥的则易燃。

⑥油茶林　多为南方的经济林，呈灌木或小乔木状，抗火性能强，如分布密集，则有阻火作用。一般大多易燃。

3.4.2 森林可燃物燃烧性

森林可燃物的燃烧性包括森林可燃物的理化性质和空间组合特征。可燃物的理化性质描述可燃物植物部分的特性，包括可燃物的化学性质以及密度、燃点、热值、含水率等物理性质，主要用来解释燃烧现象（能量释放大小、火线强度和火焰长度等）；可燃物空间组合特征描述可燃物组合的各种特性，包括可燃物的数量、大小、形状、密实度及连续性等，主要影响火行为（扩散速度与强度）。

森林可燃物类型划分研究的目的之一是预测火行为（fire behavior）（扩散速度与强度），进而推测火效果及确定防火措施。还可以通过与地形因子和气象因子耦合，划分森林火险等级指数，进行森林火险等级预报；准确估算不同森林可燃物类型的载量和空间分布，还可为可燃物管理提供指导，保证林火安全。然而森林可燃物不是单一的燃料，而是一个复杂的多层体系，由地表到林冠包括半腐殖质层、细可燃物层、粗可燃物层、草本层、灌木层和乔木层，每一层都有其独特的结构特征。

森林可燃物管理涉及不同时空尺度的基础科学问题。在空间上，不同森林类型、环境条件、采伐、造林和干扰会导致不同的可燃物类型，这些因子错综复杂的相互作用，造成了森林可燃物的空间复杂性；在时间上，即使是同一林型，不同演替阶段（如老龄林与幼龄林）可燃物类型也会不同。此外，可燃物随生态系统演替的变化（累积与分解）以及可燃物处理对树种组成、年龄结构乃至景观格局的影响，是几十年到几百年的动态过程。

3.5 森林可燃物载量及其动态变化规律

3.5.1 可燃物载量定义

可燃物载量，也称可燃物负荷量，是指单位面积上一切可以燃烧的有机物质的绝干质量。在相同的气象和环境条件下，当具备必需的火源和氧气时，可燃物自身的结构组成、尺寸差异、理化性质以及分布特点决定着可燃物的燃烧。研究森林中可燃物负荷量时空动态变化对有效预测森林火灾及潜在火行为具有重要意义。

森林火灾，特别是森林特大火灾的频繁出现，与森林可燃物载量的积累有密切的关系。森林可燃物，特别是细小易燃的可燃物是森林燃烧的主要因子之一，可燃物燃烧除取决于火源和氧气必要条件外，还取决于本身的尺寸大小、结构状态、理化性质和数量分布。由于森林群落的多样性和复杂性，同时又存在着地域性差异，以及森林火灾发生次数及持续时间不同，从而导致了各种类型可燃物载量不是固定不变的，是随着各种相关因素的变化而变化。在确定气象和环境的条件下，可燃物的载量大小明显影响着林火发生的行为特征。因而，建立森林可燃物载量模型，确定可燃物载量，对于森林火险预报、林火发生规律预报，林火行为(林火蔓延速度、火强度、火焰长度、能量释放等)预报和地表可燃物管理(计划烧除)具有极为重要的意义。

可燃物载量是反映可燃物数量多少的概念，即单位林地面积上所有可燃物的绝干质量，通常用 kg/m^2 或 t/hm^2 来表示。可燃物载量大小直接影响着火、蔓延和火强度。据研究，若可燃物载量小于 $2.5t/hm^2$ 时，难以维持正常燃烧。若可燃物载量大于 $10t/hm^2$，就有可能发展成大火灾。实践中，有效可燃物载量与林火发生发展意义重大。有效可燃物载量每增加1倍，火蔓延速度增加1倍，火强度增加为原来的4倍。

3.5.2 可燃物载量测定

可燃物载量的多少，取决于掉落物的积累和分解速度，它与植被类型和环境条件有关，并随时间和空间而动态变化。季节不同，可燃物载量差异很大。我国大部分地区，从早霜开始，森林凋落物明显增加，易燃可燃物载量增大，但进入生长季后，易燃可燃物载量又相对减小。一年中掉落物的总量，森林约为 $1.8t/hm^2$，平均约为 $3.5t/hm^2$，灌木林平均每年约为 $2t/hm^2$，凋落物每年的分解速度，热带雨林地区看到 $20t/hm^2$，而高寒或荒漠地区则几乎为 $0t/hm^2$。

不同森林可燃物载量的变化，常用分解常数来衡量：

$$K = L/x \tag{3-5}$$

式中　　K——分解常数；

　　　　L——林地每年凋落物量；

　　　　x——林地可燃物载量。

K 值越大，林地可燃物分解能力强，可燃物累积少。K 值稳定，说明可燃物的累积和分解趋于动态平衡。森林类型不同，K 值不一样，K 值达到稳定所需的时间也不同。在地中海的灌木林中，K 值达到稳定需 50~70 年；德国东部沿海森林约需 45 年，云杉林约需 70 年；美国东部 K 值稳定需 17~20 年。我国南方林区或湿润地区的 K 值，通常大于北方林区或干旱地区；在东北分布的杜鹃落叶松林、草类白桦林，在火烧后 13 年，就可使该类森林的易燃可燃物载量超过 $10t/hm^2$。大兴安岭地区常见的沟塘草甸，往往是林火的策源地，其可燃物载量在火烧后 4~5 年达到平衡状态。

可燃物载量随着时间和空间变化而发生变化，是指单位面积内可燃物的绝干质量，通常采用 kg/m^3 或 t/hm^2 表示。在一个生长季中，植物会经历生长、死亡和凋落。地被可燃物载量的多少取决于可燃物积累与分解的速度。可燃物载量的多少影响林火蔓延速度和火强度，是森林火灾发生的基础。

可燃物载量一般按有效可燃物和总可燃物来统计。

①有效可燃物　它是在森林火灾中能被燃烧掉的可燃物。它的变化很大，随着可燃物的厚度、排列、燃烧的持续时间和火的强度而变化。如逆风火比顺风火可以烧掉更多的可燃物。有效可燃物等于未烧前的可燃物减去燃烧后余下的可燃物。有效可燃物可以 kg/m^2 来表示，但在野外应用时，多采用 t/hm^2。

②最大有效可燃物　在最干旱的情况下，狂燃大火过后，可被烧掉的可燃物。它可理解为有效可燃物的最大值。

③总可燃物　森林中单位面积上全部可燃物的总量。一般来说，在沟塘或草地，可燃物数量增长为 x，则火强度的增加为 x^2，两者近似是平方的关系。在大兴安岭林区曾有人对不同年限沟塘草甸细小可燃数量的增长做过调查，见表3-5。

表3-5　可燃物的增长与时间关系

时间(年)	1	2	3	4	5
可燃物数量(kg/m^2)	0.85	1.05	1.25	1.4	1.5

从表3-5可看出，沟塘细小可燃物每年大约增长 $0.15kg/m^2$。可燃物数量的多少对点燃的影响也很大，如果可燃物的数量很多，含水量稍高也可点燃。在大兴安岭地区的沟塘，因塔头上残留大量的千草母子，虽然在其上面生长草类的含水率达40%（一般含水率超过25%就点不着）也能烧着，只是蔓延速度稍慢而已，这主要是由于干草母子被点燃后，经预热作用所致。

根据可燃物负荷量及其理化性质、地形和气象因子等参数，建立适宜的火行为模型计算林火蔓延速度、火线强度、火焰长度等指标，可以针对不同类型可燃物的潜在火行为进行有效模拟，从而为森林火灾预防和扑救工作提供参考依据。

影响可燃物的增长因素很多，其中主要是年限，在大兴安岭地区的沟塘草甸。一般来说，火烧后的第一年可燃物的增长最快；第二年次之，第三年更少，以后就逐年呈水平直线变化。另外，可燃物类型本身的结构不同，增长的速度也不一样，不同地区因气候条件不同对可燃物的增长也有很大影响，有时高有时低。总之，根据不同地区可燃物的增长速度及其影响因素来研究可燃物的增长类型，对预测预报火灾的发生和火行为具有很重要的意义。

3.6　森林可燃物调控技术

森林可燃物是森林燃烧的物质基础，是指森林中一切可以燃烧的植物体，包括乔木、灌木、草本、地衣、苔藓、枯枝落叶以及地表以下的腐殖质和泥炭等。森林可燃物的负荷量、含水率、床层结构以及理化性质等都与林火行为密切相关。作为森林燃烧三要素之一，与其他2个要素(火源与火环境)相比，森林可燃物更易于人为控制，并且便于对森林防火的有效性进行合理的定量评价。通过对森林可燃物进行有效调控，不仅可以减少森林火灾的发生、增加森林生态系统的抗性、维持生物多样性、提高森林健康水平，而且调控后留有的残余物质为提取生物质能源提供大量的原料。如今，在森林生态系统受到严重破坏的背景下，林火管理又面临新的挑战，森林可燃物调控显得更为重要。

对森林可燃物调控技术方法的研究可以追溯到 20 世纪初。20 世纪 20 年代就有人提出调控森林可燃物负荷量可以有效地控制森林火灾的发生。在这一研究领域，北美一直处于领先地位，我国的研究起步相对较晚。目前国内外可燃物调控技术方法的研究领域在不断扩展，在总结调控技术方法的基础上，更加注重可燃物在景观水平上的处理以及对生态环境的影响。

3.6.1　调控技术方法概述

可燃物调控技术方法直接关系到调控的效率、效果及经济成本等。调控森林可燃物有 4 个较为基础的原则，即减少地表可燃物、增加活枝高、降低林冠密度、保留大径级抗火林木。林火管理者通常通过机械处理、计划烧除等手段调控可燃物负荷量，以达到控制林火行为的目的，这在美国的西部、澳大利亚东南部及南欧等地区已经得到了广泛应用。此外，通过营林抚育、防火林带营造等方法改变可燃物床层结构及可燃物的燃烧环境，也为可燃物的调控提供了一条重要途径。概括起来，可燃物调控技术方法主要有以下几种形式：

(1) 机械处理

机械处理主要是指机械粉碎及其清理工作。对于地被物分解速度较慢的地区，一般可以采用该方法。机械粉碎的对象可以为地表覆盖物、灌木，也可为胸径 2.5cm 的小乔木。对灌木及小乔木进行机械粉碎处理，可以改变森林可燃物垂直分布的连续性，在一定程度上避免林火在垂直方向上的蔓延。根据粉碎物的理化性质不同可采用不同的清理方式，可将其移除，也可将其平铺在林地内。在商品林的可燃物调控中，移除木材也是机械处理的一个方案。森林采伐过后，及时地移除木材及小径级原木，对于减少可燃物负荷量具有直接作用，并在很大程度上降低了林火所带来的经济损失。

(2) 计划烧除

计划烧除，又称为规定火烧，是指按照预定方案有计划地在指定地点或地段上，在人为控制下，为达到某种经营目的而对森林可燃物进行的火烧。早在 20 世纪 50 年代，美国的林业部门就已经采用该方法对西部森林进行可燃物调控。如今，国内外围绕计划烧除进行了大量的研究，发现反复的计划烧除可以降低林火带来的危害，采用低强度(500 kW/m)的火能有效减少森林可燃物的积累。这种技术方法主要应用于具有较厚的保护性树皮、树冠耐轻度灼伤的森林。

研究表明：在针叶林和硬阔叶林中运用计划烧除可以显著地减少可燃物的积累量。在我国利用计划烧除进行可燃物调控的林分主要分布在西南林区的云南松(*Pinus yunnanensis*)林及东北、内蒙古林区的人工针叶林和针阔混交林。

此外，田晓瑞等认为：在长白山林区蒙古栎(*Quercus mongolica*)林内，采用低强度火烧来调控可燃物，也能有效降低该林区的火险等级。

计划烧除季节的选择要根据林区的气候状况、立地条件、林分组成以及可燃物性质等确定，因地制宜进行选择。舒立福等提出了适宜计划烧除的几个时间段：如春季积雪融化时可采用跟雪点烧的方法；秋季第1次枯霜后的几天可利用雨雪后沟塘中恢复燃烧性快慢的时差选择点烧时机；对于多年积累干草的塔头草甸可在夏末进行点烧等。Knapp 等基于可燃物含水率的季节变化，认为在秋季进行火烧处理可能更利于枯枝落叶的燃烧。Putts 等发现秋季火烧、春季火烧、冬季火烧各有其优势，不能断定哪个季节为处理的最佳时期，由于季节的变化对可燃物及其燃烧环境的影响具有一定的复杂性，在进行可燃物调控时要综合考虑各个方面因素。目前，通过生物与气象水文物候相来确定用火时段的物候点烧技术已经成为我国降低林内可燃物负荷量、预防重大森林火灾的有效技术方法之一。东北林区在利用"雪后阳春期"点烧面积较大的沟塘来减少火灾隐患这一方面取得比较突出的成果。马爱丽等提出在进行计划烧除时应充分考虑天气条件、火险等级、林地状况、地形地势、可燃物结构、可燃物分布、可燃物湿度等方面因素。刘广菊等提出了在东北林区进行物候点烧时应从树木休眠期、积雪厚度、表土冻结厚度、土壤含水率和可燃物含水率等5个方面予以考虑，只有充分考虑各个因素，才能使计划烧除达到预期目标。

　　(3) 营林抚育

　　营林抚育措施主要是通过调整林分结构，改变林内光照、湿度、温度等条件来控制可燃物的燃烧环境。疏伐是营林抚育措施中最为重要也是最为常见的一种手段。此外，林分改造、林木修枝、林地管理等也都起着十分重要的作用。营林抚育技术不仅是森林可燃物调控的常用方法，而且是维持森林生态系统健康的重要途径。

　　①疏伐森林结构和林内光照　对可燃物产生一定的影响，进而影响着林火烈度和林火的生态效应。疏伐可以改变林分结构，通过控制林分郁闭度，降低树冠火发生的可能性；并且，疏伐对于地表可燃物的增加并无显著影响。对于以树冠火为主的寒温带针叶林区，尤其是郁闭度较高的林区，疏伐是比较理想的手段。屈宇等提出了华北地区郁闭度大于0.7的油松（*Pinus tabuliformis*）林和郁闭度大于0的侧柏（*Platycladus orientalis*）林中均应该进行疏伐；Huggett 等在美国西部的海滩松林和云冷杉林分别进行了研究，认为在同龄林中，下层疏伐的调控效果要优于上层疏伐和选择疏伐；Brown 等认为异龄林中，伐除小径级林木、保留大径级的抗火林木既可以增加整个林分的抗火性，又易于灾后恢复到原有的林分结构。在实际过程中，林火管理者往往将机械疏伐与计划烧除相结合，来提高其调控效率。机械疏伐后进行堆烧是减少树冠火最有效的方法，同时能大大地改变森林结构，使调控后林分的林木胸径、活立木材积、灌木高度、灌木盖度均优于单一处理。

　　②林分改造　林分改造乔木，作为森林生态系统的主体，自身也是可燃物的组成部分，对乔木进行管理对于可燃物调控具有重要意义。阔叶树大多抗火性较强，根据植物或树种的不同燃烧性，利用"近自然林"的理论进行林分改造，营造混交林，对针叶林进行阔叶化改造，可以使针叶树冠呈不连续分布，优化空中可燃物结构，有效降低林分的燃烧性，尤以块状、带状混交作用效果明显。这也是南方的杉松中幼林提高抗火性的重要途径。

　　③林木的修枝抚育　对林木进行修枝抚育可以增加林木的活枝高，加大林冠与林地的间隔性，降低由地表火引发树冠火的可能性，同时减少林分内的死可燃物，降低林分的燃

烧性。对于自然整枝较差的针叶林，其林分郁闭后大部分轮生枝枯死，但仍有一部分残留在活立木上，使其可燃物的垂直分布呈金字塔形，这为地表火衍生为树冠火创造了一定的条件。对于中郁闭度的针叶林林分，林木的修枝抚育为常见的调控措施。

④林地管理　整地、除草等一些林地管理措施对减少地表可燃物、控制林火行为能产生一定积极的影响。Lezber 等发现：整地可以降低地表可燃物的负荷量，并且可以降低幼苗的烧伤程度；同时有助于土壤保持优良结构，利于微生物的生存，加速地被物的分解，这对于地被物分解缓慢的地区具有重要的意义。铲除杂草可以减少林火的入侵，尤其在火灾频发的地区造林前进行林地的全面清理，按照技术规范进行造林整地、挖穴，可以有效地控制杂草滋生、减少可燃物。

(4) 防火林带营造

防火林带是根据地形、地貌，选择耐火树种，把林分划成若干个区域，分区控制，防止火灾连片大面积燃烧。营造防火林带是景观尺度的可燃物管理措施之一，它能有效地控制林火蔓延，并且由于林带的遮阴作用，减少林内活地被物的生物量，增加其含水率。防火林带的建设要与当地的火灾情况相联系，综合可燃物、林带高度、地形、气象等区域因素。应选用抗火性强、含水量高、不易燃烧的树种，且可以形成林带内的小环境。在景观尺度上设置高郁闭度的防火林带，如加利福尼亚的针叶混交林所设置的宽度为 90~400m、灌木盖度为 40%、高郁闭度的防火林带，其防火效果十分显著。并且，可以根据林分、道路、河流、山脉、地形等自然条件，因地制宜，制造防火隔离带可以有效减少火灾的燃烧面积、阻止林火的发生。

综上所述，营林抚育、防火林带营造是生物防火的主要内容。生物防火是利用植物、动物、微生物的理化性质，以及生物学和生态学特性上的差异，结合林业生产措施，达到增强林分的抗火性和阻火能力的目的。如今，生物防火的领域在不断地发展，利用微生物的生物学及生态学特性的生物降解技术为减少可燃物负荷量的研究提供了一个新的途径。

3.6.2　景观尺度上可燃物处理

景观尺度是一个空间度量，景观范围一般指 $1 \times 10^4 \sim 1\,000 \times 10^4 hm^2$，它是一个整体性的生态学研究单位，具有明显形态特征与边界，是生态系统的载体。林火对森林生态系统的干扰往往超出林分尺度，在景观尺度上造成一定的影响。由于在极端林火条件下，林火行为涉及较广区域的可燃物和着火点，因此，对于重大的森林火灾，小范围区域或孤立林分的调控并不能达到理想的效果，在适当的景观尺度上进行可燃物的调控是减少可燃物、降低火险损失的关键。美国的 Wenatchee 国家森林公园在 1994 年遭受重大森林火灾后曾在小范围区域($20\,hm^2$)内进行可燃物调控，当相邻的未经过调控的林分再次遭受高强度林火时，调控过的林分也未幸免于难，这就引起了当地林火管理者对区域范围的深度思考。此外，美国科罗拉多 2002 年的 Hayman 火灾资料显示：在不太恶劣的林火气候下，较大范围($>100\,hm^2$)内，对可燃物进行调控，在林分遭受林火时可以降低火烈度，而较小范围($<100\,hm^2$)的处理则没有什么效果。

如今，国内外的研究已经逐步跨出林分尺度，从景观范围角度出发进行可燃物调控，这样才能更有效地控制林火行为。Agee 等曾多次举例证明了在景观上进行可燃物调控的必要性；Schmidt 等曾在加利福尼亚的针叶混交林中分析比较了疏伐与计划烧除在景观尺度上（280 hm²）调控可燃物对林火行为的影响；刘志华等也通过景观生态 LANDIS 模型研究不同森林可燃物的处理在景观尺度上对大兴安岭潜在林火发生的影响。应该注意的是，景观尺度下有策略地调控可燃物可以达到事半功倍的效果，较少的处理面积便可以达到预期的目标，其可燃物的处理方式、处理次数以及分布等对林火蔓延和林火烈度都有明显影响。曾有人提出在景观尺度上对可燃物进行鲱鱼鱼骨状分布的处理，这样能够阻止早期的林火蔓延，并且形成易于救火人员扑救林火的隔离带。同时，在对景观尺度上调控可燃物要考虑到时间间隔的问题，两次调控时间间隔过长（10a 以上）则无任何意义。Syphard 等证明：在针叶林内每 5 年进行 1 次景观尺度上的可燃物调控，能有效地减少高强度林火造成的危害。

由于传统的野外调查作业受到诸多因素限制，并且方法和经济条件同样受到了限制，目前一些学者利用模型来模拟可燃物在景观尺度上的调控，并努力把这些原则和模拟的成果应用到实际当中，其中景观生态 LANDIS 模型和火行为 FARSITE 模型为研究景观尺度上可燃物的调控提供了很好的平台。LANDIS 是一个用于模拟、探讨森林在景观尺度上（$1 \times 10^4 \sim 100 \times 10^4 hm^2$）和长时间范围内（50～1 000a）生态干扰与演替进程的相互作用的模型，在其可燃物模块中，明确了树种组成、不同的干扰因子以及林火动态之间的相互作用。He 等曾利用该模型估测森林可燃物和林火动态；Shang 等也利用该模型在北美中部阔叶林模拟抑制火灾的长期效应。FARSITE 为新一代火行为模型，与 GIS 配合使用。该模型对可燃物垂直结构及载量有较高的要求，是在时间尺度和空间尺度上对具有景观异质性的地形、可燃物和天气条件下的林火行为及蔓延进行模拟。目前，该模型在国外也有了较为广泛的应用，Duguy 等、Schmidt 等、Moghaddas 等都曾用该模型模拟景观尺度上可燃物调控对林火行为的影响。

从区域尺度上分析，对森林可燃物进行调控具有一定的针对性，一般都是侧重于干旱地区或干湿两季分明的中低海拔针叶林，如北美地区的西部针叶林、我国的东北大兴安岭以及云南的松林地区，也有一些管理者在硬阔叶林中做过类似的处理，如澳大利亚东南部的硬阔叶林。针叶林与硬阔叶林的可燃物存在很大的差异，因此应针对不同的林分特点以及其地理环境特点探讨符合不同林分特征的调控技术方法。

3.6.3 可燃物调控的生态影响

现在对可燃物的研究不仅仅局限在调控技术方法上的探讨，更有学者根据不同的研究目标，对不同的调控技术方法进行定量分析比较，探讨不同可燃物调控技术方法对于生态系统的影响，在减少森林火灾的基础上，较好地维护森林生态系统。

(1) 对土壤、水文的影响

土壤是森林生态系统重要的组成部分，为森林生物的生存提供了必要的物质基础，保护土壤对于实现森林可持续经营具有重要意义。研究发现长期间断性的计划烧除对于细根的长度、地下生物量和土壤的养分循环均有一定的负面影响；并且，火烧处理促使林地温度上升、加快土壤水分蒸发、使土壤含水量显著降低。马志贵等在云南松林中调查发现：计划烧除对土壤团粒结构有一定的破坏作用，虽引起的水土流失量低于国家的最低允许流失量标准，但团粒结构的破坏使林地土壤的渗透性有所下降。贾丹等在兴安落叶松（*Larix gmelinii*）林中调查发现，计划烧除对土壤生态影响相对较大。相对而言，机械粉碎对土壤呼吸作用的影响是短暂的，并只在短时期内使土壤湿度有所下降。Moghaddas等发现，20年频繁的森林采伐收获并没有对土壤密度等造成明显伤害，因此，进行间断性的机械疏伐对土壤的伤害是可以忽略的；但由于机械清理减少了林地地表的枯枝落叶层，使林地持水功能减弱，增加了地表径流，因此，建议在较干旱的地区，尤其是土壤含水率较低的地区，可采用机械处理进行可燃物的调控，机械粉碎后的可燃物可适量地平铺在林地内，以达到保持水土的目的。

（2）对林下植被的影响

可燃物的调控技术方法对于林下植被的生长有着显著的影响。国外研究证明：机械粉碎在短时期内虽然能增加外来物种的生物量，但从长远的角度考虑，可以保存乡土植物的种源。相对而言，计划烧除能有效地抵抗外来种的入侵，其处理后的物种数相对于机械粉碎要显著降低，但却不能有效保存乡土植物的种源，不利于原有林分结构的恢复。机械疏伐在短期内对于林下植被的植物种类和生物量均有较大的影响，并且短期内中强度的疏伐有利于植物多样性的提高。同时，段劫等提出，疏伐的强度应与立地条件相一致，在我国华北地区的侧柏林，好的立地条件应采取轻度抚育，差的立地条件应采取中弱度抚育。利用机械疏伐与计划烧除相结合来调控可燃物能在较大程度上增加林下草本的丰富度和多度，尤其在物种多样性较低的地区，效果十分明显；但是调控后的林分易受外来种的入侵，所以在使用这种方法时需要进行长期监测。

（3）对森林碳储量的影响

近十几年来，全球气候显著变暖，碳排放问题引起了各国生态学家的注意，森林作为一个巨大的碳汇，同时又是个不可忽视的碳源。森林可燃物是森林碳汇的重要组成部分，因此基于森林碳储量角度，一些学者对于森林可燃物调控技术方法做了重新定位。Hurteau等发现对可燃物进行调控可以减少林分遭受火灾后的碳释放。影响林木固碳效果的最大因素是可燃物调控后初步形成的林分结构，在火灾多发的林带，对可燃物进行调控，形成低密度林分结构有助于提高森林的碳储量。经试验证明：在针叶混交林中，经机械疏伐与计划火烧相结合处理的林分，其林分过火后碳排放量明显减少。高仲亮等通过分析计划烧除对种子、叶子、树种、森林群落演替的作用和影响，肯定计划烧除，特别是低强度的计划烧除可以促进森林碳的吸收和固定、提高森林碳汇能力。

3.6.4 森林可燃物调控技术展望

任何一种可燃物调控技术方法都有不可替代的作用。基于不同营林目的、调控目标、林分状况及立地条件，应采用与之相对应的不同的调控手段。即使在相同的条件下，对不同树种进行处理也可能呈现出不同的变化规律。因此，在选用调控技术时应该充分考虑到这些调控技术自身的特点。今后的森林可燃物调控中，应从以下几个方面考虑。

（1）调控方法的应用

应以营林技术为主要手段，提高林分对林火的抗性、实现森林可持续经营是进行可燃物调控的最终目标。营林抚育技术可以优化林分结构，提高森林健康性及稳定性。营林抚育技术不仅仅在森林防火中,在整个森林经营管理中都起着重要的作用。根据实际情况适当地进行计划烧除。林火作为一种特殊的生态因子,具有两面性,即高强度、大面积的森林火灾给森林资源带来巨大的损失,而低强度、小面积的林火又可被当作保持林分健康的一种手段,其效应是机械疏伐不可比拟的。机械疏伐可以创造林火一样的条件,但并不能模拟林火带来的一些生态效益。目前,国内外对计划烧除做了大量的研究,在适当的条件下进行计划烧除为经营森林生态系统提供了一种重要途径。

(2) 调控区域大小的确定

在选择适当的方法进行可燃物调控时,应强调超出林分尺度,在景观尺度上进行可燃物调控;尤其在营造防火林带时,应该综合考虑林分所处大区域上的地形、主风向、原有的防火道路等。只有在大范围区域上整体把握、扩大可燃物的调控区域面积,才能真正实现森林火灾的长期预防、实现森林的可持续经营;同时,利用景观生态调控的基本原理。例如,把废物循环利用原理、生态适应性原理、景观多样性与稳定性理论等理念与可燃物在景观尺度上调控技术相融合,从长远的角度出发,有策略地全面把握,制定适宜森林健康的调控技术。

(3) 技术选择应考虑的因素

选择调控技术方法时应该综合考虑对生态环境的影响。不同的可燃物调控技术方法虽然对于提高和维持森林健康是可行的,但在如今生态系统比较脆弱的背景下,大尺度范围内调控可燃物,须慎重选择合适的调控技术方法,不仅要考虑到对森林生态系统的短期影响,更要兼顾长期效应。自20世纪90年代以来,我国林业建设中心也逐步转移到了以生态建设为主的更高的层次上;在森林的生态效益备受关注的今天,只有大力实施"生态调控",才能真正达到增加森林稳定性、维持森林健康的目的。因此,在进行调控前应充分了解不同技术方法的生态效应,根据调控地区的可燃物情况及环境,因地制宜地选择相应的技术,借鉴相同或相似林分、立地条件下的成功案例,提出科学的可燃物调控规程。

【本章小结】

本章内容为森林可燃物,森林可燃物是森林火灾发生的基础,从森林可燃物理化性质、森林可燃物分类、森林特性与森林可燃物、森林可燃物类型及其燃烧性、森林可燃物载量及其动态变化规律、森林可燃物调控技术6个方面来学习。第一节内容是森林可燃物的物理性质和化学性质;第二节为森林可燃物类型划分,提供以下3种划分方式:从种类划分、从危险程度划分、从所处位置划分。第三节论述森林特性与森林可燃物之间的关系,森林特性影响森林可燃物燃烧性,植被类型、树种、森林年龄等都是影响因素,如针叶林发生燃烧的可能与强度一般大于阔叶林;天然林发生火灾后所受损失一般低于人工纯林。我国森林分布不均,森林类型复杂。第四节以东北林区可燃物类型为例,了解该地可燃物燃烧性。第五节学习可燃物载量及其动态变化规律,可燃物数量决定森林火灾发生的时间与强度,在可燃物积累较少的林区,不易发生持续很久的森林大火。第六节介绍森林可燃物调控技术,森林可燃物调控是降低森林火灾发生的重要方法,目前经常采用的有机械处理、计划烧除、林分改造等方式,其主要原理是通过减少林内可燃物堆积而降低发生森林火灾的可能,同时有利于森林生态系统的健康。

【思考题】

1. 简述森林可燃物概念及类型。
2. 森林可燃物调控的方法都有哪些?
3. 森林可燃物调控有哪些影响?

【推荐阅读书目】

1. 中国东北林火. 郑焕能主编. 东北林业大学出版社, 2000.
2. 林火生态与管理. 胡海清主编. 中国林业出版社, 2005.
3. 森林草原火灾扑救安全学. 赵凤君, 舒立福主编. 中国林业出版社, 2015.

第4章

林火环境

【本章提要】 林火环境是影响森林火灾发生和发展的重要因素，不同的气象条件、地形条件和天气状态发生林火的状况不同。森林火灾碳排放导致温室气体浓度增加，从而加剧气候变暖，伴随全球变化产生的现象除了厄尔尼诺现象之外，还有与之相反的南方涛动。气候变暖使森林火灾发生的可能性、频率、强度都有所增加。本章结合我国各地不同气候类型与地形地貌，对其所造成的森林火灾进行分析和说明。

4.1 影响林火的气象因素

气象要素是受气候条件决定的，它直接影响可燃物的湿度变化和林火发生的可能性。

（1）降水对林火的影响

降水能直接影响森林可燃物湿度的变化。各月降水量不同，林火的发生也不相同。据调查每月平均降水量大于100mm时，一般不发生或很少发生林火。由于森林有庞大的林冠，能截阻大量降水，因此，当降水量1mm时，对林内地被物湿度几乎没有影响；2~5mm时，能降低林分燃烧性；大于5mm时，才能使林地可燃物吸水达到饱和状态，不易发生火灾，就是正在燃烧的火，也会大大降低火势。此外，降水强度和持续时间，对林火发生发展也有密切关系。

降雪能增加湿度，又能覆盖可燃物，使之不能与火源接触，积雪不融化时，不会发生林火。霜、露、雾等水平降水，对森林地被物湿度均有一定影响，影响可燃物含水量变化，幅度在10%以内。因此，可以减弱火势，减慢火的传播速度。

(2)相对湿度对林火的影响

空气相对湿度,是指大气中水汽的饱和程度的百分比。空气完全饱和时,它的相对湿度是百分之百,这时水汽就会冷凝成雨、雾滴、露水等形态,形成降水。当空气中水汽含量只有饱和的一半时,其相对湿度就是百分之五十。相对湿度即空气中的实际水汽压与同温度下的饱和水汽压之百分比。一般有森林的地方比无林处相对湿度要大,林内湿度比林外大。相对湿度直接影响林火的发生和发展,因为它直接制约可燃物水分蒸发,湿度小时可燃物水分蒸发快,林火发生可能性大;反之,林火发生可能性就小些。相对湿度达到75%~80%时,一般不发生林火;但长期旱干无雨,有时湿度在80%~90%也能发生林火。根据调查,月平均相对湿度在75%以上,不发生林火;75%~55%时,可能发生林火,55%以内时,可能发生森林火灾和大森林火灾;30%以下时,可能发生特大森林火灾。但相对湿度和温度都低时,也不易发生特大森林火灾。所以,考虑气象因子时,应综合、全面,甚至还要考虑历史(前期)条件。

(3)温度对林火的影响

温度越高,水分越易蒸发,并会引起空气湿度的改变。温度增加,会明显降低相对湿度,促使森林可燃物干燥,提高易燃性,使可燃物达到燃点所需热量大大减少。据调查,月平均气温在-10℃时,不发生火灾;-10~0℃时,可能发生火灾,0~10℃时,发生森林火灾次数最多,危害也相当严重;11~15℃时,北方地区一般都处于森林可燃物绿色阶段,自身含水量较大时期,森林火灾次数又逐渐减少;当气温在19~20℃时,北方地区进入盛夏,一般不发生林火。

(4)风对林火的影响

风对林火的影响,包括风向风速。风向和降水有一定关系、如我国北方的春夏,遇有从海洋吹来的偏东或偏南风,空气中含水量较多,遇冷温度下降,水汽凝结,容易产生丰沛的降水,吉林省长白山地区,绝大部分地方刮东南风或南风后,很快要降水,这对防火是有利的。但也有些风向是导致发火的预兆。如内蒙古和东北地区,春季刮干旱的西风,就有可能发生火情。火灾发生后,刮西南大风,就可能使火蔓延成大灾,一时无法扑救。西北风一般温度较低,但很干燥,相对湿度小,也有助于火的蔓延。

风速能加强水分蒸发,促使森林地被物干燥,有利于火的发生。"火借风势","风助火威"。不管从什么方向吹来的风,都能对火灾起着加氧和使灼烧的空气向前移动的作用,把火头前边的燃料迅速烘干,把火星向空中扬起,各处散播。大风还阻碍消防,容易烧死人。风越大,空气对流越强,很容易发生火旋风,火向上空窜,火灾呈跳跃式的发展。从一般经验看,平均风力三级(风速3.4~5.4m/s)时,用火或打火都比较安全;风力达四级(5.5~7.9m/s)时,则不那么安全。大风天还可使地表火转为树冠火。

一般情况下,风速越大,火灾次数越多,火烧面积越大。但是由于人们知识水平的提高,知道大风天危险,因此,从数学统计看,风力在7级以上火灾次数并不多,林火次数与风力并非直线相关。一旦发生,便为大火灾。

风向风速也可用来防火或灭火。有时为了消灭强度地表火或树冠火,常要根据风向来点迎面火,阻挡火势的发展。火烧防火线也是要依据风向风力来确定点火方向和用火的时间。因此,了解和掌握风的特性在森林防火中是很重要的。

(5) 连旱对林火的影响

连续干旱天数愈长，气温愈高，湿度愈小，林内地被物愈干燥，容易发生林火。连续干旱时期与林火面积成线函数关系，见表4-1。

表4-1 连旱天数与林火面积关系

天数(d)	4	6	16	30	68
林火面积(hm^2)	1.4	5	220	20 000	500 000

东北地区计算连续干旱，是以雪融化后降水量以5mm为临界点，在以后日期内，凡不足5mm降水的日数，均属连续干旱。

(6) 气压对林火的影响

高气压控制时，天气一般晴朗、干燥，森林燃烧性高，容易发生林火。低气压控制时，一般多阴天，并伴有大量云雾和降水，可估测森林可燃性要低。但是在低压中心或气旋控制本地之前，常是低压暖区，即高温低压天气，有时还出现西南大风，这时最容易发生山火。

(7) 大气层结稳定对林火的影响

大气层结稳定度或称贴地层(30~50m以下)乱流交换强度，对林火有很大影响。

近地面气层的不稳定层结以及乱流强度，可用乱流系数来测定。按拉依哈日特曼的试验，乱流系数$k(cm^2/s)$可用下式求得：

$$k = \beta \cdot u_2 \cdot Z^{1-\alpha} \tag{3-1}$$

式中 β——变数，取决于风速随高度的变化，随热力层结和粗糙度的变化而不同；

u_2——2m高处的风速；

Z——计算交换系数的那个高度；

α——取决于风速，热力层结，地面粗糙度以及风随高度的变化。

乱流系数k的计算是比较复杂的，为便于在日常生活中使用，人们制成了只要知道地面2m或10m处的风速及云量就可查得k值，见表4-2。

表4-2 考虑云量变化的k值表

地上10m风速(m/s)	地上2m风速(m/s)	云量0~7 (cm^2/s)	云量8~10 (cm^2/s)	地上10m风速(m/s)	地上2m风速(m/s)	云量0~7 (cm^2/s)	云量8~10 (cm^2/s)
1	0.7	193	97	9	6.3	1 724	1 379
2	1.4	363	287	10	7.0	1 915	1 532
3	2.1	575	431	11	7.7	2 107	1 636
4	2.8	766	613	12	8.4	2 299	1 839
5	3.5	958	766	13	9.1	2 490	1 992
6	4.2	1 150	920	14	9.8	2 660	2 128
7	4.9	1 341	1 073	15	10.5	2 850	2 280
8	5.6	1 532	1 226				

一般的日程，每日8:00是乱流开始增强的时候，由8:00时的风速和云量求出乱流系数k，再继续注意相对乱流系数的演变过程，就容易掌握火灾的强度与危险程度。若8:00

时的乱流系数超过 1 000cm²/s，即须注意树冠火，但也必须在着火危险度较大基础上。如果已经发生林火，乱流系数变化便可作为火灾发展趋势的标志，当乱流系数加强，湿度显著下降时，火灾可能变成狂燃大火；而乱流系数虽增大，但同时间的相对湿度升高，气温下降时，象征着有冷或湿气团的平流发生，对火灾有减弱作用，这时组织人力进行扑打，容易扑灭，也较安全。

(8) 当天和前后 1~2 天气象要素变化与林火的关系

探讨当日和前后 1~2 天各气象要素同林火的关系，是预报火险等级的有力工具。为此，作者统计了长白山松江河林业局 1970—1980 年林火个例的对应情况，结果见表 4-3。

由表 4-3 可见两条规律：

其一，从气压、温度、湿度形势看，林火多发生在高压后部低压前部的高温低湿区内，气压由林火发生前一天峰值，而后逐渐下降；气温逐渐升高，达到最高日发生林火，而后又下降；湿度逐日减小，到林火发生日达最小，而后又明显增大。

其二，风速、日照、蒸发、滴水不下的连旱都是逐日增大，到林火发生日达最大，林火后则显著减小，一般不利于林火的再发生，但遇连续高温干旱也会连日起火；日平均降水量和降水频率逐日减小，到林火日最小，而后显著增大，至林火后 2 天有 90% 以上为阴雨天气，表示一个天气周期的结束。总之，林火发生日正是各气象要素演变的突变日。这一结论是指平均情况而言的。由于林火具有社会性和人为性，在某一次火灾中未必具有上述特点，但凡能导致蔓延成灾的林火，都会发生在利于燃烧的天气型中。

表 4-3 春季林火发生日前后气象要素的变化(1970—1980 年漫江站)

月份 日期	14:00 气压(hPa)			14:00 气温(℃)			14:00 湿度(%)		
	4	5	4~5	4	5	4~5	4	5	4~5
前二天	919.4	918.8	919.1	14.8	18.7	17.0	28	33	31
前一天	920.6	918.4	919.4	15.1	19.8	17.7	26	30	28
当 天	919.1	916.0	917.4	17.9	21.8	20.1	19	29	24
后一天	918.5	915.3	916.8	14.5	18.4	16.6	33	40	37

月份 日期	14:00 风速(m/s)			日照时数(h)			蒸发量(mm)		
	4	5	4~5	4	5	4~5	4	5	4~5
前二天	4.9	3.9	4.4	9.08	9.43	9.28	4.48	5.22	4.89
前一天	4.9	3.9	4.4	9.79	9.69	9.74	5.55	5.43	5.03
当 天	5.6	4.0	4.8	9.94	9.79	9.86	5.49	6.23	5.90
后一天	5.5	3.8	4.6	6.35	7.76	7.12	4.16	5.21	7.74

月份 日期	日降水量平均值(mm)			1.0mm 以上降水频率(%)			无 1.0mm 降水的连旱日数(d)		
	4	5	4~5	4	5	4~5	4	5	4~5
前二天	0.1	0.7	0.4	10.5	17.4	14.3	3.7	1.5	2.5
前一天	0.2	1.0	0.7	5.3	13.0	9.5	3.9	2.0	2.9
当 天	0	0.3	0.2	0	4.3	2.4	4.8	2.8	3.7
后一天	0.5	2.0	1.1	21.1	21.1	21.4	4.3	1.8	3.9

(9) 天气型与林火的关系

不同地区不同季节受着不同的天气型控制。这里向读者介绍的是我国东北林区的情况。影响东北地区春季林火的主要地面天气系统有：贝加尔湖气旋、蒙古气旋、华北气旋和北部（或西部）向东北区伸展的高压脊等。主要高空天气形势有：大脊、大槽或闭合低压、小脊、小槽、平直西风等。主要的高空温度平流形势有：冷中心、暖脊、冷平流、暖平流等，根据王正非等人1956年的调查，这些形势与林火关系见表4-4、表4-5、表4-6。

表4-4 地面气压形势与火灾频率

地面气压形势	西部或北部高压脊控制	南部或东部高压脊控制	大陆高压内部	贝加尔湖或蒙古气旋	华北气旋与倒槽	东北低压后部	两高之间低压带	合计
火灾频率（%）	104 33	33 10	15 6	112 35	19 6	23 7	13 4	319 100

表4-5 高空形势与火灾频率

高空形势	大脊	大槽或闭合低压	小脊	小槽	平直西风	合计
火灾频率（%）	126 39	67 21	60 19	31 10	35 11	319 100

表4-6 高空温度平流与火灾频率

温度平流形势	冷中心	暖脊	冷平流	暖平流	不明显	合计
火灾频率（%）	18 6	24 8	97 30	121 38	35 18	319 100

可见，最多最大的火灾，发生在贝加尔湖气旋和蒙古气旋的暖区控制东北地区的天气形势下，这种形势往往形成南高北低，天气干旱，西南风大。

华北气旋与倒槽控制时，易有降水，而且范围较广，火灾不易发生，有利于扑救林火。

在西部、北部高压脊控制下，发生火灾较多；在高压的前部或中心，高空有大脊，又配合较强的冷平流时，容易着火成灾。主要是在这种形势下，虽然地面温度不很高，但盛行偏北气流，多偏北大风，连续干旱，在林区多表现为昼夜温差大，有利于可燃物的干燥，所以，容易着火成灾。

高空大脊控制吉林省和东北地区时，容易着火成灾。这主要是大脊前多西北气流，刮西北大风，天气常连旱不雨，脊后又盛行西南大风，温高风大，有利于火灾发生。

从高空温度平流看，发火频率最多的是暖平流和冷平流。暖平流在地面上多表现为高温天气，火灾多；冷平流控制时，多西北或偏北大风，久旱无雨，温度虽不高，但湿度小，有利于火灾发生蔓延。暖脊和冷中心，产生的天气常常是阴雨，所以，火灾频率小。

具体到林区某一范围，天气形势同林火的关系，还可以从表4-7看出。表中数据是长白山西部林区松江河林业局1976—1980年统计的。

表 4-7　长白山西部林区天气形势与火灾频率

项　目	700hPa 高空形势				地面天气形势				连旱日数				
天气形势内容	槽前暖平流或暖脊控制	槽前平直西风控制	槽后西北气流控制	合计	海上高压后部、东北或长白山高压	内蒙古、贝加尔湖低压冷锋前部控制	华北低压北上前部	合计	连旱1天	连旱2~3天	连旱4~6天	连旱6天以上	合计
火灾次数	24	2	1	27	10	16	1	27	0	2	13	12	27
(%)	89	7	4	100	37	59	4	100	0	7	48	44	99

由表 4-7 可见，长白山地区处于蒙古和贝加尔湖和气压冷锋前部时，发生火灾的概率最大，其次是高压天气下，一般当 700hPa 是暖平流或暖脊控制长白山地区时，林火也是最容易发生。掌握这些规律，对于林火预报无疑是十分有用的。

(10) 东北地区气团路径与林火的关系

气团是指在广大区域内，水平方向上各处温度、湿度的分布比较均匀，而垂直方向上温度、湿度的改变也处处相近的大块空气团。其所占据的范围可由几百千米到几千千米。气团一般分为冷气团和暖气团。气团的性质对林火有很大影响。移过内蒙古和东北林区的气团，由于路径和性质不同对林火的影响也不同。其主要路径如图 4-1 所示。气团①和气团②最容易形成火灾。这两种气团都来自极地和靠近寒冷地区的冷干气团，特点是温度低、湿度小。当它们向南偏东移动时，始终在暖空气下移动，这样就常使暖空气抬升而形成积雨云，引起雷暴，发生雷击火，在 5~6 月，暖空气含水量较少，温度又不很高时，常发生于雷暴，易发生森林火灾。

气团③是属内陆的气团，移过内蒙古和华北北部时，往往受渤海和黄海影响，引起降水发生，对火灾有浇熄的可能。

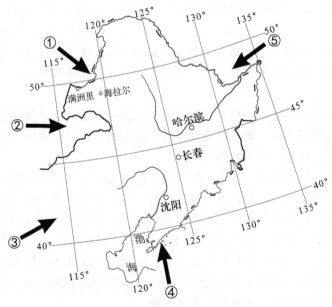

图 4-1　内蒙古东部和东北地区主要气团路径

气团④是热带暖湿气团，主要来自热带地方，含有丰富的水分，呈高温高湿的性质。遇到冷的地表面，其低层可以冷却凝结，发生大范围平流雾，如遇动力抬升也可能产生大量降水。当这种气团侵入时，就很少发生火灾。

气团⑤是来自极地冰洋海面上的冷湿气团，这种气团到达大小兴安岭，冬季引起雷暴，夏、秋季起连续阴雨，春季常发生厚的混合雾，这些都不利于林火发生。

4.2 影响林火的天气系统

天气是指某一地区在某一段时间内各种气象要素的综合表现。天气的变化，给人类生产生活造成巨大的影响，尤其是灾害性气象，如暴雨、干旱、台风、冰雹的出现，经常给人们带来灾难性的损失，因此引起人们的高度关注。

同一时刻的不同地区天气不同，同一地区的不同时刻天气也不尽相同。天气时刻在变，可以将这种变化概括为两种类型：一种是周期性变化，周期性变化产生的原因是受太阳辐射和地球的自转与公转的影响，属于规律性变化，如气象要素的日变化和年变化等；另一种是非周期变化，非周期变化则是难以预测的、突发性变化，出现原因是受不同天气系统的产生、移动、消失、加强或减弱的影响，常伴随台风、暴雨、寒潮、冰雹等灾害出现。

4.2.1 气团

受地球表面性质影响而形成的，在水平方向上物理性质比较均一的，移动路径基本相同的大块空气叫做气团。气团水平范围可达几千千米，垂直高度可达几千米到十几千米，所占空间范围很大。一般将气团划分为冷、暖、干、湿四种情况。气团的分类方法有三种：①按照气团热力性质不同，划分为冷气团和暖气团；②按照气团湿度特征差异，划分为干气团和湿气团；③按照气团发源地，划分为赤道气团、热带气团、极地气团、北冰洋气团等。

气团处在不断地运动之中，当气团离开源地向别处移动时，会使经过地方发生剧烈的变化，冷气团空气冷而干燥，暖气团通常含有丰富的水分；另一方面气团自身也会发生变化，改变原有的物理性质，成为变性气团。

影响我国天气的气团是变性极地大陆气团、热带太平洋气团和赤道海洋气团。变性极地大陆气团起源于西伯利亚、蒙古、加拿大一带，起初形成于高纬度的大陆。极地大陆气团南下时，下垫面属性改变，气团属性相应发生变化，形成变性极地大陆气团。冬半年，变性极地大陆气团活动频繁，在它的控制下，大气特征是寒冷干燥、晴朗、温度日变化大。我国森林火灾主要发生在这种天气形势下。热带太平洋气团的影响下，大气特征是温度高、湿度大，不易发生火灾。赤道海洋气团形成于赤道附近的洋面，高温高湿，气层不稳定，经常出现雷暴等天气，不易发生森林火灾。

4.2.2 锋

当冷气团和暖气团交会时产生的带状过渡带，称为锋。锋面是交会时出现的交界面，一般呈现倾斜状态，锋面和地面相交的线，称为锋线。冷气团密度较大位于暖气团下方。锋面会随着冷暖空气移动而前进，根据移动情形分为冷锋、暖锋、滞留锋、囚锢锋4种类型。

(1) 冷锋

冷锋是冷气团主动向暖气团移动并代替暖气团位置的锋。是我国最常见的一种锋面天气，冬半年活跃。冷风过境前，由单一暖气团控制，气温较高、天气晴朗、气压较低。冷锋过境时，风大、气压升高、温度降低等，有时造成雨雪天气。冷风过境以后，由冷气团控制，气温下降，气压先降后升，天气转晴。根据冷风移动速度快慢，可以分为快行冷锋和慢行冷锋。

快行冷锋出现时产生大风天气，在北方，干旱的春季还会有沙暴。慢行冷锋移动速度较慢，形成稳定性降水，风力增大，过境后气压升高，温度降低，降水停止，风力减小。常产生积雨云、暴雷和阵性降水。

(2) 暖锋

暖锋是暖气团主动向冷气团移动的锋。暖锋过境前，地区受单一冷气团控制，气温低，气压高。暖锋过境时，温暖湿润，气温上升，气压下降，移动速度较慢，可能会带来连续性降水。暖锋过境后，降水停止，气温升高，天气转晴。暖锋主要出现在我国东北地区和长江中下游地区，暖锋天气下一般不容易发生森林火灾。

4.2.3 气旋

气旋又称低压，在北半球，大气中水平气流呈逆时针旋转的大型漩涡，在南半球，则呈顺时针旋转(图4-2)。在同一高度上，气旋中心的气压比四周低，在等高面图上是闭合等压线包围的低气压区。气旋中心是上升气流，因此多云雨天气，四周是下沉气流。是我国最关心的天气系统之一。

根据气旋形成和活动的地区，分为温带气旋、副热带气旋和热带气旋；根据热力结构不同，则分为锋面气旋和无锋面气旋。

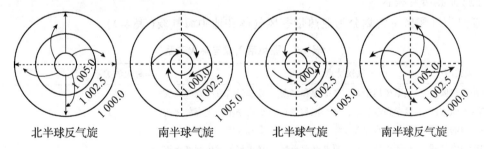

图4-2 南北半球气旋及反气旋示意

4.2.4 反气旋

反气旋又称高压气旋,是指中心气压比四周气压高的水平空气涡旋,从北半球看,反气旋呈顺时针方向向外辐散,从南半球看则是呈逆时针向外辐散。反气旋中心气压高,逐渐向外递减,形成下沉气流,如冬季蒙古—西伯利亚高压等。

反气旋按结构分为冷性反气旋和暖性反气旋。冷性反气旋空气干燥寒冷,如西伯利亚高压;暖性反气旋空气潮湿且热,通常形成稳定少变的晴朗天气,如副热带高压,是中国东部降水的重要来源之一。

干燥少雨的情况下,容易发生森林火灾。

4.3 气候类型与林火

全球范围内,受经度、纬度、海陆位置、海拔高度等因素的影响,各地区接收的太阳辐射呈现出地域性差异,因而表现出不同的气候类型。

根据太阳辐射的多少和海拔位置,世界气候大致分为热带气候、温带气候、寒带气候和高原山地气候。这种划分方法依据所在的纬度位置,因此也被划分为低纬度气候区、中纬度气候区、高纬度气候区和高地气候区。

(1)热带气候区

热带气候区可分为热带雨林气候、热带草原气候、热带季风气候、热带沙漠气候。(表4-8)

表4-8 热带气候区气候和林火关系

气候类型	气候特点	与林火的关系
热带雨林气候	全年高温多雨	基本无森林火灾发生
热带草原气候	全年高温,干湿两季交替	干季降水少,容易发生森林火灾
热带季风气候	全年高温,旱雨两季明显	降水集中在雨季,不易发生森林火灾;非雨季则可能发生火灾
热带沙漠气候	全年炎热干燥少雨	容易发生森林火灾

(2)亚热带气候区

亚热带气候区主要划分为亚热带季风气候和地中海气候(表4-9)。

表4-9 亚热带气候与林火关系

气候类型	气候特点	与林火的关系
地中海气候	夏季炎热干燥,冬季温和多雨	夏季经常发生森林火灾
亚热带季风气候	夏季高温多雨,冬季温和少雨	少雨季易发生森林火灾
亚热带湿润气候	全年降水较多	森林火灾发生很少
亚热带沙漠气候	全年干旱少雨,夏季高温炎热	夏季容易发生森林火灾

(3)温带气候区

温带气候区分为温带季风性气候、温带海洋性气候、温带大陆性湿润型气候、温带干

表 4-10 温带气候与林火关系

气候类型	气候特点	与林火的关系
温带季风性气候	夏季高温多雨,冬季寒冷干燥	冬春两季容易发生森林火灾
温带海洋性气候	全年温和湿润	不易发生森林火灾
温带大陆性气候	冬冷夏热温差大,全年降水少	容易发生森林火灾

旱半干旱气候(表 4-10)。

(4)亚寒带气候区

亚寒带气候区的气候类型为亚寒带大陆气候,位于北极圈附近,受极地大陆气团和极地海洋气团控制,两季明显,冬季漫长而寒冷,夏季短暂温暖,全年降水主要集中在夏季,相对湿度很高,因而不容易发生森林火灾。但是如果出现干旱的情况,森林火灾的可能性增加。

(5)寒带气候区

寒带气候区分为极地冰原气候和极地苔原气候,主要位于极地附近。它们都受极地气团控制,全年寒冷,降水少,植被难以生长,因此发生森林火灾的可能小。

(6)高地气候

受海拔高度影响,水、热重新分布。一座山上会出现不同的气候类型。平均每增高 100m,气温下降 0.6℃,呈现随海拔增高温度降低的规律,因此出现不同的植被类型。山体自上而下的顺序形成的垂直自然带称为垂直带谱。山体起始部分是垂直带谱的基带,基带受山体所在的水平地带性影响。位于同一纬度的山体,由于受海陆位置影响,也会呈现出不同的气候类型。

4.4 气候变化与林火

气候变化既受自然因素影响,也受人为因素影响。气候变化是指气候平均值或距平(离差)出现显著变化,一般来说离差值越大,表明气候变化幅度越大,气候状态越不稳定。IPCC 第五次评估报告的《综合报告》指出人类对气候系统的影响是明确的,而且这种影响在不断增强。全球平均气温在 1880 年到 2012 年上升 0.85℃,陆地升温变化比海洋明显,高纬度地区比低纬度地区显著。据中国气象局提供的资料显示 1983 年至 2012 年是最热的 30 年。在全球气候变化趋势中,中国气温变化与全球趋势一致,自 1913 年以来,我国地表平均温度上升 0.91℃,比世界平均水平高出 0.06℃。

气候变化带来的影响是多方面、多角度、多层次的。海洋变暖,其中海洋上层的温度已经明显增高,冰雪融化、海平面上升等其他问题也因此并发(图 4-3)。北极和南极地区的冰储量连年减少。2001 年之前,格陵兰冰盖以每年 340×10^8 t 的速度减少,南极冰盖以 300×10^8 t 速度减少;而 2002 年以后,格陵兰和南极冰储量下降速度是 2001 年前的数倍。根据 IPCC 提供的资料显示,1971—2010 年,海平面在以 0.2mm 速度飞速上升,到 21 世纪末海平面可能上升 0.26~0.82m,其中 30%~55% 是由于海水受热体积膨胀,还有 15%~

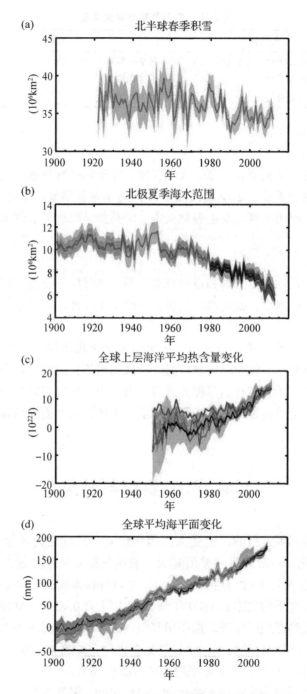

图 4-3 全球气候变化指标

(注：图片源于 IPCC 第五次评估报告《气候变化 2013：自然科学基础》)

其中(a)北半球 3~4 月(春季)平均积雪范围；(b)北极 7~9 月(夏季)平均海冰范围；(c)调整到 2006—2010 年时段相对于 1970 年所有资料集平均值的全球平均海洋上层(0~700m)热含量变化；(d)相对于 1900—1905 年最长的连续资料集平均值的全球平均海平面，所有资料集均调整为 1993 年(即卫星高度仪资料的第一年)的相同值。

35%是因为冰川融化。热量自上而下的传递，改变深海温度，深层次影响海洋洋流。此外，海洋还作为吸收全球碳的重要部分，碳浓度增加导致海洋酸化。

人类活动导致的气候变暖已经是无可厚非的事实，其中对化石能源的过量使用是造成气候升温的重要原因。自1860年工业革命至今，CO_2浓度已经增加40%，温室气体的排放会进一步增暖，以目前的状况来看，即使净人为CO_2排放完全停止，表面温度仍会在多个世纪基本维持在较高水平上。因此，限制温室气体排放是控制气候变暖的重要手段。

根据IPCC预测，2016—2035年，全球地表温度将上升0.3~0.7℃，促使全球呈现"干的地方更干，湿的地方更湿"特点。全球变化带来的极端事件增加，如暴雨、暴雪、冰雹、干旱等天气，较之过去出现时间更长、程度更严重。其中极端暖事件发生的频率要多于极端冷事件。在极端气候事件发生过程中会导致大量林木折断和植被死亡，使森林发生林火的危险性大大增加。如2006年川渝地区百年一遇的大旱使往年基本没有林火的重庆市发生了158起林火，为历史罕见。气候变化导致气候异常，降水不均，多灾并发，如2008年南方暴雪。气温微小的变化也会带来意想不到的后果。全球变暖带来干旱、缺水，植物含水率降低，林地干燥，给森林带来巨大隐患，增加森林火灾的发生。

林火历史的研究表明，过去几千年来高林火频率都出现在研究地区气温高、降水少的暖干时期，气候冷湿时期林火频率是很低的。林火发生频率在空间上的波动性是对气候变化响应的另一个方面，林火空间上的波动性对气温尤为敏感，气温升高，火场和火点质心均向北和向西移动。气候变化引起的气温升高、干旱期延长、空气湿度下降会导致火险期的提前和延长、林火频率和过火面积的增加及林火强度的增大。美国西部自1980年代中期开始春季雪融时间提前，这使得当地春季火险期提前到来，再加上夏季高温干旱期延长，导致美国西部火险期延长，并最终导致美国西部林火频率增加了近3倍，过火面积猛增5.5倍。同样的情况也发生在我国的大兴安岭林区，近些年来林区暖干化趋势明显，特别是频繁出现的夏季持续高温干旱，使本来很少有林火发生的夏季林火频发，林火数量和过火面积都呈增加趋势。气候变暖背景下，加拿大、地中海盆地、澳大利亚、瑞士、西班牙和非洲的乞力马扎罗山等研究区域内林火频率和林火强度也呈增加趋势。

风可以加速地表可燃物水分的蒸发，并且在森林可燃物干燥易燃的情况下，风向和风速是制约蔓延速度、林火强度和过火面积的决定性因素。近50年来，我国平均风速呈下降趋势，特别是东北地区。但风速减小对林火动态的影响小于气温升高和降水量减少的影响。

地表温度的升高，地气之间对流的增强，大大提高了雷击发生的概率。伴随着雷击数量的增多，雷击火源也会越来越多，如20世纪加拿大和阿拉斯加北方林地区大型雷击火发生频率明显增加。

气候变暖对林火动态的影响还会通过大时空尺度海—气耦合系统的异常变化呈现出来。气象上把厄尔尼诺和南方涛动两者合称为ENSO(El Niño/ La Niña-Southern Oscillation)，厄尔尼诺现象发生时，赤道东太平洋大范围海水温度比常年偏高，从而改变赤道洋流和东南信风，全球大气环流模式发生变化，其中赤道西太平洋与印度洋之间海平面气压成反相关关系，即南方涛动(southern oscillation, SO)。南美洲一些地区发生厄尔尼诺现象时，海面升温，而赤道东太平洋出现了水温下降的现象，与厄尔尼诺特征相反，即拉尼娜。ENSO是引起全球大气环流和水分循环异常的重要原因。ENSO影响林火的年际活动，导致全球各地破坏性干旱、暴风雨和洪水。Veblen等研究发现美国Colorado Front Range地区林火与ENSO事件显著相关，ENSO暖期后几年内会出现林火发生高峰。尤其是20世纪90年代后，ENSO现象出现频率更高。

由于气候变化的区域性差异，在全球暖干化的大背景趋势下，有些区域的气候朝不利于林火发生的方向发展，如加拿大魁北克地区19世纪中期以来林火频率显著下降。

林火天气指数(fire weather index，FWI)是影响林火天气的各个气象要素的有机结合，是指示林火发生危险程度的量化指标。FWI是研究气候变化对林火动态影响的重要媒介，文献报道中各国学者所应用的林火天气指数有所不同，加拿大、美国、澳大利亚、西班牙等都有应用于全国范围的林火天气指数系统，且各系统都有几十年的应用历史，长期资料的积累非常有利于研究林火天气指数对气候变化的响应。

预期气候情景下林火动态的预估主要是通过计算预期气候情景下的林火天气指数来进行的，研究方法为把GCM和RCM相结合产生的预期气候情景下的模拟气象数据输入FWI系统，结合FWI与林火动态各因子的统计相关性，在假设林火动态对当前及未来气候具有相同响应方式的基础上，对未来的林火动态各因子作出预估。预估结果表明，21世纪更暖的气候条件下，加拿大北方林地区林火状况将更加严峻，至2050年过火面积将比现在增加44%，火险期延长22%，林区西部的林火周期将由现在的25~234a缩短至80~140a；至2100年过火面积会比现在增加74%~118%。俄罗斯、美国、澳大利亚、地中海等区域的研究中也得出了基本一致的结论。预估结果也表明，未来林火状况的变化存在很大的区域性差异，如2050年加拿大东部地区林火周期将延长至700a。

气候变暖对森林的物种组成和分布会产生影响。未来气候若呈"暖干化"(气温升高5℃，降水减少30%)趋势，兴安落叶松将向西北方退缩100 km左右，长白落叶松向西北方扩展100 km左右，华北落叶松将向东北方扩展800 km左右；若呈"暖湿化"趋势(气温升高5℃，降水增加30%)，兴安落叶松将向西北退缩400 km左右，长白落叶松将向西北方扩展550 km，华北落叶松将向东北方扩展320 km左右。在植被带迁移过程中，有些植物将因不能适应新的环境而死亡，从而导致大量可燃物的累积，这会增大林火发生的可能性；同时，由于物种组成和分布发生了改变，森林的易燃性和燃烧性也会发生相应的变化。

气候变化还会通过影响可燃物的理化性质来影响森林的易燃性和燃烧性，理化性质主要包括可燃物的燃点、热值和挥发油含量等。挥发油主要存在于针叶树中，其主要成分为单萜烯类化合物，在植物体内合成后首先贮存于体内的特殊结构中(如树脂道、油腺)，然后由此通过气孔向大气中释放。挥发油含量大的植物燃点低、热值高。土壤干旱会导致植物体内挥发油含量的增加，Turtola等研究结果表明，在重度干旱条件下，苏格兰松(*Pinus sylvestris*)的枯烯含量和树脂含量比正常水分条件下的对照苗木分别增加了39%和32%，挪威云杉(*Picea abies*)分别增加了35%和45%。Alessio等的研究结果也表明，在干旱胁迫下植物叶片枯烯含量增加，但枯烯含量的增加并未导致叶片燃点的降低，因此，他们认为枯烯含量的增加在加大林火强度方面可能作用更大。

4.5 雷击火与天气

雷击火是一种自然现象。它是积雨云(雷雨云)中正电荷区与负电荷区的电场大到一定程度时,两种电荷发生冲突即相互放电中和迸发出火花,这种火花放电称为闪电,由闪电火种形成的森林火,称为雷击火。

全国范围内雷击火只占1%~2%,个别地区如大兴安岭林区,占的比例较多,是我国雷击火最多地区。据大兴安岭牙克石林管局统计,1962—1985年期间,雷击火占22.3%。大兴安岭地区几乎每年都有雷击火引起的林火,据1957—1964年统计,雷击火平均占总火灾次数的18%左右,个别年份达38%,甚至个别地区个别年份竟达80%。

大兴安岭林区雷击火发生时间一般在4月中旬至7月中旬,个别年份秋季9月也有发生。4月极少,5月占11%,6月占83%,7月占2%,9月占4%。一天中,午后最多,早晨最少,见表4-11。

表4-11 一天内雷击火出现的比例

时间	0:00~3:00	3:00~6:00	6:00~9:00	9:00~12:00	12:00~15:00	15:00~18:00	18:00~21:00	21:00~24:00	备注
%	2.8	0	6.9	4.3	25.0	23.6	31.5	6.9	1957—1962年资料

4.5.1 雷击火发生与成灾条件

雷击火的发生要具备三个条件:一要有落雷;二要有干燥可燃物;三要有利于蔓延的条件。我国绝大部分地区在春、夏、秋三季为雷暴季节,从南到北随着纬度的增加,四季变化越明显,雨水也越少,干雷暴多发生在北方地区,因此森林雷击火多分布在我国北方林区。

大兴安岭林区,常发生雷击火是与当时的气旋活动有关。由贝加尔湖和蒙古移来的气旋和锋面系统,不仅能引起"干雷暴"(即打雷时没雨,光有雷电出现没有降水配合的雷暴,俗称"干雷暴")而且常使地面增温、降湿,地被物干燥,并伴有风,一旦落雷便容易引起雷击火蔓延成灾。

森林雷击火与地面因子有关。落雷对于环境是有选择的,首先要求地面环境具有大的含水率,导电性强,所以沟塘草甸河边泉边土壤含水率大的地段约有70%以上的雷击火;其次是高大突出的地段,再次是平坦地段;据大兴安岭1956—1962年春32起雷击火地点的环境条件调查,结果见表4-12。

表4-12 雷击火与环境类型

环境类型	发生(次)	比例(%)
沟塘草甸、河谷、高草地	24	75
山坡草地或林中	5	15
山的顶部或中上部地区多石块或者岩石露出的疏草地	3	10

由表 4-12 可见，沟塘、草甸、河谷高草地最容易发生雷击火。落雷不但与地面环境有关，还与地形、植被、土壤等因子有关。从地形看，切割较急剧、山坡与沟谷较明显的山地林区，比地势较平缓草原、农耕区多；从土壤看，对土壤导电性和含水量有选择，潜育土、沼泽地、结构紧密又湿润的壤土地带，比干燥又疏松的沙土地带多；从植被看，落叶松草类林和白桦草类林，比落叶松—杜鹃林、落叶松—矾踯躅—越橘林中多；疏林地，采伐迹地及林缘，比密林中多；草甸地比山林多。

4.5.2 预防雷击火措施

研究雷击火的目的是要预防雷击火。我国森林雷击火的研究工作，在 20 世纪 50 年代和 60 年代初已取得不少成果，从事这项工作的科研工作者在 60 年代中就提出了许多建设性的预防措施，现归纳如下：

（1）预报

由国家气象部门或林业气象中心站承担，在雷暴盛行季节做好三项预报：长期预报；24 小时或 48 小时内的短期预报；超短期预报，预报未来 2~3h 的雷击火险等级，主要靠当地气象站或雷达的直接观测雷雨云的移动方向和速度来决定，或根据闪电计数器的记录来做预报。

（2）探测

主要靠仪器探测。主要仪器有雷电警报器、气象雷达、天电定位仪(远程雷电仪)天电计数器等。近几年来又成功地研究了红外线探火仪，它能测出一定程度的和一定范围的雷击火，国外利用微波辐射遥测林火已取得成功。此外，还可派飞机到雷电活动的地区去探测是否发生火情，地面人员的瞭望探测也不能放松。

（3）发现

根据预报或探测的结果，出动飞机巡查火情或空降扑火队员扑火；地面防火部门有重点地加强高山瞭望，森警队或护林人员及时外出巡逻，以便及时发现雷击火。

（4）扑救

扑救是预防雷击火的目的。预报、探测、发现全部是为扑救火灾服务的，防雷击火的成败也表明在扑救这一中心环节上。扑救要有两支专业队伍：一支是空降扑火队，要有专门训练配备专门的装备和工具，一旦发现及时飞往火场，扑灭火后从地上徒步回来或用直升机去接；另一支是地面专业扑火队和群众组成的扑火队，但这又受交通道路的限制，扑灭人员不能及时赶到火场。为了彻底防止雷击火蔓延扩大，除成立空降扑火队，装备现代化的探测仪器外，做好林区的防火设施建设是十分必要的，如在林缘、林内开设防火线、隔离带等，可以阻隔火的蔓延。

4.6 地形与林火

地形不同，影响森林植物的分布，构成不同的小气候，不仅影响林火的发生发展，而且影响林火的蔓延和火的强度。因此，地形因素，在山区防火、灭火中，是一个非常主要的因素。

4.6.1 地形对林火的影响

影响林火的地形因子有以下几种：

(1) 坡向

阳坡日照强，温度高，可燃物干燥，非常易燃，火蔓延快；阴坡日照弱、温度低、蒸发慢、湿度大，可燃物不易燃，火蔓延慢。

(2) 坡度

坡度大小直接影响可燃物温度的变化。坡度大或陡，水分停留时间短，可燃物干燥；相反，坡度平缓，水分停留时间长，林地潮湿可燃物含水量大。

坡度大小对热的传播有很大影响。火从山下向山上蔓延，速度快，称为冲火，不易扑救。特别是阳坡的冲火，火势猛烈，蔓延迅速，不宜迎着冲火扑打。火由山上向山下蔓延缓慢，火势弱，称为坐火，有利于扑火。

坡度不同，火对林木危害程度也有不同。一般情况下，坡度愈小，火蔓延缓慢，但对林木危害严重。表4-13是中国林业科学研究院在四川林区的调查结果。当火从山上向山下蔓延至山脚后，再向上蔓延，会形成几处火灾，扩大火灾蔓延面积。因此，扑火时，一定要在火向山下蔓延至山脚以前扑灭。

表 4-13 不同坡度火灾后林木死亡率统计

度(°)	死亡率(%)
15	46.6
25	31.4%

(3) 坡位

山脊、陡坡林地较干燥，植物耐旱易燃，火蔓延速度较快。在山谷低洼处，立地条件多为水湿、特别在林冠下，火蔓延缓慢，易于扑救。但在空旷山坳地方，多为草甸子，植物非常易燃，火蔓延猛烈，不易扑灭。

山顶及陡坡岩石裸露处，仅生长少量植物，火烧到此自灭。但在山顶燃烧的球果、树枝、鸟巢和草根等，滚落山下又会造成新的火灾。

(4) 海拔

随着海拔高度增加，气温逐渐下降（海拔高度每上升100m，温度降低0.6℃）。林地海拔愈高，林内温度越低，地被物含水率大则不易燃烧。当海拔愈高，进入亚高山带或分水岭附近，降水量明显增加，植物也发生变化，一般不易发生火灾。但海拔越高，风速越大时，有利于火的蔓延。

(5) 小地形

小地形的变化，引起植物组成和小区气候变化。如果火遇到小高地，促进火蔓延速度加快，遇到局部平缓地带蔓延速度减缓，火停留时间延长，对林木危害严重。如果火遇局部低洼地，湿度大不易燃烧，碰上急进地表火时，会一跃而过，尚能保存小面积的植物未被火烧。

4.6.2 山地林火特点

我国的森林大部分生长在高山丘陵地带，由于地形起伏，形成山地昼夜风向的不同，湿度、温度也不同，使林火具有特殊的特点。山谷风是影响林火的一个重要特点。由于热力原因，白天为谷风，空气从谷底沿山坡上升，加速火向上蔓延；夜间为山风，空气从山坡向山谷吹去，使火向山下蔓延快。但谷风能将水汽从谷中带到山上，使谷中湿度减少，山上湿度加大，甚至形成云层或降水，有碍于火的发展；山风则情况相反。

4.6.3　焚风与林火

焚风是影响林火的另一重要特点。焚风是从山上刮下来的干燥的风，它经过的地方，能把湿润的地被物的水分在短时间内蒸发掉，变成干柴，容易着火。焚风常发生在具有强烈的下降气流发展的反气旋所占据的山系，在这种情况下，山脊的两面可同时发现焚风，最常见的是气流越过较密的山脉时，迎风坡的气流被迫上升，由于绝热冷却水汽凝结，产生降水，在背风坡下沉时呈干燥绝热而温度升高，到达平地时，显示极度的高温低湿状态，非常有利于火灾发生。

标准的焚风形成如图 4-4 所示。山前原来气温 20℃，水汽压 125Pa，相对湿度 73%。

当气流沿山上升到 500m 高度时，气温为 15℃，达到饱和，水汽凝结。然后，按湿绝热率平均 0.5℃/100m 降温，到山顶（3 000m）时气温在 2℃左右。过山后背风坡下降，按干绝热率增温，当气流到达背风坡山脚时，气温可增加到 32℃，而相对湿度减少到 15%。

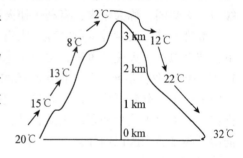

图 4-4　焚风形成示意

焚风是山地经常出现的一种现象，如亚洲的阿尔泰山、欧洲的阿尔卑斯山，北美的落基山东坡等都是著名的焚风区。我国不少地方有焚风，例如偏西气流越过太行山下降时，位于太行山东麓的石家庄就会出现焚风，据统计，出现焚风时，石家庄的日平均气温比无焚风时可增高 10℃左右。

地形起伏变化，影响着林火对林木的受害部位。一般树干被火烧伤的部位，均在朝山坡的一面，称为林木片面燃烧。造成林木片面燃烧现象大体有两种原因。一种是在山地条件下，枯枝落叶积累在树干的迎山坡一侧较多，一旦发生火灾，在树干迎山坡一侧火强度大，持续时间长，容易烧伤树木；另一种是，火在山地蔓延时，一般从山下向山上蔓延快，火越过树干时，形成旋涡火在旋涡处停留时间较长，因此，树干朝山坡一侧容易受害，形成树洞，在平坦地区，风向决定林木片面燃烧部位，一般发生在背风面。

4.6.4　长白山地形焚风与林火

焚风是由于地形造成的干热风。典型焚风也称静止焚风，是在同高度上向风坡低温湿大，背风坡高温湿小，称为高温寡湿。此外，还有反气旋焚风，自由大气中的焚风等，东北农学院王景文早在 20 世纪 50 年代就研究过延吉盆地的焚风效应，提出了经验判别式：

$$\Delta R \approx 4\,031 R(231 + Q)^{-2} \cdot \Delta Q \tag{3-2}$$

式中　ΔR——相对湿度差；

　　　R——降低前相对湿度；

Q——升高前气温；

ΔQ——气温差。

我们取临江站气象要素代表向风坡(西南面)，延吉站代表背风坡(东北向)，临江比延吉海拔高155m，海拔温差不足1℃。林火取129°~130°E，42°40′~43°N面积内的代表延吉片，126°30′~127°30′E，41°40′~42°N代表临江片。

按临江低温高湿，延吉高温低湿，统计了1979—1981年静止焚风，可看出，林火最多的春季，延吉盆地的焚风效应是明显的。林火的发生与静止焚风有直接关系，当然不是可逆关系。

反气旋焚风是指山的两边都有气流下沉，产生高温寡湿。据此，我们以历年平均温湿的递减(增)率为标准，规定温、湿变化率绝对值大于或等于多年平均值的定为有反气旋焚风，并分天气型统计，得到：①低压无雨与常压无雨，反气旋焚风特征明显，温、湿变化率绝对值皆大于多年平均，表明沿山的两侧气流下沉强度大，产生反气旋焚风效应较强，尤其常压无雨，高温寡湿最明显，伴随的地面风也大于高压无雨型；②高压无雨时，反气旋焚风效应送交弱，这与高压范围广，且稳定有关。从温湿风要素看，山的两边都处于低温高湿风较小的稳定状况是高压无雨天，因此，气流下沉强度小；③晴天无雨，虽山的两侧都会产生反气旋性焚风，但东北坡强度大于西南坡，对应林火也是东北坡一侧大于西南坡。

4.6.5 长白山林火多发区的特点

从1969—1982年林火网格分布图上发现有三个多林火区，年平均林火在11.8次以上。分别在42°20′~42°40′N，128°~128°30′E，编号940；43°20′~43°40′N，128°~128°30′E，编号835；42°40′~43°N，129°~129°30′E，编号907。它们都属延边地区。

940区位于安图县南部，西有二道白河与松江河水系的分水岭，南连长白山主峰，东临英额岭，北有牡丹岭，四边被高山包围，中间形成盆地并有发达的农业，区内松江镇辖区内林火占该区14%。835区在敦化县内，南有牡丹岭，东有哈尔巴岭，东北有二龙山，西有威虎岭呈东北西南走向。907区位于延吉盆地，南连南岗山，西有英额岭，北有老爷岭。这种四面环山中间低凹的地形地势，既有盆地效应又有利于焚风的形成，易成为高温寡湿的热炉，为林火发生提供了有利的外部条件。从森林植被看，这三区又都是开发较早、人口密集、交通方便的地区，原始林残存无几，大部为次生林或人工林；从林木组成看，混有蒙古栎的阔叶或针阔叶林及蒙古栎林占的比重较大，为林火发生提供较丰富的引燃物。据对940区、907区的个例调查，起火次数最多的是蒙古栎林和以蒙古栎为主的阔叶林和针阔混交林，它们的起火次数占总数的百分比：907区37.1%，940区30.3%；其次是落叶松人工林，907区占37.1%，940区占13.6%。这两种类型的林分合起来占总林火的一半左右。因此，这些地区应加强易燃林分的管护。

【本章小结】

本章内容为林火环境，林火环境是影响森林火灾发生与发展的重要因素。本章从影响林火的气象因素、影响林火的天气形势、气候类型与林火关系、气候变化与林火、雷击火与天气、地形与火6个部分全面学习林火环境。考虑林火发生的气象条件时应该包含相对湿度、温度、风速、气压、云量等因素。天气系统主要学习气团、锋、气旋与反气旋对林火造成的影响。本章重点介绍6种气候类型，林火发生的可能性在不同气候区内有不同表现。气候变化是近些年的热门研究对象，全球变暖是其显著特征，第四节学习气候变化与林火之间关系。雷击为一种自然现象，在林区内通常导致森林火灾发生，第五节从发生条件与预防措施学习雷击火知识。最后一节阐述地形和林火的关系，坡向、坡度、坡位、海拔会影响火强度、火蔓延等。最后以长白山地形为例介绍焚风与林火的关系，让学生对以上内容有更深刻的了解。

【思 考 题】

1. 什么是林火环境？
2. 影响林火的气象要素有哪些？
3. 什么是雷击火？雷击火的发生需要哪些条件？
4. 地形对林火都有哪些影响？

【推荐阅读书目】

1. 森林草原火灾扑救安全学．赵凤君，舒立福主编．中国林业出版社，2015.
2. 林火生态与管理．胡海清主编．中国林业出版社，2005.

第5章

森林火源

【本章提要】火源是使可燃物和助燃物发生燃烧或爆炸的能量来源，是引起森林火灾的主导因素。林火火场分布与火源分布密切相关，火源随时间地点的不同发生变化。距离居民地比较近的林区，多易发生林火，由于能够及时发现并及时扑救，因此林火面积一般较小。大面积的林火多发生在可燃物连续分布、人烟稀少、交通不便的边远原始林区，因此难以及时发现和及时扑救，容易造成大面积林火。

在森林燃烧中，火环境是影响森林燃烧的重要条件。即便森林中积累大量可燃物，也存在火源，但是没有发生火灾，其原因是没有适合燃烧的火环境。因此，研究火源种类、火环境，对控制森林火灾的发生具有重要意义。

5.1 火源种类

火源是森林燃烧的必要条件之一，也是引起森林火灾的主导因素。森林火源是指能够为林火发生提供最低能源现象和行为的热源总称。

森林火灾具有破坏性、突发性和周期性，不同时期、不同植被类型发生林火的可能性和程度不同。只要有火源存在，就极大程度增加了森林火灾的可能和危险，因此，掌握火源规律与火源管理方法，是控制和预防森林火灾发生的重要途径。孙玉荣等以湖南省森林火灾为例，重点分析火源时空分布特征，并对人为火源因素影响程度做主成分分析；李小川等分析广东森林火灾的火源特点；郎南军以数学统计学基础和计算机软件技术，重点研究森林火源管理信息系统（Management Information System of Forest Fire Origins，MISOF -

FO），通过 MISOFFO 系统可以预测未来某个区域范围内高频率出现的森林火源因子及其发生规律，为森林火源因子监控和管理对策制定提供科学依据。

5.1.1 自然火源

自然火源又称天然火源，是自然现象，有雷电火、泥炭自燃火、火山爆发、滚石火花和地被物自燃等。我国主要是雷击火，特别是东北大兴安岭林区发生雷击火较多。其他自然火源引起的森林火灾比较少。据 1970—1979 年 10 年统计，雷击火年平均发火率为 15.10%，最高的 1979 年发生 55 起，占地区全年火源的 42.6%，这 10 年中，只有 1977 年没有发生雷击火，其余年份均在 6 次以上，平均每年发生 14.7 次。从 1973—1979 年统计，在 138 起雷击火中，引起特大火灾 2 起，大火灾 54 起，火灾 55 起，火警 27 起。塔河林区近 12 年发生 16 起大火灾，其中 15 起是雷击火引起的。可见雷击火对森林的危害是很严重的。

往往在干打雷不下雨的天气条件下，容易发生雷击火，闪电烧着了树木、枯枝落叶层或蒿草而引起森林火灾。腐朽木、倒木、伐根不易在闪电时引起燃烧。据有关文献资料记载，容易遭受闪电起火的树种有：落叶松、红松、樟子松、云冷杉、白桦、杨树、蒙古栎等。

在自然界中还有这么一种现象，冰冷的、见热就融化的冰确扮演了纵火犯的角色。森林上空悬浮着的冰，构成了一个圆形透镜，阳光经过折射而使焦点上的树木燃烧，终于酿成了火灾。现在人们一旦发现这种由冰雹组成的透镜，便发射气象火箭使它熔化或易散，避免了森林中心的火灾。

5.1.2 人为火源

我国幅员广大，地域辽阔，南北相差几千千米，气候条件相差也很大，树木、灌丛、植被复杂多变，南北差异明显。因此人为火源的种类也很多，大体可分为生产性火源和非生产性火源两大类。

人为火源是由人为因素引起森林火灾的各种火源，一般是用火不慎造成的林火，也是森林火灾发生的主要火源。

根据世界各国火灾资料统计，人为因素引起的火灾占森林火灾总数的 90% 以上，我国里面平均高达 99%。其中，在人为因素引起的林火中，野外吸烟占 46%，上坟烧纸占 35.1%，精神病患者或儿童玩火造成的火灾占 17.2%，其他火源引起的火灾占 2.7%。可见陈旧习俗和不良习惯是造成人为火源的主要原因，占所有火灾总数的 80% 左右，其他因素是次要火源。

吉林省从 1950—1974 年，各类火源出现的次数及所占的比重看，可见人为火源是发生林火的最主要的原因。私人用火占绝大比重，为 89.2%，烧小片荒占 26.7%，吸烟火占 14.9%（表 5-1），因而，加强入山管理是减少火源的有力措施。

表 5-1　各类火源引起的火灾次数（1950—1974）

火源种类	次数	百分比（%）	火源种类	次数	百分比（%）
自然火	0.4	0.7	吸烟	44.7	14.9
集体烧荒	21.1	7.0	烧干粮	8.4	2.8
烧枝	0.5	0.2	上坟烧纸	2.9	3.9
烧粪	0.2	0.1	小孩玩火	1.2	0.4
烧秸秆	3.0	1.0	野外用火	6.2	2.6
军队打靶	0.3	0.1	不明火	23.1	37.5
机车喷火	7.4	2.5	外来火	0.8	0.3
合计	32.5	10.8	合计	268.5	89.2
烧小片荒	80.4	26.7	蓄意放火	0.04	
搞副业	26.7	0.6	合计	301.4	100

吉林省森林火灾发生，99%为人为火源，仅1%左右是天然雷击火、电线混线或高压线引起的。其中最多的是烧荒，其次是吸烟，再次是上坟烧纸。对于东部林区机车喷火也是不可忽略的一种火源。根据1969—1982年统计，结果见表5-2。

表 5-2　吉林省各地各种火源占林火总数的比例　　　　　　　　　　　　　　　　%

地区\火源	集体烧荒	烧粪	烧秸秆	野外用火	烧枝	烧饭	烧小片荒	小孩玩火	吸烟	上坟烧纸	机车喷火	军事用火	雷电火	不明火源	其他	合计
全省	13.9	0.4	4.3	4.1	0.4	3.6	18.1	1.7	14.4	6.6	3.0	0.5	0.7	22.7	5.6	100
延边	19.0	0.7	4.6	4.8	0.6	3.0	17.0	1.1	12.3	2.7	2.3	0.3	0.8	23.3	7.5	100
浑江通化	12.2	0.1	4.2	3.3	0.0	3.9	18.5	1.5	15.1	2.5	6.5	0.4	0.5	22.1	8.9	100
吉林	9.8	0.2	5.9	3.1	0.5	4.4	27.2	1.6	15.3	8.0	0.6	0.5	0.3	22.4	0.2	100
四平、辽源、长春、白城	4.1	0.2	0.6	4.3	0.4	3.7	6.5	4.3	19.7	28.1	2.2	1.8	1.2	21.9	1.0	100

通过表5-2的数据可以看出，吉林省各种火源引发火灾所占的比例趋势与表5-1中25年来的数据一致。人为火源对森林火灾发生次数的贡献最高，其中烧荒、吸烟等因不良习惯和陈旧风俗引起的火灾占很大比例。

5.1.2.1　生产性火源

生产性火源是人们在生产活动中用火不慎造成的跑火、泄露火等。其范围包括农业、林业、牧业等领域。

农、林、牧业生产用火，如烧垦、烧荒、烧牧场、烧灰积肥、烧田埂、烧防火线、烧地格子、烧秸秆、火烧清理林场等；林副业生产用火，如烧炭、烧砖瓦、烧石灰、狩猎及烘蘑菇等；工矿运输生产用火，如机车、汽车喷火、漏火和爆瓦、爆破开山、林区冶炼等。此外，还有军事用火，如演习、打靶等。

5.1.2.2　非生产性火源

非生产用火是我们常说的生活用火，即人们为了满足生活需要使用火源而不慎跑火、漏火造成森林火灾的火源。

野外吸烟、弄火（做饭、烤干粮、取暖、熏蚊虫等）、烟囱跑火、烧纸、小孩玩火和迷信用火等。

表 5-3　黑龙江省历年火源情况　　　　　　　　　　　　　　　　　　　　　%

年　度	烧荒、烧垦烧防火线	吸烟	烧干粮	上坟烧纸	机车喷火	烧枝桠	外来火	雷击火	蓄意放火	其他	不明火源
1950—959	40	19.2	2	1.3	8.5		0.5	1.1		10	17.4
1960—1969	26.4	15.7	4	0.8	10.6	1.9	1.7	7.6	0.7	8.9	21.7
1970—1972	33.1	16.9	2.6	1.2	9.9	0.8	0.9	3.8	0.3	10.1	20.4

从黑龙江省历年火源情况统计表(表 5-3)可以看出：

①居民较多的林区，主要火源为烧荒、烧垦、约占总火源次数的 10% 以上，还有在野外吸烟和烧纸等。

②居民较少的林区，机车喷火、漏火引起火灾占较大比重，占总火源的 15% 以上。此外，因烧防火线、烧枝桠和在外吸烟等引起的也不少。

③自然火源主要是雷击火，绝大部分集中在大兴安岭林区，占总火源次数的 15.7%。

5.1.3　吸烟火源剖析

根据 20 世纪 80 年代长白山林区 100 多个吸烟火的事例调查，吸烟火源发生的最早时间是早上 8:30，最晚 20:50，平均 12:42，平均历时 2.2h。吸烟火源发生的百分率与林地类型、林龄、疏密度有一定关系，发生最多的是落叶松林地，其次是蒙古栎林；有近 90% 发生在 20 年以下的林地，80% 以上发生在 0.6 疏密度以下的林地(表 5-4)。

表 5-4　吸烟火发生与林地类型、林龄、疏密度关系

林地类型	林地	落叶松林	蒙古栎林	红松林	黑松林	桦木林	椴树林	阔混林	合　计
	%	50.0	29.2	6.3	4.2	4.2	4.1	2.0	100
林　龄	龄级	10 年以下	11~12 年	21~30 年	31 年以上				合　计
	%	48.7	41.0	7.7	2.6				100
疏密度	疏密度	疏林级(0.3 以下)	中密级(0.4~0.6)	密级(0.7 以上)					合　计
	%	32.4	48.7	18.9					100

5.2　火源的地理分布规律

森林火灾的发生需要特定条件才能进行。火源的地理分布是指火源的种类、数量的出现因不同地区而有所差异。在空间上，下垫面性质的差异影响火源的分布(表 5-5)。

表 5-5 我国各省(自治区)林火季节及主要火源

地 区	省 份	山火季节		主要火源	一般火源
		林火发生月份	火灾严重月份		
南 部	广东、广西、福建、浙江、江西、湖南、湖北、贵州、云南、四川	1~4月 11~12月	2~3月	烧垦、烧荒、烧灰积肥、炼山	吸烟、上坟烧纸、放火、入山搞副业、烧山驱兽、其他
中部西部	安徽、江苏、山东、河南、陕西、甘肃、青海	2~4月 11~12月	2~3月	烧垦、烧荒、烧灰积肥、烧牧场(西北)	吸烟、上坟烧纸、烧山驱兽、放火、入山搞副业、其他
东北内蒙古	辽宁、吉林、黑龙江、内蒙古	3~6月 9~11月	4~5月 10月	烧荒、吸烟、机车喷漏火、上坟烧纸	野外弄火、烧牧场、入山搞副业、放火、雷击火、其他
新疆	新疆	4~9月	7~9月	烧牧场、烧荒	吸烟、野外弄火

从我国各地区每年发生森林火灾的次数来看，湖南、贵州、云南、广西、湖北、河南这 6 个省份每年发生的森林火灾次数远高于其他地区。从森林火灾的程度来看，重大森林火灾主要发生在内蒙古、黑龙江、福建等地，次数较少，但是受灾面积大，过火面积占全国的 50% 以上。

就某一地区来看，火源不是固定不变的，它是随着时间、社会动向及人们思想觉悟而变化。人为火源出现的频率与居民密度、人的活动相关。一般说来，居民密度高，火灾次数也高，居民少或无人区火灾次数也少些；次生林发生森林火灾的次数一般高于原始林区。

5.3 火源的时间分布规律

森林火灾在不同的时间发生的可能不同。年际变化主要受当地森林防火事业发展和森林火灾管理水平的影响。但是近些年全球气候变化的影响，增加了森林火灾发生的可能。月际变化受可燃物、天气、火源等影响，干旱少雨的季节发生森林火灾的概率高，南方一般在冬季和春季，北方一般在秋季和冬季；从日际变化来看，森林火灾多发生在凌晨 4:00 至当日 18:00，其中 11:00~15:00 是高发时段。

5.3.1 火烧轮回期

火烧轮回期是指某地区森林总面积与该地区平均森林火灾面积之比，即某地区森林完全火烧一遍所需要的时间。它是表现林火出现时间长短的量，用以下公式表达：

$$T = S/Sa \tag{5-1}$$

式中 T——火灾轮回期；
   S——研究区域森林面积(hm^2)；
   Sa——平均每年火烧面积(hm^2)。

火烧轮回期对该林区森林演变、对森林树种组成和组成结构都有所影响，是判断森林火灾的重要指标之一。一般来讲，森林火烧轮回期超过树种的发育周期，则树种易于生存；而火烧轮回期小于树种发育周期，树种则难以生存。火烧轮回周期同样影响本地优势树种的更新周期，当火烧轮回周期小于优势树种更新周期时，那么此树种将难以生存，逐渐消失，并被其他优势树种所替代；当火烧轮回期大于优势树种更新周期，那么本地群落仍旧以此树种为主。根据柴造坡等人对黑河地区火烧轮回期研究结果表明（表5-6），黑河地区的北安市、爱辉区、孙吴县、嫩江县、逊克县、五大连池市的火烧轮回期均小于黑龙江省总的平均火烧轮回期（363a）。

表5-6 黑河地区火烧轮回期

	北安市	爱辉区	孙吴县	嫩江县	逊克县	五大连池市	黑河地区
20年林火面积(hm^2)	39 226	145 117	57 883	592 832	146 428	75 127	1 056 613
有林地面积(hm^2)	29041	878913	184334	455042	217159	127637	1892126
火烧轮回期(a)	14.8	121.1	63.7	15.4	29.7	34.0	35.8

注：柴造坡等．黑河地区林火分布规律．林业科技，2009（4）。

5.3.2 林火季节变化规律

随地区不同，火灾季节有明显差异。在一定范围内，森林火灾的发生随着温度的升高而减少，月平均气温小于20℃时森林火灾发生最多，月平均气温在20℃以上时森林火灾发生相对较少。因为在气温较低时，林木含水量低，林下植被干枯易燃，而每年2~4月份，春季天干物燥，气温开始回升，降水很少，湿度很小，森林处于易燃状态。当月平均气温大于20℃时，到了植物生长季，树木和林下植被含水率增加，森林不易燃烧。

我国东北地区火灾季节在春秋两季；南方火灾季节集中于冬春季；新疆地区火灾集中于夏季；地中海火灾集中于夏季；前苏联北部地区火灾也集中夏季。随着季节不同，火灾窗口不一。如东北林区冬季大雪覆盖，不发生火灾，随气候逐渐变暖，有的地方雪融，露出枯草和枯枝落叶，这些地段就是火灾窗口。随着枯黄地段进一步扩大，有可能发生大面积火灾。随着气温上升、植物生长，绿色植物进一步扩大，枯黄草类面积缩小，进入夏季非防火期。到秋霜后，枯黄色扩大，进入秋季防火期。随后大地积雪覆盖，进入冬季非防火期。在我国南方则不相同，进入冬季，枯黄窗口进一步扩大，为防火期。如东北地区火灾蔓延规律"秋烧沟，春烧岗"，充分说明不同火灾季节，火灾窗口不一样。有火灾窗口出现地区，有利计划用火。

不同火灾时间，可燃物含水率不相同。如四川的云南松林，刚进入冬季，杂草枯黄，枯枝落叶容易变干，然而林下的灌木含水量高则不易火烧。这时计划火烧只燃烧杂草和枯枝落叶，而灌木难烧，火强度不大，容易控制，有利于在云南松林内计划火烧。当进入深冬，灌木体内含水率进一步降低，这时火强度大，难以控制，不利于计划火烧。

森林火灾发生的季节不同，其灭火方式也不同。在东北东部扑打早春的火灾时，打火人员需要多，清理火场的人数应少些；相反，在晚春初夏扑打火灾时，在灭火人力分配上，清理火场人应多。扑打明火的人数应少些。原因是早春林地下未解冻，不燃，只需把地表枯枝落叶火扑灭，火不易复燃；相反，晚春和初夏时，林地上的厚腐殖质此时已完全化冻。因此，应彻底清理余火，否则容易产生复燃火。

不同季节火灾对林木危害也不相同。在东北林区，早春火灾地下腐殖质尚未化冻，保护地下芽库，如1987年大兴安岭发生特大火灾，绝大多数阔叶树、灌木地上部分被大火烧毁，而又萌发。如果是初夏火灾和秋季火灾，则容易伤害树木的根系和根茎部。一般情况下，休眠状态下的乔木和灌木对火的抵抗能力强，而生活的灌木和树木对火的抵抗能力就弱些。东北林区秋季火灾，容易产生根基腐朽。

不同火灾季节，对于不同树种更新不一致，如在大兴安岭林区，春季火灾有利于山杨、蒙古栎的更新，而秋季火灾则有利于兴安落叶松的更新。此外，春季火灾对一些种子有催芽作用。

世界上凡是干季和湿季分明的地方，森林防火期都在干季。高纬度地方多在夏季，中纬度地方在春秋两季，但缺雨少雪的冬季和长期干旱的夏季也发生林火。

我国北方火灾季节是春秋两季，南方各省系发生冬春季，而长江流域因夏季梅雨期后，有2~3个月的好天气（晴天）也容易发生林火。东北地区的大小兴安岭和长白山森林防火期规定为春秋两季。但也要掌握特殊性，这种特殊性就是气候反常，不燃烧的季节可能会引起燃烧，火灾频发的季节，也可以不发生火灾。最好，防火部门根据中、长期天气预报和当时各种可燃物干湿状况，及时采取有效措施，做到防患于未然。

5.4 森林火源的管理方法

火源管理主要针对各种火源，通过各种管理手段，减少森林火灾火源，降低林火发生的可能性。由于我国95%以上的森林火灾是由人为火源引起的，火源管理的主要对象是人为火源。为管好火源，必须做到：

①认清形势　在发展社会主义市场经济的新形势下，人为火源明显增多。开垦耕地，开发农田烧荒，入林从事副业生产、旅游、狩猎野炊等；野外吸烟，上坟烧纸等屡禁不止；故意纵火也值得引起警惕。

②落实责任　采用签订责任状、防火公约、竖立责任标牌等形式，把火源管理的责任落实到人头、林地。一般采取领导包片、单位包块、护林员包点。加强火源管理的责任心，严格检查，杜绝一切火种入山，消除火灾隐患。

③抓住重点　进一步完善火源管理制度，有针对性强化火源管理力度。火源管理的重点时期是防火戒严期和节假日，火源管理的重点部位是高火险地域、旅游景点、保护区、边境。火源管理的重点是进入林区的外来人员、小孩和痴呆人员。

④齐抓共管　火源管理是社会性、群众性很强的工作，必须齐抓共管，群防群治。各有关部门要在当地政府的领导下积极抓好以火源管理为主要内容的各项防火措施的落实。在发挥专业人员、专业队伍的同时，发动群众实行联防联包，自觉地做到"上山不带火，野外不吸烟"。

火源管理方法很多，下面对目前我国常用的技术方法进行介绍。

5.4.1 火源分布图和林火发生图

火源分布图的制定应根据当地10~20a的森林火灾资料分别林业局、林场和一定面积为单位绘制，目前一些地方还在使用纸面图表，今后应逐渐过渡到利用地理信息系统来建立绘制地区的森林火灾历史资料库，分别不同年代绘制火源分布图，在具体火源管理中，根据要求进行参考。在具体绘制方法上，无论采用何种工具，或以哪一级单位绘制，都一定要换算成相等面积万公顷或十万公顷来计算，然后找出该林区的几种主要火源，依据不同火源，按林场、林业局或一定面积计算火源平均出现次数，然后按次数多少划分不同火源出现等级。火源出现等级可以用不同颜色表示，例如，一级为红色、二级为浅红色、三级淡黄、四级黄色、五级为绿色。级别多少可以自定。绘制更详细的火源分布图，需按月份划分，而且一定要有足够数量的火源资料。采用相同办法也可绘制林火发生图。从火源分布图与林火发生图上，可以一目了然地掌握火源分布范围和林火发生的地理分布，以此为依据采取相应措施，有效管理和控制林火发生。

5.4.2 火源目标管理

目标管理是现代化经济管理的一种方法，它可以用于火源目标管理，实施后能取得明显效果。首先应制定火源控制的总目标。例如，要求使该林区火源总次数下降多少，然后按照各种不同火源分别制定林火下降目标，再依据下降的目标制定相应的保证措施。采用火源目标管理，可使各级管理人员目标明确，措施得力，有条不紊地实现目标。因此，采用火源目标管理是一种有效的控制火源的方法。

5.4.3 火源区管理

为了更好控制和管理火源，应划分火源管理区。火源管理区可作为火源管理的单位，同时也可以作为防火、灭火单位。划分火源管理区应考虑：①火源种类和火源数量；②交通状况、地形复杂程度；③村屯、居民点分布特点；④森林燃烧性。火源管理区一般可分为三类。一类区为火源种类复杂，数量和次数超过了该地区火源数量的平均数，交通不发达，地形复杂，森林燃烧性高的林分比较多，村屯、居民点分散、数量多，火源难以管理；二类区火源种类一般，数量为该地区平均水平，交通中等，地形不复杂，村屯、居民点比较集中，火源比较好管理；三类区火源简单，数量较少，低于该地区平均水平，交通发达或比较发达，地形不复杂，森林燃烧性低的林分较多，村屯、居民点集中，火源容易管理。

火源管理区应以县或林业局为划分单位，然后按林场或乡划分不同等级的火源管理区，再按不同等级制定相应的火源管理、防火和灭火措施。

5.4.4 严格控制火源

在林区进入防火季节，要严防闲杂人员进山，在防火季节应实行持证入山制度，以加强对入山人员的管理。在进山的主要路口设立森林防火检查站，依法对进山人员进行火源检查，防止火种进山。严格禁止在野外吸烟和野外弄火。不发放入山狩猎证，禁止在野外狩猎。在防火关键时期，林区严禁一切生产用火和野外作业用火。对铁路弯道、坡道和山洞等容易发生火灾的地段，要加强巡护和瞭望，以防森林火灾发生。

【本章小结】

本章主要讲述了森林火源的定义、种类、分布规律以及管理方法。火源是森林燃烧的三个要素之一，是引起森林火灾的主导因素。当森林存在一定量的可燃物，并且具备引起森林燃烧的火险天气条件之时，火源的存在与否成为了森林能否发生火灾的关键因素。

【思 考 题】

1. 什么是森林火源？森林火源都有哪些种类？
2. 火源分布具有哪些规律？
3. 为何要严格控制火源？

【推荐阅读书目】

1. 林火原理. 秦富仓，王玉霞主编. 机械工业出版社，2014.
2. 林火生态与管理. 胡海清主编. 中国林业出版社，2005.

第 6 章

林火行为

【本章提要】林火行为是森林燃烧的重要指标，它的特点直接影响森林生态系统的生存及其发展，因而需要进一步研究林火行为的影响和作用。本章主要研究林火行为对森林生态系统的影响和作用，对林火行为的相关概念进行阐述，界定不同林火种类，介绍国内外常用的林火蔓延模型。章末以1987年大兴安岭特大火灾作为特殊火行为的例子，分析其形成、特征，以期望起到扩充知识储备的作用。

6.1 林火行为概念

林火行为是指森林可燃物被点燃开始到发生发展直至熄灭的整个过程中所表现出的各种现象和特征。火行为主要包括林火蔓延、林火强度、林火种类和林火烈度等（图6-1）。既包括火的特征（火强度、火蔓延速度、火焰高度和长度、火持续时间），也包括火灾发展过程中的火场变化（火场面积、火场周长、高强度火特征、火的种类），及火灾的后果（火烈度）。林火行为是森林燃烧环的重要成分，受可燃物类型、火环境和火源条件的制约和控制。火在其发生和发展过程中，在可燃物、地形、天气条件的影响下，表现出各种各样的火行为特性。林火的外在表现是极其复杂的，但也有其内在的规律性。掌握林火行为的规律性，预测林火发生和蔓延的特征和发展动向，可为森林防火、灭火、用火的决策提供科学依据。

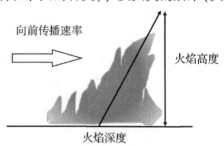

图 6-1　林火行为示意

在外界火源条件下，开始燃烧，需要有一段时间的能量聚积，使燃烧能量趋向平衡，经过蔓延扩展过程，才能达到稳定的蔓延速度。由于可燃物的不同和环境条件的变化，火的蔓延速度也随之加快或减缓，林火行为也多种多样。此外，森林火灾发展成大火，需要有一定的可燃物量和较大面积。一般情况下，形成大火的可燃物的负荷至少在 10t/hm² 以上，而且需要燃烧 16~24hm² 的林地面积。地形的影响也很重要，在山地斜坡上无需很大的林地面积就能酿成大火。因此，可根据林火行为区别不同性质的林火，研究火行为的各种影响因素，这对森林防火、灭火和用火均具有实践意义。

6.1.1 林火强度

森林可燃物燃烧时整个火场的热量释放速度称为林火强度。林火强度是林火的重要标志，关系到扑救队伍的编排，配给装备的数量等方面；林火强度的大小关系到森林火灾对森林生态系统影响程度，并可以根据林火强度来判断林火对地被物、林火、土壤、微生物、野生动物等的危害程度，以方便评价损失程度。

火强度变化幅度为 20~100 000kW/m。350~750kW/m 为低强度火；750~3 500kW/m 为中强度火；>3 500kW/m 为高强度火。一般情况下，火强度超过 4 000kW/m 时，判断为重度火烧，林内所有生物都会被烧死；计划烧除的火强度应该控制在 750kW/m 以下进行，并根据实际情况时刻控制和调节火强度，以达到用火目的。

林火强度可以表示为辐射强度、对流强度、反应强度、火线强度、发热强度等。

6.1.1.1 火线强度

火线强度是指单位火线强度单位时间内释放的热量，单位为 Btu/(ft·s) 或 kW/m 等。
美国物理学家拜拉姆（Byram）于1954年提出火线强度公式：

$$I = H \cdot W \cdot R \tag{6-1}$$

式中　I——火线强度[Btu/(ft·s)或 kW/m]；
　　　H——可燃物的热值(Btu/lb)；
　　　W——有效可燃物的负荷量(lb/ft²)；
　　　R——火的蔓延速度(ft/s)。

昌特莱尔于1983年换算成法定计量单位的火强度公式：

$$I = 0.007H \cdot W \cdot R \tag{6-2}$$

式中　I——火线强度(kW/m)；
　　　H——可燃物的热值(J/g)；
　　　W——有效可燃物的负荷量(t/hm²)；
　　　R——火的蔓延速度(m/min)。

亚力山德尔（M. E. Alexander）于1982年提出法定计量单位的火强度公式：

$$I = H \cdot W \cdot R \tag{6-3}$$

式中　I——火线强度(kW/m)；
　　　H——可燃物热值(kJ/kg)；
　　　W——有效可燃物的负荷量(kg/m²)；
　　　R——火的蔓延速度(m/s)。

注意,可燃物热值变化幅度约为±10%,通常把它作为一个定值。可燃物消耗量变化幅度为10倍左右。蔓延速度的变化幅度较大,在100倍左右。因此,火线强度变化幅度在1 000倍左右。一般林火强度在20~100 000kW/m范围内浮动。

6.1.1.2 林火强度测定

(1)根据火焰高度估测火强度

将已测得的火焰高度用罗森迈尔(Rothermel)公式可以算出大致火强度。观测火灾后树木被烧焦的高度,可以算出燃烧时火的强度。地表火的火焰高度和火强度关系见表6-1。

表6-1 火焰高度和火强度关系

火焰高度(m)	火强度(kW/m)	火焰高度(m)	火强度(kW/m)
<0.5	<75	3.5~6.0	3 500~10 000
0.5~1.5	75~750	>6.0	>10 000
1.5~3.5	750~3 500		

注:引自秦富仓,王玉霞《林火原理》。

(2)根据地被物烧毁状况判断火强度

低强度火,灌木林树冠烧毁不超过40%;中强度火,40%~80%灌木树冠被烧毁,残留树干直径0.6~1.3cm;高强度火,灌木树冠全部被烧毁,只残留1.3cm以上树干。

(3)根据土壤剖面变化和土壤颜色判断火强度

低强度火,枯枝落叶层烧焦,土壤剖面无变化;中强度火,枯枝落叶层被烧成黑灰状,上层颜色、结构无变化;高强度火,枯枝落叶烧成白灰状,上层颜色、结构发生变化。一般来说,低强度和中强度火烧不会改变土壤结构,因此,土壤剖面没有明显变化,只有高强度火烧才会明显改变土壤颜色和结构。

除以上3种判断火强度方法外,还有其他的方法可以判断火强度,如根据土壤的温度来判断火强度、根据火场面积来确定火强度等。随着火强度的增加,表层土壤和深层土壤的温度上升,而且可以观察到土壤外观明显的变化。

6.1.2 林火烈度

林火烈度是指林火对森林生态系统的破坏程度。林火烈度和林火强度是成正比的关系。郑焕能先生认为,从能量释放的多少、能量释放速度和火烧持续时间三个方面表现火对森林生态系统的影响。

$$p = b \cdot I/R^{0.5} \tag{6-4}$$

式中 p——树木损伤率(%);
b——树种抗火能力系数;
I——火强度(kW/m);
R——火蔓延速度(m/min)。

火烈度表达方法主要有两种:

(1)火烧前后的蓄积量变化

森林燃烧前后的林木蓄积量变化来表示森林受危害程度,那么火烧造成的林木蓄积量的损失与火烧前林木蓄积量的比值成为火烈度。

$$P_M = (M_0 - M_1)/M_0 \times 100\% \tag{6-5}$$

式中　P_M——火烈度(%)；

M_0——火烧前的林木蓄积量(m^3)；

M_1——火烧后的林木蓄积量(m^3)。

(2) 火烧前后林木株数变化

火烧后林木死亡株数与火烧前林木株数比值确定火烈度。

$$P_N = (N_0 - N_1)/N_0 \times 100\% \tag{6-6}$$

式中　P_N——火烈度(%)；

N_0——火烧前的林木株数；

N_1——火烧后存活的林木株数。

6.2　林火引燃

目前应用的林火引燃方法主要由以下几种：顺风火、逆风火、带状顺风火、侧风火、中心点火和棋盘式点火。

(1) 顺风火

火的蔓延方向与风向一致。能有效地烧死灌木、草本，且能烧掉枯立木。顺风火的适用条件通常为：有防火线；风速小，天气稳定；可燃物载量小；火烧面积大；低挥发性可燃物。

(2) 逆风火

火的蔓延方向与风向相反。火蔓延速度缓慢，燃烧彻底。其适用条件为：可燃物负荷量大；高挥发性可燃物；天气不稳定，风速大，危险性大；火烧面积小。

带状顺风火

在火烧区下风处，向逆风方向每隔一定距离点火。平坦林地，火线间距离为25～30m；5°～30°的坡地，从山顶往山脚方向顺次点火，火线间距为20～25m；30°～45°的坡地，火线间距一般不超过15m。点烧沟塘亦常采用带状顺风火，火线间距可延长至5～15km。

(3) 侧风火

在火烧区下风处，逆风且与风向平行点火，使火的蔓延方向与风向成一定角度。常用的"V"字形点烧亦属侧风火。侧风火和带状顺风火在计划火烧中较为常用，其适用条件介于顺风火与逆风火之间。

(4) 中心点火

中心点火也叫点对流火，即在火烧区中心首先点火，当燃烧产生上升的对流柱时，再从其外缘点第二圈、第三圈火。火势向火场中心靠近，向外蔓延缓慢。这种点火方法适用于可燃物载量较大的采伐迹地。

(5) 棋盘式点火

在火烧区内四处均匀点火。这种点火方法适用于天气稳定、风速小，且火烧面积大的情况,多采用飞机进行点火。

6.3　林火蔓延及蔓延模型

林火蔓延受可燃物、地形、气象等条件的影响。我们现在提及的可燃物模型有美国的Rothermel地表火蔓延模型、加拿大林火蔓延模型、澳大利亚草地火蔓延模型、Van Wagner树冠火蔓延模型和我国的王正非林火蔓延模型。

6.3.1　林火蔓延

6.3.1.1　林火蔓延模式

如图6-2(1)所示,分火头、火翼、火尾三大部分。

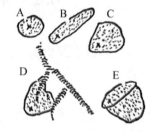

(1)林火蔓延模式　　　　(2)最初蔓延中火形状特征

A. 火头:火伸展最快部分
B. 火翼:火速介于火头、火尾之间
C. 火尾:逆风蔓延,速度最缓,强度最小。

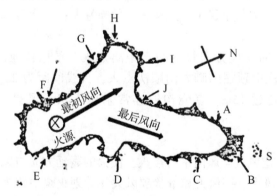

(3)森林火场特征

B:火蔓延方向　S:飞火　ABC火头、蔓延最快　CE、AH:火翼(火测)　EG:火尾
C-J:风向未变前的火头　I、D:新发展的火头　黑线:火场周界　J:火谷

图6-2　林火蔓延特征示意

6.3.1.2　火场特征

地面风向、风速和地形决定火的蔓延。图6-2(2)A:在平坦地无风时,火向各方向等速蔓延,最初蔓延形为圆形,起火点在中央。图6-2(2)B:风向稳定时,火烧迹地与风向

平行，蔓延呈椭圆形。图6-2(2)C：地面风向不定，经常为30°或40°角度变化，蔓延形为扇形。图6-2(2)D：山地条件下，为鸡爪岭地形时，火在两岭之间蔓延缓慢，向两个山脊蔓延快，形成两个火头。陡坡每小时蔓延7~8km或更快。图6-2(2)E：还有一种大火，是由B变化而来的。开始顺风蔓延较快，然后转了风向，侧风变为主风。扑火时应设法控制火头和新生火头。森林火场特征如图6-2(3)所示。

林火的蔓延与热的传播方式密切相关。

(1) 热的传播方式有3种

①热对流　热空气比重小，因而向上运动，周围冷空气补充产生对流，并在燃烧区上方产生对流柱，这种对流柱积聚大部分热量(75%)，常使常绿针叶幼龄林或复层针叶林的地表火转为树冠火。此外，易产生飞火。

对流柱：对流柱的形状与高度，决定于风的廓线(风的垂直分布)，如高空的风速低时，对流柱呈塔状，并有白色水蒸气的蘑菇帽，宛如原子弹爆炸时的形状，如高空风速增加，对流柱将破裂而失去向上的飘散力，并趋向水平飘移，这种破裂型的结构能使飞火传播到更远的地方，在1987年5月6日大兴安岭特大森林火灾中，对流柱随处可见，其形状不一，有呈塔状的、有呈破裂型的，其高度也不同。在7~8级大风推进时，一般都是破裂型对流柱，高度在几十米；在风力较小或稳定时，常呈塔状，直上云霄，一般都在1~2km，最高达6km。

②热辐射　它是以电磁波的形式向各方向直线传播。辐射热强度与两个物体中心距离平方成反比。离燃烧中心10m所得的热量只有离燃烧中心1m处的1/100的热量。因此，燃烧愈快，辐射传热愈强烈。

③热传导　燃烧物向内部传热，称为热传导。森林可燃物是不良导热体，燃烧速度慢，持续时间长，热传导速度慢，但不易扑灭(如地下火)。

(2) 影响火的蔓延速度的因子

①可燃物含水率　含水率越小，有效能量越大，火的蔓延速度越快，火温越高。如：中国科学院林业土壤研究所，测定大兴安岭草类—落叶松林含水率14.5%~22.5%，有效能量为12 363kJ/m^2，5min可蔓延6 m^2；矶踯躅—落叶松林含水率70.8%，有效能量为7 162kJ/m^2，5min蔓延面积为2.8m^2。

②风　我国有句谚语："火借风势，风助火威"。总结了火与风之间的关系。风能补充氧气，氧气助燃，风能改变热对流，增加热平流，从而加速火的蔓延。风越大，大气乱流越强，因而造成"飞火"，将燃烧物带到火场外，产生新的火源，扩大林火面积。

③蔓延方向　顺风火比逆风火蔓延得快。据中国林科院在四川省调查材料：顺风火蔓延速度为0.84~2.6m/min，逆风火蔓延为0.034~0.06m/min，两者相差23.3~76.5倍之多。侧风火蔓延为0.144~0.26m/min，较逆风火快，但为顺风火的1/3~1/12。

6.3.2　林火蔓延速度

林火蔓延速度是指火线在单位时间内向前移动的距离。由于火场部位不同，风向与火蔓延的方向不一致，所以火场上各个方向的蔓延速度也是不同的。蔓延速度的差异导致形成复杂的火场形状。林火蔓延速度可以通过在野外实践中直接测得，也可以通过数学模型计算和预测获得。常用的林火蔓延速度有以下 3 种：

(1) 线速度

林火蔓延的线速度是指单位时间内火线向前推进的直线距离，即火线向前推进的速度。单位通常以 m/s、m/min、km/h 来表示。线速度的测算有两种方式：一种是在森林火灾现场进行现场测算，利用自然物体或人为投放的物标，通过估算几个明显物标间的距离并测定物标之间火的蔓延时间，然后测算林火蔓延的线速度。面对大面积火场时可以采用飞机等距离投放物标来确定林火蔓延距离；另一种方式是图像判读法。利用不同时间间隔拍摄的航片或卫星照片，从图像上判读测算出林火蔓延的线速度。

(2) 面积速度

林火蔓延的面积速度是单位时间内火场扩大的面积。单位通常以 m^2/min 或 hm^2/h 表示。计算林火蔓延速度之前，需要先计算出火场面积。确定火场面积的方法有两种：其一，在面对大面积火灾时，通过拍摄的航片和卫星照片进行判读，面对小面积火灾时，可以现场进行目测；其二，用火线速度推算林火蔓延速度。

出发火场面积推算公式：

$$S = \frac{3}{4}(V_1 t)^2 \tag{6-7}$$

式中　S——初发火场面积(m^2)；

　　　V_1——火头蔓延线速度(m/min)；

　　　t——自着火时起到计算林火蔓延燃烧持续时间(min)。

前苏联 H. B. 奥弗斯扬尼柯夫计算顺风火头蔓延速度与面积和周长的关系：

$$S = k \cdot t^n \tag{6-8}$$

式中　S——林火面积(hm^2)

　　　k——该级林分自然火险系数(无量纲)；

　　　t——火灾燃烧持续时间(h)；

　　　n——该级自然火线林分的火灾程度和火险季节系数(无量纲)。

(3) 周长速度

林火蔓延的周长速度是指单位时间内火场周边增加的长度。通常 m/min 或 m/h 或 km/h 表示。火场周边长度及其增加速度快慢，是计算扑火人员数量和火场布设的重要参考指标。可以通过顺风火头线速度来估测火场周边长度。

初发火场周边长的计算公式：

$$C = 3V_1 \cdot t \tag{6-9}$$

式中　C——初发火场周长(m 或 km)；

　　　V_1——火头蔓延的线速度(m/min 或 km/h)；

　　　t——火烧持续时间(min 或 h)。

6.3.3　林火蔓延模型

林火蔓延模型是应用数学的方法对各项参数进行处理，从而获得各变量之间的关系式，通过把数据输入关系式来预测一段时间、一定环境条件的火行为，从而为林火管理部门提供决策的依据。国外常见的林火蔓延模型有美国的 Rothermel 地表火蔓延模型、加拿大林火蔓延模型、澳大利亚草地火蔓延模型、Van Wagner 树冠火蔓延模型和我国的王正飞林火蔓延模型。

(1) 澳大利亚草地火蔓延模型

1960 年以来,麦克阿瑟(A. G. McArthur)、诺布尔(L. R. Noble)、巴雷(G. A. V. Bary)和吉尔(A. M. Gill)等人,经过一系列研究和改进,最终得出草地火蔓延速度指标,公式如下:

$$R = 0.13F \tag{6-10}$$

当 $M < 18.8\%$ 时,$F = 3.35We^{(-0.0897M + 0.0403V)}$

当 $18.8\% \leq M \leq 30\%$ 时,$F = 0.299We^{(-1.686 + 0.0403V) \times (30 - M)}$

式中　R——火蔓延速度(km/h);
　　　F——火蔓延指标,量纲为1;
　　　W——可燃物负荷量(t/hm^2);
　　　M——可燃物含水率(%);
　　　V——距地面10m高处的平均风速(m/min);
　　　e——自然对数的底。

(2) 王正林林火蔓延模型

王正林先生通过对林火蔓延规律研究,得出林火蔓延速度模型为:

$$R = R_0 \cdot K_w \cdot K_s / \cos\theta \tag{6-11}$$

$$R = I_0 l / [H(W_0 - W_t)] \tag{6-12}$$

式中　R——林火蔓延速度(m/min);
　　　R_0——水平无风时林火的初始蔓延速度(m/min);
　　　K_w——风速修正系数,量纲为1(表6-2);
　　　K_s——可燃物配置格局修正系数(表6-3);
　　　θ——地面平均坡度;
　　　I_0——水平无风时的火强度(kW/m);
　　　l——开始着火点到火头前沿间的距离(m);
　　　H——可燃物热值(J/g);
　　　W_0——燃烧前可燃物质量(g/m^2);
　　　W_t——燃烧后余下的可燃物质量(g/m^2)。

表6-2　风速修正系数 K_w

风速(m/s)	1	2	3	4	5	6	7	8	9	10	11	12
K_w	1.2	1.4	1.7	2.0	2.4	2.9	3.3	4.1	5.0	6.0	7.1	8.5

表 6-3 可燃物配置格局修正系数 K_s

可燃物类型	K_s
枯枝落叶厚度 0~4cm	1
枯枝落叶厚度 4~9cm	0.7~0.9
枯草地	1.5~1.8

(3) 加拿大林火蔓延模型

林火蔓延面积(t 时间内)的计算模型为:

$$A = K(Rt)^2 \tag{6-13}$$

式中　A——t 时间后的林火面积(m^2 或 km^2);
　　　K——面积形状参数(长短轴比);
　　　R——林火蔓延线速度(m/min, km/h);
　　　t——时间(min, h)。

其中,K 与风速(林内 10m 处)呈曲线关系,或根据风速查出 K。

林火蔓延周边长计算公式为(t 时间内)

$$P = K_p \cdot D \tag{6-14}$$

式中　P——t 时间后的林火周边长(m 或 km);
　　　K_p——周边形状参数;
　　　D——林火蔓延距离(m 或 km)。

其中,K_p 可由 $K(V/B)$ 表查出,D 可由蔓延速度乘以时间得出(R_t)。

(4) 罗森迈尔(Rothermel)地表火蔓延模型

它要求可燃物是比较均匀,$\varphi < 8cm$ 的各种级别的混合物,且假定较大类型可燃物对林火蔓延的影响可以忽略。应用"似稳态"概念,从宏观尺度描述林火蔓延,因此,要求燃烧床参数、地形地势等在空间分布是连续的,动态环境参数不能变化太快。

Rothermel 的林火蔓延模型如下:

$$R = I_R \xi (1 + \varphi_w + \varphi_s) / (\rho_b \varepsilon Q_{ig}) \tag{6-15}$$

式中　I_R——火焰区反应强度[kJ/(min·m^2)];
　　　ξ——传播通量与反应强度的比值(无量纲);
　　　φ_w——风速修正系数(无量纲);
　　　φ_s——坡度修正系数(无量纲);
　　　ρ_b——可燃物排列的颗粒密度(kg/m^3);
　　　ε——有效热系数(无量纲);
　　　Q_{ig}——引燃热(kJ/kg);
　　　R——林火蔓延速度(m/min)。

(5) van Wagner 林冠火蔓延模型

$$I_0 = [0.010 CBH(460 + 25.9M)]^{3/2} \tag{6-16}$$

式中　M——树叶的湿度;
　　　CBH——树冠基地高(m),通常用枝下高代替;

如果在第 i 个节点地表火的强度达到或超过 I_0，将引发树冠火。

树冠火的类型依赖于主动树冠火的开始速度 RAC，计算公式为：

$$RAC = 3.0/CBD \tag{6-17}$$

式中　CBD——树冠火密度(kg/m^3)；

　　　3.0——经验值，由树冠层连续火焰的临界流动速度[$0.05kg/(m^2 \cdot s)$]和转换因子($60s = 1min$)相乘得到。

一共定义了 3 种树冠火，但是最后一种独立树冠火发生概率极低，故主要介绍前两种：

①被动树冠火($I_b \geq I_0$，$R_{cactual} < RAC$)；②主动树冠火($I_b \geq I_0$，$R_{cactual} \geq RAC$)。

被动树冠火的速度假定和地表火的速度相等。第 i 个节点实际主动火的蔓延速度 $R_{cactual}$(m/min)计算公式如下：

$$R_{cactual} = R + CFB(3.34R_{10}E_i - R) \tag{6-18}$$

式中　R_{10}——平均树冠火的蔓延速度(m/min)，可通过经验得到；

　　　3.34——用来确定最大树冠火蔓延速度；

　　　E_i——第 i 个节点计算树冠火的火头蔓延速度($E_i \leq 1.0$)；

　　　CFB——被烧的树冠。

树冠火强度 I_c(kW/m)计算公式如下：

$$I_c = 300[I_b/300R + CFB \times CBD(H - CBH)]R_{cactual}(或 R) \tag{6-19}$$

式中　H——树冠高度(m)；

地表可燃物和树冠可燃物的热容都被假定为 18 000J/kg。

6.4　林火能量释放

可燃物发热量与可燃物含水率呈反比，发热量越大则含水率越低。而可燃物发热量越高，则可燃物释放能量越多。因此可燃物含水率和可燃物释放能量之间有密切关联。

随着可燃物数量的增加，能量释放的数量也随之增加。但是在森林燃烧中，释放能量不仅与可燃物数量有关，更与有效可燃物数量密切相关。有效可燃物数量是指火烧前可燃物数量减去火烧后可燃物数量。有效可燃物数量和发热量的乘积为有效能量。有效能量无法在火烧前测量，为了在未发生火灾之前估算释放的能量，可以采用潜在释放能量计算：

$$P_W = N_f H(1 - \varphi)A \tag{6-20}$$

式中　P_W——潜在释放能量(kJ)；

　　　N_f——新鲜可燃物质量(g)；

　　　H——发热量(kJ/g)；

　　　A——系数；

　　　φ——含水率(%)。

火(热源)与大气之间风的动能和火的热能的关系，见式(6-21)和式(6-22)

①风场动能的方程式:

$$P_w = P(V-r)^3/g \qquad (6-21)$$

式中　P_w——离火 Z 高度的风场动能[(kg·m)/(s·m²)];
　　　r——火向前蔓延速度(m/s);
　　　V——在 Z 高度的风速(m/s);
　　　g——重力加速度(=9.8m/s²);
　　　P——在 Z 高度的大气密度(kg/m³)。

②火热能的方程式:

$$P_f = I/C_p(T_0 + 459) \qquad (6-22)$$

式中　P_f——Z 高度时,对流柱通量的动能[(kg·m)/(s·m²)];
　　　I——火的强度[kJ/(m·s)];
　　　C_p——常压下空气的单位热容量[kJ/(kg·℃)];
　　　T_0——因火而上升的外层空气温度(T_0 +459 适用于华氏温标)。

在某一高度范围内,P_f/P_w 的关系决定火的发展性质。当 $P_f/P_w > l$ 时,火在其产生的热能影响下,发展极为迅速,当 $P_f/P_w < 1$ 时,火就具有反复不定的发展性质。在火的发展初期,总是 $P_f < P_w$,当 P_f 接近和大于 P_w 时,可看作是"爆发火",此时强迫性对流转变为自由对流。从外形来看,此时出现对流柱,代替了原来的羽毛状烟团。强风下的火灾,$P_w > P_f$,火灾蔓延快,扑灭难,但在发展中没有反复不定的性质。

6.5　林火种类

林火种类不同,对森林带来的损害也不同。了解林火种类对正确估计林火危害及后果,有效组织扑灭火灾和利用火烧迹地都具有现实意义。根据林火的性质和燃烧部位可分为地表火、树冠火和地下火三大类。

6.5.1　地表火

地表火是一种最常见的火,地表火占94%。火从地表面地被物开始燃烧,地表火沿着地表面蔓延,烟为灰白色。主要燃烧森林枯枝落叶层、枝桠、倒木、活地被物、灌丛和危害幼树、下木、烧伤大树的根部。影响树木生长,引起来森林病虫害,有时造成大面积林木枯死,改变森林生态系统。地表面上可燃物特别多时,易转为树冠和树干火。但是轻微地表火对土壤及林木有一定的效益。

地表火的燃烧速度,容易受气象因素(特别是风向、风速)和地形地势的影响。一般情况下地表火蔓延速度为4~5km/h,上山火可达8~9km/h,有强风时火的行进速度可达10km/h 以上。如果可燃物主要是绿色植物(草类),风势不大,火的行进速度就会大大减弱。据前苏联有关资料记载,地表火火焰高度可分为:弱地表火,火焰高度0.5m;中地表火,火焰高度为0.6~1.5m;强地表火的火焰高度为1.5m 以上。

按地表火蔓延速度和对林木的危害,又可分为急进地表火和稳进地表火。

(1) 急进地表火

这种地表火蔓延速度快，每小时 4~7km，有时可以达到每小时 10km。这种火多发生在初春、初夏季节，由于林业烧荒、烧秸秆以及人们过失引起。火多发生在杂草繁茂的沟塘。火在草塘中燃烧，火势很猛，人难以接近，但烧到林缘常常因林内湿度大，火势逐渐减弱。初秋季节常常因一、二次霜后林内杂草仍未枯黄，因湿度大，火烧到林缘而自行熄灭。有时也会烧入林内。这种火因蔓延速度快，往往燃烧不均匀，常常烧成"花脸"，有的乔灌木没有被烧伤，危害轻，火烧迹地与风速有直接关系，一般呈长椭圆形或顺风伸展成三角形。

(2) 稳进地表火

这种火蔓延速度缓慢，每小时 2~3km，有时很缓慢，仅前进几十米或几百米。这种地表火主要烧毁地被物，有时能烧毁幼树和乔木。在密集的原始森林里的杂草少，苔藓多，林内湿度大，在风速不大的情况下，火势小，蔓延慢。由于燃烧时间长，温度高，燃烧彻底，对高大的原始森林的根部和树干基部危害严重。在稀疏的次生林内，因下木丛生、杂草繁茂，火燃烧猛烈，在采伐迹地，干杂草及乱物多，火烧猛烈，而延至树冠形成遍燃火。稳进地表火火烧迹地呈椭圆形。

6.5.2 树冠火

这种火是由地表火遇强风或遇到针叶幼树群、枯立木、风倒木或低垂树枝，烧至树冠，并沿树冠顺风扩展。通常情况下树冠火易出现在树脂成分较多的针叶林。上部烧毁针叶，烧焦树枝和树干；下部烧毁地被物、幼树和下木。在火头前方，经常有燃烧枝桠、碎木和火星，加速火灾蔓延，扩大森林损失。树冠火燃烧猛烈，灭火困难，遇有大风天气，树冠火燃烧更为猛烈，称之为狂燃树冠火。烟为暗灰色。树冠火占 5%。根据前苏联有关资料报道，快速树冠火火速均在每小时 4km 以上。

树冠火也有因雷击树的干部和树冠起火形成的。1972 年 4 月 25 日在小兴安岭五营自然保护区发生森林火灾，5 月 10 日遇有 5、6 级风，由地表火迅速转为树冠火，烧了 $0.767 \times 10^4 hm^2$ 红松林，损失极大。

树冠火燃烧时可以产生局部气旋，遇有大风天，这种气旋可将燃烧着的树枝、树皮吹到几十米至百米远的地方，在那里引起新的火点。1976 年秋季大兴安岭大子扬山发生森林火灾，由地表火延至树冠，形成树冠火，由燃烧产生气旋使火团飞越古中公路，在公路另一侧引起了新的燃点。

树冠火多发生在长期干旱的针叶林、幼中林或异龄林。按树冠火的进行速度可分为两类：

(1) 急进树冠火

这种火也称为狂燃大火，火焰跳跃前进，蔓延速度快，每小时可达 8~25km，火舌向前伸展，烧毁树冠的林系，烧焦树皮使树木致死，火烧迹地呈长椭圆形。

(2) 稳进树冠火

火焰全面扩展，又称遍燃火。火前进速度较慢，一般情况每小时 2~4km，顺风每小时可达 5~8km。这种火可以烧毁树冠的大枝条，烧着林内的枯立木，像一支大蜡烛一样燃烧，是危害最为严重的火灾，火烧迹地呈椭圆形。

6.5.3 地下火

地下火是林地腐殖质层或泥炭层燃烧引起的火。地面看不见火焰，只有烟，一直烧到矿物质层和地下水的上部。火焰可以从地的裂缝处冒出，白天不易看到火苗，只见到烟，夜间可以看到火舌。地下火对树木的根部危害极大，经过地下火的树木、灌丛的根部被破坏，树木死去，遭风倒。在泥炭层或腐殖层燃烧的火又分别称为泥炭火或腐殖火。这类火只占森林火灾的1%。烟为绿色。据前苏联有关资料报道，地下火泥炭层燃烧深度可分为：弱地下火达25cm，中等地下火为25～50cm，强地下火为50cm以上。

地下火燃烧速度缓慢，每小时仅为4～5m，一昼夜可以烧几十米至百米，火烧迹地呈现弯弯曲曲马蹄形向四周伸展。这类火灾只有在特别干旱的年代才能发生。

6.6 特殊林火行为

特殊火行为是指当火强度达到一定强度时所具有的特殊的火行为现象。一般当火线强度大于3 500KW/m，火焰高度在3.5m以上时，属于高强度火。高强度火是在林火发展到一定面积，并且已经聚集一定能量才发生；当火强度大于400KW/m以上时，会产生高大的对流柱，此时会有5%的能量转变为动能形成强制对流，形成的烟柱有时可达数千米，火向立体发展，又称三维火。这类火灾向环境中释放巨大能量，影响周边环境发生改变，改变小气候，还会给森林带来严重损失，甚至造成毁灭。

特殊火行为的特点有以下六个方面：
①火强度急剧增加；
②可持续的火蔓延速度高；
③空气对流容易；
④远距离飞火(超过180m)；
⑤火旋风和大片的水平火焰；
⑥风突然平静。

关于对火行为研究得出的各种关系式都是以低强度或和中强度火为基础总结出的规律，不适合研究高强度火。当影响火的各种因子都处于最不利的情况下，特殊火行为可能发生在特殊火行为期间，直接灭火和控制是不可能的。

6.6.1 特殊火行为的形成

6.6.1.1 特殊火行为形成过程

由一般火行为过渡到特殊火行为不是逐渐过渡的，而是燃烧速度增加到某一值时，突然从较低强度火增长到相当强度，低强度火转变为高强度火的增强循环中，是有效可燃物量骤增，也使可燃物的有效能量成倍增长。

特殊火行为的形成，是因为可燃物阻滞时间缩短，燃烧速度大幅度增长，使可燃物有效对流能量飞涨，最后使对流能量超过低层风场能量，迅速建立起活跃的对流柱。强烈上升的气流造成飞火和火旋风，使热气流遍布大面积未燃的可燃物区，形成火锋边缘滚滚的湍流流体，致使火焰可以直接与未燃的可燃物接触，加速燃烧进程。特殊火行为的具体形成过程如图6-3所示。

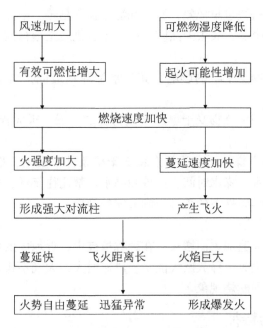

图6-3　特殊火行为形成示意

6.6.1.2　特殊火行为形成条件

（1）有效可燃物

当蔓延速度为定值时，火强度与燃烧的可燃数量成正比。有效可燃物增长对火强度的影响，常常比人们预料的增长要快得多，其原因之一是对流交换的能量剧增所致。若可燃物能迅速提供能量，满足特殊火行为对能量的要求，火就会转变为高强度火。

影响可燃物提供能量的因素：

①燃烧期；

②阻滞时间；

③可燃物有效能量；

④可燃物对流作用的有效能量；

⑤飞火的性质和数量。

燃烧期是可燃物完全燃烧所经历的时间，时间的长短受火强度影响，同时取决于可燃物的大小、排列和含水量。燃烧期变化范围较广，可从烧掉枯枝杂草所需的几秒钟到烧掉原木和大树枝的几个小时。

可燃物有效能量是可燃物烧掉后释出总能量中用于火蔓延的部分。

可燃物对流作用的有效能量，是指提供给对流柱基部的部分能量，它主要取决于燃烧期和阻滞时间。燃烧期小于阻滞时间的可燃物，大部分可燃物的有效能量将作用于对流柱。若燃烧期大于阻滞时间，则对流作用利用的能量仅为可燃物有效能量的一部分。

(2) 干旱

高强度、高能量火灾发生率常与长期干旱天气密切相关。干旱因素从多种途径对火行为产生深远影响。

①过度的干旱促使植被过早成熟，乔木和灌木顶部枯萎，增加有效可燃物量。

②干旱使河流水位降低，失去天然防火线，令有机质土壤裸露出来，一些长在外面的树根成为有效可燃物。

③已经腐败的可燃物受干旱的影响，其含水量降到最低，增加飞火发生概率和持续时间。

④深层可燃物和重型可燃物受干旱影响变得更加干燥，很大程度增加有效可燃物量，增加燃烧速度。

1987年大兴安岭特大森林火灾就是在特殊干旱条件下发生，根据史料记载，自1985年起，连续两年很少降水，降水时间、次数和降水量都比往年低，有的地区甚至是历年记录的最低值。因此，干旱条件下的森林充满火灾的隐患。

(3) 风速和大气不稳定性

火的蔓延速度随着风速加大而增长。在森林植被中，近地面的风速急剧下降，特别是稠密植被区域，发生燃烧时，释放巨大能量。风速增大，大气不稳定的情况下，会产生风借火势、风助火势的猛烈燃烧现象。

6.6.2 特殊火行为特征

高强度、高能量火形成的特殊火行为的表现有：对流柱、飞火、火旋风、火爆、高温热流等。

(1) 对流柱

森林燃烧时，火场上空产生热对流，形成不同温度差，随着热空气上升，四周冷空气补充，产生热对流，在燃烧区上空形成对流柱。对流柱的发展和衰落反映了火场的兴衰，其动态和增长速度主要取决于林火释放能量的大小。

少数人工可以直接扑打的火，其火头前沿释放出来的热量较少，在火焰上空热气形成的是烟云，对流仅在火焰边起作用。有些火由于太热，热气流辐射和气流湍动使火焰上空形成一个浓烟滚滚的活性对流柱直冲云霄。产生对流柱的火向环境中释放能量，使环境发生了重大变化，形成自己的小气候，波及数百米或数千米之广，形成特有的特征。

影响对流柱发展的因素有很多，其中可燃物和天气条件是关键因素。有效可燃物越多，对流柱的发展就越强烈。其次，越是天气不稳定的条件下，越容易形成对流柱，反之，在稳定天气条件下，山区内容易形成逆温层，因此不易形成对流柱。

美国物理学家拜拉姆(Byram)认为对流柱的形成过程是热能转化为动能的过程。林火形成对流柱的概率是随火烧范围扩大而迅速增长的。风的气压梯度线和大气稳定程度对火的发展有明显的影响，如果高空的风速低，会为林火形成对流柱提供有利条件。

根据拜拉姆研究，高空风场动能(P_w)和火热能(P_f)的关系决定林火的发展性质。在高度300~1 200m中，用以下关系式表达：

$P_f/P_w > 1$，即 $P_f > P_w$，能形成强大对流柱，火场燃烧猛烈。

$P_f/P_w = 1$，即 $P_f = P_w$，为爆发火。

$P_f/P_w < 1$，即 $P_f < P_w$，火蔓延速度加快，难以扑灭。

风场动能方程式：
$$P_w = \rho(V - r)^3/(2g) \tag{6-23}$$

式中　P_w——离火区某高度的风场动能[kg/(m·s)]；

　　　ρ——在某高度的大气密度(kg/m³)；

　　　V——在某高度的风速(m/s)；

　　　r——火向前蔓延的速度(m/s)；

　　　g——重力加速度(=9.8m/s²)

(2) 飞火

飞火是由于上升气流将正在燃烧的燃烧物带到空中，而后飘撒到其他地区的一种火源。飞火的性质和数量，燃烧着物质所携带能量愈多，飞火愈多，预示火行为愈猛烈。飞火现象在各国火灾史记录上是经常出现的。飞火飘移的距离可达数十米，甚至数千米，十几千米或更远。在旋风的作用下，还出现大量飞散的小火星，大多数吹落在火头前方数十米以至数百米处，可引燃细小可燃物，这种现象称之为火星雨。飞火是将燃尽的可燃物余烬携带的热量传播到火头前方，有人把它看成是第4种热量传递的方式。它在森林火灾中是使火灾蔓延的一种重要途径。所有高能量火都产生飞火。强大的对流柱，是形成飞火的良好条件。如果对流柱倾斜，被对流气流卷扬起来的燃烧物，在风力和重力的作用下，作抛物线运动。根据昌特莱尔等的意见，当火线强度超过300~500kW/m时，就会产生飞火。飞火是热量传递带着大量燃烧着物质飞越到未燃可燃物区，引起新的燃烧区。所以，飞火飞越距离与燃烧物质携带的能量和周围风场的情况有关，前者直接与火烧强度密切相关，后者与风速大小有关。被卷扬起来的燃烧物移动的距离、能否成为飞火，直接取决于风速和燃烧物的重量和燃烧的持续时间。那些质量较轻，但燃烧持续时间很长的燃烧物是形成飞火的最危险的可燃物，如鸟窝、蚁窝、腐朽木、松球果等。

(3) 火旋风

林火快速旋转式向前蔓延的现象，称为火旋风。火旋风是林火蔓延过程中常见的特殊火行为现象，其实质为火场区的大气涡旋运动。火旋风的出现使林火运动的方式发生改变，螺旋式的强烈上升运动能卷挟起大量的燃烧屑块，并散布到火区以外很远的地方，从而形成新的火源；同时，由于火旋风的存在，火头和热流方向会发生突变，给扑火人员的生命安全带来极大的威胁除在林火蔓延过程中可观察到火旋风外，在过火林地也很容易发现其痕迹。例如，1994年4月，金晓钟在内蒙古红花尔基樟子松过火林地上发现，被树冠火烧黑的树冠中夹杂着未烧的林木，呈多圈圆弧形分布。这就是火旋风过后留下的痕迹。

(4) 火爆

火爆是由于高强度林火向其前部未燃可燃物通过辐射或对流，输送大量的热能，使得某一空间积聚大量的可燃混合气，当这些可燃混合气达到一定的温度时，就会形成(类似于建筑火灾中的)轰燃，从而进行爆炸式燃烧。其火焰类型应属于预混火焰，其实质是预混合气体的燃烧。当2个火头或多个火头相遇，地形条件合适时，由于辐射与对流的作用,会在火头所包围的局部空间形成大量的预混可燃混合气,从而引起爆炸式燃烧。由于能量释放过速,产生强大的抬升力,使燃烧着的可燃物碎片四处飞溅。火爆是高强度火的重要特征之一。火爆移动的火头不同,前者相对后者是静止的,但是它的燃烧速度极快,在一个较大空间范围内形成一个强烈的内吸气流的巨浪,能席卷起重型可燃物,强烈燃烧。1987 年大兴安岭的特大森林火灾中,发现空中升起的大大小小的火团,就是火爆现象。

(5) 高温热流

在一个地区,到处都是火就会发生大面积全面燃烧。火开始互相影响,导致了它们以极快速度烧成一片,形成高温区,几百亩地在几分钟内被大火烧毁是很普通的。在陡峭的峡谷或盆状峡谷中,这种燃烧更可能发生。高温热流,是大面积的林火在风力作用下形成的高温气流。这种高温热流,是看不到火光的,但它可以灼伤动植物和人体,甚至引燃可燃物,使其全面燃烧。

6.6.3　1987 年春大兴安岭特大森林火灾的火行为特征

这场特大森林火灾是属于以速行地表火为主,含有少量树冠火的大火,主燃烧带最长 100km 左右,宽约几千米至十几千米,大火随强风推进,铺天盖地,迅猛异常,森林上空出现高达百米以上的"火龙",呼啸着前进,在大火前进的过程中,燃烧的可燃物不断释放能量,从而热量不断积累,形成了一股速度大于九级风以上的热流带,火头呈立体状跳跃式前进,一般来说,迎风的山坡受害严重,而背风坡则受害较轻,在草甸沟塘,由于杂草丛生而枯干,全部烧尽,宛如夹在山谷中的一条蜿蜒弯曲的黑色长龙,实际上自己成为大火在前进中,势不可挡的火烧通道,其火的蔓延速度大大超过有林地的燃烧地带。在主燃烧带所经之地,所有林地均被烧成焦黑,从空中观察,有部分燃烧带的两侧整齐似刀切,这足以说明该燃烧的热流带向前推进的速度极快,温度特别高。

在这场大火的蔓延和扩展的过程中,具有特大森林火灾的各种特征,如火旋风、飞火、火爆和高大的对流柱等,互相交织在一起,对扑救带来了极大的困难。

(1) 火旋风

形成火旋风的原因很多,例如强烈的对流、地面受热不均、地形不同或突变、风向突变、两个火头相遇等,不论在山地或平地(平原)都能发生,其直径有大有小,在这次大火中时有出现,林内和林外均有发生,小的直径在几十米,大的有几百米或更大,据目击者观察,在焚烧几个城镇和居民点以及贮木场时,均有较大的火旋风出现,使房舍的铁皮瓦盖和油毡纸全部卷向空中,整个城镇或居民点顿时汇成一片火海,据观察,在林地也常有火旋风发生的痕迹,从树干熏黑方向和高度不同可以得到证明。

(2) 飞火

这是燃烧物被带到空中,经风吹向非燃烧前方的林地,产生新火源的一种现象,在这次大火中,由于火场大,产生飞火的次数非常多,燃烧物(燃烧的树皮、枝桠等)随着强风的推进,其距离有近有远,一般都在几百米到几千米,据扑火的目击者说,当火头距扑火队员还有 400~500m 时,突然在他们的旁边又起了火,产生了新的火种,感到异常惊恐,另外据居民点的目击者说,被烧毁的盘中和马林两个林场所在地,都是由于随着强风飞来的火球从山顶直下而点燃焚烧的,其飞火的距离大约有 3km 左右,又据在飞机上观察火场发展的目击者说,大风将燃烧物带着前进,一般在 2~3km 处即落下,产生新的火源。

(3) 火爆

这是大量飞火造成的一种现象,当火头前方出现许多飞火,积聚到一定程度时,就会发生爆炸式的燃烧,形成一片火海,随即在火头前方形成一个火峰,迅速扩大火烧面积。据塔河县蒙克山的目击者说,火头离他们还有十来千米时,发现火头前 1km 左右,突然出现三、四个火堆,迅速连成一片,形成新的火海。另据居民点的目击者说,火头尚未到来之前,在公路的旁边就有一堆堆的火烧了起来,火球满天飞滚,顿时汇集一起,产生新的火场。

总之,这次特大森林火灾所表现的火行为是十分强烈的,主要的指标是:

①蔓延速度 主燃烧带的蔓延速度最快,每小时可达 15~20km,在林内的地表火蔓延速度,一般在 300m 左右,蔓延的速度主要与风力有密切关系,在这次火灾中,蔓延速度的快慢相差很大,主要受不同时间的风速所支配的结果。

②火焰高度 这与可燃物的多少和疏密有关,一般林内的地表火的火焰高度在 1~1.5m,但在有堆积枝桠堆的林地,火焰高度可达 10~15m(从树干的熏黑高度可以看出),有树冠火的地方,火焰高度最高可达 50m 左右,一般沟塘草甸的火焰高度在 5~6m,最高可达 10m 以上。

③火强度 据调查,林地每公顷可燃物的平均负荷量为 110t,其中不同林地上易燃物每公顷为 20~40t,在燃烧时的火强度为 $4kW/(m·s) \sim 1.6 \times 10^4 kW/(m·s)$,有枝桠堆的林地可达 $2 \times 10^4 kW/(m·s)$ 以上。实际上在林内地表火的火强度,一般是较低的,温度在 500~600℃;有枝桠堆的林地,火强度大大增高,成为高强度的火,温度在 1 000℃ 左右,因枝桠堆均烧成白灰,致使周围的树木皮均被烧毁造成死亡。烧毁的城镇和居民点的火强度,由于易燃物较多且干燥,如家家户户都拥有大量的木拌子,形成一个"拌子城",房舍覆盖的都是油毡纸,有的还有油桶等,所以火的强度大大高于林区,其火的强度大约在每平方米几十万千瓦至几百万千瓦,在较短的时间内汇成一片火海,除木质的东西烧尽外,其他如缝纫机、电冰箱、洗衣机、自行车、汽车、电视机等均被烧毁,玻璃器皿均烧成液体或变形,其温度大约在 1 500℃。

【本章小结】

本章主要讲述了林火行为的知识,包括林火行为概念、林火的引燃、林火蔓延及蔓延模型、林火能量释放、林火种类及特殊林火行为的内容。林火行为是指森林可燃物被点燃开始到发生发展直至熄灭的整个过程中所表现出的各种现象和特征。火强度、火烈度、火蔓延速度等是判断林火行为的重要指标。通过对本章的学习,从多个方面了解林火行为在森林火灾中的意义与地位。林火蔓延模型的学习也是非常重要的一部分,通过多个指标之间的联系,建立行为模型。林火蔓延模型的作用不单是计算,而是通过计算分析和预测未来森林火灾的可能性和状况,建模在气候变暖的背景下显得尤为重要。

【思 考 题】

1. 请简述林火行为的概念。
2. 森林火灾分哪几个种类?
3. 什么是林火强度、林火烈度?
4. 以 1987 年大兴安岭特大火灾为例,简述特殊火行为的形成及其特征。

【推荐阅读书目】

1. 森林草原火灾扑救安全学. 赵凤君,舒立福主编. 中国林业出版社,2015.
2. 林火生态与管理. 胡海清主编. 中国林业出版社,2005.

第7章

林火生态

【本章提要】 森林火灾具有巨大的破坏性，烧死或烧伤林内动植物、改变森林结构、降低生物多样性、造成巨大的经济损失、危及生命财产安全。过去人们将森林火灾看作灾难，对森林火灾的态度是恐惧、逃避甚至禁止。但是不同火强度对森林的作用有所不同，低强度火烧可以清理地表可燃物，降低森林火灾发生可能，促进林分更新。森林火灾对生态系统也具备有益作用。本章建立在"林火两重性"的基础上，阐述火烧对生态系统、森林环境、野生动物、植物群落的影响及其对火的响应。

7.1 火生态学概述

火生态学是一门交叉学科，是研究火（包括人为火和天然火）与自然生态系统（主要是森林、灌丛和草原）相互关系的学科，火生态学既是一门交叉学科，又是生态学的一个分支，其研究内容涉及生态学各个领域和水平。在生物方面，火生态学的研究内容侧重于火对生物（动植物、微生物）个体、种群、群落及生态系统的影响；在环境方面，主要研究火对土壤、光、温度、水、气等自然环境的影响。

火生态学的内容包括生物和非生物因子，其内容可用图7-1表示：

森林火灾曾给人类带来极其惨重的损失，这种损失既有直接的生命财产损失，也有由于森林生态系统受破坏，环境条件恶化造成的间接损失。因此，近几十年来，从事生态学研究的学者，就林火对生境的影响，动植物对林火的适应等多方面进行了大量研究工作。特别是20世纪80年代中期以后林火生态研究的发展，使林火生态学已初步确立为一个独立的分支学科。以往多数生态学者把火作为一个单纯的生态因子，现在把火因子立足于整

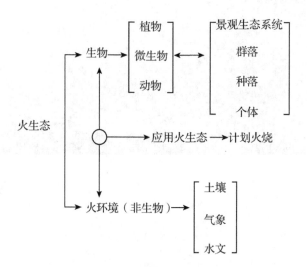

图7-1 火生态学内容示意

个生态系统考虑，以火生态为题目的专著也在生态学界引起极大关注。

7.1.1 火生态学发展历程

从德国生物学家海克尔（Ernst Haeckel）在1866年首次提出了"生态学"的概念至今，生态学已有100多年的历史。人们对火的认识由来已久，但作为生态学的一个分支，实际形成火生态的思想并不长，直到20世纪初，才把火作为一个生态因子来考虑。火生态学研究历史可划分如下3个阶段：

（1）1900—1960年，研究初期，研究的少且分散

1900年前后，有关火对森林影响的调查报告开始出现。1917年，美国耶鲁大学林学院在Uraniata林区设置样地，研究火烧对森林的影响，1943年Grren综述了火烧对美国东南部林区的植被的影响，并第一次使用了"火烧演替""火偏途顶极"等概念，同时讨论了北美东南部各植被类型无火演替时的情况。1947年，Daubenmire第一次将火作为生态因子进行了讨论，并且将火作为七大环境因子之一。1959年，Cooper讨论了火生态学，并使用了"火生态学"概念。这一阶段是火生态发展的初始阶段。

（2）1961—1985年，认识转变阶段，大量研究

到60年代，生态学家开始用积极的观点来看待林火，火作为一种生态因子越来越受到人们的重视，并认识到森林植物群落中完全没有火干扰可能是有害的，地球上许多森林生态系统的维持与火因子有关。

1962年3月，美国的Tallaahassee高大林木研究站召开了第一次火生态学研讨会，以后每年召开一次交流会议，对研究的问题作学术交流，并出版研究会刊。1972年，在美国召开了"环境中的火"研讨会议，并出版论文集 *Fire in Environment Symposium* 一书。1974年，Kozolowski等人出版了 *Fire and Ecosystem* 一书。1975年，Gill综述了火烧对澳大利亚植被的影响，并给出了火生态学理论框架，认为火状况是由火烧频次、火烧季节、火烧强度等要素组成。1980年，Wright等编著的 *Fire Ecology* 出版，标志着火生态学的形成。

1973—1974 年，美国的 IBP 组织设立北方针叶林生态研究机构。1984 年，在美国召开了"火对野生动物生态环境影响"学术研讨会，并出版了 *Fire's Effects on Wildlife Habitat* 论文集。

1983 年，由美国、澳大利亚、英国、法国和加拿大五国生态学家合作出版 *Fire in Forestry*，内容涉及火对森林生态影响的各个领域。火烧对生态系统的影响研究较广泛，涉及水文、土壤、植被和小气候等。由于各地气候条件有差异，森林火烧特点也不同，所以结果也有差别。郑焕能研究了火在森林生态系统中的影响，认为火作为一个生态因子，经常作用于森林生态系统，并能增强或削弱森林生态系统的自我调节能力，有些种群是靠火来维持和调节的。

(3) 1985 年以后，火生态学分支学科形成阶段，进行系统的火生态研究

从 20 世纪 80 年代中期以来，学科的交叉和渗透已成为科学研究的一个主要趋势，从事防火研究的人吸收生态学理论，研究火在生态系统中对生物、人类、社会的影响，并发表了大量学术论文，从而推动了火生态学理论和方法日臻完善和丰富。

7.1.2 应用火生态

用火实践在我国开展得较为普遍，在古代就有南方的"炼山"，北方的"烧荒"等。古罗马人利用火把森林改为农田，直到 20 世纪末，这种方法还被使用在中北欧的许多地方。70 年代以来，世界林业发达的几个国家已普遍开始将计划火烧(prescribed burning)作为一种营林措施，如美国、加拿大、澳大利亚等每年的计划火烧面积都在 $100 \times 10^4 \, hm^2$ 以上。同时，以火攻火作为防灭火措施也被广泛应用。在澳大利亚，火被用来处理废材，或将本地树种更换为外来树种以改变森林的组成，以及促进本地桉树(*Eucalyptus* spp.)的更新。在森林中可以使用火来维持树种的稳定性，在无火烧的情况下，每公顷林地上可以积累多达 25t 的可燃物。火烧还能改进野生动物的栖息环境，提高草场的产量和牧草质量，改进林地景观、防治病虫害和促进林木的生长。如在墨西哥 Jicarilla Apache 自然保护区应用计划火烧进行野生动物的管理，收到良好的效果，1991 年对 $2387.6 \, hm^2$ 适于马鹿栖息的森林进行低强度火烧，第 2 年火烧区马鹿数量比对照区明显增加。

在火生态理论指导下进行防火和用火，是火生态学的实践部分。基于火生态学的理论，把火作为一个生态因子来研究，防止它失去控制烧毁森林、破坏系统平衡不利的方面，适当应用可促进树种更新和维护森林群落或生态系统平衡的有利作用，就有了应用火生态。

火对生态系统作用有利或是有害，主要取决于火作用的时间和强度。一般来讲，低强度火和一定周期的林火能促进森林生态系统的物质流和能量流，有利于维持生态系统的稳定，有益于森林的天然更新和林地生产力的提高；高强度和过频繁的林火会破坏森林生态系统的稳定性。计划火烧选择在温度、风速、风向、湿度、植物含水量等适宜的季节和时间内进行，尤其火烧时间必须在充分研究的基础上确定：①林中可燃物和天气条件都处于安全之时；②林中可燃物的积累量非常大时；③有竞争性的非目的树种侵入时；④林地上需要准备播种造林或植树时；⑤有病虫害蔓延危险时。

7.1.3 火生态学展望

森林火灾及其引起的次生演替在保持物种多样性以及形成地球上森林的组成结构上起着显著作用。过去，生态学家认为火灾对森林只有危害作用，烧毁和烧伤林内植物、生物。然而随着生态学家对此领域的进一步研究和认识，发现森林中每年凋落物不能完全腐化，造成地表枯落物积累。森林火灾可以在自然条件下促进枯落物转化，减少可燃物堆积，降低森林火灾危险。适度用火对森林生态系统能起到有益的作用。

长期研究已经证明，火是生态系统中独特的、自然的环境因子，犹如生态系统中的光照、温度、能量和水等因子，对植被产生影响。目前国外林火生态研究重点是林火对整个森林生态系统的影响，如林火燃烧时烟雾对环境的影响，林火对森林生物多样性的影响，火烧以后对森林演替的影响，林火状况和火频度的研究等。

作为生态学分支的新兴学科，火生态学不论从理论上还是从实践上与其他生态学分支相比还很落后，尤其是理论研究上显得更为突出。但是，从已取得的一些成功实例来看，随着防火装备和技术的发展与提高，人们对于小火灾的控制能力有很大提高。目前在一些发达国家对于小火灾能够及时控制，而对大的和特大的火灾仍无法控制。各国纷纷探讨生态防火的途径，可以预计生态防火是森林防火工作必由之路。

生态防火是在生态理论指导下，利用生态系统中火与环境和生物之间的关系，调整森林可燃物结构，从而达到预防森林火灾的目的。生态防火大致可分为三个方面：

①营造各种防火林带，根据各树种和植物的燃烧特性和生态学特性，选择适合的抗火树种和植物阻隔，控制林火及其蔓延；

②调节林分结构，通过易燃树种与难燃树种的合理混交或营建防火林带，来达到既保证目的树种的良好生长又减小火危险性的目的，改善森林环境，降低其易燃性，提高林分的抗火性；

③利用生物和生物工程的办法，培育或筛选能快速分解可燃物的微生物和活性酶类，施放到林地，减少林地易燃物或改变其燃烧性。

7.2 林火生态影响概述

火与植被、地貌、天气条件密切相关，火是这些复杂关系中的一个重要环节，它对环境、动物、植物和整个生态系统产生影响，这方面的研究不能脱离生态学的基本原理和研究方法。目前各国做了大量工作，总结出一些火与不同系统，在不同时间和空间之间的相互关系，并上升到理论。

7.2.1 火对生物的影响

7.2.1.1 对植物的影响

森林火灾是随时随地可能发生的，火烧会直接烧掉森林植物，它对植物的影响还体现在火后植物无性繁殖能力增加，火促进开花、种子释放和种子萌发。经常遭受火烧的植物也会对火形成一定的适应性，如美国加利福尼亚的灌丛是重火灾区，这一地区的植被类型对火适应能力较强，火后以种子或萌芽的形式迅速更新。在北美洲，北方针叶林中的火能烧毁地上的植被，使林分重新开始群落演替。一般来讲，火烧可以增加喜光植物和固氮植物的数量。

7.2.1.2 对野生动物影响

火烧改变了野生动物的栖息环境，从而影响野生动物种类及种群数量分布。火对野生动物的直接影响主要表现在烧伤和致死2个方面。在森林火灾中，大多数野生动物可以利用各自的逃逸方法逃避火烧。火烧后，食肉动物数量减少，食草动物增加，在灌木林中，森林火灾后数年马鹿(*Cerrus elaphus*)的数量明显增加，要比烧前个体数量增加40%。这是因为，鹿的食物丰富，在火烧后草本植物很快恢复，杨树(*Populus* spp.)、柳树(*Salix* spp.)和其他硬阔叶树种嫩叶增加，而且植物的营养增加。

7.2.1.3 对微生物的影响

土壤微生物是森林土壤生态系统中最活跃的部分，在推动土壤物质转换、能量流动和生物地化循环过程中起着重要作用，它既可以生产又可以储存养分，并可催化养分的转化，同时对土壤结构的形成与维护以及植物健康生长均具有重要作用。因此，火对森林土壤微生物的干扰机制和规律是全面系统研究火对森林生态系统干扰作用不可或缺的内容。土壤微生物也是衡量土壤质量的重要指标，所以，火后土壤微生物群落的扰动程度对于评价火对森生态系统土壤环境的改程度也具有很好的指示作用。土壤微生物还在火后植被恢复、生境重建和土壤的稳定性等方面具有非常重要而独特的作用，如火后真菌的菌丝网可将土壤团聚成颗粒，从而提高土壤的透气性和水的渗透。对火干扰后森林土壤微生物群落演替规律的研究可为以后利用土壤微生物促进火后森林生态恢复提供理论依据和参考。

早在20世纪70年代火生态学单独提出来时，美国已有学者关注火对森林土壤生态系统的干扰作用，与此同时开启了火干扰对森林土壤微生物群落影响的研究。美国学者Bollen于1969年关于热处理对土壤微生物活性的研究，为以后火对土壤微生物干扰的研究提供了参考。加拿大的Widden等对火干扰后土壤中木霉、青霉和锈腐菌数量的变动进行了调查分析，真正开始了火干扰对土壤微生物群落影响的研究。随后很多学者通过实验室模拟、火烧迹地调查、野外试验点烧等方法进行了此方面的研究。随着土壤微生物研究技术和手段的发展，此类研究逐步深入和系统化。Gema等采用磷脂脂肪酸方法研究了不同热处理后土壤细菌和真菌的生长速度，而Bastias等则采用现代分子生物学方法研究了重复火烧对澳大利亚东部森林土壤真菌群落的影响。随着研究数量的增多，此类研究变得细致而系统。如在火对菌根菌的干扰作用研究方面，野火对外生菌根菌的影响和计划烧除对菌根菌的影响均有报道，也有学者对火后外生菌根菌的群落结构与养分供给能力及其演替过程等进行研究。这些研究反映了火干扰后森林土壤微生物群落的变化趋势，初步揭示了林火对土壤微生物干扰作用的机制。

7.2.2 火对环境的影响

7.2.2.1 对土壤的影响

高强度的火烧会增加土壤的侵蚀，而低强度的火对土壤侵蚀的影响很小，甚至没有。

一些研究系统地论述了火烧对林地土壤性质和无机离子的影响。例如在美国的亚利桑那州，森林或灌丛被高强度火烧后，在 10 cm 以下土层内，火烧后 K、Ca、Mg 和 P 的含量有所增加。在坡度为 5°~30°时，土壤的侵蚀量达到 72~272 t/hm²；当坡度大于 30°时，土壤的侵蚀量达 795 t/hm²。不少研究表明，严重火烧或反复发生林火的迹地，由于林地裸露和雨水冲击，导致土壤表面板结，降低孔隙度和渗透率。王金锡等在西昌云南松林下测定，火烧后土壤 pH 值较火烧前明显增大。

7.2.2.2 对气候的影响

森林生态系统是陆地生态系统最大的碳库，其碳通量对全球碳收支具有重要影响，在全球碳循环和碳平衡中起着重要作用，受人类活动和气候变化的双重影响，对大气中的 CO_2 起着重要的源或汇的作用，从而作为大气 CO_2 的源和汇。陆地生态系统是全球碳循环的重要环节，而火干扰作为森林生态系统的主要干扰因子之一，全球每年约 1% 的森林遭受火干扰，森林火灾排放约 4 Pg/a 的碳到大气中，这相当于每年化石燃料燃烧排放量的 70%，在生态系统碳循环和碳平衡中具有重要地位与作用。气候与火干扰密切相关。火干扰会随着气候的变化而变化，研究表明随着全球气候变暖火干扰的频率和强度随之升高，各种预测模型显示，未来气候变暖将使火干扰发生的频率和强度增加。Nepstad 等对亚马孙流域的热带雨林进行了研究，结果发现气候变暖可增加火灾发生的强度和频率，最终减少生态系统碳积累。为此，加强气候变暖背景下火干扰对森林生态系统碳循环的影响研究，了解气候变暖、火干扰与森林生态系统碳循环之间的交互关系，正确评价火干扰在全球碳循环和碳平衡中的地位，加深火干扰对碳循环影响的认识，提高森林生态系统可持续管理的水平，以更有效的方式干预生态系统的碳平衡等方面均有重要意义。同时，对于减少全球变化研究中碳平衡测算的不确定性，以及为制定科学有效的林火管理策略等具有重要意义。

7.2.2.3 对水文的影响

火烧对水文的影响包括火后造成的水土流失和水质的变化，火后地表径流明显高于未火烧地，并改变夏季径流的分配，还常伴有短时的洪水侵蚀。在美国蒙大拿州测定结果是火烧后地表径流比正常林地高 8 倍，火后第 1 年径流量最大，以后逐年递减。蔡体久等采用单独流域实验法，对 1987 年大兴安岭特大森林火灾后河川径流的变化进行了研究。结果表明：火灾后，河川年径流量明显增加，5 月份融雪径流量有减少的趋势。火灾后，森林对水分循环的调控能力减弱，径流的变化更依赖于降水。

7.2.3 火对生态系统的影响

一些生态学家将有些生态系统看作"火演替"，并将一些群落视为火"亚顶极"。这种观点是将火作为一种能够阻止群落向着气候顶极演替的限定因子。高频度的火烧可以维持林地上的草原和沼泽，低频度的火可维持潜在沼泽。我国北方针叶生态系统中火也是一个非常重要的生态因子。陈大珂在研究红松（*Pinus koraiensis*）林遭受频繁火灾长时期破坏后进行次生演替时，提出了干旱系列、中生系列和潮湿系列的森林变化。周以良在《中国大兴安岭植被》中讨论了火对森林群落演替的影响，高强度火灾引起兴安落叶松（*Larix gmelinii*）林向白桦（*Betula platyphylla*）林逆行演替，低强度火灾又引起白桦林向兴安落叶松林的进展演替。

7.3 林火对环境的影响

火对环境的影响和作用是多方面的，主要表现在火对土壤、大气(包括光、温度、水源、空气等)和对森林本身的影响，以及火对群落的发生、演变、形成等的相互关系。本节主要讲火对土壤及大气的影响。

7.3.1 火对土壤的影响和作用

火对土壤的影响主要是指：火对营养元素的变化；火的性质、作用时间、作用部位、持续时间及下层植被状况，对土壤的物理性质、化学性质、生物、微生物、侵蚀等作用。

7.3.1.1 火对土壤温度及增温的作用

一般说来，土壤温度和受热程度取决于可燃物类型、火强度、枯枝落叶层的特点和土壤的性质。

(1) 可燃物的类型

可燃物可分为草类、灌丛类和乔木类。这三类可燃物中，草类可燃物在燃烧时产生的温度最低，灌丛类温度最高，乔木类居中。据报道，草类可燃物在地表产生的最高温度，在美国加利福尼亚为177℃，在澳大利亚昆士兰东南部(黄茅草火)为245℃；在土层以下1.3cm处的温度，在美国加利福尼亚为93℃，在澳大利亚昆士兰为65~68℃。而灌丛火的温度要高得多，如在美国加利福尼亚测得的土表最高温度达716℃，土层下2.5cm处为166℃，土下5cm处为66℃。

(2) 土壤温度的测定

土壤中有气体、液体和固体三相物质，要测定土壤温度，最高温和连续最高温，需要专门仪器。一般测定最高温用热敏器和高温度计；测定连续最高温度用热电隔热敏电阻，这是因为土壤传热慢，特别是土壤中的水分，对土壤中的温度有很大影响。

(3) 在野外如何测定火强度

一般在野外测定火强度比较困难，测定的方法也很多。现介绍几种比较常用的方法。

①根据火烧后土壤剖面的变化和土壤颜色来判断火的强度。低强度火：枯枝落叶层被烧焦，土壤剖面无变化；中强度火：枯枝落叶层被烧成黑灰状，土层的颜色、结构也无变化；高强度火：枯枝完全烧成白灰状，土层的颜色、结构都发生了变化。所以只有高强度的火才能改变土壤的颜色和结构。

②大面积火场根据火烧强度的面积大小来决定火强度。低强度燃烧区：高强度火占燃烧区面积2%以下，中强度火占燃烧区面积15%，其余为低强度火或无火烧地；中等强度燃烧区：高强度火占燃烧区面积10%以内，中等强度火占燃烧区面积15%以上；高强度燃烧区：高强度火占燃烧区面积10%以上，中等强度火占燃烧区面积80%，其余为低强度火。

③根据土壤温度来估计火的强度

a. 低强度火：燃烧时产生黑灰，土壤表面最高温度为177℃，土层0.76cm深处温度为121℃；

b. 中强度的火：土壤上层可燃物完全燃烧掉，使土壤裸露，表土最高温度为399℃，土层0.76cm深处为288℃；

c. 高强度火：可燃物、烧成白灰，灌木和大枝桠都被烧毁，表土最高温度510℃以上，土层0.76cm深处温度为399℃。

④在灌木林中可根据被烧毁的状况来判断火的强度。美国加利福尼亚州利用残留灌木外观估计火的强度。

a. 低强度火：灌木林树冠烧毁不超过4.0%，其中含有残留未烧或轻度火烧的带有树叶和小枝的灌木。

b. 中强度火：有40%~80%的灌木树冠被烧毁、残留的树干直径在0.6~1.3cm。

c. 高强度火：灌木树冠全部被烧毁，只残留直径在1.3cm以上的树干或只看到主干残留下来。

(4) 不同植被的燃烧温度

不同的植被，燃烧时的温度不一样。下面是草本植物群落，常绿灌木林、南方松林火烧后不同深度的温度比较。

草本植物群落燃烧时的温度最低，单位面积的现存量少，不超过 $2.5t/hm^2$。

常绿灌木林的温度最高，单位面积的现存 $15~500t/hm^2$ 森林的现存量更大，但温度介于草本植物群落和灌木群落之间。

(5) 土壤性质的不同对土壤温度的影响

砂土、砂壤土比黏土的传热速度高3倍。土壤水分也是影响土壤传热的重要因素，当土壤中的水分未被完全蒸发以前，土壤温度不会超过100℃。土壤中水分的蒸发是一个缓慢的过程，通过蒸发对土壤还有降温作用。土壤有机质是热的不良导体，对根系有保护作用，但是当有机质本身燃烧时，则加热快。

土壤的其他性质，如土壤结构，也是影响热传导的因素。例如，石英石的热扩散速度是黏土的3倍。

枯枝落叶层的特点：包括厚度、密实度、含水率3个因素，但很难说某一个因素对土壤增温的影响最大或最小。据多种森林类型观测表明，枯枝落叶层的含水率大于120%时，不会出现火烧。含水率小于40%时，则会出现火烧。枯枝落叶层的厚度能对土壤起到一种保护作用，如果又潮又厚，土壤几乎不会受热；相反，又干又薄，那么受热就越容易，增温也高。

火对土壤温度的直接影响只限于土层7~10cm以内。由于烧掉乔、灌木和枯枝落叶层后的残灰和木炭能使土表暗化，日射率增加，能增加土温10℃。在永冻层地带，植被被破坏以后，会出现冰面融化和消退现象。

7.3.1.2 火对土壤物理性质的影响

火烧后土壤物理性质的改变，取决于火的强度、烧毁植被的比例、消耗的地被物载量、土壤的受热程度、火烧面积的大小以及火烧出现的频率。

在森林中，一般来讲土壤肥力较高，团粒结构较好，空气、水分协调。但由于火的作用把土壤中有机质烧掉，破坏了土壤的团粒结构，使土壤变得板结和硬固，火烧次数越多，土壤越板结。对黏土来说，火烧后使其结块，疏松也变得板结，使土壤中的原生动物被高温烧死，降低了土壤孔隙度，使土壤通透性、保水性降低。由于火烧的影响，使地下水位上升，造成低洼处沼泽化。但火烧之后则有利于植被的生长发育，从而又有利于地下水位的下降，林地裸露，造成严重土壤冲刷。有人证明雨水对火烧迹地比灌木丛地土壤冲刷快30倍。火烧后，林中空地多，林内光线增强，林地表面存在大量木炭，使土壤表层增温，加速林地干燥，对森林天然更新极为不利。

特别在发生严重火烧后，由于矿质土暴露，经雨水的冲刷作用就会使团粒结构解体，使土壤孔隙堵塞，从而导致土壤的透气性、渗透性和孔隙减少。

据阿伦德的研究表明，火烧后会使土壤渗透率下降38%。但有人也报道，火烧后土壤的渗透率不发生变化。

火对土壤的蓄水能力也有一定影响。据报道，强烈地表火可使5cm土层的蓄水能力减少0.6cm，如果腐殖层全被烧掉，那么蓄水能力就会减少2.5cm。火烧还可在土壤中形成抗水层，抗水层的深度取决于火烧的强度、土壤的含水率和土壤的物理性质。如果火烧在土表产生的温度不高，抗水层可能接近地表；如果温度较高，抗水层则可能在较深的土层形成。据报道，形成抗水层的深度可达20cm。抗水层本身的厚度因火烧强度而异，一般在2.5~23cm之间。

抗水层是指火烧土壤表面的枯枝落叶层，其下面有些不溶于水的物质，火烧后在上层土壤形成很大的温度梯度，由于热的蒸馏作用而使得这些物质向土壤下层扩散，结果在不同的土壤深度，这些不溶于水的物质附着在土壤颗粒表面。当水分下渗时，形成水珠而不被土壤吸收，这样便形成了一层不透水的"抗水层"（图7-2）。

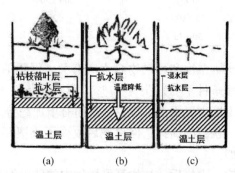

图7-2 火烧后土壤抗水层产生示意

（注：图片改编自《林火生态》）

(a)火烧前，不溶水物质积聚在枯枝落叶层下，紧接土壤表层；(b)火烧期间，随着土壤从上至下温度梯度下降，抗水层下移并加厚；(c)火烧后，抗水层在土壤深处形成

7.3.1.3 火对土壤化学性质的影响

火对土壤化学性质的影响，主要与可燃物类型、火烧季节、天气条件及火强度等因素有关，现从以下几个方面简述一下火对土壤化学性质的影响。

(1) 火对土壤有机质的影响

土壤有机质主要指枯枝落叶层、腐殖质层与土壤混合在一起的全称腐殖质。有机质是土壤的保护层，土壤中的有机质能改善土壤的水分和营养状况。有机物质损失程度取决于火烧强度，一般来讲，火的强度越高，土壤有机质的损失量越大。高强度火差不多可把所有的有机物质损失掉,中强度的火可损失掉85%,低强度火(规定火烧)可损失45%。有人研究在土壤表层温度为700℃时,所有的枯枝落叶层被烧掉;在土层下2.5cm深处,温度到200℃时,则腐殖质就会受到破坏。在灌木林中,若有2/3的树冠被烧掉,则地表的枯枝落叶就要损失45%;1cm深处的土壤腐殖质损失19%;2cm深处损失9%。对非用材林和次生林来说,有机物的损失后果严重,因为在这些森林类型中,有机物质还未进入土壤,甚至有的地方除了一层薄薄的有机质层外,下面还是母质层。

(2)火对土壤pH值的影响

一般来讲,火烧后pH值增加,特别是在一些采伐剩余物丰富的地方,火烧后pH值增加非常明显,其主要原因是火烧后把一些元素变为可溶性,增加了土壤的盐分。如果火反复作用于某一地区,pH值不但不增加,反而会下降,火对土壤pH值的影响,一般只作用于土壤表层15~20cm的深度。

火烧后,灰分中阳离子(K^+、Ca^{2+}、Mg^{2+})的数量多于阴离子(PO_4^{3-}、SO_4^{2-}),因此,火烧往往能使土壤酸性降低,使土壤pH值暂时增高。

(3)火对土壤养分循环影响

氮是土壤中重要的营养元素之一,火烧后氮最容易挥发。氮的挥发随温度而增加,当温度大于500℃时,氮全部挥发(表7-1)。

表7-1 温度与氮的挥发

温度(℃)	氮挥发(%)	温度(℃)	氮挥发(%)
>500	100	200~300	<50
400~500	75~100	<200	0
300~400	50~75		

此外,氮的挥发还与土壤湿度和可燃物含水率有关。据戴伯诺(DeBano,1978)观测,高强度火烧后,干燥的立地条件下氮损失为67%,而湿润条件下为25%。据大量研究表明,低强度的计划火烧,土壤中氮不但不减少,反而有增加趋势。这是因为火烧后虽然地表枯枝落叶层被烧掉,有一些氮的损失,但火烧后改变了土壤环境,特别是土壤pH值的增加,使土壤固氮能力增加。

磷的循环也受火的影响,火烧后地被物等可燃物中的磷以细灰颗粒形式大量损失。美国南方松林区稀树草原火烧后,地上部分全磷的损失量达46%。但火烧后土壤中的速效磷是增加的。许多研究表明,火烧后土壤的速效钾含量增加。北美艾灌火烧后初期,钾的增加速度高达43kg/hm²,可交换的K^+增加50%。但是这种增加持续的时间较短,几个月后又恢复到火烧前的水平。也有人研究指出,火烧后全钾的含量稍有下降的趋势。这可能与钾的低挥发性有关。当土壤的温度大于500℃时,钾就大量挥发。

火烧后钙和镁的变化相似。研究表明,火烧后土壤中钙和镁均有增加。也有研究表明,火烧后土壤中这些阳离子含量变化不大或有下降的趋势。下降的原因可能是由于火烧后土壤有机质含量大幅度下降,阳离子交换能力降低所致。北美艾灌火烧后灰分归还土壤的钙和镁分别为45kg/hm²和5.3kg/hm²;而由于火烧后地表径流和侵蚀增加而损失的钙、镁达67kg/hm²和32kg/hm²,远远高于归还量。

7.3.1.4 火对土壤微生物的影响

森林生产力取决于气候、土壤的理化性质和微生物之间的关系。但是土壤微生物受土壤通透性、土壤 pH、土壤水分、土壤温度以及可利用营养的影响。高能量的火对土壤微生物的影响最大，几乎把土壤中所有的微生物有机体全部消除；而低能量火，这种作用不是很大，有时甚至没有影响。

7.3.1.5 火对土壤侵蚀的影响

火烧对土壤侵蚀的作用是明显的。由于火的作用使植被及枯枝落叶层被烧毁，土壤裸露，增加了雨水对地表的冲击力，土壤的吸水作用减弱，径流增加，加剧了土壤侵蚀。

有时由于火的作用会使某些土壤形成抗水层，在有些林地或采伐迹地进行火烧时，会产生大量的有机气体，扩散到土层中去，附着在土壤粒子的表面，这些有机气体不溶于水，所以当水分下渗时，使水分形成水珠而不下渗，这样的抗水层使得土壤下渗的水减少，径流量增加，从而加剧了土壤侵蚀，火的强度越大，这种抗水层就越厚。火的强度越大，土壤侵蚀越严重。在美国一片 245 hm^2 的黄松林中，大火烧过后，每公顷有 30.9t 的土壤沉积下来。土壤的侵蚀与坡度的关系很大，一般来讲，坡度越陡，土壤侵蚀越严重，在坡度分别为 50°和 20°时，二者的土壤侵蚀量相差 32 倍，在同样 50°的坡度下，火烧和无火烧的土壤侵蚀量相差 36 倍。

7.3.2 火对光和温度的影响

7.3.2.1 火对光的影响

①火对光的直接影响这方面研究的不太多，火本身就能发光，火所发出来的光可能对低等植物有影响；而对高等植物却没有生态意义。

②着火时产生大量烟雾，烟雾对光的影响作用是明显的，特别是火场面积很大时，这种影响就更加显著了。

a. 着火所产生的烟雾大大降低了空气的能见度，给空气和高速公路的交通带来不便。

b. 烟雾直接影响光照的数量和质量，直射光少，散射光多，光照数量减少。特别是秋后的大面积火烧，往往造成农作物减产。

c. 火对光的间接作用，火把林木烧掉，增加了林地的太阳辐射，这对于植物在早春提前萌发、林木的生长及开花结实都有利，火可以作为调节林内光照的一种有力工具。

7.3.2.2 火对温度的影响

(1) 火对温度的直接影响

火本身是一个高温体，能直接杀伤、杀死植物细胞及有机体个体。火的强度不同，这种影响程度也不一样。一般来讲，低中强度的火对温度影响的生态意义更大些。火的作用一方面取决于温度的高低，另一方面取决于持续的时间。

(2) 火对温度的间接影响

火能烧死植被，使林地稀疏，增加了光照，从而增加了林内温度并使林内温差变化范围增大。经过火烧以后，林地残留大量的木炭，由于木炭是黑色的，大量吸收长波辐射时，热量增加，使积雪提前融化，植物可提前 7~10d 萌发，有利于草食类动物的积聚。由于火烧后林地不断增温，引起林地干燥。尤其在春季积雪融化草，不利于幼苗的生长，不利于更新。火对温度的作用,主要取决于可燃物的性质,更确切地说取决于可燃物的含水量。

气候长期干旱,燃烧出现的温度高,可能发生高能量的大火。因此,要根据天气条件的不同,采取用火的可能性,除天气条件外,由于立地条件的不同,林地着火的可能性的时期也不同,产生的温度也不同,因而对植物的伤害程度也不一样。

7.3.3 火对水的影响

水是环境中重要的生态因素,对生物及人都非常的重要。生命来源于水。在今天的世界上,水是越来越重要的自然资源,在陆地生态系统中,水和森林有着密切的关系,森林能够贮水、净化水源。有人把森林说成是绿色水库,但火烧以后,由于火烧强度、作用时间及森林本身特性的不同,使得森林涵养水源的作用也有些变化。因此,要通过各种影响因素的综合分析,来评价火烧后森林涵养水源的功能。

火烧对水的影响主要表现在以下几个方面:水文过程的变化,流量及水流周期的变化,水质变化及水生生境的变化。

7.3.3.1 火对水文过程的影响

(1) 火对截留的影响

森林下层植被和地被物能减少雨滴对土壤表面的冲击作用。一旦这种截留体被火烧掉,截留体会随之减少,而径流却随之而增大。

一般讲林冠层的截留量占降水量的2%~27%,植被及下层地被物被火烧后,截留作用降低。高强度的火使地面截留作用完全消失,而低强度火的影响不是很大的。

(2) 火对土壤渗透的影响

影响土壤渗透的因素有覆被率、植物类型、土壤密度、死有机物数量以及其他保护层等等,火烧对这些因素都会产生不利的影响,导致渗透减少,径流增加。

据调查,火烧会使土壤产生抗水层,这种抗水层阻止渗透,是地表径流增加的主要原因。

(3) 火对土壤蓄水的影响

火烧能使纯蒸腾减少。在火烧后土壤中的水分要高于火烧前。如克洛克和赫尔维1976年在华盛顿北中部曾观测到,火烧后120cm以上的土层内,秋季的最低含水量比火烧前增加了。经过连续3a观测,得出这样的结论:大约需要5a时间,土壤的水分才可恢复到火烧前的水平。

(4) 对积雪的影响

林地上的积雪受蒸发(包括截留)、消融和风等因素的影响,而这些因素又受植被的影响,但都会受火烧的影响。关于火烧对积雪的直接影响研究甚少,尚无法说明这种关系。据认为,火烧对积雪的影响与采伐的影响很相似,择伐、带伐均可使积雪增加,增加幅度为10%~50%,平均为25%,其中带伐方式对积雪的增加较明显。据采伐对积雪的影响,规模小、温度高的火烧,或规模大而有残留林分存在的火烧,往往会使积雪增加;反之,由于风的机械作用,积雪反而会减少。

除此以外,海拔、坡向、树木大小、植被类型及郁闭度也会影响积雪,小面积的火烧，有利于增加积雪量，如果是大面积火烧或强度大的火烧，会减少积雪量，这是由于大面积火烧后，林地空旷，受风的影响较大，将雪吹至沟谷中去。林分密度大，积雪量就少。

(5) 对融雪的影响

据调查，在正常情况下，林冠下的融雪速度是大面积空旷地的一半，当树干和地被物烧焦以后，即在火烧迹地上，由于残留大量的炭及熏黑的树干，大量吸收长波辐射，使地面温度增高，使火烧迹地上的积雪提前融化。

据材料介绍，火烧林地比非火烧地融雪速度快10倍以上。

(6) 对地表径流的影响

径流产生和土壤、植被、降水强度和时间、坡度以及土壤的冻结程度有关。火烧后，增加了地表径流，这是由于植被大量遭受破坏，据报道，被火烧过的与未烧的林地的地表径流量相差可达35倍，第2年相差12倍，直到10a后才恢复到原来(未烧前)的状态。

7.3.3.2　火对流量及水流周期变化的影响

火烧后，被烧的流域河流流量会增加，包括最大流量、总流量、暴雨流量和基本流量。

据报道，火烧后第一年的洪峰流量比往常大2~45倍，洪峰流量恢复到正常状态所需要的时间为30~70a。

火烧除了使暴雨流量增加外，还有人发现，年平均基本流量增加。

据研究表明，火烧还可使融雪、径流和洪峰到来的时间提前。

7.3.3.3　火对水质的影响

由于火烧后，会造成水土流失，这样在下游河水中混有大量的泥沙，这是影响水质最重要的因素。其中这样的泥沙有70%是上游带下来的，有20%是周围的深谷带来的。

再次火烧，对土壤营养的影响很大。火烧后对森林植物群落的影响主要是植物和枯枝落叶层中的元素挥发，甚至可从生态系统中丢失，还可以通过地表径流和淋溶而损失，这样使植物与土壤的循环截断，降低了土壤肥力，而河水中各种元素都有所增加。另外，在发生火灾时有时使用大量的化学阻火剂，使某些有毒的元素随地表径流或地下进入河流溪水之中，使水生生物，特别是鱼类都有很大危害作用。

火烧以后，水温增加这对鱼类生活大大不利。

7.3.3.4　火对水生生境的影响

有人对河流中大型无脊椎动物对野火的反应做过研究。火烧后，河流中大型无脊椎动物的数量和种类均不会发生明显变化。

7.3.3.5　火对森林水量平衡的影响

森林水量平衡方程为：

$$\gamma = \gamma_f + \gamma_i \gamma_p$$
$$\gamma = (E_1 + E'_1 + E_2 + E'_2) + (F_1 + F_2 + F_3) + \Delta W + \Delta S + \Delta q \tag{7-1}$$

这里第一式的 γ 为降水量的第一次分配形式；第二式的 γ 为降水量的再分配形式。若设 ΔS、Δq 为趋于零值，则可简化为：

$$\gamma = E + F + \Delta W \tag{7-2}$$

其中
$$E = E_1 + E'_1 + E_2 + E'_2$$
$$F = F_1 + F_2 + F_3$$

式中　γ——降水量(垂直和水平降水量);

　　　γ_f——树干径流量;

　　　γ_i——林冠截留降水量;

　　　γ_p——透过林冠降水量(林下降水量);

　　　E_1——林冠的物理蒸发量;

　　　E'_1——林冠的蒸腾量;

　　　E_2——林下地面物理蒸发量;

　　　E'_2——地表植物的蒸腾量;

　　　F_1——地表径流量;

　　　F_2——地中径流量;

　　　F_3——深层入渗量;

　　　ΔW——土壤存储水量的变化;

　　　ΔS——植物体内含水量的变化;

　　　Δq——空气中水汽量的变化。

一场森林火灾特别是高强度树冠火和地表火并行的森林大火,不但烧掉地表植物,林冠层也发生显著变化,这时可使林冠截留降水量 γ_i 和林冠蒸发及蒸腾(E_1 和 E'_2)显著减少,林下降水量 γ 增大,地表蒸腾量 E'_2 也减少,但地表物理蒸发 E_2 增加;由于抗水层的作用,深层渗入量 F_3 也减少。如果 ΔS、Δq 变化趋于0,那么火烧后的林地将会出现两种情况:一是地表径流 F_1 和地下径流 F_2 增大,如坡地,则土壤储水量 ΔW 减少,使林地土壤趋于干旱,水土流失等;二是地表径流 F_1 和地下径流 F_2 减少,如低凹地,则土壤储水量 ΔW 增加,使林地趋于沼泽化。

若是轻微地表火,只是使地表物理蒸发 E_2 略有增加,地表植物蒸腾 E'_2 略有减少外,其余各项一般不会有明显变化。因此,只有高强度的森林大火才能对森林水量平衡产生明显变化。

火对森林水量平衡的影响,取决于火的强度、火的种类、林地状况等。

7.3.4　火对空气的影响

森林火烧是否造成空气污染?许多科学家作大量研究,也有争议。为了说明森林火烧对空气质量的影响,一从以下几方面进行论述。

7.3.4.1　森林燃烧所产生的各种气体

正常情况下,空气的组成主要有:氮气(N_2)占78%、氧气(O_2)占21%、氩气(Ar)占93%、二氧化碳(CO_2)占0.03%,还有氢(H_2)、氖(Ne)、臭氧(O_3)、氪(Kr)、氙(Xe)和灰土等,占0.04%。而森林火烧所产生烟雾的成分主要为二氧化碳(CO_2)和水蒸气(H_2O),这两种物质占烟雾的90%~95%;另外,还有一氧化碳(CO)、碳氢化合物(HC)、硫化物(XS)、氮氧化物(NO_x)及微粒物质等,约占5%~10%。

(1) 二氧化碳(CO_2)

严格说来，CO_2 并不是污染物质，但它是被控制物质。因为 CO_2 具有增温作用即所谓的温室效应。森林可燃物燃烧时，释放的 CO_2 的量是相当大的，1t 可燃物大约能产生 3 680m^3 的 CO_2，如果空气中的 CO_2 增加一倍，那么地球的温度就会大为增高，使两极的冰融化，海洋面积增加，陆地减少。CO_2 浓度达 1～10mg/L 时，对人有刺激作用，到 20mg/L 时，使人流泪、咳嗽等反应，100mg/L 时咽喉痛、呼吸困难、胸痛，100mg/L 以上时，人的生命就受到威胁。

(2) 一氧化碳(CO)

这是林火产生的一种污染物质，它直接危害人体的健康，其危害程度依暴露时间和 CO 浓度而定。据测定，在火焰附近的含量为 200mg/L，但到距火场 30.5m 处，就下降到 10mg/L 以下。在实验室火烧采剩物等每吨可燃物可产生 15.87～88.5kg 一氧化碳。另据报道，火烧潮湿的可燃物每吨可产生 226.8kg。一氧化碳是因燃烧不足而产生的无臭无味的气体，空气中的一氧化碳浓度达 20～30mg/L 时使人的血红蛋白失去携氧能力，造成组织缺氧。最近测定浓度到 4 000mg/L 时，可引起急性中毒使人在几分钟内死亡(见表7-2)。

表 7-2　CO 对人体的影响

CO 浓度(mg/L)	影　响	CO 浓度(mg/L)	影　响
50～100	允许暴露 8h	1 500～2 000	暴露 1h 时的危险浓度
400～500	1h 内，人体无明显反应	4 000	人在 1h 内死亡
600～700	1h 后引起明显作用的浓度	10 000	人在 1h 死亡
1 000～1 200	1h 时人体感觉不适但无危险		

一氧化碳与二氧化碳之比可以用来表示燃烧的效率，据测定，林火烟雾中该比值在 0.024～0.072，有焰燃烧阶段平均为 0.034，残火阶段为 0.052。

(3) 氧化硫(SO)

森林可燃物中硫的含量在 0.2% 以下，因此，森林火烧产生的氧化硫是微不足道的。而且，由于植物具有吸收二氧化硫的功能，所以森林还是大气中硫和酸雨的主要过滤体。氧化硫对人有强烈刺激性，引起多种疾病，如哮喘、支气管炎、肺水肿等。高浓度可使人致死。

(4) 氧化剂

臭氧(O_3)，一般空气中含量为 0.03mg/L，瑞笛 1978 年测得在火烧剩余物的烟雾中臭氧含量高达 0.9mg/L，经过 45min 扩散之后，仍达 0.1mg/L。在森林火灾的烟团中可达 0.1mg/L。O_3 是光气——光化学烟雾的主要组成部分，是城市污染的主要有害物质。但在大气中，特别是大气上界有一定量的 O_3 还是必要的，它能够吸收对人有害的紫外线。

(5) 氧化氮(NO_x)

氧化氮是在 1 540℃ 以上的高温条件下形成的，一般的森林火烧都达不到这一温度，但是，在有游离氢基存在的条件，即使温度低也可以形成某种 NO_x。

(6) 碳氢化合物(HC)

碳氢化合物是含氢、碳及氧的种类最多的化合物。绝大多数这类化合物都无毒，但是，烟尘中碳氢化合物所含的微量元素对光化雾的产生和对人体的健康都具有重要影响。据测定，燃烧一吨可燃物产生的 HC 总量可达 4.54~18.14kg 在采伐剩余物燃烧的烟雾中大约占 30%；但在高强度火时，只有 15%。

(7) PAH

多环芳烃(PAH)，是一种有害气体，主要是针叶燃烧时所释放出来的；多环芳烃产生的温度范围在 700~850℃。

森林燃烧时产生大量有害气体，这些气体的产生与火的性质有关系，高能火产生的多一些，低能量火产生的少一些。据美国测定，包括农林在内的污染只占整个污染的 5%，故有影响但不是主要的影响因子。

7.3.4.2 烟雾产量

林火产生的烟雾成分是由所烧可燃物决定的，森林可燃物包括腐殖质层、枯枝落叶、杂草、苔藓、地衣、蕨类植物、朽木、枯立木、灌木和乔木等。就木材而言，含有 50% 左右的纤维素，20% 左右木炭，20% 左右的半纤维素。此外，木材中还含有 5%~30% 的抽提物，如单宁、聚酚、油、脂肪、树脂、蜡以及淀粉等。抽提物虽然不是木材结构的组成部分，但对燃烧产生的各种产物有直接影响。

森林火烧的排放物中有 90% 以上的成分是由 CO_2 和水这两种产物组成的。据用化学方法计算，燃烧 1t 木材约需空气 7t，可生成 1 664.7kg CO_2 和 489.9kg 水。

火烧是个十分复杂的过程，通常情况下，人们把燃烧分为三个阶段，即预热阶段(高温分解占优势)、有焰燃烧阶段(气体氧化占优势)和炽热燃烧阶段(固体氧化占优势)。

第一阶段的直接蒸馏产物多数为萜烯类，这些物质与氧饱和化合物、龙脑以及各种芳香醛类有密切关系。这一阶段所产生的各种排放物如焦油、木炭、气体、蒸汽等的相对比例，是随当时的环境、气象条件而变化的，如果加热速度快，则会产生较少的木炭、较多的焦油和含大量氢气、一氧化碳和碳氢化合物的可燃性气体；如果加热速度慢，则产生的木炭多，焦油、可燃气体也少，但是可燃性气体中水分和二氧化碳的含量却比较高。

有焰燃烧阶段是预热阶段的继续，这一阶段的温度在 300~1 400℃，一些高温分解后的物质不经过火焰阶段就冷凝下来，另一些则生成各种产物。一些低相对分子质量产物(如甲烷、丙烷等)以气体形式而产生，又以气体形式随风飘走。其他一些高分子产物经过冷凝以后，就形成焦油水滴和固体微粒，这些凝结物再加上迅速冷却的大量水蒸气，就形成了林火的烟尘。

据调查森林火灾和规定火烧所产生烟的情况是这样的：

由于森林火灾和规定火烧的强度不同，因此，所发生的烟的数量和质量也不同。根据 1976 年报道，美国每年由于森林火灾产生的烟中颗粒为 3.5×10^6 t；规定火烧为 4.3×10^5 t/a，前者占 89.1%；后者占 10.9%。因此，可以说森林火灾是烟雾的主要来源。火的性质不同，所产生的烟亦有差别。顺风火比逆风火所产生的烟量高出 3 倍，无焰燃烧是有焰燃烧烟量的 11 倍。表 7-3 介绍了美国各地区烟量分布。

表7-3 美国不同地区森林火灾与规定火烧产生烟量分布

地 区	森林火灾(烟颗粒 t/a)	规定火烧(烟颗粒 t/a)
阿拉斯加	6.47×10^5	0×10^4
太平洋沿岸	5.8×10^5	9.9×10^4
洛杉矶	8.41×10^5	1.05×10^5
中北山区	1.93×10^5	5.0×10^2
南部山区	1.055×10^6	2.23×10^5
东部山区	1.31×10^5	1.5×10^4
总 计	3.447×10^6	4.29×10^5

7.3.4.3 烟雾对植物的影响

(1) 对植物的影响

烟雾对植物的影响取决于烟雾笼罩的时间长短和有害物质的含量。烟雾笼罩时间越长，有害物质含量越多，危害越重。有害物质含量少时，可降低植物光合作用的效率；含量大时，可造成植物急性中毒和组织坏死。当烟雾中的 SO_2 和 NO_x 化合物含量多或笼罩时间长时，树木生产力和生长量均会受到明显影响。实验证明，当烟雾中 SO_2 浓度为 $1.4\mu g/g$ 时，树木花粉发芽管的伸长发育将受到一定的影响。另外，在烟雾笼罩污染后植物的抗病力减弱。

(2) 对动物的影响

有人指出，某些烟雾污染物可使某些节肢动物的产卵功能受到影响。由于研究不多，这种影响是直接产生的还是通过寄主间接产生的，目前尚不清楚。火烧针叶和草类的烟雾可抑制某些真菌病原体的生长，使孢子的发芽和病原体的传染受到影响。说明烟雾对防治某些植物病虫害具有积极的作用。

7.4 林火对野生动物的影响

野生动物是珍贵的自然资源之一，在人类社会及其赖以生存的环境中起着极其重要的作用。随着人类经济的发展，人民生活水平的提高，人类对野生动物资源的需求日益增大，并出现了大规模乱捕滥杀野生动物的现象，使野生动物日益减少，有些种类已经灭绝或濒临灭绝。此外，环境的变化，如火烧、河水泛滥、森林遭破坏等，也决定着野生动物分布的数量和种类的变化。

火对野生动物的影响，主要是研究在不同火灾环境中不同野生动物种类的生存情况及其适应方式。火是多变因子，火行为所创造的环境影响着野生动物的分布和数量；野生动物的活动从某种程度上又影响着火的行为。

7.4.1 火对野生动物的直接和间接影响

(1) 火对野生动物的直接影响

火作为一个高温体，可以直接作用于动物，也会直接杀伤或杀死动物。在着火后，绝大多数动物都能逃跑、躲避火对它的袭击。然而火对幼兽和小动物的威胁都相当大,有些幼兽,由于生下不久,行动不灵活,着火后不能跟随母兽逃跑,往往被火烧伤或烧死。有些鸟类在产卵或抱窝季节遇到火灾,则生下的蛋或孵出的幼雏往往被烧毁或烧死,有些小动物如啮齿类动物,更容易遭受火的袭击。据美国学者调查,在全面火烧的迹地上,有60%以上的鼠类被烧死。

据报道,火对动物直接影响在于:对于脊椎动物来说,对火的反应不尽相同,有的是惊恐逃窜,有的是不慌不忙地躲开,有的则向火主动靠拢。惊恐逃窜的皆是体形较小的啮齿类动物,如松鼠、老鼠、棉鼠和金花鼠。体形较大的动物,如麋鹿、驯鹿、天鹅和浣熊,通常是不慌不忙地离去。敢于靠近的有大型的非洲动物、食虫的鸟类、鹌鹑、火鸡、食肉鸟类和一些灵长目动物。鸟类一般都不怕火,有的甚至会受到冒烟地区的吸引。鳄鱼也愿意游到火烧过的河流沿线去活动。

有些调查人员曾在火烧迹地发现过小鸟、田鼠、大象、狮子、野猪、羚羊、鹿和兔子的尸体。另外,也有人报道,火烧迹地上发现动物死尸的情况是很少见的,即使有,也很微不足道。

(2) 火对野生动物的间接影响

对陆栖动物来说,火烧后小气候方面的变化可能会对陆栖动物产生有利或不利影响。比如,火烧区光照和温度的增加为松鼠和鹌鹑提供了有利的生活条件,而鸣禽、木鼠、黑红田鼠却不喜欢这样的生境。火烧后导致的湿度变化会影响到一些鸟类和哺乳动物的分布。冬松鸡喜欢选择温暖干燥的生境,而阴冷潮湿的生境可能会引起鸡类的死亡和某些鸟类种群的减少。

火烧引起的最直接变化是使生境结构发生变化,树木、灌木被烧毁,鸟类失去了栖息场所,然而这种变化却为一些动物,如鹌鹑水鸟和大型动物的四处走动提供了方便。

火烧后,地面灰层厚,土壤板结,杂物减少,不利于老鼠和田鼠的运动和埋藏食物,也妨碍麻雀和芦雀对这些生境的利用。

火烧后的第一个生长季节,植被的生长既早又旺盛,这会大大地改变食草动物的食物供应。据调查,火烧草场上牛的数量会比未烧草场增加2~3倍。实践证明,采用轮烧法管理草场是发展畜牧业、保持草场稳产高产的一种有效手段。早春旺盛的植被生长对在地面筑巢的鸟类可能会有一些影响。

总之,火烧以后的环境对所有的陆栖动物来说,无论是生境结构,还是局部小气候,都会感到突然和剧变。光照、温度和风速的增加,湿度的降低,积雪厚度的改变,食物和庇护条件的改变,对各种动物的影响可能是积极的,也可能是消极的。

7.4.2 火烧后动物种群的变化

(1) 火烧后无脊椎动物的变化

火烧后无脊椎动物的变化取决于火灾类型、植物群落以及火烧地区的特点。美国的南卡莱罗纳州的火炬松林,火烧后土壤动物减少1/3。除了蚯蚓的数量显著减少、蚁类增加外,其他所有种类保持不变,只是数量减少。在长叶松林,未火烧地5cm表层土壤的有机体数量比火烧过后的A_0层的数量多6倍。火烧后土壤动物减少的原因是火烧引起土壤干燥所造成的。

火烧后蜗牛种群数量减少。美国明尼苏达州短叶松林火烧后至少3年内见不到蜗牛出现。在法国南部及在非洲也曾发现火烧后蜗牛和蛞蝓的种类和数量锐减。蜈蚣和倍足纲动物的种群，火烧后也有下降趋势，有时减少高达80%。蜘蛛，特别生活在地下的蜘蛛种类，火烧后也明显减少，其下降幅度在9%~31%。在北美长叶松林土壤中，未烧林地螨类数量占所有土壤无脊椎动物的71%~93%，火烧林地占30%~72%。火烧后24h，7cm以内土层的土壤动物减少70%以上，要恢复到火烧前的水平大约需要3.5a的时间。

火烧对蚁类的影响最小，据赖斯(Rice)发现，火烧后蚁类数量增加1/3。其原因是蚁类具有较强的抗高温和适应火烧后干燥环境的能力。另外，蚁类群居的生活习性也是它们在火烧后能迅速恢复的原因。草原火烧后蝗虫和叶蜂的数量增加，这是因为火烧后日温高，新萌发草鲜嫩等为蝗虫的大量繁殖提供了良好环境。

森林火烧后鞘翅目昆虫减少的数量比草原火要多。这是因为森林火温度高于草原火。赖斯发现，火烧后即刻调查鞘翅目昆虫减少15%，但火后不久又恢复到烧前水平。

(2) 火烧后爬行动物的变化

火烧对爬行动物的影响，主要是指蜥蜴。凯恩(Kahn)发现，北美艾灌林春季火烧后无论在火烧迹地还是在对照区，均有蜥蜴重新繁殖。蜥蜴逃避火的方式为钻进地下或躺藏在石头下面。据加利福尼亚南部北美艾灌调查发现，火烧后蜥蜴数量呈增加趋势。这可能是因为火烧后植物种类增多，食源丰富等环境更有利于蜥蜴的生存。

蛇逃避火烧的方式与蜥蜴相似。在东南亚发现有三种蛇和一种蜥蜴常钻进白蚁洞穴以逃避火的袭击。虽然蔓延速度较快的火能使部分蛇烧伤或烧死，但是大部分蛇都能爬进各种洞穴以防火烧。

(3) 火烧后鸟类的变化

火烧通过改变生境而间接影响鸟类种群。火烧后灌木或乔木消失，对某些鸟类的生存会产生不利的影响；有些鸟类则喜欢在火烧迹地上栖息。新的火烧迹地常常能吸引某些鸟类，如知更鸟、蓝鸟、麻雀、乌鸦、金鸫及爱斯基摩麻鹬等。在灌丛中很少发现有沙锥鸟分布，而在火烧迹地上沙锥鸟数量却非常多。

鹌鹑在密林下不能生存，但林下火烧后有利于它的取食和活动。火烧后植物种子丰富，阳光充足为鹌鹑生存创造了良好生活条件。

加利福尼亚的秃鹰是靠火来维持的鸟类。它的卵壳形成及雏鹰发育都需要钙，而钙只能从小动物的尸骨获得(如兔、松鼠、老鼠及蛇等)，而秃鹰食用的大动物(如马、鹿等)的内脏和肌肉中却很少有钙。如果没有火的作用，森林灌丛茂密，小动物消失，鹰的种群也会急剧减少。

1987年大兴安岭特大火灾后，于1988年和1989年夏调查鸟类，共观察到89种鸟，隶属9目27科。调查结果表明过火林中鸟类种群较未过火的同林型中的鸟类种数少，而且这种差异表现为1988年大于1989年。随着时间推移，森林的恢复，差异会越来越小。

(4) 火烧后哺乳动物的变化

火烧后哺乳动物的变化取决于生境的改变。小的啮齿动物对火烧的反应与植被的破坏有关。林鼠怕光，火烧后消失；而生活在地面的松鼠非常喜欢在全光下生存，所以采伐后火烧，其种群数量显著增多。但生活在树上的松鼠，由于缺少筑巢树木而数量减少。由于火烧后小气候的变化，红背田鼠在火烧后消失，主要原因为火烧后土温增加造成的。澳大利亚有两种负鼠种群是由火来维持的。它们常把巢穴建在火烧死的树木中，并以新萌发的枝条为其主要食物。因此，如果没有火的作用，这两种负鼠就会消失。

裸地驯鹿对火的反应非常敏感。冬季驯鹿逃离火烧过的林地。火烧地除了风大、雪深不利于其活动外，更主要的是火烧掉了地上或树上的地衣，而地衣是驯鹿的主要冬季食物。因此，火烧后驯鹿种群迅速减少、但火烧后的幼林地对麋（驼鹿）的生存却十分有利。火烧后白原鹿、马鹿等也较火烧前增加。

(5) 火烧后植物的变化引起动物种群变化

这类例子很多，如东北三宝中的紫貂，偃松是它的栖息地；偃松种子是它的食物，当偃松被火烧了以后，这种动物也就随之消失了。红松林被火烧后，松鼠失去了它的食物来源——松子，也同样大量消失。加拿大有一种黑貂，这种动物只能居住在原始林中的枯树洞穴中，火烧迹地都是它们觅食的地方，因为火烧迹地上有鼠类和果类及浆果类，这些正是黑貂的食物来源，因此黑貂喜欢在原始林和火烧迹地穿插的地方生存栖息。如果原始林区遭到大面积火烧，黑貂失去了居住场所，就容易消失。此外，原始林内有许多地衣伴生，火烧后，地衣减少，森林环境发生变化，麂子数量显著减少。又如，我国特有的珍贵动物大熊猫，箭竹是它的食物，当箭竹林被火烧掉，大熊猫失去了食物来源，也只有外逃别处觅食。

7.4.3 野生动物与火的关系

林火对野生动物具有直接影响和间接影响，直接影响表现为烧死、烧伤；间接影响表现为火烧后对环境的改变使某一种群受到影响，如改变食物来源等。野生动物对林火的影响表现为，部分啮齿类动物在啃食树干时产生的火星可能引发森林火灾，一些以植物为食的动物对某类植物过量啃食也会影响森林火灾的发生。

7.4.3.1 野生动物对火的反应

高强度大面积森林火灾虽然能烧死像大象那样的高大动物，但不少动物对火的反应是很灵敏的，它们对火有各种各样的反应。

(1) 逃避行为

动物对火的逃避行为取决于火的强度、蔓延速度及动物对火的熟悉程度等。逃跑是大多数动物逃避火灾的最佳方式。例如，1919年西伯利亚发生的大火持续两个多月，有人发现松鼠、熊、麋等动物横渡大江逃跑。有些动物不仅自己逃跑，还带领其同类一起逃跑。科麦克观察到美国有一种鼠具有很强的逃避火烧的能力。一次火烧时，他发现有一群鼠在火场前方时跑时停，东张西望，其中一只大鼠还不停地发出叫声。他认为这群老鼠一定会被烧死。后来发现它们并没有死。他推断大鼠跑跑停停，东张西望是在辨别火蔓延方向，大鼠的叫声是在通知小鼠跟随其后。为了证实这个推断他做了一个实验：在要进行火烧的地方设立一定大小的围栏，然后在栏内下套捕鼠；火烧后再去栏内下套捕鼠。结果两次捕到鼠的数量相同。因此，他认为火烧没有使鼠致死，并指出鼠的逃避方式是进入洞穴或石隙。

(2)待死行为

某些反应迟钝的动物,在火到来时不采取任何逃避行为,直到被火烧死。哈克拉观测到一群天鹅在火已经烧到湖边林缘时,它们还在那里悠闲自在;他还发现北美一群驯鹿在大火已经将其包围时,它们还趴在地上不动,直到被大火烧死。

(3)吸引行为

夜间的火光除了吸引蛾子外,还有许多动物具有被火吸引的现象。

①火焰吸引 美国发现有两种蜻蜓(蓝蜻蜓和棕蜻蜓),火烧时常常扑向火焰而死。

②烟雾吸引 有些昆虫,如烟蝇,当嗅到烟味时就顺着气味飞来。目前美国、加拿大、澳大利亚等已发现9种具有这种特性烟蝇。

③热吸引 某些昆虫具有受热吸引的行为。例如火甲虫和火球蚜常常受到热的吸引而奔向火场。除了被火的热吸引外,这些昆虫身上还具有感受红外线的器官,它们能感受100~160km以外的森林火灾。

④食物吸引 猛禽类具有不怕火和烟的特性,常常飞到正在着火的火场周围取食,其取食对象是一些怕火逃跑的小动物。这些猛禽类在北美有85种,非洲有34种,澳大利亚有22种。典型的有鹰、秃鹫、鸢、隼等种类。有些草食动物,如雪兔、弗吉尼亚白尾鹿等,具有喜欢吃灰和木炭的特性,它们常在刚烧过的火烧迹地上取食灰分或烧过的枝干等。有些肉食动物如狮、豹、猎豹等也常在火场周围捕食逃跑的动物(鹿、狍子等)。

7.4.3.2 野生动物对火行为的影响

火可以直接烧伤或烧死野生动物,改变野生动物的生存环境,引起野生动物种群数量和种类结构的变化。然而野生动物的行为活动又可能对林火的发生,甚至对火行为发生有一定的影响。

在松树林下的松鼠,当它们吃完松子后,留下的鳞片堆积起来,当火到达时,能使火势加重;鼠类咬伤树木,造成环状削皮,使幼树枯死而增加大量可燃物,容易引起火灾。松鼠在咬食球果时,往往连同树枝咬断,干枯的树枝遇到雷击,容易导致雷电火。鸟巢往往容易产生飞火而酿成新的大火,扩大火场面积。有些草食性动物,能吃掉大量的草,降低了林地的燃烧性,从而起到隔火作用。有的野生动物如野猪,它喜欢啃食植物的根部,不断地翻地而形成"天然"的生土带,能起到隔火作用,防止火灾蔓延成灾。

7.4.3.3 火与野生动物的种群变化

生境变化对动物种群的影响是很大的,火烧除了对动物有直接影响或近期影响以外,火烧以后若干年内发生的植物演替,将会继续对动物产生影响。总的来看,火烧以后较大的狩猎动物会出现增加。有许多调查报告指出,火烧后的生境对以下动物有利:麋鹿、白尾鹿、黑尾鹿、驼鹿、美洲狮、狡狼、黑熊、水獭、兔、火鸡、野鸡、鹌鹑、尖尾鸡、彩颈鸡、红松鸡、黑琴鸡、草原鸡、雷鸟和某些水鸟。另外,火烧也可能在短期内使一些动物种类发生变化或者使它们一时灭绝,这类动物有各类驯鹿、貂、红松鼠、灰熊、狼獾、鱼貂和云杉鸡。

火烧对鸟类影响的一般规律是:减少在树干和树冠觅食鸟类的数量,增加地面觅食鸟类的数量。但从总的趋势和密度来看,80%的鸟类种群和哺乳动物种群都不发生变化。

综上所述,生境变化引起森林演替,使得某些野生动物的居住条件和食物构成发生改变,因而影响到野生动物的组成,结构发生变化,或者促使某些种动物种群扩大或缩小,或者引起某些种群消失。例如,大兴安岭林区火烧迹地上马鹿的数量增加,这是由于鄂伦春人利用火烧森林和草地的办法来促其翌年长出新草,以便招引马鹿而进行狩猎。美国的黄石公园栖息一种珍贵动物大角鹿。但该公园经常发生雷电火,起初人们为了使森林及大角鹿免遭火灾,千方百计控制雷电火的发生,经过30年的努力,使雷击火终于得到控制。但是由此却带来了不良后果,大角鹿种群明显减少,究其结果,是由于控制了火烧,大角鹿赖以生存的食物——杨树幼苗和嫩枝减少了,大角鹿失去了食物来源,数量骤减,后来又划1/4的地区,任其雷电火自然火烧,大角鹿的种群才重新得到恢复和发展。据有人调查,北美洲麋鹿的增长与火烧有密切关系,这种动物不在原始林中生存,火烧后出现它的种群,这种种群随火烧后的年代不同,种群变化也不同。火烧后18个月就繁殖后代,火烧后10a为它的幼年生长期,20~3a年是这个种群的最大增长期,再之后种群数量下降。

由于火烧演变的不同,对北美洲松鸡的变化也有影响。东美有3种松鸡:尖尾松鸡、R型松鸡和S型松鸡。它们发生在不同年代的火烧迹地上,尖尾松鸡在火烧后的灌木丛中繁殖生长,R型松鸡喜欢生长在幼阔叶林树下,冬季靠芽及雄花蕊作为食物;S型松鸡喜欢生存在干材林及针阔混交林下。由于火的周期不同,三个种群也相应地交替变化。

7.4.3.4 用计划火烧来维持灭绝动物的生存

加拿大有一种快要灭绝的鸣鸟(会唱歌)。这种鸟在世界上仅存有几百只。它喜欢生长在沙质的北美短叶松幼龄林下,而且要求松林呈簇状分布。这是因为北美短叶松幼树枝条下垂,呈簇状分布的松树幼林枝条密集而下垂,便于这种鸟栖息、藏身,同时它还喜欢在砂土或砂壤土上洗澡。如果失去上述环境条件,这种鸟将会失去生存条件而灭绝。为了维护这种鸟的生存,人们采取计划火烧的办法,每隔100年进行一次中强度或高强度的火烧,将北美短叶松林中的枯枝落叶层全部烧掉,使疏松的沙质壤土裸露地面,以维持这种鸟的生存繁殖。

7.5 林火对植物及森林群落的影响

火对植物、种群和群落都有影响,而且其影响是多方面的,但主要是由于不同火行为对植物、种群和群落的影响。另外,也取决于植物和种群对火的适应能力,取决于不同群落、结构特点。在这节中,重点研究火对植物、种群和群落的相互作用。

7.5.1 火对植物的影响

(1) 火对植物的直接影响

火对植物有直接烧伤、杀死的能力,高能量的火对所有的植物没有生态意义。一切火由于条件不同,即使高强度火在不同的情况下,也表现出不同的能量。中、低强度的火对不同种群植物表现出不同的生态意义。有些植物对火敏感,有些种对火有一定的耐力、抗性,能够生存,并能在火烧迹地上繁殖。物种对火有两方面的作用,首先物种对火具有一定的抗性,如树皮、树叶等;另外有些物种虽然对火没有抗力,但具有适应能力,如能产生大量种子,火烧后能更新繁殖,或植株的根具有很强的萌发力,故能够生存繁殖。火对生态系统的演变、进化都有一定的作用。

(2) 火烧迹地上植物的变化

林地在火烧后变为火烧迹地，环境条件发生剧烈变化，如北方的柳兰在火烧迹地上作为先锋植物首先侵入迅速繁殖，使火烧迹地变为一片红。然而这种植物在林地火烧前分布非常少，而且生长矮小，小的甚至难以发现，它在林下不能开花结实，只能利用无性繁殖来维持生存。但是在火烧迹地上，由于迹地空旷，阳光充足，植物个体的高度增加几倍，有的高达1m，能够大量开花结实，进行大面积繁殖。

(3) 火烧迹地上缺氮和固氮的指示植物

火烧后氮挥发，氮的损失量是巨大的，在强烈火烧后，氮的损失就更大了，这可以通过指示植物明显地反映出来。在东北的小兴安岭，成片采伐后，用火来进行清林，在堆积火烧的地方，只生长两种植物，即葫芦藓和地钱。这充分说明氮的含量非常少，即氮的损失量大。另外一方面，火烧后氮的含量很少，几乎全部损失，那么氮要靠什么途径来恢复呢？首先通过大气固氮(闪电)，大约每年每公顷可以获得 1~5kg N；另外，在火烧迹地上，有大量的固氮植物(豆科、杨梅科等)发生，这样也可使氮的含量增加，南方有些草本植物也能固氮。据在大兴安岭调查，在火烧迹地上有大量豆科植物，其中胡枝子在火烧后比未烧前生长快，产量高出50%左右。还有一种美洲茶，在火烧迹地上每年每公顷可固氮250kg 左右。所以在火烧迹地上氮的损失，主要靠固氮植物来补偿。

(4) 火烧迹地上果类植物数量增多

据在小兴安岭调查，火烧迹地上刺梅果、悬沟子、草莓等植物种类大量发生，比林地多几倍或更多。这些植物数量增多的原因，主要是由于鸟类的变化，在火烧迹地上鸟的数量和种类迅速增加，鸟类吞食果实，然后把种子排出，排出的种子具有生命力，大量萌发，使果类植物的种源愈加丰富，加上火烧迹地阳光充足，为生长发育创造了良好的条件。不仅灌木是这样，就是有些乔木也是如此，如带岭有一片黄波罗林，就是40多年前的一次火烧后成长起来的。

(5) 火对某些植物及菌类生长的影响

火烧后对喜光杂草的增长率具有明显的促进作用。大兴安岭地区的塔头草甸，小叶章草甸火烧后平均每年增加 25~350g(绝干重)，2~5年每年增长率为100~150g。火烧之后，蕨菜的增长率明显增加，这是由于蕨菜是喜光植物，火烧后林地阳光充足，温度增高，可溶性养分也明显增多，大大促进蕨类植物的生长发育。还有人调查过，火烧后能使木耳、蘑菇的产量增加，火烧后2~3年，木耳明显增加。

7.5.2 火对森林群落的影响

任何植物群落都是由一定的植物种类组成的，它们在群落中各处于不同地位，并对周围的生态环境各有一定的要求和反应。本节讲述火对森林群落产生的影响。

7.5.2.1 火灾森林群落形成过程中的作用

从裸地形成森林，有种子的侵入、定居、竞争、稳定四个阶段，火在这个过程中对各阶段都起作用。

(1) 火对森林结实的影响

①火烧后光照增加，光照刺激开花；②火烧后矿物元素增加，对开花奠定了基础；

③火烧林木稀疏，有利于花粉的传播；④火烧能伤树木；林木受伤后产生激素，也有利于开花；⑤火烧后使 C/N 比增加，为林木结实提供大量的物资基础，这是由于受伤的树干，减少了养分向下运输，使有机物质积累增加，故有利于结实，这就是受伤木反而结实量大的原因。

(2) 火对果实和种子的影响

①火烧可以使某些迟开果提早释放种子，有些树木的球果可在树上停留几年，十几年甚至几十年，北美短叶松可达 75a，还维持生命力。像这样的树种通过火烧后，球果开裂，释放种子，种源增加，因而有利于森林更新。北美短叶松、美国黑松等均为火成树种，我国的樟子松的球果开的较迟，故樟子松林火烧过后，更新明显提高。

②有些树种的果实坚硬(如核桃等)、果实外面有油脂(如漆树等)、白蜡(如乌桕树)等物质，影响种子萌发，但是经过火烧后，种皮开裂，有油脂、蜡等物质挥发，有利于种子萌发。

(3) 火对无性更新过程的影响

①无性更新是树种对火适应的一种能力，无性更新能力的大小，可说是对火适应能力的大小。

②火烧后阳光充足，温度高，根上的芽容易萌发。根簇萌发能力强，抗火性能大。蒙古栎的萌芽能力强，而落叶松只在幼年期有萌芽能力。

③萌芽能力的强弱还表现在萌芽高度上，萌芽的不同高度主要取决于火的性质。热带桉树林被火烧后，在干叉处有不定芽的萌发。

7.5.2.2 火对林木生长的影响

(1) 对根生长的影响

根的表皮非常薄，如遇高温很快就会死亡，但是根在土壤里，一般来讲不会致死，因为土壤是热的不良导体，即使地上温度很高而土壤中的温度也不太高。

(2) 对叶子的影响

火烧对叶子的影响研究较多一些，特别是针叶。针叶在 50℃ 以上容易被破坏，62℃ 为其致死临界值。

火灾产生高温，使细胞原生质遭到破坏而死亡。火对叶子的影响主要取决于致死温度和持续时间两个指标，但这两个指标是互补的。温度低，持续时间长，温度高持续时间短。下边是针叶的致死温度与持续时间的对照表：

49℃	一小时开始死亡
52℃	几分钟死亡
60℃	半分钟死亡；(幼苗幼树致死温度)
64℃	立即死亡

除致死温度和持续时间外，树叶能否保持其生命力，还取决于叶子所在的高度和所处的位置，一般来讲，强烈地表火后，树冠低端的易受影响而死亡，而冠顶的叶子可不受影响。

树叶的抗火性及对火的适应性还表现在叶子被烧死后，能够通过顶芽或侧芽萌芽，长出新的叶片。有些阔叶树种的叶片薄，含水量大落地后很快分解，这也是叶子抗火的一种表现形式。

(3) 对树干的影响

火烧以后使树木受伤，影响木材的质量与产量，同时遭受病虫害的侵袭。火烧后树木是否死亡，只要看其形成层是否遭到破坏。正常树木的形成层是白色的，如果发现形成层变色，说明形成层已经遭到损害，是树木死亡的前期特征，如果受伤树皮流黄水、树液。说明这样的树木很快就会死亡。熏黑高度可以反映火的强度大小，熏黑高度越高，树木烧死的可能性就越大，反之越小。另外，树干对火还具有适应的能力，如烧伤处刺激树木增生，使树干畸形，松树用树脂来保护自己不受病虫害的侵蚀，阔叶树用火烧后碳化来保护树干，使其免遭病虫害袭击。

(4) 对林木高生长的影响

高强度的火烧对林木的高生长有显著影响。根据测试，帽儿山试验林场有一樟子松林火烧前每年的高生长量为 45～60cm，而火烧后为 15～20cm，3 年后没恢复到烧前的生长速度。其原因是，火后树叶烧死，仅靠当年顶芽长出的小叶来进行光合作用，使光合作用大大降低，这种影响至少要持续 5 年。

火烧对幼树高生长影响很大，但对直径影响不太明显。

7.5.2.3 火对林木发育的影响

林木发育可包括四个时期，即幼林期、干材期、稳定期及衰老期，幼林期抗火性最弱，几乎所有树种都是如此(至今只发现美国长叶松在幼林期是抗火的)，其原因是幼林中有大量杂草，易燃可燃物比率大，故幼林非常易燃。到了干材期抗火性逐渐增强，这个时期林子虽然郁闭，树干加粗，但保护组织还不够健全，自然整枝明显，也有大量易燃可燃物，故容易着火。到了稳定期抗火性最强，这一时期林木成熟，生产量最大，但易燃可燃物的比率下降，树木直径大，保护组织健全，树冠与地表可燃物分离，不易着火。到衰老期林木开始枯萎，稀疏，光照增强，杂草丛生，易燃可燃物增多，故着火性增强，抗火性差。

林木对火的适应能力主要来自其生态适应性，即从形态和生理两方面对高温的适应。在火灾频繁发生的地区抗火性强的树种多，并且有一种或几种是抗火，相反在火灾少发生或不发生的地区抗火树种少或绝大部分接受不了大幅度突然变温的影响，这是因为这些树种不仅分生组织适应不了这种高温，而且机械保护作用也差，而抗火性强的树种比抗火性弱的树种在植物生活温度范围内有较高的适应最高点，这主要是生物酶有忍耐较高温度的能力，并且机械组织的保护作用也好。

7.5.2.4 火对森林成层性的影响

森林的成层性是指森林植物按高度和根的深度形成不同的层次。成层现象是植物与植物之间，植物与环境之间的关系的一种特殊形式。在一个完整的森林群落中，地上层可以依次分为乔木层、灌木层、草本层和由苔藓、地衣等构成的地被层。乔木层可分几个亚层。其地下层次也可按深根性和浅根性的程度进行分层。

森林的成层性与气候、土壤条件有密切关系。在恶劣条件下，森林的层次趋于单一；

而在温暖湿润的肥沃立地条件下森林的层次增多。我国北方森林层次少,而南方森林的层次结构复杂。

森林的层次性与燃烧性有着密切关系。一方面层次多的林分阳光利用充分,制造有机物质也多,林分的生物量高,因此可燃物亦多,从这个角度讲可燃物连续分布,如果是针叶林,一旦发生林火,就容易形成树冠火,另一方面成层性影响了林地的小气候变化,层次多的林分透光性差,林下湿度大、温低,因而造成了不利于着火的条件。一般来讲,在成层性好的林分中,发生火灾的可能性小,即使发生也不会发生较强烈的火灾,在层次较多的林分中,产生较强烈的火灾不是一次火灾的结果,而是当火灾连续发生,林分层次不断遭到破坏的条件下才发生的。因而,保持良好的生态环境,也就增强了森林的抗火性。

不同森林类型的森林成层性对于火灾的作用也不同。多层异龄针叶林发生树冠火的可能性大;而成层性好的混交林和阔叶林则不易发生树冠火,发生地表火的可能性也小。因此可根据森林的成层性来人工配制森林、使易燃的层次交替结构,是生物防火的有效措施。

层间植物的存在与火的发生有密切关系,层间植物也有易燃与不易燃之分。在我国北方层间植物的影响很大,如长、节松萝。树毛(小白赤藓)附生在云、冷杉树枝和树干上,使针叶缺光脱落,而形成枯枝。这种树毛多生长在阴湿的云、冷杉林中,一般不易燃烧,只有在特别干旱或长期干旱的条件下,才容易着火,并且能由地表火上升为树冠火。而南方有一些层间植物还起到隔火作用。

7.5.2.5 火对森林水平结构的影响

火对森林水平结构的作用主要反映在对郁闭度的影响。郁闭度的大小不同使可燃物的数量及性质都有所不同。在郁闭度大的林分,林内的可燃物主要是枯枝落叶及凋物,郁闭度小的这些可燃物的数量大大减少。而草本和灌木的情况正好与枯落物的情况相反,郁闭度越大,单位面积上可燃物负荷总量越多,反之则少。

郁闭度的大小影响森林小气候,郁闭度大林内风速小,光照少,温度低,不易着火,因此火灾一般多发生在郁闭度小的林分中。对于从来没有发生过火灾的原始林不会突然发生大火灾。据加拿大学者研究:针叶林内发生大火的不是在郁闭度为 0.8~0.9 的林内,而是在郁闭度为 0.6 左右的林内。

7.5.2.6 火对森林年龄结构的影响

火烧后往往导致同龄林。这是因为高强度火后,喜光小粒种子更新,或靠种子库或火后萌生而形成同龄林。更新起来的同龄林,如果在较长的时间内不继续发生火灾,森林还会发展成为异龄林。

不同年龄结构的林分影响到林火的性质和强度。如异龄复层针叶林有可能发生树冠火,这在前边已经介绍了,不再重述。老龄单层林容易发生地表火。

7.5.2.7 火对群落镶嵌性的影响

在森林中不同小群落的镶嵌、种群的镶嵌、成片的镶嵌和微地形的镶嵌,都与燃烧性有关。易燃可燃物的镶嵌,增加森林的燃烧性;难燃植物与易燃植物镶嵌,可降低森林的燃烧性,如早春植物冰凌花(*Adonis amurensis*)或难燃的木贼与其他植物镶嵌,林地燃烧性大大降低。再如,一些易燃灌丛与禾本科植物镶嵌,则会增加林火的蔓延及火强度。

植物群落的镶嵌性与燃烧性能否产生有利或不利的影响，主要取决于镶嵌的易燃不易燃小群落的数量、性质比例及镶嵌位置。根据这个原则，可以在林地内营造难燃灌木来防止树冠火的发生。

7.5.2.8 火对群落种组成的影响

火发生后，引起了生态因子的重新分配，使整个森林生态系统发生了一系列的变化。植物群落中有些种类衰退，有些种类兴旺，并产生了种与种的重新组合。这些组合是有一定原则的，主要表现在以下几个方面：

(1) 生态幅度相近似的种相结合

经多次火烧后，林地的气候变得干燥、土壤瘠薄，只有适应这些生态幅度变化的种才能生存并结合。如大兴安岭有些林地，经过多次火烧后森林演替成蒙古栎黑桦林、蒙古栎和黑桦的生态幅度相一致，它们都具备抗火、耐干旱、耐瘠薄的生态学特性，因此它们可以结合在一起。

(2) 物种之间生活型的配置

火烧迹地上种与种之间的结合与不同植物生活型的配置有关。如高大的乔木和矮小的耐阴灌木生长在一起。深根系植物和浅根系植物生活在一起。它们之间的相互关系不但可以满足自身的生态需要，而且还会改善周围的生态环境。如上下不同层次植物的配置，上层有比较喜光的乔木，下层有比较耐阴的灌木，形成湿润的林内环境。

(3) 93 种间的相互依存

火烧迹地上种与种之间结合存在着一种相互依赖的共存关系。如大兴安岭的火烧迹地上，经常出现豆科小禾本植物共生情况，这是因为它们在生活习性上具备共同的条件，豆科植物为深根系，并有根瘤菌，可固定 N；而禾本科植物为浅根系，可吸收地层养分，因此两类植物得以共存。

(4) 地理区域相近的种的结合

火烧后改变了林地的环境，改变后的环境一般都有利于一些耐旱植物的生长，这些种也容易进入火烧迹地，产生新的种的结合。如大兴安岭林区经火烧后，临近的蒙古草原的一些种则容易进入林区生长，使得草原植被区由南向北逐渐推移。

7.5.2.9 火对植物种类的影响

植物种类的多少在很大程度上受环境条件所制约，愈良好的环境条件，愈能够较多地满足所有不同生态要求的植物生存，因此在单位面积上植物种类愈丰富，对环境的利用程度也愈高，从而也具有更高的生物生产量和稳定性。

种类的多样性随着气候的温湿变化而变化。如我国从北到南，从西到东，水分由少到多，温度由低到高，相应的森林群落的植物种类也由少到多，种类多样化。

一般来讲火烧后使森林植物群落的种类减少，降低了种的多样性；但也有例外的情况，即原来的种类不但没有减少，反而火烧后又侵入了新的种。

7.5.2.10 火灾轮回期

火灾轮回期指一个地区单位面积森林都经过一遍火烧所需要的时间，计算公式为：

$$C = 1/P \tag{7-3}$$

式中　C——火灾轮回期(a)；

P——每年被火烧掉的森林面积与全部森林面积之比。

火灾轮回期的长短,一方面反映了林火在一个地区的发生频率;另一方面也反映了植被遭火灾后破坏的程度和恢复所需要的时间长短。火对森林植被的破坏性愈大,对恢复到原来森林群落的水平也愈不利。

由于火灾发生频率不同,往往造成不同龄级的林分出现,根据现有林分的龄级大小,可以推算出某一地区过去的火灾情况,这就是采用林地分层频度调查法,来确定某一地区的火灾轮回期和火灾危害程度。

通过对火灾轮回期的研究,还可以分析某些树种在一定的地区内能否长期生存发展,以及分布不均衡的原因。根据大兴安岭东部地区调查,得到火灾轮回期的长短与兴安落叶松古当地树种的比例关系见表7-4。

表7-4 大兴安岭东部火灾轮回期与兴安落叶松所占比例

地 区	火灾轮回期(a)	落叶松占比例(%)
南 部	13	20~30
中 部	33	50左右
北 部	113	70以上

注:表中南部地区指南翁河,大杨树,加格达奇地区;中部指松岭,阿里河,吉文,甘河等地区;北部指依拉呼里山以北地区。

从表中可以看到,火灾轮回期越短的地区,火灾发生越频繁,对落叶松繁殖越不利,因而所占比例也就越小;反之比例越高。当然造成这种现象还有其他原因,但是火灾轮回期的长短对森林植被的影响是可以肯定的。

7.5.3 火在森林群落演替中的作用

森林演替,就是在一定的地段上,一个森林群落依次被另一个森林群落所代替,即为森林演替或树种更替。

7.5.3.1 火干扰与稳定

①干扰 在生态系统中对于系统功能的破坏的行为称为干扰。

火的作用既有干扰,也有有利一面;有时对森林生态系统起破坏作用,有时不起破坏作用。如在北美短叶松依赖于火(特别是球果的开裂),烧掉枯枝落叶,使种子接触到土壤,北美短叶松的更新是通过火来维持的,火周期为60a对北美短叶松来讲不算干扰,而火周期在30a或更少则为干扰。

②稳定 指生态系统的结构和功能处于相对稳定的状态。

稳定是个相对的概念,依森林类型的不同而不同。

7.5.3.2 火灾原生演替中的作用

原生裸地是指由于地层变动,冰川移动,流水沉积,风沙或洪水侵蚀以及人为活动等因素所造成的从来没有植被覆盖的地面或原来有过植被彻底消灭,并且原有植被下的土壤已不存在的地段。原生演替是指在原生裸地上开始的植物群落演替。原生演替包括从水生到中生、从旱生到中生两个系列。

火主要对次生演替作用大,但在特殊的条件下也会引起原生演替。如长白山的火山流,火山爆发后形成的森林。还有美国的红云杉,强烈的树冠火烧后,在岩石上开始原生演替。

7.5.3.3 火灾次生演替中的作用

次生演替:指发生在次生裸地上的植物群落演替。次生裸地是指那些原生植被虽然被消灭,但原生群落下的土壤还多少保存着,而且土壤中还多少保留着原生群落中某些种类的繁殖体的地段。如泛滥地、火烧迹地、放牧草场、采伐迹地或撂荒地等。次生演替包括群落的退化和复生两个过程。

火影响群落次生演替过程主要有四个方面的因素:

(1) 树种的组成或种源

火烧后,迹地上保存树种及迹地周围树种是决定演替的重要因素。有无种源,有什么样的种源,这些种源是否适合当地生长等问题,对次生演替的方向和进程都有影响。由于繁殖体的迁移受到可动性、传播因子、传播距离和地形条件等几方面因素限制,所以决定演替的树种组成不但与火烧后保存树种的多少,而且与迹地周围群落类型密切相关,种源不同,则会影响到迹地上的树木种类结构。火烧迹地上一般适合于喜光树种的生长,因其生境变化为极端条件;而一般耐阴树种则需要一个稳定的生态环境才适合生存。如周围树种都是耐阴树种,其繁殖体到达迹地上也不会发芽,即使发芽也不会成活,对群落恢复不利。

(2) 生境条件

火烧后的生境条件也是决定演替方向的重要因素。由于火的作用,改变了原来的条件,造成火烧迹地所特有的生态环境。所有的植物种类都要受到这个生态环境的新选择,适应这种生态环境的植物种类就能存在,不适应的则要消失。因此,生境条件的变化幅度,决定了火烧迹地上演替后的植物种类结构。

(3) 林木的发育期

林木的发育期长短决定了不同树种在次生演替中的竞争能力的大小。如大兴安岭地区主要树种落叶松和白桦相比较,在火烧频繁地落叶松竞争不过白桦(二者都是喜光树种)这是因为落叶松发育时间长,萌发能力也没有白桦强,而白桦成熟期短,又有萌芽能力,因此经过多次火烧的迹地上,白桦则代替了落叶松。但是,由于落叶松寿命长,在进展演替中,落叶松最终要取代于白桦,成为地带性植被。

(4) 火强度的影响

火强度不同,对林木的破坏程度也不同,并且直接影响林木的次生演替。火强度越大,逆行演替越接近彻底,顺演所需时间也越长。另外,火的频率也能加强森林群落的逆演过程,并可表现出不同的演替阶段。

7.5.3.4 演替的弹性极限

在次生演替过程中,当外界影响因素(采伐、火烧、开垦、病虫害及其他自然灾害)消失后,植物群落能否恢复进行演替的极限称为次生演替的弹性极限。

一个地区的外界影响是否超过演替的弹性极限的主要标志是该地的气候是否发生了根本改变。如该地遭到外界干扰后气候条件没有发生根本变化,则植物群落还会沿进展方向演替;反之,如该地区经外界因素干扰后气候条件发生了根本变化,即超过了弹性极限,一些气候相适应的树种难以恢复，植被群落发生逆行演替。其次，在局部地区如果土壤和植被种类发生根本变化，也说明外界影响超过弹性极限，群落也不会恢复进展演替。

一般说来，演替都经过干扰，比如大兴安岭山脉南部地区，原来有森林，但经过火灾反复破坏，形成草原，而在草原上要恢复森林，就非常困难，因为已经超过了演替的弹性极限。

7.5.3.5 偏途顶极群落

偏途演替顶极是演替过程中，离开了原生演替系列，朝另外的途径发展；且还具有一定的稳定性。

造成偏途顶极的原因有人为活动（耕作、造林等），长期放牧和其他干扰。如我国南方人工杉木林就是一个偏途顶极。小兴安岭的柞木林，原来的气候顶级为红松阔叶林中的蒙古栎红松林，分布在低山山背，但是由于火灾的反复作用，使红松逐渐淘汰，最后剩下蒙古栎，使气候、土壤干旱，还比较稳定，故为火成偏途顶极。

这种柞木林不容易恢复到阔叶红松林。其原因：

①土壤和植被类型发生了根本变化，这样地区生长的都是耐旱植被；

②蒙古栎林的自身特点，造成火灾周期性的发生，多代萌生蒙古栎林大量叶子干燥易燃，不易腐烂，幼林叶子不脱落，非常容易引起火灾的发生。所以在这样的生境里即使有红松的种源，也不易成活，生长的红松幼苗也会被烧死。这样就无法恢复红松阔叶林。

7.5.3.6 火顶极群落

用火来维持亚顶极群落称为火顶极群落。这种顶极群落并不是本区真正的顶极群落，而是由于构成这种群落的主要树种对火有很强的适应能力，在火的作用下，排除其他竞争对象，暂时成为非地带植被，一旦火的作用消除，仍会被当地的顶极群落所代替，因此，火顶极实质是亚演替顶极，并且离不开火的作用。如美国南部的南方松林（火炬松、湿地松、加勒比松等）就是人为用火来经营的火顶极群落，这些松林经济价值高，在南方气候下生长迅速，并且抗火性很差的耐阴树种，如山黑桃、栎树等，为了取得最高的经济价值，人们采取有规律、有计划的火烧来抑制这些耐阴树种的生长，但若失去火的作用，这些耐阴树种最终还会代替松林。

7.5.4 植物对火的适应性及其抗火性

植物在长期受到林火影响后，会产生一系列的适应，如树皮和种皮变厚、顶部萌芽、叶片结构改变等。根据树木抗火性原理，我们可以培育抗火树种，营造防护林带。

7.5.4.1 植物对火的适应性

植物种群生活在不断变化的环境中，其生存发展要不断地适应多变的环境，物种间还要互相竞争。在漫长的历史演化过程中，火是一个自然因子又是重要生态因子。火在物种的发展演替过程中，不断地对其发生作用，引起物种进化。同时由于火的作用，物种又逐渐产生了对火的适应能力。其主要表现有下列方面。

（1）萌芽能力（芽对火的适应）

一些树种具有萌芽能力，这是植物对火的一种适应方式。在烧后的迹地环境下，某些树种被烧伤或烧死后很快可以萌生出新的植株或枝条。一般阔叶树具有萌芽能力，针叶树没有或很弱。萌芽更新的能力各树种不一样，且不同年龄段也不同。如蒙古栎在不同年龄段上都具有强的萌芽能力；桦树在生长发育旺盛期具有萌芽能力，之后就没有这种功能；落叶松只有幼龄阶段有萌芽能力。热带桉树具有较强的萌芽能力，火烧后，地下茎上的不定芽迅速萌发，长成新的植株，故桉树是一种较耐火的树种。美国有一种长叶松，顶芽有很长的针叶和芽鳞保护，火虽然将叶子烧焦但损伤不了其顶芽，因而它是幼年较耐火的树种。我国北方的樟子松，顶芽四周有侧芽保护，外面还有针叶，火烧时虽然针叶被烤黄，但顶芽仍可萌发生长。

(2) 树皮对火的适应

树皮是树木的保护组织，是不良导体，可以保护树干不被烧伤，具有一定的耐火能力。树皮在一定程度上能起阻隔热的作用，保护形成层免遭火烧时高温杀伤。树皮抗火性主要表现在：一是树皮的厚度；二是树皮的结构。树皮厚，结构紧密，抗火性强，树皮的厚度随年龄增大而增加，幼树抗火性弱，大树抗火性强。树皮厚度有时与火刺激有关，如落叶松、樟子松等，火烧能刺激树皮增厚，火的作用越多，树皮越厚。因此在大兴安岭林区常有基部膨大的落叶松，有的皮厚达20cm以上（单侧基部），这是火频繁作用的结果。

(3) 叶子对火的适应

植物的叶子对火比较敏感。一般针叶易燃，阔叶难燃。这是由于针叶内含有大量挥发性油脂和松脂，而阔叶中不含油脂仅含大量水分的缘故，但有些阔叶树的叶子也含有挥发性油脂而易燃，如南方的桉树、香樟。有人认为叶子抗火性的大小与叶中含灰分元素的多少有关，尤其二氧化硅的含量多少具有重要意义。树叶中灰分元素越多，其抗火性越强。因此常把灰分含量多少作为划分防火树种的标准之一。有些树种的叶子火烧后叶绿素含量增加，从而提高叶子的光合效率。例如，樟子松火烧后叶子的叶绿素含量增加，特别是当年新萌发的叶子其叶绿素含量增加更显著。据测定，受害越重，叶绿素增加的量越多，如濒死木当年新萌发叶子的叶绿素含量比正常木（未受害木）增加高达64.29%，严重受害木上年的叶绿素含量也增加30.7%。可见，植物叶子这种自我调节功能是对火的一种适应，也是生存竞争的一种方式。

(4) 根对火的适应

植物的根生在土壤中，受土壤保护，一般不易受到破坏，但其表皮很薄，如遇高温很快致死。根对火的适应主要表现在根的无性繁殖，火烧后林地光照增加，地温增高，有利于根部芽的萌发。根的芽萌发能力越强，其对火的适应能力越强。蒙古栎不论树龄大小，均有较强的萌发能力。有些树种火烧后能从根部的不定芽产生萌条（根蘖），如杨树和椴树，能在土层较深、土壤肥沃的地段产生根蘖，经过多次火烧后土壤变得瘠薄而板结，根蘖能力显著下降。有些树种的地下块茎，火烧后能萌发出新的植物体。桉树的地下块茎有时直径达1cm，内贮大量养分，可使块茎的不定芽萌发出来，产生新的植株。还有一些树种在干基有增生的木瘤，火烧后植株死亡，但木瘤的不定芽能萌发出新的植株。

7.5.4.2 林木的抗火性

(1) 概念

①林木抗火性　指林木树种对火灾的抵抗能力的大小及火灾对林木树种的危害程度的高低。这是一个问题的两个方面。为了摸清林木树种的抗火性，我们往往从火灾对林木树

种的危害程度轻重来衡量其抗火性大小。同一林分受同一强度的火烧后，调查各树种的受害轻重便可反映其抗火性大小。

②耐火树种　指树木遭火烧后的再生能力。主要指其萌芽能力。一般针叶树没有萌芽能力，阔叶树有萌芽能力。树种的萌芽能力大小可从产生萌芽的树龄、季节和部位来判断。萌芽能力强的树种可以在不同年龄、任何生长季节、任何部分产生萌芽。特别是能在树蘖处产生萌芽和由根部产生萌条（根蘖）的树种，具有较强的耐火性。

③抗火树种　指不易燃烧和阻止林火蔓延能力的树种。这些树种变为常绿阔叶树种，枝叶含水率高，含油脂量少，不含挥发油，二氧化硅和粗灰分物质较多，树叶多，叶大，叶厚，树枝粗壮，燃烧热值低，燃点高，自然整枝力弱，枯死枝叶易脱落，树形紧凑等，如槠栲类，木兰科等树种。

④防火树种　指那些能用来营造防火林带的树种。它要求具有抗火性和耐火性，并具有一定的生物学特性和造林学特性的树种。有些树种具有耐火性但不一定有抗火性，如桉树和樟树，易燃不抗火，但萌发能力强，是耐火树种。有些树种虽抗火但不耐火，如夹竹桃，枝叶茂密常绿，具有阻止林火蔓延的能力，但因树皮薄，火烧后常整株枯死，因此它不是耐火树种。只有那些既抗火又耐火的树种才能用来做防火树种。

（2）树木抗火性主要表现

树木的根、叶、干等都能反映其抗火性大小，主要表现在：

①树皮厚度及结构，树皮厚、结构紧密的树种抗火性大。

②树木根的深度，深根树种受火害轻或不受害；浅根易受害。

③树冠枝条开展情况，枝条开展松散、叶繁枝茂，抗火性大。

④树木的萌芽能力，萌芽早、能力强，抗火性大。

⑤立地条件，潮湿地段抗火性大。

根据这些条件，适合于我国北方地区的防火树种主要有：水曲柳、椴树、杨树、槭树、部分柳树、落叶松等；灌木有白丁香、刺五加、山梅花、青楷槭、接骨木等。

我国南方地区防火树种：木荷、珊瑚树、火力楠、冬青、台湾相思、八脚木、红花油茶、油茶、棕榈、桤木、风箱树、柃木等。

郑焕能教授根据次生林火烧迹地调查，提出了主要树种抗火能力鉴定表，见表7-5，可作为分层选择防火树种的依据。

（3）树木抗火性的调查与分析

调查方法：一般采用设置标准地，标准地内设样方；或直接采用样方调查法，具体方法参见第七章林木损失调查有关部分。为了科研的需要也可自行设计一套调查表格。调查内容主要应包括下述内容，也就是我们通常要分析的内容。

调查分析内容：①火灾与林木树种伤害程度（烧死、烧伤、未伤木；或火疤高度、火疤面积或火疤深度等）的关系。②火灾与林木树种径级的关系。③火灾与林木组成、疏密度的关系。④火灾与立地类型（坡度、坡向、坡位等）的关系。⑤火灾与森林类型的关系。

（4）防火树种的选择方法

①火烧迹地直接调查法　从历史或近期的火烧迹地植被调查中来判别树种的抗火性和耐火性。

表 7-5　次生林主要树种抗火能力鉴定表

树　种	树皮厚度与结构	立地条件	根系特点	萌芽能力	火灾后林木死亡率(%)	抗火特点	抗火等级
柞　木	厚、密集	干燥—潮湿 阳坡—山脊	深根	强	>5	极强	Ⅰ
水曲柳	中、较密	湿润—水湿 阴缓坡—沟谷	深根	中	6~15	强	Ⅱ
核桃楸	中、较密	湿润—水湿 阴缓坡—沟谷	深根	中	6~15	强	Ⅱ
黄波罗	栓皮厚、较密	潮润—潮湿 坡地—沟谷	深根	中	16~25	中	Ⅲ
白　桦	薄、密集	湿润—水湿 缓坡—平地	浅根	中	6~15	中	Ⅲ
春　榆	中、较密	湿润—水湿 沟谷	浅根	中	26~50	中	Ⅲ
色　木	中、较密	潮润—湿润 坡地	深根	中	16~25	中	Ⅲ
山　杨	薄、疏松	潮润—湿润 坡地	浅根	根蘖强	16~25	弱	Ⅳ
椴　树	厚、疏松	潮润—湿润 坡地	深根	强	26~50	弱	Ⅳ
朝鲜槐	中、较松	湿润—水湿 缓地—平坦地	浅根	中	26~50	弱	Ⅳ
大黄柳	中、疏松	潮润—湿润 坡地	浅根	弱	<50	极弱	Ⅴ

②实验测试法　测定树木枝叶的含水量，枝叶的疏密度，枝条的粗细度、树叶的大小、厚度和质地，枝叶含挥发油和油脂量，灰分物质的含量，二氧化硅含量，燃点和发热量，然后根据这些数据进行分析判断，找出防火树种。

③目测判别法　根据树种是常绿还是落叶，树叶厚薄，枝条粗细，树形，树皮厚薄，萌芽特性，适应环境等，判断树种的耐火性和抗火性以及防火树种的确定。

④直接火烧法　直接对树种进行点烧，测定燃烧时间、火焰高度、蔓延速度，树种被害状况及再生能力等。经过多次重复和对照，便可确定防火树种。但要注意点燃的有关规定，不可随意进行。

如果不需观察树木再生能力，可将树枝砍下，扦插在某处进行火烧，但必须立即试验。试验时要记录树高、冠幅、坡位、重量及当时的气温、湿度、风向、风速等。

⑤综合评判法　根据树木的抗火性、生物学特性、造林学特性；或根据实验数据和调查数据，采用多元统计的数量分类法进行综合评判，建立等级，判断树种防火性能的优劣。

⑥实地营造试验　根据经验选种的防火林带，观察其是否能形成良好的防火带，通过

实际试验来判断其防火性和耐火性。

7.6 林火对森林生态系统的影响

生态系统的理论是英国生态学家坦斯利于 1935 年首先提出来的。经过林德曼于 1942 年继承和发展，奠定了稳定的基础，60 年代得到进一步发展，目前已成为人们普遍接受的理论生态系统的组成成分可包括以下几个方面(图 7-3)：

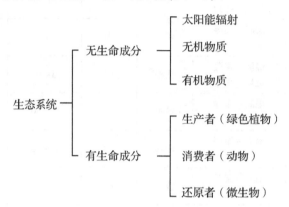

图 7-3 生态系统组成成分结构图

生物系统具有以下几个方面的特征：①生态系统具有一定的组成；②生态系统是一个有生命的开放式功能系统；③一个生态系统占据一定的空间并随时间发生演变；④生态系统内部保持着一定的平衡关系。

火对生态系统的结构、功能、演替与平衡都有影响。下面具体讲一下火在生态系统中的作用。

7.6.1 火在生态平衡中的作用

关于生态平衡的概念有许多说法，有人认为生态系统只有协调和不协调，没有平衡。但是无论是平衡也好，协调也好，总的来讲包括以下几个含义。

①生态系统是动态系统，在一定时间内生态系统的内部结构和功能达到相对稳定、动态平衡；

②生态系统的物质和能量循环的收支接近相同；

③生态系统本身是对外、对内的干扰具有自我调节的能力。

自然界总是沿着由低级向高级、由简单到复杂的方向发展，经过长期不断的演化，达到一种相对稳定的动态平衡。任何一个生态系统都要遵循这样的演变规律。火作为一个自然因子与生态平衡发生关系，影响生态系统的内部结构和功能的相对稳定，改变物质和能量的循环途径。

(1) 火破坏森林生态平衡

处于生态相对稳定的植物群体在遭到干扰破坏后，具有自我调节能力，这种自我调节能力的大小取决于生态系统结构的食物链、食物网的复杂程度,食物链越简单,在干扰时,平衡就越容易打破,相反食物链、食物网的结构复杂,即使干扰因素破坏了某一链条,也不会造成整个生态系统的失调。如天然林地和人工林比较,天然林要比人工林食物网复杂,因此在病虫害,火灾及其他干扰时,人工林则更容易受害。

火对于森林生态系统的作用是维护还是破坏,则决定于火的影响是否超过了生态系统自我调节能力,关键在于火的能量释放速度的大小和能量的大小,一般来说,低能量火的影响不超过森林生态系统的自我调节能力,可以维持生态平衡;反之,则会破坏生态平衡,造成生态系统的失调。

火破坏森林生态系统平衡一般有以下 3 种情况:

①森林中发生大面积高能量火,森林中所贮存的能量在短时间内迅速释放,破坏了各生态因子之间的关系,造成整个生态系统混乱,使生态平衡崩溃。

②森林遭受多次火灾的连续作用,造成森林生态失调。虽然一次火烧往往还不会使生态系统失去平衡,但由于火烧频率过高,森林生态系统在遭到火的干扰后还未来得及自我调节造成生态失调。如大兴安岭南部林区经多次火灾的作用,许多落叶松林遭到破坏,而导致一些黑桦、蒙古栎树种生长,使原来的生态系统遭到了彻底破坏。

③由于火灾的作用,森林的多样性减低,生产力下降,病虫害发生,林木质量下降,枯死木增加,这些结果的综合作用,又容易引起下次的火灾发生,如此反复,形成恶性循环,使森林环境不断恶化,最终引起森林生态系统失调。

(2)火能维持生态平衡

小面积林火,低能量火对森林影响小,不超过森林生态系统的自我调节能力,因此不会破坏生态平衡;而且由于火烧消除林内的枯枝落叶,减少了森林可燃物的积累,避免火灾的发生,有利于林木的生长发育,从而维持了森林生态系统的平衡。

人为的局部用火,将火作为营林的工具和手段,即可达到用火的目的,因而维持了生态平衡。

7.6.2 火对能流、物流和信息流的影响

7.6.2.1 火对能流的影响

森林是地球上贮存太阳能量多的场所。森林通过光合作用把太阳能固定下来,大量凋落物形成的枯枝落叶层,再经过微生物分解又将森林贮存的能量释放出来,当然这是一种缓慢的过程。林火通过燃烧大量可燃物,加快了物质循环和能量流动,这样也必然对森林生产力产生影响。

能量流是生态学上的术语,能量并不能流动,而是从一个营养级,即通过食物关系使能量发生转移。例如绿色植物(初级生产者)把太阳能转化为化学能,再由一级消费者(草食动物)取食消化构成二级生产者,再由二级消费者(如肉食类动物)构成三级生产者,还可以有三级消费者等。能量按"1/10 定律"(下一级营养级摄取能量的保存量是上一级的十分之一)逐级损失,产量逐次下降,最终能量全部消散归还于环境构成第一个能流。

第二个能流是还原过程或腐化过程。死的生物有机体,由一级、二级和三级等不同性质的腐生生物进行分化分解,最后还原为水和二氧化碳等无机物质为止,能量随之消散。

第二个能流在森林生态系统中占有重要地位,因为森林内大量凋落物转化为养分元素,是增加土壤肥力的重要过程。

第三个能量是贮存过程和矿化过程。由初级生产者转化过来的物质和能量,在以上两个过程中,只能销毁一部分,为人类的需要积累了丰富的财富。例如,大量的木材,植物纤维和粮食,可以贮存上千年或更久,但最终还是腐化还原,完成生态系统的流程。矿化过程是在地质年代中,大量的植物和动物被埋葬在地层中,经过矿化过程,形成了化石燃料(煤和石油)成为近代工业的原料和燃料,经过燃料或风化,散失全部能量,最终完成生态系统的全部过程。

火的作用可以释放大量能量,对三个能流都有影响,尤其是与第一能流和第二能流的关系更密切。火对第一能流的作用主要表现在火对初级生产者的破坏,中断了一些食物。火对第二能流的影响则表现在火使森林中的大量凋落物和有机质快速变为热能和无机物,大大减少了腐生物分解的"工作量",并对土壤有改进或恶化的作用。因此,火对第二能流的影响是主要的,森林中的凋落物分解速度除热带雨林外都是比较缓慢的。因此,易燃物质的积累逐年加强,增加到一定程度,加上其他有利于燃烧的自然条件,就会促使自然火爆发。这样能量突然大量释放,甚至烧毁整个林分,其结果,破坏了森林生态系统的能量流程,造成生态失调,之后,迹地又重新演替,人类出现以前的火灾就是这样作用于森林的。人们采用规定火烧,有计划地烧除林内凋落物,可降低森林燃烧性,促使森林生态系统在避免失调的前提下完成能量流程。从这种意义上讲,火是能够维持森林生态系统的能量平衡的。

根据火烧林木的不同部位和程度,可以计算地表火和树冠火的能量消耗。据调查计算,一般的地表火可烧掉林分能量的9.3%,而树冠火则要烧掉林分全部能量的50.1%。

7.6.2.2 火对物质流的影响

营养元素在森林植物群落和土壤之间进行周期性的生物循环,称为物流,物流和能流一起通过生态系统发生功能。物流总是构成一个循环的通道,而能流伴随物流最终以热能形式消散于外界,不能构成再循环。

生态系统中物质循环就是地球生物化学循环,生命的存在依赖于生态系统中的物质循环和能量流动。在有机体生命过程中大约需要30~40种化学元素。这些元素根据生命的需要可分为三类:

①常量元素:包括氢、氧、碳、氮是生命大量必需的,是构成蛋白质的基本元素;

②大量元素:包括钙、镁、磷、钾、硫、钠等,是生命大量的元素;

③微量元素,包括铜、锌、硼、锰、钌、钼、铁、铝、铬、氟、碘、溴、硅、锡等都是生命不可缺少,但需要很少的元素。这些化学元素称为生物性元素,在生命过程中是必不可少的,无论缺哪一种,生命就可能停止或发育异常。

尽管化学元素各有其个性,但根据循环的属性,可分成3种主要的循环类型:水循环、气循环和沉积循环。正常情况下生态系统的营养物质交换主要是在水、大气、土壤和生物成分之间进行。例如,森林、灌木、草本植物群落生态系统的营养物质,每年都有叶、残落物、根、动物排泄物及动、植物死有机体归还给土壤,又由还原者分解释放回环境,这些营养元素首先又被植物吸收,然后输入给动物进行再循环,当火作用之后,营养元素的这种循环方式或多或少地发生了改变，一般来说缩短了元素的周转时间。

1) 火对物质循环的破坏作用

高强度的火往往将林地上植被烧掉，使地上大部分元素挥发进入空中，除很明显的碳、氮、水蒸气外，还有氯、溴、氟等参与了气态循环。而绝大多数元素如磷、钾、钙、硫(也能参与气体循环)镁、锰等变成可溶性元素，在雨水的淋溶和径流作用下，随水循环，带到其他地方，风可将经过火烧后的灰分带走。从物质的循环速度来看，虽然强烈的火烧提高了物质的周转率和缩短了周转时间，但"库"中营养物质量则大大减少，使物质从生态系统内部的生物循环中更多的"流入"生物地球化学循环。养分元素输出的原因，一方面是由于随水、气输出量过多；另一方面是系统吸收量降低，从与时间的作用上看，从系统内输出的量大且时间短，而后从系统外输入的量小且时间长。森林植被遭受火灾，养分元素和矿质微粒大大损失，使林地肥力下降，生产力下降；另一方面造成河流下游某些元素富营养化和泥沙淤积。

2) 火对物质循环的促进作用

枯枝落叶等凋落物分解得很慢，对于养分元素循环的周期有很大影响。凋落物的分解需要进行一系列复杂过程，是十分缓慢的，北方和高山针叶林内，林地低温、高湿，不利于微生物的活动和化学分解，形成粗腐殖质并大量积累，只有南方在高温多雨的情况下，凋落物分解速度快，很少有积累。

养分元素的林内周转的快慢直接影响着林木的生长，通过对低能量火影响后果的调查发现，它的作用并没有把枯枝落叶全部烧掉，即便挥发，量也很微小，雨水淋溶作用可将矿质元素带到土壤中去，有利于植物吸收。从积累的枯枝落叶中释放出营养元素，增加了土壤肥力，提高了林地生产力。营养元素的循环期是随纬度的增加而增加，尤其把土壤排除在外，这种趋势就尤为明显。一般纬度越高，养分元素循环周期越长，生产量显然也相应下降。所以考虑在北方林区如何来提高森林生产力的问题时，必须考虑加速营养元素的循环，对林地表面的枯枝落叶采取适当火烧，是缩短物质循环周期的好办法。另外，低强度的火烧能提高土壤的 pH 值，有利于大部分土壤生物和微生物活动，能促进植物生长，以补充林地氮的损失。火对森林生态系统的这一作用，也是把火作为营林的一种手段的理论根据之一。

3) 火对信息流的影响和作用

(1) 概述

所谓信息在热力学中就是物质和能量在时间和空间结构上分布的不均匀性。它是借助于热力学的原理。热力学系统通过物质——能量流引进了负熵，从而维持了系统的有序性。"熵"是表示某些物质系统状态的一种量度，或表示某些物质系统状态可能出现的程度。"熵"在热力学中表示物质系统热学状态的物理量，是物理的状态参数，"熵"又是信息论中的一个基本量。在信息论中，如果任一事物(信息等)有 N 种情况，每种情况的概率为：

$$P_i(i = 1, 2, \cdots, N) \text{ 且 } \sum_{i=1}^{N} P_i = 1$$

可以定义熵：

$$H = - \sum_{i=1}^{N} P_i \log_2 P_i$$

其中，$\log_2$ 是以2为底的对数。

热力学系统通过"信息流"（熵）维持了系统的有序性，森林生态系统的有序性靠什么来维持呢？也是信息流，生态系统中的信息就是环境。如森林生态系统中，阳光给植物光合作用带来了能量，同时也带来了信息：四季和昼夜日照的变化。河流湿润着土壤，同时也带来了外界的各种养分。河水涨落、水中养分变化都给森林带进了信息。能量和信息是物质的两个重要属性。信息由信源传递给信宿不仅要求有信道，还要求两者之间存在"信息势差"。信息只能从高信息态传向低信息态。森林在演替的早期，系统的信息量很低（表达在结构简单、内部各种控制力量较弱），与其环境之间形成很大的"信息势差"导致大量信息输入（同时也伴随大量能量物质的输入和输出）。随着群落信息量的逐渐增加（功能和结构增强），输入信息流渐趋减少，直到形成了顶极群落（具有相当复杂的结构和完善的控制能力），系统的信息量达到最大。森林生态系统中，信息传递的方式有多种多样，有营养信息、化学信息、物理信息、行为信息，等等。通过各种信息的传递，把系统的各个部分联成一个整体，从而维持了系统的生态平衡。

（2）火对信息流的影响与作用

火对信息流的影响和作用是和火对生态系统能流、物流的影响联系在一起的，主要表现在以下几方面。

①生态系统的信息是通过物质流和能量流体现的。森林只有积累大量物质和能量，才可能发生高强度火；积累的物质少能量低，只可能发生中、低强度火。为此，通过森林中可燃物的数量和潜在能量，可预估森林火灾强度的大小。如我国大兴安岭地区的沟塘草甸，火烧后 1~2a 内，可燃物积累较少，一般不发生火灾或发生很小火灾。若沟塘 5~6a 没发生火灾，可燃物成倍增加，就可能发生大火。同样，该森林生态系统发生火灾所消耗的可燃物数量及所释放能量的多少，带给了该生态系统受火作用和危害程度以及恢复该生态系统的信息。

②系统结构愈复杂，其信息量越多；越简单，信息量越少。一般顶极群落，信息量最大，若结构复杂，食物链食物网丰富，抵抗干扰能力强；若结构简单，食物链单一，受干扰大，系统容易崩溃。火对系统的影响也是如此。结构良好的原始林，一般不易发生大火，就是发生，也只能是中、低强度火，不致使森林生态系统遭到毁灭性的破坏。只有当原始林连续遭受几次火灾后，才有可能发生毁灭性变化。次生林或人工林也是这样，生长整齐、旺盛的成熟林，抗火性强，不易发生毁灭性灾害；只有未郁闭的针叶林，一旦发生火灾，容易导致毁灭。但过成熟林的郁闭破裂，林下有大量枯损木、凋落物和杂草，则容易发生高强度的火。1987 年大兴安岭特大火灾，就是在这种情况下发生的。这就是说生态系统的状态带来了发生不同火灾的信息。因此，在营建防火林带时，尤其要考虑这些信息，积极维护林带，方能提高防火林带阻火效益。

③森林生态系统信息与森林防火、灭火和用火有着密切关系。在研究信息流时，应以系统的物质流和能量流为依据，以结构和状态为特征，以效益为结果，利用计算机，建立各种信息数据库。利用这些信息为森林防火、灭火和计划用火以及林火预报等提供科学依

据和实施决策。

7.6.3 火对林分生产力与生物量的影响

7.6.3.1 火对森林生产力的影响

森林生态系统的生产力是指森林植物在单位面积、单位时间内固定光能而产生有机物质的速度。它是生态系统最基本的数据特征。生产力也称生产量或生产率，森林植物在单位面积、单位时间内固定的总能量或生产的总有机质量称为总生产量或总生产率；总生产量减去消耗于森林植物本身呼吸作用后所剩余的能量或有机质量称为净生产量。

火对森林生产力有着明显的影响，其影响的形式有如下几种：

①火烧后影响森林的结构和功能，使森林总生产力下降。

②由于某些低强度火能够维持森林生态平衡，火烧后森林生产力在近几年内暂时下降，但很快可以恢复，最后提高了生产力。

③某些森林生态系统火烧后生产力上升。如美国加利福尼亚州常绿灌木林，火烧后森林生产力增加了1倍，但火烧必须掌握好间隔期和相应的技术。

④林内积存大量的枯枝落叶会引起森林生长停滞，经过火烧可以促进林木生长，提高了生产力。

⑤火烧后森林的总生产力虽不一定提高，但对林木的某种功能和特征有促进作用。如火烧可以促进某些林木开花结实，有利于森林更新。

7.6.3.2 火对森林生物量的影响

生物量是生态系统在一定时间内、单位面积上积累的有机物质总量，或生物个体的数量。生物量是生产量长期积累的结果，测量时一般作现存量测量，也可作一年生物量的测量。现在生物量是随年龄增加，所以它不能表示出立地条件的生产力，但是生产力的上升或下降可以影响到生物量的积累速度。

由于火灾的类型和强度不同，对生物量的影响也不相同。树冠火降低了叶面积指数，使有机物质积累大大降低，对生物量影响最大；高强度火和地下火可以烧毁林木，也严重地影响到森林的生物量增加，相反，低强度火烧结果使林木叶量趋于增加，说明生物量可以增加。有些植物火烧后叶形发生改变，如落叶松火烧后叶子的长度增加一倍，因而有助于增加生物量。另外，火烧还能刺激萌芽条的产生，改善了野生草食动物的饲料，这样也有助于生物量的积累。森林生物量的变化，从林分内的上下层结构来说，越在低层变化越显著，而越向上层变化性则越少，尤其底层由于萌芽条的产生，对生物量的增加量是最大的。

7.6.4 火在不同森林生态系统中的作用

我国幅员辽阔，国土面积大，形成了多种多样的森林生态系统，这些生态系统的气候、植被和森林火灾特点均不相同，因此，森林防火和林火管理方法也不尽一致。现就影响我国森林植被分布的自然因素和不同森林生态系统中火的影响和作用分述如下。

7.6.4.1 影响我国森林植被分布的自然因素

影响我国森林植被分布的自然因素很多，这里仅简介纬度、经度、海拔高度的影响。

(1)纬度

我国位于北半球亚洲东部,从南到北(南部的曾母暗沙3°52′N,北部漠河53°31′N)跨约49.5个纬度。以秦岭、淮河为界,以北地区为温带、寒温带气候,以南地区为亚热带和热带气候。植被从南到北分别为热带雨林与季雨林、亚热带常绿阔叶林、暖温带落叶阔叶林、温带针阔混交林和寒温带针叶林(图7-4)。

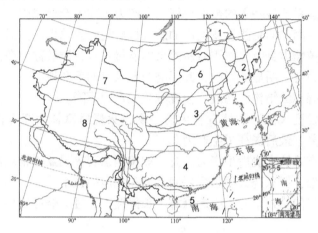

图7-4 中国植被生态区划示意
1. 寒温带针叶林区 2. 温带针阔叶混交林区 3. 暖温带落叶阔叶林区 4. 亚热带常绿阔叶林区
5. 热带季雨林雨林区 6. 温带草原植被区 7. 温带荒漠植被区 8. 青藏高原高寒植被区

从南到北土壤依次为砖红壤、红壤、黄壤、棕壤、暗棕壤、棕色森林土等。南北气候土壤变化明显的原因是纬度不同,太阳照射角度不一样,使地面受热量南北差异极大,因此形成不同植被、土壤分布带。

(2)经度

我国最东在135°2′30″E,西至73°40′E。我国东临海洋,东部是平原区,西部内陆为高山,西南有喜马拉雅山,阻挡了来自印度洋的水汽,形成从沿海到内陆降水逐渐减少,使我国东部为海洋性气候,西部为大陆性气候。在温带,植被的东西变化依次为:森林—草原—荒漠。在亚热带,由于青藏高原的突起,植被的东西变化依次为:森林—高山草甸—高山草原—高山荒漠。

(3)海拔

我国地形复杂,陆地海拔高差最明显,有世界最高的珠穆朗玛峰,位于我国与尼泊尔交界处(8 848m)和吐鲁番盆地的艾丁湖在 -155m。我国有两条重要的地势分界线和三级地形阶梯。两条地势界线是:①大兴安岭—太行山脉—巫山山脉—雪峰山一线;②昆仑山脉—祁连山脉—横断山脉一线。三级阶梯是:一级阶梯以珠峰为首的一系列高大山系和青藏高原地区(海拔4 500~5 000m);二级阶梯,昆仑山和祁连山以北,横断山脉以东,地势急剧下降,直到海拔1 000~2 000m之间的地区;三级阶梯,沿大兴安岭、太行山、巫山、雪峰山一线以东的广大地区。

我国领土面积按海拔高度,有下列的分配比例(表7-6):

表 7-6　我国不同海拔高度的国土面积所占比例分配表

海拔高度(m)	<500	500~1 000	1 000~2 000	2 000~5 000	>5 000
占全国总面积(%)	16	19	28	18	19

可见，我国是一个受高山地形复杂多变的国家，1 000m 以上的高山、高原占国土总面积的 65%，1 000m 以下的丘陵、平川仅占 35%。由于地形变化影响到水热变化，水热变化影响着植被垂直分布。海拔每升高 100m 的植被类型与纬度增加 100km 的植被类型略同，所以南方的高山上无森林分布。又如，小兴安岭南坡（汤旺河流域）的郎乡六道沟（海拔1 080m）的植被垂直分布：海拔在 250~650m 为阔叶红松林，650~1 000m 为云杉、冷杉林带，1 000~1 080m 为亚高山岳桦、偃松矮曲林带。

(4) 植被变化与林火关系

植被所表现出的水平地带性，（经纬度变化）和垂直地带性（海拔变化），反映在林火生态特点上也有一定的规律性。例如，对火灾出现的季节分析发现，温带以北地区主要表现在春秋两季；亚热带、热带火灾主要出现在冬春旱季；而新疆却在夏季出现的最多（主要指北疆、天山、阿尔泰山，南疆的塔里木盆地）。同时，火灾的发生时间还表现出这样的规律：在春季到夏季的这段时间内，火灾出现的时间顺序相反，即由北向南和由西向东推移。这个规律同时还表现在火源的性质和发生频率不同上。如自然火源（雷击火）我国都集中发生在阿尔泰山和大兴安岭地区，其他地区不超过 1%，东北地区主要是林业生产性用火，南方为农业生产性用火，西北、华北主要是牧业用火。在火灾性质上，东北北部地区（北纬 48°以北），西南亚高山针叶林区有越冬火；南方则没有。亚热带地区主要地表火和局部树冠火，但无地下火。大小兴安岭地表火，树冠火和地下火都有发生。

7.6.4.2 不同森林生态系统中火的作用

每个植物群落都占有一定的生境，并同此生境构成一个生态系统。每一个森林植被带就是一个生态系统。不同的森林生态系统都具有不同的特征，因此，林火的影响也有不同特点。

1) 寒温带针叶林区

(1) 地区环境

我国最寒冷的地区，指大兴安岭地区北部，即嫩江以西地区。年平均气温为 0~2℃，最低气温出现在 1 月份，最低气温在 -40℃ 以下，最低可达 -52.3℃，冬季长达 9 个月，生长季仅有 70~110d，年积温为 1 100~1 700℃，气温低，生长季短。土壤为棕色森林土。主要植被是针叶林，以兴安落叶松为主。

(2) 主要树种的火生态特点

① 兴安落叶松　兴安落叶松是本区的地带性植被。其特点：幼龄期（10 年内）有一定的萌芽能力，经轻微地表火后，小苗可以重新萌发。20 年生后树皮增厚，具有一定的抗火性，以后随年龄增长和树皮加厚，抗火性不断增加。火烧过的落叶松表现为根茎基部膨大，树皮增生变厚，使得落叶松有较强的抗火能力。随林龄增长，兴安落叶松树冠自然稀疏，增加了该树种的抗火性；也由于树冠稀疏后，林内光照增加，林下杂草丛生，又造成有利于燃烧的条件。另外，兴安落叶松在火烧刺激后，又能促进大量结实，又有利于该树

种的更新。总之，落叶松是所有针叶树中抗火性最强的树种。

②樟子松 樟子松分布多见于山地的阳坡，中上坡成小面积分布。樟子松树干，树叶中含有大量的松脂(松节油)、松香，又分布于立地条件好的山坡，因而属于易燃类型。该树种有一定的抗火能力，30年生以后随林龄增加抗火性增强。经火刺激后，树皮有增生的特点。球果具有迟开的特点。火烧后促进球果提前开裂，加速该树种的更新，因此，火烧迹地上可以看到一定数量的樟子松幼苗发生。

③白桦 白桦是大兴安岭分布很广的树种，该树种火烧后有一定的萌芽能力，种子非常容易传播，可以飞散1km以上，白桦萌芽个体可以提前10a结实，这是落叶松所不具备的特性。因此，火烧频繁发生地区，落叶松衰退，火烧迹地为白桦所占领，如火被控制，森林出现进展演替，因白桦的寿命比落叶松短，最终会被落叶松所取代。

④蒙古栎 蒙古栎主要分布在大兴安岭东西两边，并逐渐向白桦林内移。蒙古栎是深根系树种，树皮厚，火烧后从小到大都有较强的萌发能力，耐干旱、耐瘠薄，生态幅度大，能在极端条件下生存。蒙古栎在火烧频繁发生时，可以萌发；火灾少时也可以结实。因此，在多次火烧和强度火烧迹地上，出现多代萌生蒙古栎林占领火烧迹地。

⑤黑桦 黑桦是桦木中抗火性最强的树种，树皮隔热能力很强，树种耐干旱、耐瘠薄，种子易传播，可与蒙古栎混生。因此，大兴安岭地区经过反复火烧破坏后，森林演替是：

$$\text{落叶松} \xrightarrow[\text{逆行演替}]{\text{多次火烧}} \text{白桦林} \xrightarrow[\text{逆行演替}]{\text{断续火烧}} \text{蒙古栎或黑桦林}$$

这就是说，大兴安岭地区经反复受火烧以后，往往出现蒙古栎和黑桦混生林。这种林分在消除火的作用后，可以恢复进展演替，从而恢复落叶松林，比多代阴生蒙古栎林要容易。

(3) 演替

火演替在该林区因地区不同而异。

①在北部原始林中，一是兴安落叶松遭火烧后被白桦所代替，因为白桦种子轻而有翅，可随风远距离飘移，易占据火烧迹地；二是原有落叶松林中的白桦的地上部分被烧死，但地下部分或根基部又可萌发形成白桦萌芽林。大火后火烧迹地可见许多白桦萌芽林，随后兴安落叶松又侵入，形成白桦落叶松混交林。由于落叶松寿命长，最终又被落叶松所更替，形成兴安落叶松林。

②东部地区兴安落叶松火烧后形成白桦林，再反复火烧形成黑桦蒙古栎林。因为黑桦和蒙古栎比白桦更耐火，也更耐瘠薄干旱，所以多次火烧后白桦被淘汰，让位于更耐火、耐干旱的黑桦和多代萌生的蒙古栎林，形成黑桦蒙古栎林。若继续遭遇火灾，就有可能变为草原化植被。当黑桦蒙古栎林形成后，要恢复落叶松林就很困难了。这是因为黑桦蒙古栎林形成了自己较干旱的环境条件，不利于兴安落叶松的生长。

③在南部地区，地势较高，与草原相连，无蒙古栎分布。兴安落叶松被火烧后，由白桦林所更替，多次火烧破坏生境，形成草原化植被。此时恢复落叶松林就更难了。在南部山地的向阳山坡出现无林现象，就是森林火灾加速了草原化的结果。因此，在这些地方要防止森林退化，首先要控制森林火灾的发生。

(4) 林火管理

大兴安岭林区沟塘宽，可燃物易燃，是火灾的发源地。因此，近年来，大兴安岭地区采取火烧沟塘，以火治火和开设防火线的方法，控制火灾发生。在做这项工作时，应注意以下几个方面的问题。

①在用火过程中，要合理地掌握好火烧间隔期。周期过长起不到防火作用；但周期过短，甚至年年在一个地带点烧，由于火烧频率大，会给生态环境带来一定变化，造成不良后果。因此，必须研究火烧间隔期的问题，使火烧既不破坏生态环境，又不使可燃物积累，避免火灾发生。

②研究火烧安全期，减少和避免因跑火而造成的损失，逐步应用空中点火技术以达到火烧目的，同时，用火一定要遵循一定的规程，研究用火技术，安全用火。这些工作，应由防火专业队伍实施。

③大兴安岭地区大多数是喜光树种，落叶树种火烧后天然更新很好，就需要掌握火烧强度，如何利用火烧来促进这些树种的天然更新，是一个有待研究的课题。

④大兴安岭地区也可进行营林安全用火，减少森林可燃物积累，减少火灾的发生，同时达到森林经营的目的。但应注意的是，大兴安岭土壤表层薄，一般的仅有20~30cm，如火烧间隔期和火烧强度掌握不当，一旦破坏了表层土壤结构和植被，会给生态环境造成不良后果，这些问题应予以充分认识。

2) 温带针阔叶混交林区

(1) 地区环境和植被分布

这个地区指东北东部山地，即松嫩平原以东，松辽平原以北的广大山地。这个地区气候温和，冬季较长（5个月以上）。最低气温为-35℃，年积温1 700~2 500℃，生长季节125~150d，该区属海洋性气候，比较湿润，年降水量在600~800mm，土壤为暗棕色土壤。

该区的地带性植被为阔叶红松林，分布面广，整个地区可分为三个亚区：第一个亚区位于五营以北的地区，为北方红松林带，混生有云、冷杉，整个林带针叶林数量比例很大。第二亚区指牡丹江以北，五营以南，包括小兴安岭和长白山北部，为阔叶红松带，红松林中混生有许多阔叶树，有人称为典型红松林带。第三个亚区指牡丹江以南的长白山地区，谓之南方红松林带。红松林中混生有沙松、鹅耳枥等南方树种。

该地区森林植被的垂直分布也比较明显。如长白山植被垂直分布（图7-5）：

(2) 火的影响

①火对红松林的影响。火对红松林更新影响很大。红松幼林怕火，在20~30年生以前，幼树抗火性都不强，成熟期的红松抗火性中等。红松的树皮有两种结构：一种是抗火性较强的粗皮类型，一种是抗火性较弱的细皮型。红松五针一束，且含有大量油脂，枯枝落叶不易腐烂，属于易燃类型。

立地条件、林分结构和树种组成不同，影响到红松林的燃烧性。分布在阳坡、陡坡山脊上的红松林，生境干旱，且接近于纯林，易发生火灾，并且容易发生树冠火；反之，生长在阴坡、缓坡的红松林，林地潮湿，林中混生有相当数量的阔叶树种，林下难燃草本如毛边薹草、蕨类增多，因而燃烧性大大降低，且只能发生地表火；分布在山麓及近亚高山地带的红松林，因都混有大量的云杉、冷杉树种，林下阴暗、潮湿，一般不易燃，在特别

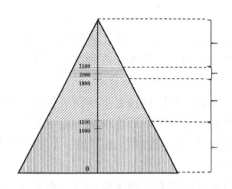

图 7-5　长白山植被垂直带谱示意

干旱年代也有发生火灾的可能性,并且也能形成树冠火,总的说来,红松林因其湿度比落叶松林大,火灾可能性相对减少,但北方红松林也能发生树冠火。

②火对云、冷杉林的影响。云、冷杉林林冠层深厚,林下阳光稀少,因此称为暗针叶林,分布于两类地带:一是生长在低海拔的沟谷地;二是亚高山地带(五营地区海拔650m以上,长白山海拔在1 200m以上)。云、冷杉林立地条件潮湿,林内温度低,湿度大,林下多生长藓类、蕨类,不易燃烧,因而多数分布属于难燃或可燃类型。但因云、冷杉潮湿的树枝上长有树毛,使林内光合作用减弱,而小枝逐渐枯死,加之其树毛的自身湿度可随空气中的湿度变化而变化,因此,在特别干旱年份时,云、冷杉林内容易发生树冠火。云、冷杉树皮薄,并含有挥发性油泡,在针叶林内算抗火性较弱者。

③火对落叶松林的影响。该地区有两种落叶松,一是兴安落叶松;二是长白落叶松。前者比后者更能抗火。落叶松在山地易被红松更替,原因是红松比落叶松更耐阴,红松寿命更长,落叶松竞争不过红松,最后被红松排挤。但在谷地、低湿地和草甸子上,落叶松能生长,而红松则不能。另外,还有大量落叶松生长在石龙岗上(那火山流岩区),红松则不适宜在该地生长。生存在火烧迹地上落叶松是先锋树种,以后又被红松所代替。

(3)演替

该林区的地带性植被是阔叶红松林。由于针叶树含有松脂和挥发性油,易燃,又无萌发能力,因此,多次被火烧后容易灭绝。而阔叶树具有较好的萌发能力,易保留,经过多次火干扰后,能保留下一些具有强萌发能力和耐干旱耐瘠薄的树种。因此,该地区森林遭受强烈火灾干扰后,其演替趋势是:

$$\text{阔叶红松林}\xrightarrow[\text{火灾}]{\text{多次}}\text{阔叶林}\xrightarrow[\text{火灾}]{\text{多次}}\text{蒙古栎林}\xrightarrow[\text{火灾}]{\text{多次}}\text{多代萌生林}\xrightarrow[\text{火灾}]{\text{反复}}\text{草坡荒山}$$

这是这个林区火干扰演替的总趋势。

随着立地条件不同又有以下几种演替方式:

①在干旱立地条件下,包括山脊陡坡和阳坡:

$$\text{蒙古栎红松林}\xrightarrow{\text{火灾}}\text{蒙古栎林}\xrightarrow[\text{火灾}]{\text{多次}}\text{萌生蒙古栎林}\xrightarrow{\text{火灾}}\text{草坡}$$

②在阴湿立地条件下:

$$\text{谷底红松林}\xrightarrow{\text{火灾}}\text{水曲柳榆树林}\xrightarrow{\text{火灾}}\text{萌生蒙古栎林}\xrightarrow[\text{火灾}]{\text{多次}}\text{草甸子}$$

③在中性立地条件下：

阔叶红松林 $\xrightarrow{火灾}$ 杂木林(阔叶林) $\xrightarrow{火灾}$ 蒙古栎林(多次火灾立地条件变干所致)

阔叶红松林 $\xrightarrow{火灾}$ 山杨林 $\xrightarrow{火灾}$ 荒草坡

(4)林火管理

该林区是我国森林防火重点区之一，网化建设尤为重要，应加强森林火灾的控制能力。目前以火防火，如火烧防火线，利用安全期火烧沟塘和林内计划火烧，已在黑龙江省佳木斯市等地大面积开展，并有效地控制了森林火灾。

这个林区是我国北大荒所在地，有许多国有农场，农业生产用火较频繁，因此，管好用火，尤其烧荒尉垦、火烧秸秆等农业用火，是做好林区防火工作的重要方面之一。

此林区现在多为次生林，可以利用计划火烧来改造次生林，提高次生林质量。另外，这里还有大面积荒山和宜林地，如能在飞机播种前采用计划火烧，则可提高飞播质量，使种子容易同土壤接触，加速发芽生长。

3)暖温带落叶阔叶林区

(1)地区环境

该区分布的位置从32°30′N以北到42°30′N以南，南以秦岭、淮河、伏牛山为界，西到天水，东到东海，北以松辽平原为界。该区的气候特点是，夏季温暖湿润，冬季寒冷干燥，生长季长，年积温为2 500~4 500℃，东部湿润，西部干燥，年降水量500~1 000mm，从东到西依次为：湿润区，半湿润区，半干旱区，土壤为棕色森林土和褐土，黄土高坡也有一种为黑垆土；植被组成以落叶阔叶树为主；如栎类(辽东栎、槲栎、栓皮栎、麻栎等)、杨、桦、柳、榆、槭等。组成植被的针叶树种有：沿海的赤松；山地有油松、华山松、白皮松、侧柏、云杉、冷杉等。

(2)主要树种的火生态特点

①油松 油松二针一束，枝叶球果都易燃烧，属易燃树种。油松多分布在半湿润区，半干旱区，幼龄10年内易受火灾的危害，进入成熟期，因树皮变厚，抗火性增强。就群体而言，整个林分结构表现为易燃类型，再加之林下生长有耐干旱的灌木、草本(如胡枝子、柠条、草本的禾本科和莎草科等)且与栎类混生，整个林分易燃条件是充分的。在华北地区，油松的"难燃类型"主要是由于人口密度大，交通方便所控制的结果，不易发生火灾，即使发生火灾，着火面积也不会过大。油松林在秦、巴山区实际上也没有表现出易燃的特征，主要是年降水量大的原因。除此而外，秦岭的华山松、巴山的马尾松不论是个体还是群体对火生态的反应都与油松类似。

②赤松 主要分布在辽东半岛、山东半岛较湿润的地方，虽然赤松本身属于易燃树种，但由于立地条件湿润，人口密度大，受人为影响强烈，所以一般不发生或很少发生火灾。

③侧柏 该种多分布在碱性石灰岩的向阳山坡(多为半湿润、半干旱气候)，密度小，几乎成互不干扰的状态分布，林地虽然长有耐旱性杂草，但数量少，不论是总可燃物含量还是易燃危险可燃物含量都少，加之分布零散，所以虽易发生火灾，但危害性却不大。

(3)演替

本林区是中华民族祖先的发祥地，历代王朝多在此区内建都。历史上战乱频繁，森林经过多次破坏和干扰，多为残破次生林，原始林保存极少，且分布在高海拔地区。森林演替以海拔高低为准可分两类：

①高海拔山地针叶林，其中包括落叶松林、冷杉林、云杉林和华山松林，以及它们的混交林。经过火烧和破坏，演替为桦木林、山杨林以及杨、桦林，再遭多次反复火灾或破坏形成亚高山灌丛。

②低海拔的落叶阔叶林，经过火烧或其他方式破坏，形成油松林或油松栎树混交林，再遭多次干扰或破坏，形成栎林或多代萌生栎林，再反复破坏，形成灌木荒草坡。

(4) 林火管理

该林区包括黄河中下游流域，是华夏文明的发源地，名山大川多，文物古迹多，著名的五岳(东岳泰山、西岳华山、北岳恒山、中岳嵩山、南岳衡山)有四岳分布在该区。还有五台山和黄帝陵等名胜园陵，这些名胜古迹、风景园陵区都有郁密的森林，其中许多是千年以上的古树和名木，是珍奇的国宝。为了保护这些珍奇国宝，要搞好风景园林的森林防火，建立、健全各种防火设施，确保这些名胜古迹的安全。

华北地区荒山坡地多，应加速绿化，可采用飞机播种造林，为了提高飞播质量，可在安全用火期实行计划火烧，以利于种子发芽，促进幼树生长。在有条件的时候，次生林也可用小面积计划火烧，加速森林恢复，提高林木质量。

4) 东亚热带常绿阔叶林区

(1) 地区环境与植被带

该林区北起32°30′N，南至北回归线(23°30′N)横跨9个纬度。北以秦岭、淮河为界；东至东海；西至广西百色、贵州毕节以东，包括长江中下游广大地区(江苏、浙江、江西、安徽、湖北、湖南、福建，以及广东、广西、贵州和四川的大部分地区)。这里气候炎热湿润，年积温4 500~7 500℃，降水量1 000~3 000mm，全年生长季300d以上。这里人口众多，物产丰富。植被带为亚热带常绿阔叶林区，详细又可分为北、中、南三个亚区。①神农架地区，海拔3 052m。2 300~3 000m为暗针叶林带，有巴山冷杉、冷杉、桦、槭等；1 600~2 300m为针叶落叶阔叶林带，有华山松林、红桦林、山毛榉林、锐齿栎林、巴山松林；200~1 600m为常绿阔叶落叶带，有枹树、栓皮栎、青冈、铁橡树、黄栌矮林等。②武夷山地区，海拔2 000m。1 700m以上为中山草甸、灌丛草地；1 300~1 700m为黄山松林；1 300m以下为常绿阔叶林带，以苦槠、木荷为主，还有马尾松、杉木和竹类。③桂北南岭林区，海拔2 000m。1 500~2 000m为混生的常绿的落叶阔叶矮林带；800~1 400m为常绿阔叶混交林带；800m以下为常绿阔叶林带。

(2) 主要树种的火生态特点

①马尾松　生长在干燥瘠薄的立地条件上，叶、枝、干都含有大量松脂，非常易燃。其幼苗、幼树对火敏感，10年以后才有一定抗火能力，成熟林抗火能力较强，幼、中龄阶段易发生树冠火。在马尾松林中若混有常绿阔叶树，则可提高林分的难燃程度。生长在较肥沃湿润地段的马尾松，其易燃程度有所降低。在火烧迹地上，其种子易接触土壤，有利于更新。利用火的刺激可以促进成熟林松脂的产量，并有利于伐前更新。

②杉木　柳杉和黄杉喜欢生长在潮湿肥沃的土壤上，它们都有一定耐阴性。树冠深厚，林内阴暗，林下可燃物数量较马尾松少，一般情况不易发生火灾，但在干旱季节也易

燃，有时还发生树冠火。南方很多地方采用炼山扦插法，繁殖杉木，由于雨水多，为了避免水土流失，要求在炼山时，不宜选择坡度过大地段，火烧面积也不要过大，以便维护杉木的生长环境。

③竹类　竹类多分布在低山丘陵和河滩低地，喜欢温湿的条件；也有些竹类如淡竹、刚竹还可分布在微碱性的土壤和沿海一带。竹类生长密集，林内潮湿，一般难燃；但生长在干旱瘠薄土壤上的竹类，常有大量枯死的植株，提高了竹林的燃烧性。若大面积竹子开花，也会使植株死亡，增加其燃烧性。如给竹林施肥，改良土壤，将会抑制开花，保护竹林，加上及时清理枯竹，就会有效地提高竹林的难燃性。

④常绿阔叶林　这是该林区的地带性植被，种类繁多，生长良好的常绿阔叶林是属于难燃型，但其燃烧性依树种而有很大差异。如木荷和红花木荷是较好的防火林带树种，福建、广东、广西等地已大量栽植，发挥了较大的阻火作用。有些常绿阔叶林中一些树种含有挥发性油，其燃烧性要大些，如樟树等。在这个地区搞好防火林带是一项根本措施，在林带经营管理、造林技术、树种的抗火性、对火的适应能力等方面，还需要进一步研究，以便解决各种难题。

(3) 演替

该林区仅在高山陡坡处有少量残留的原始林，绝大部分是遭受人为破坏的或火灾烧毁后形成的次生林或人工马尾松林，有的甚至变为次生灌丛。其演替途径大致有两种：

常绿阔叶林 —火灾、破坏→ 次生阔叶林 —火灾、破坏→ 灌木铁芒萁禾草群落。

常绿阔叶林 —火灾、破坏→ 混生马尾松或杉木阔叶混交林 —火灾、破坏→ 马尾松林 —火灾、破坏→ 灌木草本群落。

(4) 林火管理

该林区有许多风景名山，如黄山、九华山、庐山、峨眉山等是我国游览胜地。应加强名山和自然保护区的防火规划，有效地保护好这些地区的自然资源。

这个地区千百年来有炼山造林的经验，经过分析，普遍认为小面积炼山造林利大弊小；大面积炼山或坡度过陡地段炼山，容易造成水土流失，带来不利后果。这里农业生产用火引起火灾是主要火源，因此，应进一步加强火源管理，有效地控制林火发生。

计划火烧用于中龄林以上的林分，尤其马尾松林，不但可以抑制松毛虫的危害，且有利于马尾松生长发育。此外，计划火烧可以刺激马尾松的淌脂量，增加松脂产量。

5) 西亚热带常绿阔叶林区

(1) 地理环境与植被带

西亚热带常绿阔叶林区，处于云贵高原，气候较东部地区干凉。东以贵州毕节和广西百色一带为界，北至四川大渡河、安宁河、稚砻江流域，西至西藏察隅，南抵云南文山、红河、思茅、澜沧江北部，包括云南大部分、广西百色、贵州西南部和四川西南部及西藏东部。本区气候夏季酷热、冬天不冷，年温差小。如昆明，四季如春，称为春城，干湿分明，5~9月为雨季，降水量占全年总量85%，10月至翌年4月为干季，降水量仅占15%，全年蒸发量大于降水量，与东部有明显差异。土壤主要为酸性红壤，较高的山地为黄壤。

该林区地带性植被为常绿阔叶林，阔叶以青冈和栲属为主，针叶以云南松、思茅松等为代表。由于地形复杂，气候多变，其植被带谱分明。最下部为常绿阔叶林，包括云南松林；由下向上依次为：含有铁杉的落叶阔叶林—高山松林—云杉、冷杉林—亚高山灌丛—高山稀疏草甸灌丛。

(2) 主要树种的火生态特点

① 云南松　云南松是该区分布最广的针叶树种，在海拔 1 000 ~ 3 500m 内均有分布。该树种的特点是叶、枝、干含有挥发油与树脂，易燃。若林相比较稀疏，林下多生长草本植物，在干季更易燃；若生长在较肥沃湿润的立地条件，林下灌木较多，常混有常绿阔叶树，其易燃性则下降。云南松树皮较厚，对火有一定抗性，3 ~ 5 年生幼林高达 2.5 ~ 3.5m 时，就有一定抗火能力；随着树龄增大，其抗火性也增强。单层成熟林(30 ~ 40a)一般遇上中等强度的火，对其影响不大。这为云南松林采用计划烧除提供了条件。云南松在火烧迹地容易飞籽成林，更新良好，又耐干旱和瘠薄是先锋树种，在该地区广泛分布。这就表明该树种对火有很强的适应能力，也是抗火能力强的树种。针叶树中抗火能力强弱依次为：云南松、细叶云南松、思茅松、高山松。

② 大果红杉　大果红杉与云杉、冷杉的分布高度相同，也是喜光树种，林下更新不良，但在林缘更新良好。它生长缓慢，树皮较厚，树干尖削度大，有较强的抗火能力。所以火烧后，云、冷杉林多被其更替。

③ 铁杉　这里铁杉有广泛分布，但较零散，多为小面积。铁杉喜欢在条件较好的地段生长，常在云、冷杉林下求生存，并与华山松、落叶色木、杨、桦等混生，林下阴暗，整枝不良，但生长快，材质好，一般不易着火。它对火比较敏感，不抗火，但落叶密实度大，又多生长在沟边湿地，不易燃烧。一旦有火灾发生可能形成树冠火。它对火的适应性与云、冷杉近似，火灾后易被高山栎林更替。

④ 高山栎　分布在常绿阔叶林带之上，常与高山松、华山松混生或单生。高山栎为喜光树种，常绿栎类，多在阳坡，半阴坡生长也可以。树皮厚有一定抗火能力，萌发能力强，耐干旱瘠薄，经多次火烧或反复破坏，可形成灌丛状矮林，以维护自身的生存，是一个较好的耐火树种。

(3) 演替

由于这里海拔高差大，植被垂直带谱较比明显，因此不同的植被带遭火灾或破坏后，其演替有显著差异。

① 基带为常绿阔叶林区，以青冈、栲属为主，经过火烧或破坏形成云南松常绿阔叶林，再破坏形成云南松林，反复破坏形成草本灌丛群落。

② 上一带为针叶阔叶混交林，有高山松或针叶混交林，华山松、铁杉、高山松林或针阔混交林或为松栎林带。经过火烧或破坏，针叶树比例减少，又经火烧或破坏变为阔叶林，再经火烧、破坏变为高山栎林，经多次反复破坏形成萌生灌丛状栎林，再反复多次破坏则形成灌丛草本群落。

③ 再上一带为云杉林，再上带为冷杉林，其林中空地或林带边缘为大果红杉，经过火烧后，云杉、冷杉减少或死亡，被红杉更替。另一种情况是，云杉、冷杉林经火烧或破坏后为桦木所更替，再遭受多次破坏，形成灌木草本群落。

(4)林火管理

这里是我国的重点火险区，火灾次数和面积都比较多。因此，应对该林区重点火险区严加管理，提高对林火的控制能力。这里农业生产用火多，应加强这类火源的管理，并不断改进农业措施，有效控制农业生产用火，推行科学种田，提高农作物产量和山区人民生活水平，进而提高林火的控制能力。此外，对云南松林进行计划火烧，不但可以减少林内可燃物积累，防止较大的森林火灾，而且有利于促进云南松的更新，提高森林覆盖率。

6) 热带季雨林雨林区

(1) 地区环境

该区分布：南至曾母暗沙群岛，(约4°N)，北到台湾、广东、广西、云南、西藏，水平呈犬牙交错状。云南境内北到25°N，西藏境内北到28°~29°N间，其原因主要与地形有关。该区气候炎热，年平均气温20~22℃，年积温7 500~9 000℃以上，植物全年生长，降水量1 500mm以上，雨林主要是常绿阔叶林。群落层次复杂，层外植物多，根系有板根、气根等长出地面。热带雨林在我国分布于台湾南部、海南岛东南部、云南南部和西藏东南部。热带雨林在我国季风地区有广泛分布。其中以海南岛北部和西南部的面积最大。每年5~10月的降水为全年降水的80%，干季雨量少，地面蒸发强烈，在这种气候条件下，发育的热带季雨林是以喜光耐旱的热带落叶树种为主，并且有明显的季节变化。

(2) 火的影响

热带雨林由于气候湿润、年降水量大、植物常年生长，植物内含水量大，该区内几乎不发生火灾。热带雨林由于有干、湿季之分，火灾常出现在干季，且对林分也能造成严重的危害。如生长在这一地区的南亚松和海南松林，虽然生长快，皮厚、抗火，但由于本身易燃，加上林下没有常绿灌木，大多生长着易燃的禾本科杂草，在干季容易发生森林火灾。有些地方，因火灾频繁发生，形成稀树草原。如果对这种情况不加强管理，继续在火和暴雨的影响下，就有形成沙漠的可能性。据统计，这一地区火灾发生的频率与台风的次数成反比，因为台风直接影响到降水量的多少。

(3) 演替

该林区地带性植被为热带雨林和季雨林，主要植被是常绿阔叶林，一般是难燃或不燃类型。若遭受反复破坏或火烧，可形成海南松林。海南松林能维持百年以上，以后林内多生长常绿阔叶树，这时又不利于海南松更新，最后又被常绿阔叶树更替。如果森林遭受反复火烧或破坏，则易形成稀树草原，再被破坏形成热带草原，再遭强烈破坏，还可形成沙地。

(4) 林火管理

该区以海南省为代表，该地区有众多新开发区和旅游区，森林防火尚未引起高度重视，防火机构刚刚建立，防火宣传教育也才开始，火源管理还不够严格，除农业用火外，其他火源到处可见。因此，首要任务是提高人们对林火的认识，做好宣传，确保森林防火家喻户晓，人人明白。

7) 温带荒漠植被区

(1) 地区环境与植被分布

本地区包括新疆的准噶尔盆地与塔里木盆地、青海的柴达木盆地、甘肃与宁夏北部的阿拉善高原,以及内蒙古鄂尔多斯台地的西端。整个地区是以沙漠和戈壁为主,气候极端干燥,冷热变化剧烈,风大沙多,年降水量一般小于 200mm,气温的年较差也是我国最大地区。荒漠植被主要由一些极端旱生的小乔木、灌木、半灌木和草本植物所组成。如柽柳、胡杨、泡泡刺、莎蒿等。于是山坡上分布着一系列随高度而有规律更迭的植物垂直带,从而丰富了荒漠地区的植被。

本区内有一系列高大山脉:天山、昆仑山、祁连山、阿尔金山等。在这些山脉的山坡上分布着一系列植被垂直带,主要有下列类型:

①山地荒漠带 又可分山地盐柴类小半灌木荒漠亚带和高山蒿类荒漠亚带,后者通常在黄土状物质覆盖的山地出现。

②山地草原带 又可分 3 个亚带:山地荒漠草原、山地典型草原、山地草甸草原。

③山地寒温性针叶林带或山地森林草原带,仅局部出现山地落叶阔叶林带。

④亚高山灌丛、草甸带。

⑤高山草甸与垫状植被带或高寒草原带。

⑥高寒荒漠带。

⑦高山亚冰雪稀疏植被带。

(2) 火的影响

该区由于有绵延千余千米的天山,受西来湿气流影响,气候湿润,降水增加,由雪岭云杉构成的山地寒温性针叶林带出现在海拔 1 500~2 700m 山坡上,中部为云杉、落叶松混交林,到了上部则为西伯利亚松纯林,向下山地草原极为发达,云杉林带与草原群落相结合,形成山地森林草原带。该区由于火烧牧场常引起火灾,在森林与草原的交界处常发生雷击火,其他火灾多发生在山的中、上部。火灾夏季时最为严重。

(3) 演替

该地区针叶树种主要有落叶松和西伯利亚红松;暗针叶林为冷杉林和云杉林。除落叶松和西伯利亚红松有一定抗火能力外,其余暗针叶树种对火敏感,一般发生火灾后,多被杨、桦树更替;反复火烧或破坏,可形成灌木草本群落。一般反更替时期长,也很困难,因此,应严格控制森林火灾的发生。

(4) 林火管理

这里森林多分布在几大山系,应抓好重点林区的防火。另外,应加强自然火源和牧区生产用火的管理。这里大多数森林对火非常敏感,加上气候干燥,一旦发生火灾,破坏性大,森林难以恢复。因此,应十分重视火源管理,一般情况不适宜用火,以免发生火灾危害。

8) 青藏高原高寒植被区

(1) 地理环境与植被分布

青藏高原大致位于 28°~37°N 之间,约跨 9 个纬度,75°~103°E,约占 28 个经度。这里的青藏高原号称世界屋脊。这里的气候为强度大陆性气候,干旱少雨,日温差大,大部分地区年平均气温在 -5.8~3.7℃ 之间,高原内部的广大区域基本在 0℃ 以下,月平均气温在 0℃ 以下的月份长达 5~8 个月。干、湿分明,冷、暖变化明显,干冷季长(10 月至翌年 5 月),暖湿季短(6~9 月);风速大,冰雹多。

由于高原达到了对流层一半以上的高度,且处于亚热带的纬度范围,使高原上出现了一些独特的高原植被类型,如特殊的高寒蒿草草甸、高寒草原与高寒荒漠等。森林分布在高原的东南部地势稍低地区,一般海拔 3 000~4 000m(河谷最低处约 2 000m),距孟加拉湾较近,受西南季风的影响,气候温暖湿润。在河谷侧坡有山地垂直森林植被带,基带在高原东侧的川西、滇北和西藏泊龙藏布与易贡河交汇处的通麦谷地,为亚热带湿性常绿阔叶林,但分布面积最大的是针阔叶混交林和寒温性针叶林。

(2)火的影响

该地区森林火灾是全国各大区中最少的,仅在东南部高山峡谷有火灾发生。正因为是高山峡谷,一旦发生森林火灾,就难以控制,因此,这里的针叶林过火面积仍较大。该地区森林火灾主要发生在 9 月至翌年 4 月的干季,雨季一般不发生森林火灾。由于地形影响,火灾主要发生暖温性针叶林和寒冷性针叶林。这里针叶树主要有高山松、云杉、冷杉和铁杉等。其中只有高山松有一定抗火能力,其余针叶树对火都十分敏感,加上高山峡谷,交通不便,给扑火带来极大困难,因此,林火损失比较严重。大约平均每年发生林火40 次左右,平均每年过火面积 4 000hm² 左右,仅占全国总过火面积的 0.4% 左右,平均每次过火面积在 100hm² 左右。

(3)演替

该地区森林火灾引起的森林演替随森林垂直分布带不同而有明显差别。

①海拔 3 000~4 000m 为冷杉林和云杉林,经过火烧或破坏,冷杉、云杉消失,被落叶阔叶树(桦木)更替,再反复火灾或破坏,被灌木更替。

②海拔较低处为针叶混交林,有铁杉、高山松等针叶树,遭受火灾或破坏后,铁杉消失,形成高山松林,再经多次破坏,被落叶阔叶林或灌木丛更替,再遭破坏,形成灌木草本植物群落。

(4)林火管理

首先应加强火源管理,提高全体林区人民群众对火的认识,严控野外用火,尤其干季用火更要特别慎重,以防森林火灾发生。加强防火设施建设,迅速提高控制林火的能力;加强航空护林灭火,使林火损失减小到最低限度。

7.7 火后森林生态系统恢复与重建

火烧后森林生态系统的恢复与重建,是火生态以及恢复生态学中的重要研究内容,这个问题的提出已经有 30 多年的历史。事实上,在这个问题之前,国外已经有不少学者开始涉及这方面的研究。

早在 20 世纪 30 年代,俄罗斯学者就开始研究火灾对生态环境的影响。到 20 世纪 50 年代,美国、加拿大开始重视火灾对各种景观类型的影响,研究区域主要是美国的阿拉斯加、加拿大的西部和俄罗斯的西伯利亚地区,研究的主要问题是火灾后的环境变化。当前国外林火生态研究的重点是林火对整个森林生态系统的影响。加拿大、美国在研究火灾对植被恢复、演替规律、土壤元素和土壤微生物影响的同时,特别重视林火的生态作用研究，着重研究林火在破坏和维持生态平衡中的作用。美国的林火研究曾记录了1932年以来森林变成草原的情况。20世纪60年代以前，美国怀俄明大学的生态学家研究了火灾后森林恢复的各个阶段物种构成的变化，发现火灾后通过自然更新幼林物种差异最大，仅火灾后的几年间幼林就能取代被烧毁的森林。1963年，加拿大学者研究了北美短叶松火烧更新的某些因子。美国加利福尼亚的灌丛是重火灾区，但该区的灌丛对火适应能力较强，火灾后种子萌芽形式迅速更新，同时有研究表明，强烈火烧后森林生态系统的恢复必须有适宜的气候条件，美国西南部在强烈火烧后，松树能够自然恢复的时间非常短，并且频率也低，因为在整个20世纪只有2年气候比较适合松树的恢复和生长。黄石国家公园火烧后产生了大量的镶嵌结构，植被在大小不同的火烧斑块的反应不同，镶嵌结构空间格局对火后植被的恢复具有重要影响。不仅如此，火的大小和空间格局对植被恢复的影响非常重要而且是持续的，但是这些景观尺度的影响为更广尺度上的梯度格局的影响所控制。火灾促进了森林生态系统的演替，使一些本该淘汰的树种加速退化，促进新的树种发育。人们认识到林火既能维持循环演替或导致逆行演替的发生，也可使演替长期停留在某个阶段。美国滨湖各州和加拿大的北美短叶松，一般需要林火来维持，只要几十年发生一次火灾，就能在同一地方更新，若不发生火灾，经过50~60 a后，生长趋于恶化而死亡，北美短叶松则被其他树种所更替。美国明尼苏达州西北部，漫山遍野的同龄美洲赤松（*Pinus resinosa*）原始林，也是遭到一系列林火之后发生的。松树和栎树能在世界各地许多森林中占优势，主要是由林火造成的。

近年来，许多学者在全球变化的背景下，研究火对植被的影响及火后植被的演替情况。对1998年发生在澳大利亚高山和亚高山的火后植被的早期恢复研究表明，早期的植被恢复水平大大低于火前的植被覆盖状况，甚至不能保证维持水土的需要。在热带雨林地区，火灾的发生与极端厄尔尼诺事件一致，再次萌发在热带雨林是常见的现象，不同种类之间火后萌发能力的差异可以作为未来植被变化的潜在指标。气候变化对地中海式生态系统的影响可以直接来自对水分胁迫的改变和随之而来的植被燃烧性、生物量和植物组成的改变，用模拟的方法研究气候变化对火烧频率和植被动态的影响对于较长时间尺度的植被恢复评价是有意义的。林火与气候相互作用决定了火后森林的恢复、火频度以及火间隔期。火格局影响了森林演替的树龄结构、植被群落结构以及生产力。同一生态系统内森林演替轨迹的比较可以揭示由于气候的差异而导致的同一演替阶段以下因子的定性与定量差异：森林的组成、林龄结构、再生和林下植被参数。火灾的发生，导致了先锋树种的萌生。松树和栗树都是耐火树种，但如果允许大量可燃物累积也会引发火灾。在俄罗斯沿叶尼塞河子午线的北方林区，由于重复发生的野火，次生的小叶林木已经置换了针叶林，并且林龄结构也发生了改变。显而易见的是，每一个亚区除木材资源发生变化外，碳的库容量也发生了变化。加拿大的生态专家在研究北美短针松的更新后指出，北美短针松的更新离不开火的生态因素。有的观点认为，某些森林景观是靠频繁的火来维持的。

森林火后初始，植物尤其是草本物种迅速增多，火烧迹地的植被主要为草本物种，但随着时间的推移，草本物种不仅在数量上明显减少，在物种组成上有很大的变化，盖度也逐渐减少。灌木及乔木物种由于种类较少，在种类及组成上演替初期变化不如草本明显，但是盖度却逐渐增多。森林火灾因火烧强度、频率及大小等方面的不同，形成了许多不同的火烧迹地，火烧迹地上残存的活植被繁殖体的多度及其空间分布等因子因火烧程度的不同而有很大的差异，直接影响火后植被的初始演替格局及动态。相对于中轻度火烧迹地而言，重度火烧迹地由于残留的活植被繁殖体很少等因素，极大地增加了演替的不确定性。火烧频率随着林分位置、类型、林龄以及疏密度等方面的不同而有很大的差异，火烧频率的增加会阻碍植被向森林演替，甚至导致森林向灌木草本演替。一般面积大的火烧迹地相对于中小火烧迹地而言，火后森林物种的丰富度低，灌木草本的盖度低，外来物种多。火烧程度、频度和大小等林火因子往往相互作用，共同影响火后植被，增加了演替的复杂性及其不可预测性。灌木高山松林火烧迹地恢复早期，物种多样性波动较大。随着演替的进行，高山松幼苗幼树逐步生长形成乔木层，林地由开敞变为郁闭，物种增加，群落变得复杂，多样性又随演替发展而增加。

由于森林本身的复杂性及其生态恢复方面的模糊性，模糊数学的方法可以对火灾后生态恢复过程进行评价，预测火灾后林地的发展趋势。对大兴安岭北坡林区森林植被在不同火烧强度、火烧时间的火烧迹地上的恢复状况的研究表明，轻度火烧区的森林植被自然更新恢复良好；中度火烧区的森林植被依靠人工促进更新要比自然更新更早达到预期目标；重度火烧区的森林植被如果完全依靠自然更新，恢复到预期目标会非常缓慢，而通过人工更新则可跨越几个演替阶段，较快接近本地的顶极群落。

【本章小结】

本章主要讲述了林火生态的知识，包括火生态学概述、林火的生态影响、林火对森林环境、动物、植物以及生态系统的影响和火后森林生态系统恢复与重建内容。林火对森林环境的影响主要体现在土壤、光、温度、水分、空气等方面。林火对动、植物的影响分为直接影响和间接影响，直接影响通常指烧死、烧伤野生动物和植物，造成生物多样性降低；间接影响则是长期的变化，如火烧后小环境的变化使植物群落、动物种内和种间关系产生变化等。而动、植物对林火也会产生一定影响。林火对空气的影响体现在森林火灾发生过程中伴随烟雾排放，烟雾内含有很多污染气体，影响空气质量，还改变了森林内光照条件，导致直射光减少、散射光增多等。过去人们对火的认识只存在损害一个方面，通过本章的学习，了解林火有益的生态作用。全面了解火和生态系统彼此的联系，才能更好地学习火在生态上的具体影响。

【思考题】

1. 何为"林火两重性"？
2. 林火对土壤的影响体现在哪些方面？
3. 林火对野生动物的影响体现在哪些方面？
4. 林火对森林演替的影响体现在哪些方面？
5. 林火对水分具有哪些影响？
6. 火后森林生态系统的恢复方法与重建措施有哪些？

【推荐阅读书目】

1. 林火生态与管理．胡海清主编．中国林业出版社，2005．
2. 气候变化情景下中国林火响应特征及趋势．王明玉，舒立福主编．科学出版社，2015．

第 8 章

林火预测预报

【本章提要】本章主要从以下三个方面：林火天气、林火行为以及林火发生预报对森林火险的预测和预报进行简单介绍。进入20世纪80年代以来，林火预报向纵深发展，林火行为预报和林火发生(火源)预报也得到了很大的发展。主要内容为预测预报的概念和方法、国外林火预报系统(加拿大Prometheus与美国FARSITE)、森林火险等级系统。

8.1 森林火险预报的种类

林火预报一般分为火险天气预报、林火发生预报和林火行为预报3种类型。3种林火预报类型所考虑的因子的大致模式为：

气象要素→火险天气预报

气象要素+植被条件(可燃物)+火源→林火发生预报

气象要素+植被条件+地形条件→林火行为预报

(1) 火险天气预报

主要根据能反应天气干湿程度的气象因子来预报火险天气等级。选择的气象因子通常有气温、相对湿度、降水、风速、连旱天数等。它不考虑火源状况，仅仅预报天气条件能否引起森林火灾的可能性。

(2) 林火发生预报

根据林火发生的三个条件，综合考虑气象因素(气温、相对湿度、降水、风速、连旱天数等)、可燃物状况(干湿程度、载量、易燃性等)和火源条件(火源种类和时空格局等)来预报林火发生的可能性。

(3) 火行为预报

在充分考虑天气条件和可燃物状况的基础上，还要考虑地形(坡向、坡位、坡度、海拔高度等)的影响,预报林火发生后或蔓延速度、火强度等一些火行为指标。

8.2 火险天气的预报

我国制定中华人民共和国气象行业标准《森林火险气象等级》(QX/T 77—2007)于2007年10月1日正式实施,以我国森林火灾和气象资料作为基础,规定了我国森林火险气象等级的划分标准、名称、森林火险气象指数的计算和使用。

8.2.1 火险天气概念

森林火灾的发生和天气有密切联系。天气指发生在大气中的各种自然现象,受气温、气压、湿度、风、云、雨、雾等气象要素影响,是它们在特定空间的综合表现。而火险天气,则是根据每天的主要火险要素,如气温、湿度、降水、可燃物含水率、干旱状况等进行计算而划分出的不同等级。在可燃物、火源不变的情况下,天气因素是决定林火发生与否的首要因素。它直接制约着可燃物的燃烧条件,以及燃烧以后的发展情况。就是说天气对火行为是综合的影响,况且天气又是多变的。因此,对林火天气的了解,并掌握天气与林火之间的关系,对防火实际工作来说是特别重要的。

8.2.2 火险天气等级的划分

在森林火险预报工作中,有根据可燃物种类和数量、立地条件及小气候等来划分火险等级的,如苏联麦列霍夫的火险等级;也有根据可燃物含水量等因素来划分的,如大兴安岭的火险等级;还有依靠标准化测量手段来划分火险程度和管理制度的。此外还有根据气象火险指标来确定火险等级的,如各种火险预报方法中的火险指标与火险等级的划分。

(1)林火天气火险等级

根据林火天气火险指标来确定火险等级的方法,是目前森林火险预报常用的方法。这个方法的核心是火险天气指标与火险等级的配合,即火险指标多少到多少,火险等级为几级。不同的预报方法有不同的指标范围。要做到指标同等级配合适度,必须满足下列两条:①用编出的火险指标和火险等级来查验历史林火发生率,1~2级在5%以下,3级在15%左右,4级在30%左右,5级50%左右。即有100次林火历史实例,要有50次在5级火险天气范围内,30次在4级火险内,15次在3级内,5次在1~2级内。否则要做调整。②用编出的火险指标来检验历史或当前的林火天气,看各火险等级天数出现的频率(次)是否具有两头小中间大,即3级火险天气频率(次)最大,向两边依次减小。

此外,林火天气火险等级的确定还要考虑季节月份的不同而有所差别。如果火险天气指标是按月(或旬)来统计编制的,月份之间的差异就不存在。但目前许多地区在编制火险指标时,是用整个防火期(如春、秋季)的资料来做的,因此,应有月份差异。因为不同月份太阳高度不同,各项天气、气象要素的均值、极值都不同,如不考虑这种差异,则会出现有的月份全月无高级火险,有的月则全月无低级火险,显然与实际不符。

(2)长白山着火指标与火险等级

根据上述三条标准,我们编制了长白山着火危险度指标与火险等级见表8-1。着火危险度指标是用最高气温、最小相对湿度、蒸发量、日照时数四个因子来编制的。

表 8-1　长白山火指标与火险等级

项　目	火险等级				
	Ⅰ	Ⅱ	Ⅲ	Ⅳ	Ⅴ
3月指标	0~10	11~20	21~30	31~40	41以上
4(10)月指标	0~15	16~30	31~45	46~60	61以上
5(9)月指标	0~20	21~40	41~60	61~80	81以上
各火险等级特征	不燃、少蔓延、无危险	难燃，可蔓延，少危险，但要注意干燥草地	可燃，易蔓延，中度危险，批准用火，可在此级进行，要做好预防工作	易燃，最易蔓延，高度危险，加强瞭望，加强入山管理	强燃，强烈蔓延，最危险，动员或组织好扑火力量，严格控制好各种火源，或禁止一切野外火用
火险旗颜色	不挂	不挂	红旗	黄旗	蓝旗
火险等级名称	低级	低级	中级	高级	特级

8.3　林火发生预报

林火发生预报是一个十分复杂的问题，也是森林防火中迫切希望解决的问题。目前国际国内关于林火发生的预报，尤其人为林火发生预报，研究甚少。这里介绍两种预报方法，一是东北林业大学李世达、郑焕能等人1988年通过技术鉴定"林火发生预报方法及原理"；二是吉林林学院研制并通过专家鉴定的"林地潜在人为火发生的动态模型"。

8.3.1　林火发生预报方法及原理

8.3.1.1　基本方法

这里所说的是非雷击火，影响人为林火的随机因子很多。该方法的基本思路是根据影响林火发生的因子构造一个使"着火样本得分"与"不着火样本得分"分解得最好的一个线性判别函数，从而达到判别某日某地能否发生林火的目的。这是一个属于数量化理论中的Ⅱ组（着火与不着火）判别问题，这个两组判别又与数量化理论Ⅰ相一致，因此，该方法的数学模型实质上是属于数量化理论Ⅰ。

该方法选择了13个预报因子，在进行预报时，只需把当日某林业局（或林区）13个项目的得分累加起来，看它是否超过"判据"，来确定是否有林火发生。此法使用的资料是大兴安岭地区的，其预报只适用于大兴安岭地区。

8.3.1.2　基本原理

根据数量化理论Ⅰ，把说明变化原因的因子，即预报因子，如日期、地区、人口密度、道路密度等称为项目，本项研究取13预报因子，故有13个项目。每个项目又可分许多细目，称为类目。根据项目和类目列出着火反应表和不着火反应表，由反应矩阵表可得：

$$x_\alpha = \begin{pmatrix} \delta_1(1,1) \cdots \delta_1(1,r_1) \cdots \delta_1(j,k) \\ \delta_1(1,1) \cdots \delta_1(1,r_1) \cdots \delta_1(j,k) \\ \vdots \\ \delta_i(1,1) \cdots \delta_i(1,r_1) \cdots \delta_i(j,k) \end{pmatrix} \tag{8-1}$$

当 $\alpha=1$ 为着火反应矩阵，$\alpha=2$ 为不着火反应矩阵。

i 为着火部分和不着火部分的样品个例，本项研究着火样品为 441 个，不着火样品为 1573 个；

i 为项目，共有 13 个项目；

k 为类目，共有 98 个类目；

$\delta_i(j,k)$ 为反应矩阵的元素，其取值为：

$$\delta_i(j,k) = \begin{cases} 1, & \text{在第 } i \text{ 个样品中第 } j \text{ 个项目的第 } k \text{ 个类目反应时} \\ 0, & \text{在第 } i \text{ 个样品中第 } j \text{ 个项目的第 } k \text{ 个类自不反应时} \end{cases}$$

于是可建立线性判别函数：

$$\hat{y} = \sum_{j=1}^{13} \sum_{k=1}^{r_j} \hat{b}_{j,k} \delta_i(j,k) \tag{8-2}$$

式中 $\hat{b}_{j,k}$ ——第 j 个项目第 k 个类目的得分值。

利用原始资料，按数量化理论 I 求解得分值的方法，解出各个得分值，有了得分值 $\hat{b}_{j,k}$ 便可由(8-2)式建立线性判别方程，回代样本值，并可由新样本计算出未来的判别值 $\hat{y}_i$。为了判断 $\hat{y}_i$ 属于哪类(着火类或不着火类)，需有判据，判据由下式给出：

$$y_0 = S_2/(S_1 + S_2)\bar{y}_1 + S_1/(S_1 + S_2)\bar{y}_2 \tag{8-3}$$

式中 y_0 ——判据，当 $\hat{y}_i > y_0$，则不发生林火；当 $\hat{y}_i \leq y_0$，则为发火日。

$\bar{y}_1$ ——着火得分的平均数；

S_1 ——着火样本的标准差。

$\bar{y}_2$ ——不着火样本得分的平均数；

S_2 ——不着火样本的标准差。

$$\bar{y}_1 = \frac{1}{n_1} \sum_{i=1}^{n_1} \hat{y}_{1,i}$$

$$S_1 = \sqrt{\frac{1}{n_1} \sum (\hat{y}_{1,i} - \hat{y}_1)^2}$$

$$\bar{y}_2 = \frac{1}{n_2} \sum_{i=1}^{n_2} \hat{y}_{2,i}$$

$$S_2 = \sqrt{\frac{1}{n_2} \sum (\hat{y}_{2,i} - \hat{y}_2)^2}$$

8.3.1.3 各类目编码与得分值

① 日期 x_1 (表 8-2)

表 8-2　日期类目编码与得分值

时间	4月上旬	中旬	下旬	5月上旬	中旬	下旬	6月上旬	中旬	下旬
编码	1	2	3	4	5	6	7	8	9
得分值	$\hat{b}_{11}$ -3.318 4	$\hat{b}_{12}$ -0.366 9	$\hat{b}_{13}$ -0.275 4	$\hat{b}_{14}$ -0.303 8	$\hat{b}_{15}$ -0.322 4	$\hat{b}_{16}$ -0.229 9	$\hat{b}_{17}$ -0.367 5	$\hat{b}_{18}$ -0.288 2	$\hat{b}_{19}$ -0.216 2

②地区 x_2（表8-3）

表 8-3　地区类目编码与得分值

地　区	岭　南	岭　北
编　码	0	10
得分值	$\hat{b}_{21} = 0$	$\hat{b}_{22} = 1$

③人口密度 x_3（人/km²）（表8-4）

表 8-4　人口密度编码与得分值

人口密度(人/km²)	[0, 5)	[5, 10)	10 以上
编　码	0	11	12
类目得分	$\hat{b}_{31} = 0$	$\hat{b}_{32} = -0.126\ 3$	$\hat{b}_{33} = 0.034\ 0$

④道路密度 x_4（km/km²）（表8-5）

表 8-5　道路密度编码与得分值

道路密度(km/km²)	[0.0, 0.10)	[0.10, 0.20)	0.20 以上
编　码	0	13	14
类目得分	$\hat{b}_{41} = 0$	$\hat{b}_{42} = 0.019\ 2$	$\hat{b}_{43} = 0.141\ 6$

⑤火源等级 x_5（表8-6）

表 8-6　火源等级编码与得分值

火源等级	1(微)	2(少)	3(中)	4(多)
编　码	0	15	16	17
类目得分	0	$\hat{b}_{52} = -0.088\ 4$	$\hat{b}_{53} = -0.140\ 3$	$\hat{b}_{54} = -0.357\ 5$

⑥易燃物等级 x_6（表8-7）

易燃物指标 $= (10 \times W_1) + (20 \times W_2) + (30 \times W_3)$

其中 W_1、W_2、W_3 分别是针叶林、阔叶林、草类的面积占它们总和（$W_1 + W_2 + W_3$）面积的比例。

表 8-7　易燃物等级编码与得分值

易燃物等级	1(10, 15)	2(15, 20)	3(20 以上)
编　码	0	18	19
得分值	$\hat{b}_{61} = 0$	$\hat{b}_{62} = 0.080\ 5$	$\hat{b}_{63} = -0.073\ 2$

注：括号内数字为易燃物指标。

⑦最高气温 x_7(℃)(表8-8)

表8-8 最高气温编码与得分值

最高气温	10℃以下	[10, 15)	[15, 20)	[20, 25)	25℃以上
编码	0	20	21	22	23
类目得分值	$\hat{b}_{71}=0$	$\hat{b}_{72}=-0.0155$	$\hat{b}_{73}=0.0054$	$\hat{b}_{74}=-0.0920$	$\hat{b}_{75}=-0.1453$

⑧前3天日平均最高气温 x_8(℃)(表8-9)

表8-9 前3天日常平均最高气温编码与得分值

前3天日平均最高温度	10℃以下	[10, 15)	[15, 20)	[20, 25)	25℃以上
编码	0	24	25	26	27
类目得分	$\hat{b}_{81}=0$	$\hat{b}_{82}=0.0123$	$\hat{b}_{83}=-0.0063$	$\hat{b}_{84}=-0.0330$	$\hat{b}_{85}=-0.0623$

⑨降水量 x_9(mm)(表8-10)

表8-10 24h 降水量编码与得分值

降水量	0	[0.0, 2.0)	[2.0, 4.0)	[4.0, 6.0)	6.0以上
编码	0	28	29	30	31
类目得分	$\hat{b}_{91}=0$	$\hat{b}_{92}=0.0838$	$\hat{b}_{93}=0.0782$	$\hat{b}_{94}=0.0243$	$\hat{b}_{95}=0.1107$

⑩前期平均日降水量 x_{10}(mm)(表8-11)

表8-11 前期平均日降水量编码与得分值

前期平均日降水量	[0, 1.0)	[1.0, 2.0)	[2.0, 3.0)	[3.0, 5.0)	5.0以上
编码	0	32	33	34	35
类目得分	$\hat{b}_{10,1}=0$	$\hat{b}_{10,2}=0.0176$	$\hat{b}_{10,3}=0.0484$	$\hat{b}_{10,4}=0.0334$	$\hat{b}_{10,5}=0.0392$

⑪14时相对湿度 x_{11}(%)(表8-12)

表8-12 14时相对湿度编码与得分值

14时相对湿度	[0, 15]	[15, 30]	[30, 45]	[45, 60]	60以上
编码	0	36	37	38	39
类目得分	$\hat{b}_{11,1}=0$	$\hat{b}_{11,2}=0.1108$	$\hat{b}_{11,3}=0.2209$	$\hat{b}_{11,4}=0.2932$	$\hat{b}_{11,5}=0.2578$

⑫前3日平均14时相对湿度 x_{12}(%)(表8-13)

表8-13 前3日平均14时相对湿度($\bar{H}_{-3}$,%)编码与得分值

前3日$\bar{H}_{-3}$	[0, 15]	[15, 30]	[30, 45]	[45, 60]	60以上
编码	0	40	41	42	43
类目得分	$\hat{b}_{12,1}=0$	$\hat{b}_{12,2}=0.0269$	$\hat{b}_{12,3}=0.0729$	$\hat{b}_{12,4}=0.1181$	$\hat{b}_{12,5}=0.1418$

⑬最大风速 x_{13}(m/s)(表8-14)

表8-14 最大风速编码与得分值

最大风速	[0, 2)	[2, 4)	[4, 6)	[6, 8)	[8, 10)	10以上
编码	0	44	45	46	47	48
类目得分	$\hat{b}_{13,1}=0$	$\hat{b}_{13,2}=0.2117$	$\hat{b}_{13,3}=0.2053$	$\hat{b}_{13,4}=0.1845$	$\hat{b}_{13,5}=0.1675$	$\hat{b}_{13,6}=0.1479$

8.3.2 林地潜在人为火发生的动态模型

这个模型是杨美和等在研究林地潜在人为火发生图(分布图)时提出的。该模型的要点是：

(1) 总的表达式

$$B_j = E_j \cdot P_j \cdot I_{2j} \cdot D_{hj} \tag{8-4}$$

式中 B_j——j 林地(林班)当时天气条件下，单位面积林地(林班)上潜在人为火可能发生的次数(次/ hm^2 或次/ km^2)；

E_j——j 林地内"集结的带火的总人数"(人/ hm^2 或人/ km^2)；

P_j——j 林地内单位人一天内引起林火的频次(次/人)；

I_{2j}——j 林地内细小可燃物湿度码；

D_{kj}——j 林地的潜在火险系数。

该表达式的理论依据是，上述四大因子群都是属于随机事件或者把它们看成随机事件。林火的发生是四大随机因子的"交集"。"交集"面积为0，则不会发生；"交集"面积越大(B_j值大)人为火发生的次数就多；"交集"面积越小(B_j值小)，人为发生就少。

从林火发生机理讲，林地内"集结的身带火种的总人数"和单位人一天内引起林火的频次，属于"火源"，这两者若有一项为零，"火源"为零，必须两者齐备才有"火源"存在。在火源存在的前提下，若林地细小可燃物湿度很大或林地潜在火险系数很小(近于零)，"火源"也不会引发林火。因此，林火的发生必须满足四个因子的要求，即在"火源"存在的条件下，细小可燃物湿度和林地潜在火险系数必须达到一定阈值，否则是不会发生的。

(2) 进入林地身带火种的总人数 E_j

$$E_j = \sum_{i=1}^{n} y_{j,i} \cdot C/S_j \tag{8-5}$$

式中 $y_{j,i}$——i 居民区可能进入 j 林地的总人数，且有

$$y_{j,i} = (x_i - y_{j-1,i}) \cdot y \cdot A_j \cdot (1 + I_1 + K) \tag{8-6}$$

式中 x_i——i 居民区的总人口或某年龄段的人数；

$y_{j-1,i}$——i 居民区的人，已经进入其他林地($j-1$)的总人数；

$x_i - y_{j-1,i}$——i 居民区的总人数中可供进入 j 林地的人数；

y——进山人数随"林地与村屯距离" $L_{j,i}$ 的增加而减少的减衰系数，并且

$$y = A_1 \cdot L_{j,i} - B \tag{8-7}$$

式中 A_1，B——系数。

$L_{j,i}$——林地与村屯距离；

减衰系数 y，据国内外资料统计符合幂指数衰减规律。

A_j——j 林地对人们的吸引力，用吸引系数来表示，并且：

$$\left.\begin{aligned} A_j &= \sum_{k=1}^{n} y_k x_k \\ y_k &= D_k / \sum_{k=1}^{p} D_k \end{aligned}\right\} \quad (8\text{-}8)$$

式中 x_k——林地内第 k 种林副产品（或资源）的数量，用 $0 \sim 1.0$ 的不同量级表示；

D_k——林地内第 k 种林副产品（或资源）的经济价值；

y_k——权重系数。

I_1——天气好坏订正数，且有

$$I_1 = -0.1R \quad (8\text{-}9)$$

式中 R——降水量系数（或单位降水量倍数）。

K——日期、节假日订正系数，且有

$$K = K_3 + K_4 \quad (8\text{-}10)$$

式中 K_3——季节日期订正数，

K_4——节、假、公休日订正数。K_3、K_4 可据各地实际情况确定一个数，其值在 $[0, 0.5]$，一般取 0.05 或 0.10；

c——进山人中身带火种的比例数，其值在 $[0, 1]$，一般取 0.5 或 0.4；

s_j——j 林地的面积（hm^2）。

(3) 单位人一天内引起林火的频次 P_j

$$P_j = t_j \cdot B_1 \cdot G_i \quad (8\text{-}11)$$

式中 B_1——单位人单位时间在林内的用火次数；

t_j——进山人在 j 林地的逗留时间，如白天按 $12h$ 计，则有

$$t_j = (12 - 2L_{j,i}/V) \quad (8\text{-}12)$$

式中 $L_{j,i}$——林地与村屯距离；

V——进入山林前和离开后，在途中的往返速度（取均值）（km/h）；

G_i——i 居民区的人进山用火的不慎系数，且有：

$$G_i = \beta_{1i} + \beta_2 = [1 - (x_{2i}/x_i + M_{2i}/M_{1i}) \times 0.5] + \beta_2 \quad (8\text{-}13)$$

式中 x_{2i}——i 居民区开展各种声、像防火宣传教育，已接受教育的总人数；

x_i——i 居民区的总人数；

M_{2i}——i 居民区现修设的路标、道口宣传板（栏、牌）的数量；

M_{1i}——i 居民区应设置的路标、道口宣传板（栏、牌）的数量；

β_2——各居民区因偶然或落后因素引起的不慎系数；

β_{1i}——称 i 居民区的宣教落后系数。

(4) 林地潜在火险系数 D_{kj}：

$$D_{kj} = F_1 a_1 + F_2 a_2 + F_3 a_3 + F_4 a_4 + F_5 a_5 + F_6 a_6 \quad (8\text{-}14)$$

式中 F_i——各因子的林地热性评定值，分别为：

F_1（立地类型）= F_3（坡向）· F_4（坡度）

F_2(优势树种) = F(林型)·F_6(疏密度)·F_5(林龄)

F_3(坡向) = $A_1 x - B_1$ (x——坡向)

F_4(坡度) = $A_2 x - B_2$ (x——坡度)

F_5(林龄) = $A_3 x - B_3$ (x——林龄级)

F_6(疏密度) = $A_4 x - B_4$ (x——疏密级)

各模型中 A_i，B_i 系数可根据当地林火个例资料。利用非线性方程求解法求出。经过研究计算实际使用时可按下列各式：

F_3(坡向) = $1.0292 \times Y_{D(J,K)} \wedge (-0.3061) \times 100$

$Y_{D(J,K)}$——表示坡向取值；

F_4(坡度) = $1.0256 \times Y_{D(J,K)} \wedge (-0.2474) \times 100$

$Y_{D(J,K)}$——表示坡度取值；

F_5(林龄) = $1.0523 \times Y_{D(J,K)} \wedge (-0.3031) \times 100$

$Y_{D(J,K)}$——表示林龄级取值；

F_6(疏密度) = $92.6255 \times Y_{D(J,K)} \wedge (-0.5165)$

$Y_{D(J,K)}$——表示疏密度取值；

F_1(立地类型) = $F_3 \times F_4 / 100$

F_2(优势树种) = $F_5 \times F_6 \times Y_{D(J,K)} / 100$

$Y_{D(J,K)}$——表示林型取值；

权重系数 a_i：

$a_1 = 0.20$，$a_2 = 0.30$，$a_3 = 0.10$，$a_4 = 0.10$，$a_5 = 0.15$，$a_6 = 0.15$

$Y_{D(J,K)}$ 取值由表 8-15 给出

表 8-15　$Y_{D(J,K)}$ 取值

J	$Y_{D(J,K)}$	K				
		坡向	坡度	林型	林龄	疏密度
1		阳坡 1	缓坡 1	草、针叶 1	草、幼 1	疏 1
2		平地 2	斜坡 3	阔叶 0.6	近熟林 4	中 2
:		阴坡 3	平地 2	柞林 0.8	过熟林 2	密 3
M		$K=1$	陡坡 4	农田 0.0	中龄林 5	$K=5$
			$K=2$	$K=3$	成熟林 3	
					$K=4$	

注：若泥田、水石等地，林型为 0；若草地荒地，则林型取针叶，林龄取幼，疏密取疏。

(5) 细小可燃物湿度 I_{2j}

细小可燃物即林地上的引燃物，它的干湿程度制约着接触其表面的火种能否起火并蔓延成灾。林地细小可燃物大致可分两大类：一类是针叶和阔叶类林地的枯枝落叶；另一类是干枯杂草或枯黄易燃草类。对于枯枝落叶的湿度计算 I_{2j} 可采用加拿大的办法，即 FFMC，其计算公式在加拿大火险等级预报方法中给出。

对于枯草或易燃枯黄杂草可用美国的方法来计算其湿度。

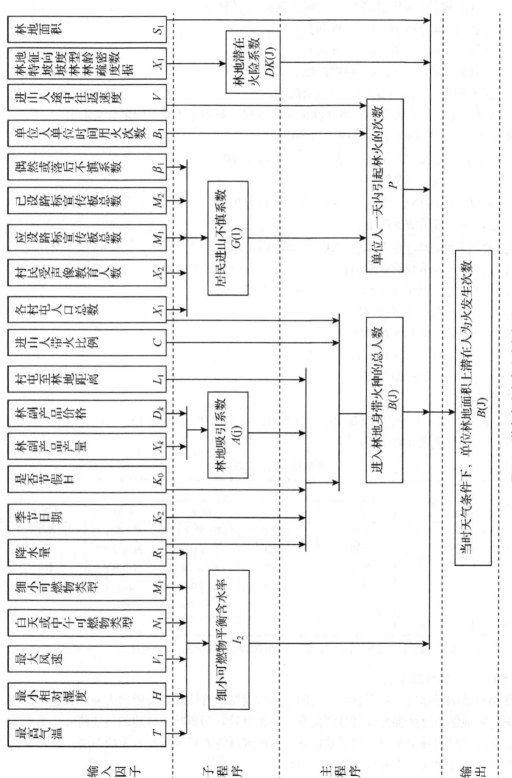

图 8-1 潜在人为火发生次数框图

$$\left.\begin{array}{l} I_2 = 0.03229 + 0.281073H - 0.000578TH \\ H < 10\% \text{ 时} \\ I_2 = 2.22749 + 0.160107H - 0.014784T \\ 10\% \leqslant H < 50\% \text{ 时} \\ I_2 = 21.0606 + 0.005565H^2 - 0.00035HT - 0.483199H \\ H \geqslant 50\% \text{ 时} \end{array}\right\} \quad (8\text{-}15)$$

下雨时(细小可燃物为湿):

$$I_2 = (4.0EP + MC_{10})/5.0 \qquad (8\text{-}16)$$

式中 EP——表示式(8-15)求得的含水率;

MC_{10}——为10h时滞可燃物平衡含水率。由于MC_{10}的确定还有许多复杂公式,为简化起见,根据原有公式,可按"若下午观测时正下雨,$I_2 = MC_1 = 35.0$",由此来确定MC_{10}的临界值。

按美国的模型,I_2即为MC_1(1h时滞可燃物含水率),计算时还要作天气状态(云量)的订正,即:

表8-16 1h时滞可燃物含水率计算订正值

云量	温度T订正	相对湿度H订正
0	+25 ℉	*0.75
1	+19 ℉	*0.83
2	+12 ℉	*0.92
3	+5 ℉	*1.00
4	+0 ℉	*1.00

注"+"表示在原有温度上加上;"*"表示乘原有湿度。

该模型的框图由图8-1给出。

8.3.3 林火预报系统

遥感、视频监控和地理信息等技术在火情和火场信息监测、火险等级预报、灭火决策中起了很大的作用,但卫星数据获取的时间和空间分辨率是有限的,无法动态连续地跟踪火情发展情况,林火蔓延模拟可以弥补其不足。林火蔓延是一种受可燃物、气象、地形等因素影响的复杂过程。为了更好地理解林火行为,并服务森林灭火决策,科学家们采用多种方法来模拟林火现象。

目前最为常用的当属Prometheus(普罗米修斯)和FARSITE两种软件。其中,普罗米修斯为加拿大开发的开源火灾预测系统,FARSITE为美国开发的开源预报系统。下面分别对两种林火预报软件进行简单的介绍。

8.3.3.1 Prometheus(普罗米修斯)

(1) 软件系统的简介

普罗米修斯是一个模拟火灾和报警系统,初期作为开源软件开发,后来很多公司和组织都采用普罗米修斯。现在作为一个独立开源和维护的项目,不属于任何公司。

2016年,普罗米修斯以第二主持项目参加云原生计算基金会(Cloud Native Computing Foundation)。

软件和说明文档可以在其官方网站上下载安装：https：//prometheus.io。

(2) 软件系统的特点

①多维的数据模型，多维度的灵活查询语言；

②一个灵活的查询语言来利用这个维度；

③不依赖分布式的存储；

④单一的服务器节点是自动的；

⑤通过 HTTP 拉模型(Pull Model)发生时间序列收集；

⑥通过中介网关支持推动时间序列；

⑦通过发现服务或同级配置来发现目标；

⑧绘图和仪表盘多重模式支持。

(3) 系统程序结构

①普罗米修斯系统由很多可选择的结构功能构成；

②存储时间序列数据的普罗米修斯服务器；

③代码仪器装置的终端；

④支持短期工作的网关；

⑤基于结构化查询语言(Rail/SQL, structured query language)的图形用户界面基础的仪表设备(GUI-based dashboard builder)；

⑥特殊用途的接口(HA 代理、D 统计、神经中枢等)；

⑦报警管理程序；

⑧多种架构工具；

⑨大多普罗米修斯子程序由 GO 编写，作为静态二进制文件能轻易地建立和部署。

普罗米修斯在记录任何纯数字的时间序列上运作良好。不仅适用于及其中央监控，也适用于监测高度动态的以服务为中心的结构。在微服务的世界，它支持多维度数据收集和查询，是一个独特的优势。普罗米修斯专为可靠性设计，中断供应期间允许你快速诊断问题的系统。每个普罗米修斯服务器都是独立的，不取决于网络存储或其他远程服务器。当其他基础部分损坏时你可以依靠普罗米修斯服务器，不用复杂地去重置。

即便是在故障模式下，你可以经常观察你的系统中哪些统计是可以被预测出。若需精确度达到 100%，例如，每个请求的生成(per-request billing)，那么选择普罗米修斯则不太适合，因为它所提供的数据很可能不够详细和完整。此时，则优选一些其他的系统来收集和分析数据，而使用普罗米修斯做监测的其他部分。

8.3.3.2 FARSITE

(1) FARSITE 简介

FARSITE 是一个火势增长模拟模型系统。它使用空间信息对地势、可燃物和天气与风进行归档，将现存的地表火(surface fire)、树冠火(crown fire)、飞火(spot fire)和火增长组成二维火势增长模型。FARSITE 被广泛用于美国林务局、国家公园管理局以及其他联邦和州管理机构来模拟林火蔓延和火的使用为了景观资源效益。

软件和说明文档可以在其官方网站上下载安装：https：//www.firelab.org/project/farsite。

(2) 软件的特点

该软件是针对熟悉可燃物、天气、地理、林火状况以及相关术语的使用者而设计，因为该软件的复杂性,只有使用者具备适当的火行为的训练和练习才能使用 FARSITE,其输出的结果被用来火和土地管理决策。

FARSITE 的使用需要提供以下数据:
①景观数据文件(LCP);
②可燃物初始数据文件(FMS);
③自定义燃料模型文件(FMD)(可选);
④天气数据文件(WTR)(可选);
⑤风力数据文件(WND)(可选)。

FARSITE 可以使用以下火行为模型:
①Rothermel 地表火蔓延模型(1972);
②Van Wagner 树冠火初始模型(1977);
③Albini 飞火模型(1979);
④Rothermel 林冠火蔓延模型(1991);
⑤Nelson 死地被物含水量模型(2000)。

FARSITE 能在不同地区、可燃物和天气条件下计算长期的火势增长和林火行为。FARSITE 是一个确定性的建模系统,这意味着模拟结果可以直接与输入的数据进行比较。这个系统可以用来模拟空气和地面压抑行为(ground suppression action),同时也需要多重"假设分析"问题和结果比较。

FARSITE 是一款空间火灾建模系统,它的输出结果与电脑端、工作站的制图以及 GIS 软件做之后分析和显示所兼容。它同时接受 GRASS 和 ARC/IMFO GIS 数据主题。

8.4 林火行为预报

林火行为是指林火从点燃开始到发生发展直到完全熄灭的全过程中所表现的各种特性和状态。它包括蔓延速度、能量释放、火强度、火烈度等。其中蔓延速度、火强度和火烈度是火行为的主要指标。

8.4.1 林火蔓延速度的计算方法

林火蔓延速度有 3 种表示方法:一是线速度,火蔓延的直线距离同时间的比,单位为 m/min 或 km/h;二是面速度,火蔓延燃烧的面积同时间的比,单位 m^2/min 或 hm^2/h;三是火场周边长度蔓延速度,表示火场的周边长度同时间的比。

林火蔓延速度有如下的测算方法。

8.4.1.1 线速度计算林火蔓延

(1)国内的测算方法

这里介绍王正非先生的蔓延速度测算法。他认为野外的林内或林缘,有风和地形影响时,野外火的蔓延速度 R 为:

$$R = R_o \cdot K_w \cdot K_s \cdot K_t \tag{8-17}$$

式中 R_o——可燃物在无风时(或室内)的燃烧初始蔓延速度;

K_w——风速更正系数；
K_s——可燃物配置更正系数；
K_t——地形坡度更正系数。
K_w、K_s、K_t 更正系数由表 8-17、8-18、8-19 给出。

表 8-18 风速更正系数

风速(m/s)	0	1	2	3	4	5	6	7	8	9	10	11	12	13
K_w	1.0	1.2	1.4	1.7	2.0	2.4	2.9	3.3	4.1	5.0	6.0	7.1	8.5	10.1

表 8-18 可燃物间隙度(S)和配置格局更正系数

S(%)	可燃物	假比重	真比重	K_s
95	A0 层(0~4cm)	0.020	0.400	1.0
98	干草丛	0.005	0.300	1.5~1.8
73	A1 层(4~9cm)	0.081	0.300	0.7~0.9
50	干劈柴(白松)	0.206	0.411	2.0

注：可燃物间隙度 S = (1 - 假比重/真比重) × 100%。

表 8-19 地形坡度更正系数

坡度 ψ	0°	5°	10°	15°	20°	25°	30°	35°	40°	45°
K_t	1.0	1.2	1.6	2.1	2.9	4.1	6.2	10.1	17.5	34.2

上述两种更正系数，经辽宁省气象局毛贤敏的工作，又可用下式表示：

$$K_w = e^{0.1783V\cos\theta} \tag{8-18}$$

式中 V——风速(m/s)；
θ——风向与坡向夹角。

$$K_t = e^{3.533(\tan\varphi)^{1.2}} \tag{8-19}$$

式中 φ——地形坡度，以度为单位，但坡度大于 40°时不适用。

因此，蔓延速度 R 又可写成：

$$R = R_0 K_s e^{(0.1783V\cos\theta)} e^{[3.533(\tan\varphi)^{1.2}]} \tag{8-20}$$

实际上林火蔓延是复杂的，当考虑风向与地形组合时，便有如图 8-2 所示。图中 O 为起火点，U 为山顶，故 OU 为上坡方向，OR 为右平坡，OL 为左平坡，OD 为下坡方向，OV 或 OV' 为风向（前者为上坡风后者为下坡向），OU 与 $OV(OV')$ 的夹角为 θ（以顺时针方向计算，把 OU 作顺时针方向旋转，转到 OV 或 OV' 方向位时，旋转的角度即为 θ）。这时便有下列方程组：

$$R_{上坡} = R_o K_s e^{[3.533(\tan\varphi)^{1.2}]} e^{[0.1783V\cos\theta]} \tag{8-21}$$

$$\left.\begin{aligned} R_{左平坡} &= R_o K_s e^{[0.1783V\cos(\theta+90°)]} \\ R_{右平坡} &= R_o K_s e^{[0.1783V\cos(\theta-90°)]} \end{aligned}\right\} \tag{8-22}$$

$$R_{下坡} = R_o K_s e^{[-3.533(\tan\varphi)^{1.2}]} e^{[0.1783V\cos(180-\theta)]} \tag{8-23}$$

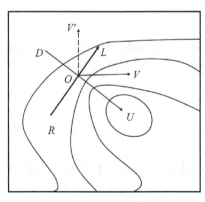

图 8-2 风向与地形组合图
注：图中实线为等高线

当 $\theta = 0° \sim 90°$ 或 $270° \sim 360°$

$$R_{风方向} = R_o K_s e^{\{3.533[\tan(\varphi \cos\theta)]^{1.2}\}} e^{[0.1783V]} \tag{8-24}$$

当 $270° > \theta > 90°$

$$R_{风方向} = R_o K_s e^{\{-3.533[\tan(\varphi \cos(180-\theta))]^{1.2}\}} e^{[0.1783V]} \tag{8-25}$$

上述各式中 R_o 为初始蔓延速度,可在实验内实测,也可通过对气象要素的采样地点的平行观测,建立回归方程或预报方程求得。

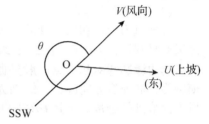

图 8-3　θ 角确定方法

K_s 是可燃物状况参数,可由表 8-19 确定。K_φ 是坡度项,θ 是风与坡向的夹角。K_φ 遵照(8-21)式,由于风不一定顺着上坡吹,它在上坡方向的投影为 $V\cos\theta$(图 8-3)。对于下坡采用负指数,表示坡度 φ 的负作用,$V\cos(180°-\theta)$ 表示风速在下坡方向上的投影。对于左右平坡地形项 K_φ 不出现在方程中,风速也是投影值。对于风方向的蔓延速度,在 K_φ 项中,把地形坡度 φ 投影到风的方向,而 K_w(风速更正项)显然是全风速。中 $\theta = 0° \sim 90°$ 或 $270° \sim 360°$ 表示风向上坡吹;当 $270° > \theta > 90°$ 时,表示风向下坡吹。当 φ 为零时,坡度作用消失,$K_\varphi = 1$。当风速 V 为零时,风的订正项作用消失,$K_w = 0$。当 φ 超过 70°时,上述各项精度较差。

θ 的确定方法如图 8-3 所示。

(2) 国外的测算方法

① 美国罗森梅尔(R. C. Rothermel)计算公式(见美国国家火险级系统)。

② 加拿大劳森(B. D. Lawson)和斯托克斯(B. J. Stocks)的计算式:

$$R = \begin{cases} 0.0788 ISI^{1.883} & \text{当 } ISI \leq 20 \\ 85[1 - e^{-0.0378(ISI-12)}] & \text{当 } ISI > 20 \end{cases} \tag{8-26}$$

式中　ISI——初始蔓延速度,式中系数是根据 15 种不同可燃物类型来确定的。

③ 苏联奥弗斯扬尼柯夫认为火灾在纯林中发生时,它的始发阶段常常是椭圆形,假定椭圆形面积为两个 1/2 椭圆面积之和,即

$$S = \frac{\pi}{2}[(v_1 t + v_2 t)/2]^2 + \frac{\pi}{2}[(v_2 t + v_3 t)/2]^2 \tag{8-27}$$

式中　S——火灾面积(m^2);
　　　v_1——顺风火头速度(m/min);
　　　v_2——侧方蔓延速度;
　　　v_3——逆风火速度;
　　　t——火灾发生后的时间(min)。

当风速为 3~5m/s 时,阿莫索夫获得下列经验方程:

$$\left.\begin{array}{l} v_2 = 0.35 v_1 + 0.17 \\ v_3 = 0.10 v_1 + 0.20 \end{array}\right\} \tag{8-28}$$

将此代入式(8-27)得:

$$S = \frac{\pi}{2}[(1.35v_1 t + 0.17t)/2]^2 + \frac{\pi}{2}[(0.45v_1 t + 0.37t)/2]^2 \tag{8-29}$$

另外,苏联巴鲁克西娜于 1984 年提出一个火蔓延速度公式:

$$R = \alpha \cdot 175^{2.5IS - 50} \times 10^{-2} \tag{8-30}$$

式中　　IS——平均火强度；
　　　　α——经验系数，取 $\alpha = 0.1$。

目前多数林火蔓延速度的计算都同火强度或林火蔓延面积相联系。

8.4.1.2　林火蔓延面积计算

(1) 国内的计算方法

根据风力大小和风的性质，王正非提出了林火初期蔓延模型（图 8-4），大体有 3 种：静风时呈圆形(a)；风力在 2~3 级时呈椭圆形(b)；风向摆动(30°~40°)时呈扇形(c)。这些火场边缘廓线对起火点一般呈抛物线。为此可用抛物线来描述火场蔓延面积（图 8-4），横轴为火的前进方向$\overrightarrow{ox}$，纵轴为火蔓延方向$\overrightarrow{oy}$，$\overrightarrow{oy'}$为另一侧蔓延方向，$\overrightarrow{ox'}$为火沿逆风方向蔓延的分量。于是 $OBB'O$ 所围面积即为火场面积，$OBB'O$ 廓线即为火场周长。

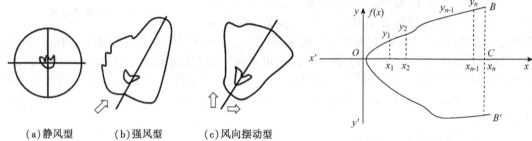

(a) 静风型　　(b) 强风型　　(c) 风向摆动型

图 8-4　林火初期蔓延模型图　　　　图 8-5　火场蔓延面积坐标

由图 8-5 所示，火场侧方边缘可看是抛物线，抛物线方程为：

$$y^2 = ax \text{ 或 } y = \sqrt{ax}$$

面积 $S = OBC = \int_0^t \sqrt{ax}\,dx = \frac{2}{3}OC \cdot BC = \frac{1}{3}OC \cdot BB'$

又因火场是以 x 轴为对称，故有火场面积 A：

$$A = \frac{2}{3}OC \cdot BB' \tag{8-31}$$

火场的周边长，可粗略地认为是以 OC 和 BB' 为长和宽的矩形的周长，即

$$L = 2 \times (OC + BB') \tag{8-32}$$

有风力作用的火场面积，根据点烧试验和森林防火的多年经验，可按矩形面积求算，不过矩形的边长比例（长边与短边比）因风力不同而异。风力、边长比和火的蔓延速度的经验关系由表 8-20 给出。

表 8-20　风力、矩形边长比和火侧、火逆速度的关系

风力(级)	风使火蔓延夹角一半的正切	火侧速度 P_s(m/min)	火逆速度 P_b(m/min)	长边与短边的比值
0	—	R_0	R_0	1:1
1~2	tan25°=0.47	0.47R	0.05R	10:9
3~4	tan20°=0.36	0.36R	0.04R	10:7
5~6	tan15°=0.27	0.27R	0.03R	10:5
7~8	tan10°=0.18	0.18R	0.02R	10:4

注：R_0、R 分别为无风和有风时的蔓延速度（引自《林火原理和林火预报》）。

【例】 1982 年大兴安岭某地，据地面和空中获火情报：着火时间 5 月 6 日 14:26，地点 128°20′E，50°51′N，植被地形为柞桦幼林，郁闭度 0.4，坡度 30°，初期蔓延速度 R = 15m/min，气象条件起火时风力 5 级，风向西南，15:30 空中侦察，火向东北方向沿沟塘和山坡蔓延，火锋长度约 500m。问到 16:00，火场能扩大到多大面积？火场周边总长多少米？若每人每小时可扑灭明火线 30m，拟由 16:00 到 20:00 将火扑灭，需派出多少机降灭火员为宜？

解： 第一步打开地形图，据经纬度找起火点。

第二步在白纸上标出直角坐标系，由已知条件求算矩形（椭圆）长边（轴）短边（轴）。已知 R = 15m/min，t = 15:30 − 14:26 = 64(min)，风速 5 级查表 4-29 得 tan15° = 0.27。故 R_s = 0.27R = 0.27 × 15 = 4.05(m/min)，坐标长轴 $\overrightarrow{(ox)}$ 上 $O'C$ = 64 × 15 = 960m，坐标短轴 $\overrightarrow{(oy)}$ 上 BB' = R_s × t × 2 = 4.05 × 64 × 2 = 518(m)。当时间截至 16:00 时，t = 16:00 − 14:26 = 94(min) 则 $O'C$ = 94 × 15 = 1 410(m)，BB' = R_s × 94 × 2 = 761(m)。逆风火蔓延长度为 (0.03R × t = 0.03 × 15 × 94) = 42m。16:00 火场面积 $A = \frac{2}{3} OC \times BB' = \frac{2}{3}(1\,410 + 42) \times 761 = 736\,648 m^2 = 73.6\, hm^2$；火场周长 $L = 2 \times (OC + BB') = 4\,426(m)$。应派扑火队员 = 4 426/(30 × 4) = 37(人)。（注：$OC = OO' + O'C$ = 逆风火长度 + 顺风火长度）

(2) 国外的计算方法

① 苏联的奥弗扬尼柯夫认为，地表火烧面积可近似按抛物线处理，即

$$S = K \cdot t^n \tag{8-33}$$

式中　S——林火面积(hm^2)；

　　　K——该林分自然火险系数；

　　　t——火灾发生后持续的时间(h)；

　　　n——该级自然火险林分的火灾程度和火险季节期系数（春、夏、秋）。

他计算了泰加林的各项系数，由表 8-21 给出。

表 8-21　泰加林的林火蔓延面积公式

林分自然火险等级	防火期	公式
Ⅰ	整个季节	$S = 4.21t^{1.97}$
Ⅱ	春	
Ⅱ	春、秋	$S = 3.04t^{1.58}$
Ⅲ	春	$S = 1.99t^{1.39}$
Ⅲ	夏、秋	
Ⅳ	春	$S = 1.00t^{1.25}$
Ⅳ	夏、秋	$S = 0.1t^{1.66}$
Ⅴ	春	$S = 0.26t^{0.19}$
Ⅴ	春	

② 加拿大 M. E. Alexander 认为对于连续均匀的可燃物和在相同地形上蔓延的林火来说，火场呈椭圆形，且随风速增大，风向变化的可能性减小，椭圆形火场就变得越窄，逐渐趋于条状。若以 A 代表椭圆的长径，B 代表短径，则随着风速的增大，比值 A/B 随之

增大。

若假定在同一火场环境中,火场在短时间内获得稳定条件,同时根据实际情况假定逆风火蔓延可以忽略不计,则火场面积 S 可表示为:

$$S = K_A(vt)^2 \tag{8-34}$$

式中　S——t 时后的燃烧面积(m^2);

K_A——面积成形系数,且有 $K_A = \pi/[4(A/B)]$;

v——火头蔓延速度(m/min);

t——火持续时间(min)。

K_A 与风速(旷地 10m 处)有关,见表 8-22。

表 8-22　火场面积成形系数 K_A 与空旷地 10m 高风速关系

林地类型	面积成形系数 K_A	风速(km/h)				
		0	10	20	30	40
有林地	0	0.79	0.25	0.18	0.15	0.13
	1	0.70	0.23	0.17	0.15	0.13
	2	0.52	0.23	0.17	0.14	0.13
	3	0.43	0.20	0.17	0.14	0.12
	4	0.33	0.21	0.16	0.14	0.12
	5	0.34	0.20	0.16	0.14	0.12
	6	0.30	0.20	0.16	0.14	0.12
	7	0.29	0.19	0.16	0.13	0.12
	8	0.27	0.19	0.15	0.13	0.12
	9	0.26	0.18	0.15	0.13	0.12
无林地	0	0.79	0.60	0.45	0.28	0.18
	1	0.79	0.65	0.43	0.20	0.16
	2	0.78	0.63	0.41	0.25	0.16
	3	0.78	0.60	0.39	0.24	0.16
	4	0.77	0.58	0.37	0.23	0.15
	5	0.76	0.56	0.35	0.20	0.15
	6	0.74	0.53	0.34	0.20	0.10
	7	0.73	0.51	0.31	0.20	0.14
	8	0.71	0.49	0.32	0.19	0.13
	9	0.69	0.47	0.29	0.19	0.13

使用时若用 hm^2 为面积单位,换算时可用 10 000 除以平方米数。式(8-34)中 v 和 t 的单位必须一致。v 与 t 乘积表示火场的实际长度或火的蔓延距离(m 或 km)。

奥里安德还认为,火场面积增大速度并不保持恒定。若扑救措施无效,且顺风火的蔓延速度又保持恒定的话,那么火场面积按时间的平方增大。即着火 2h 后,火烧面积将是 1h 的 4 倍。

火场周长 L 可用式(8-34)估算:

$$L = K_p(vt) = K_p D \tag{8-35}$$

式中　K_p——圆周成形系数,见表 8-23。

表 8-23 中的 A/B 比值可由图 8-6 确定。确定 A/B 时由空旷平坦地 10m 高处风速反查即可。

表 8-23　火场周长成形系数 K_p 与 A/B 关系

A/B	K_p									
	0.0	0.1	0.2	0.3	0.4	0.5	0.6	0.7	0.8	0.9
1	3.14	2.93	2.84	2.77	2.71	2.66	2.62	2.53	2.55	2.53
2	2.50	2.48	2.46	2.45	2.43	2.42	2.40	2.39	2.38	2.37
3	2.36	2.35	2.35	2.34	2.33	2.33	2.32	2.32	2.31	2.30
4	2.30	2.29	2.29	2.29	2.28	2.28	2.27	2.27	2.27	2.27
5	2.26	2.26	2.26	2.25	2.20	2.25	2.25	2.24	2.24	2.24
6	2.24	2.24	2.23	2.23	2.23	2.23	2.23	2.23	2.22	2.22

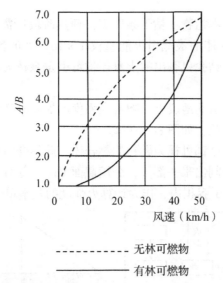

图 8-6　空旷地 10m 高风速与自由蔓延火场长短径比值的关系

8.4.2 林火强度和燃烧方程

林火强度是火行为的重要指标之一，它是指单位长度、单位时间内能量或热量的释放速度。自从美国的白兰(G. M. Byram)1954 年提出火线火强度的概念后，我国的王正非等人在 20 世纪 80 年代，为了解决火强度计算问题，提出了有效可燃物在森林燃烧过程中的数学模型即燃烧方程，使林火研究从定性走向定量。

(1) 森林燃烧的能量和最小引燃能量

森林燃烧的能量：森林燃烧是大量释放能量的过程。木材完全燃烧的化学方程

$$4C_6H_9O_4 + 25O_2 + [0.322MH_2O + 94.0N_2] \xrightarrow{燃烧} 18H_2O + 24CO_2 + [0.322MH_2O + 94.0N_2] + 4\,990\,000\text{Btu}$$

反应式中，M 为空气的含水量(%)；Btu 为英国热量单位，1Btu = 1 055J。

在燃烧过程中森林所贮存的太阳能转变成热能和光能释放出去，燃烧开始时需要外界输入引燃能量，燃烧一发生能量的释放随即发生，燃烧持续，不断释放能量。

可燃性气体最小引燃能量：森林可燃物被引燃所需能量包括两部分，一是使可燃物预

热达到燃点所需的能量 E_b；二是可燃性气体开始燃烧所需的最小能量 E_m。E_b 一般由实验求得，E_m 可据一些简化假设，通过计算得到。

$$E_m = a^2 \cdot \delta^3 \cdot \rho_0 \cdot C_p(T_1 - T_2) \tag{8-36}$$

式中　a——无量纲的倍增系数，从经验确定 $a \approx 40$；

　　　δ——可燃性气体开始燃烧时，可燃气层厚度；

　　　ρ_0——可燃气体的初始密度；

　　　C_p——可燃气体的平均比热；

　　　T_1——可燃气体的自燃温度；

　　　T_2——空气温度。

从计算结果看，野生草本植物在枯干条件下，预热阶段所需能量为 $1 \times 10W$ 的数量级（E_b）；分解出来的可燃性气体的最低引火能量仅 $1 \times 10^{-2}W$ 的数量级（E_m）。火柴、香烟头、内燃机喷出的重油渣、钻孔机蹦出的火量等均可引发森林火灾。

(2) 林火系统结构

火源落在林地上，首先引起地表火，随着火强度增加有时变成地下火，或发展为树冠火，作为一个稳定的动态系统，如图 8-7 所示。

为了研究方便，任何林型都可视为燃料的集合体，此集合体由模型化的密度各异的五层叠起。把这样的集合体切割出来一部分，令横截面 1m²、高 1m，恰好 1m³ 容积，将五层的有效可燃物压缩到这样 1m³ 容积内，作为计算火强度的基本单位，如图 8-8 所示。

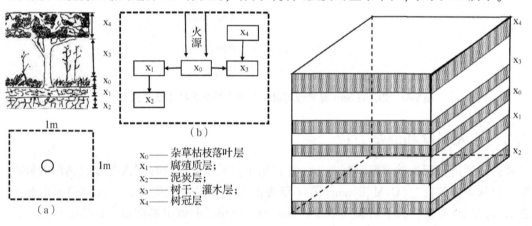

图 8-7　林火系统结构　　　　图 8-8　有效可燃物在 1cm³ 容积中的分布（模型化）

(3) 火强度

火强度一般定义为在林火前进方向上，单位时间内、单位面积上森林可燃物燃烧后释放的能量。国际通用单位为 kW/m^2 [相当于 $kJ/(m^2 \cdot s)$]。一般用白兰公式来表示：

$$I = H \cdot W \cdot R \tag{8-37}$$

1983 年，卡姆特尔修改为：

$$I = 0.007 H \cdot W \cdot R \tag{8-38}$$

式中　I——火线强度（KW/m）；

　　　H——可燃物低热值（热值）（J/g）；

W——有效可燃物重量(可燃物消耗量)(t/hm^2);

R——火向前蔓延速度(m/min)。

若 W 为单位容积的重量(kg/m^3),则 I 可成面强度(kW/m^2)。

(4)燃烧过程的数学模型

在森林燃烧中,定义有效可燃物 W 随时间的变率 $\dfrac{dW}{dt}$ 为燃烧率;燃烧率随时间的变率 $\dfrac{d^2W}{dt^2}$ 为燃烧加速度;$\dfrac{1}{R}\dfrac{d^2W}{dt^2}$ 为平均燃烧加速度。根据燃烧的物理原理,可认为燃烧率越大,火强度越大;燃烧加速度越大,火强度也越大。

如用 I_η 表示可燃物燃烧速度对火强度的贡献,用 I_σ 表示平均燃烧加速度对火强度的贡献,可认为:

$$I = I_\eta + I_\sigma \tag{8-39}$$

其中 I_η 和 I_σ 量纲相同,单位为 kW/m^2,它们分别与燃烧速度和平均燃烧加速度呈正比,故有:

$$I_\eta = \eta \cdot q \dfrac{dW}{dt}$$

$$I_\sigma = \sigma \cdot q \dfrac{1}{R}\dfrac{d^2W}{dt^2} \tag{8-40}$$

式中 η——燃烧率对火强度贡献系数(简称火强度的速度系数)(m^2);

σ——平均燃烧加速度对火强度的贡献系数(简称火强度—加速度系数)(m^2);

η,σ——正实数。

于是白兰公式变为:

$$qWR = \eta q \dfrac{dW}{dt} + \sigma \dfrac{q}{R}\dfrac{d^2W}{dt^2} \tag{8-41}$$

式(8-41)称为确定火强度的动力学基本方程,经整理可得:

$$W'' + \dfrac{\eta}{\sigma}RW' - \dfrac{R^2}{\sigma}W = 0 \tag{8-42}$$

式(8-42)为常系数二阶线性齐次微分方程,即燃烧方程,就是燃烧过程的数学模型方程。可见,有效可燃物 W 是 x、y、z、t 的函数。解出有效可燃物 W,便可换算出火强度 I。

式(8-42)的特征方程为:

$$r^2 + \dfrac{\eta}{\sigma}Rr - \dfrac{R^2}{\sigma} = 0 \tag{8-43}$$

且 $\left(R\dfrac{\eta}{\sigma}\right)^2 + \dfrac{4}{\sigma}R^2 > 0$。式(8-43)有两个不相等的实根,即

$$\left.\begin{array}{l} r_1 = \left[-\dfrac{\eta}{\sigma} + \sqrt{\left(\dfrac{\eta}{\sigma}\right)^2 + \dfrac{4}{\sigma}}\right]\cdot\dfrac{\pi}{2} \\[2mm] r_2 = -\left[\dfrac{\eta}{\sigma} + \sqrt{\left(\dfrac{\eta}{\sigma}\right)^2 + \dfrac{4}{\sigma}}\right]\cdot\dfrac{\pi}{2} \end{array}\right\} \tag{8-44}$$

于是式(8-44)的通解为：

$$W = C_1 e^{r_1 t} + C_2 e^{r_2 t} = \left(\frac{1.62RW_0 + V_0}{2.24R}\right)e^{0.62Rt} + \left(\frac{0.62RW_0 - V_0}{2.24R}\right)e^{-1.62Rt} \quad (8\text{-}45)$$

式(8-45)就是燃烧过程的数学模型，它可以算出有效可燃物，然后用于计算火强度。

注：式(8-45)推导

当 $t=0$，$W_{t=0} = W_0$（初始条件）。W_0 为刚开始燃烧时，单位体积内有效可燃物的质量。这时通解式为：

$$W_0 = C_1 e^{r_1 t} + C_2 e^{r_2 t} = C_1 + C_2 \quad (8\text{-}46)$$

当取 $\eta = 1 \text{m}^2$，$\sigma = 1 \text{m}^2$ 时，由式(8-44)可得：

$$\left.\begin{array}{l} r_1 = 0.62R \\ r_2 = -1.62R \end{array}\right\} \quad (8\text{-}47)$$

这时

$$W = C_1 e^{0.62Rt} + C_2 e^{-1.62Rt} \quad (8\text{-}48)$$

由式(8-46)可有：

$$C_1 = W_0 - C_2 \quad (8\text{-}48')$$

将 C_1 代入式(8-48)得：

$$W = (W_0 - C_2) e^{0.62Rt} + C_2 e^{-1.62Rt} \quad (8\text{-}49)$$

为了求出 C_2，将式(8-49)对 t 微分得：

$$\frac{dW}{dt} = 0.62RW_0 - 2.24RC_2 \quad (8\text{-}50)$$

由于 W 减少，火强度增加，令 $\left.\frac{dW}{dt}\right|_{t=0} = V_0$，即令初始时燃烧率为 V_0，代入式(8-50)解得 C_2，将 C_2 代入式(8-48')得：

$$\begin{array}{l} C_1 = (1.62RW_0 + V_0)/(2.24R) \\ C_2 = (0.62RW_0 - V_0)/(2.24R) \end{array} \quad (8\text{-}51)$$

由式(8-47)和式(8-51)便有式(8-45)。

8.4.3 林火强度的模拟计算

设燃烧速度为 V_0，则可以定义 V_0 为：

$$V_0 = dW/dt = (W_0 - W_f)/t \quad (8\text{-}52)$$

式中　W_0——未燃烧前可燃物数量(g/m^2)；

　　　W_f——燃烧 t 时间后未烧尽的剩余可燃物数量(g/m^2)；

　　　t——燃烧时间(min)。

式(8-52)是初期燃烧化学反应速度(g/min)，它可在室内试验中求得。在森林防火期 $V_0 > 0$；若 $V_0 \leqslant 0$，则为防火安全期。

由式(8-45)可见，若 W_0、V_0、R 为某一定值时，可求得 C_1、C_2 值，于是有效可燃物(被烧掉的可燃物)总量 W 便可求得。W 越大表示火强度越大。于是我们可以取 $R=1$、2、3、4、5 档；$V_0 = 500$、200、50(g/min)三档；W_0 取 0.5×10^3、1.0×10^3、…、$5 \times 10^3 (\text{g/m}^2)$，利用式(8-44)先算出 C_1、C_2，再取 $t=1\text{min}$，便可求出燃烧平衡状态下每分钟内可能燃掉的可燃物总量，即相当于各种不同蔓延速度下的 W 值，并将 W 换算为火强度 I，用功率表示。W 与 I 的换算公式为：

以干草为标准，其 $q = 4\,000\text{cal/g}$，热功当量为 4.18J/cal，燃烧时间为 1min，由千克化为克，则

$$I = 4\,000 \times 4.18W/(60 \times 1\,000) = 0.278\,6W \tag{8-53}$$

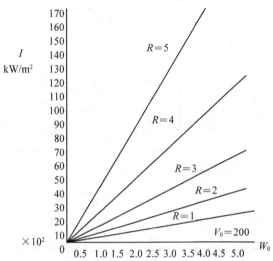

图 8-9 各蔓延速度下的火强度分布图

理论计算结果列于表 8-11。将 I 对 W_0 和 I 对 V_0 点绘于图上（图 8-9），可见下列关系：

①地表层（x_0）的可燃物数量 W_0 是主要参量，是制约火强度的主要因子，它的数量小一个数量级时，在同样蔓延速度下，其火强度约减弱 7~10 倍。

②火强度和蔓延速度呈指数增长，蔓延速度愈大，火强度越大，如 W_0 相等时，$R=5$ 的火强度要比 $R=1$ 时约大 10 倍。

③V_0 的大小对蔓延以后的火强度影响不大，如将 500、200、50 三条火强度线点在图上，几乎合一。其原因是当火着起来后，产生大量热量，对未燃可燃物充分预热，初始燃烧速度 V_0 已无影响，所以燃烧达到平衡时，蔓延速度制约火的强度。

8.4.4 地形对林火强度的反馈效应

式(8-42)是按典型林分结构，在平坦地上进行燃烧的数学模型。如果燃烧系统在 t 时刻受地形变化影响，将发生两种效应，当火沿坡向上（山顶）时，产生正效应，当火沿坡向下（山下）时，产生负效应。这时式(8-42)将变成常系数非齐次线性方程，其表达式为：

$$\left.\begin{array}{l}\text{上坡火}\ W'' + \dfrac{\eta}{\sigma}RW' + \dfrac{R^2}{\sigma}W = Be^t \\[4pt] \text{下坡火}\ W'' + \dfrac{\eta}{\sigma}RW' - \dfrac{R^2}{\sigma}W = Be^t\end{array}\right\} \tag{8-54}$$

式(8-54)通解为

$$W = C_1 e^{r_1 t} + C_2 e^{r_2 t} + Be^t \tag{8-55}$$

式中第 3 项取"+"为上坡火；取"-"为下坡火。其中 B 为

$$B = R(1 - \cos\psi)W_0/\cos\psi \tag{8-56}$$

式中 ψ——坡度角。

根据式(8-55)可编制平地、上山火、下山火强度表(表8-24)。

表 8-24(1) 平地、上山火、下山火强度(kW/m^2)

强度 I \ 地形 W_0	平地	$R = 1$							
		15°		30°		45°		60°	
		上	下	上	下	上	下	上	下
5×10^3	2 069	2 201	1 953	2 676	1 798	3 574	600	4 200	26
2×10^3	899	966	858	1 149	625	1 506	316	1 760	64
0.5×10^3	321	338	312	382	268	474	176	536	114

强度 I \ 地形 W_0	平地	$R = 3$							
		15°		30°		45°		60°	
		上	下	上	下	上	下	上	下
5×10^3	6 604	7 008	6 215	8 383	4 849	11 081	21 551	2 954	275
2×10^3	2 723	2 926	2 521	3 535	1 915	4 410	1 039	5 269	181
0.5×10^3	781	820	743	949	695	1 229	335	1 415	149

强度 I \ 地形 W_0	平地	$R = 1$							
		15°		30°		45°		60°	
		上	下	上	下	上	下	上	下
5×10^3	22 649	23 218	22 118	25 733	19 843	30 223	15 353	33 353	12 223
2×10^3	9 924	9 564	8 928	10 618	7 918	12 078	6 458	13 508	5 028
0.5×10^3	2 512	2 577	2 459	2 819	2 229	3 269	1 779	3 579	1 469

表 8-24(2) W 和 I 值(林火强度)

$W(g/m^2)$ $I(kW/m^2)$	V_0 (g/min)														
	500	200	50	500	200	50	500	200	50	500	200	50	500	200	50
	$R = 1$			$R = 2$			$R = 3$			$R = 4$			$R = 5$		
$W_0 (g/m^3)$ 5×10^3	7 426 2 069	7 152 1 994	7 916 1 955	12 959 3 612	12 724 3 546	12 605 3 513	23 704 6 606	23 421 6 527	23 280 6 488	43 647 12 164	43 441 12 107	43 249 12 053	81 267 22 649	80 688 22 482	80 379 22 402
4.5×10^3	6 730 1 876	6 457 1 800	6 320 1 761	11 701 3 261	11 466 3 196	11 350 3 163	21 385 5 960	21 096 5 879	20 955 8 540	39 523 11 015	39 129 10 905	38 926 10 849	73 232 20 410	72 632 20 243	72 344 20 162
4.0×10^3	6 032 1 681	5 759 1 605	5 622 1 567	10 443 2 910	10 212 2 846	10 093 2 813	19 060 5 312	48 777 5 233	18 629 5 192	35 213 9 814	34 807 9 701	34 604 9 644	65 218 18 176	64 618 18 009	64 308 17 923
3.5×10^3	5 334 1 487	5 063 1 411	4 926 1 073	9 188 2 561	8 953 2 495	8 835 2 462	16 741 4 666	16 452 4 585	16 310 4 546	30 892 8 610	30 597 8 528	30 294 8 443	57 182 15 937	56 583 15 770	56 294 15 589
3.0×10^3	4 638 1 293	4 365 1 217	4 228 1 178	7 930 2 210	7 695 2 145	7 580 2 113	14 416 4 018	14 165 3 937	13 985 3 898	26 569 7 405	26 174 7 295	25 962 7 236	49 147 13 597	48 570 13 536	48 259 13 450
2.5×10^3	3 940 1 098	3 667 1 022	3 530 984	6 675 1 860	6 441 1 795	6 322 1 762	12 090 3 669	11 807 3 291	11 695 3 249	22 257 6 203	21 852 6 090	21 661 6 037	41 100 11 455	40 501 11 288	40 245 11 216
2.0×10^3	3 244 899	2 971 828	2 835 790	5 417 1 510	5 183 1 445	5 067 1 412	9 771 2 723	9 482 2 643	9 340 2 603	17 934 4 998	17 541 4 889	14 338 4 832	33 097 9 224	32 427 9 037	32 209 8 977

(续)

$W(\text{g/m}^2)$ $I(\text{kW/m}^2)$	$V_0(\text{g/min})$													
	500	200	50	500	200	50	500	200	50	500	200	50	500	200	50
	$R=1$			$R=2$			$R=3$			$R=4$			$R=5$		
1.5×10^3	2 546 716	2 273 633	2 137 596	4 159 1 159	3 925 1 094	3 809 1 062	7 446 2 075	7 163 1 996	7 015 1 955	13 625 3 779	13 219 3 684	13 016 3 628	25 042 6 979	24 485 6 824	24 174 6 737
1.0×10^3	1 849 515	1 577 440	1 441 402	2 905 810	2 670 744	2 551 711	5 127 1 429	4 837 4 348	4 696 1 309	9 302 2 592	8 908 2 483	8 705 2 426	17 048 4 751	16 449 4 584	16 160 4 504
0.5×10^3	1 152 320	379 245	743 207	1 647 459	1 412 394	1 297 361	2 801 781	2 512 700	2 370 661	4 980 1 388	4 585 1 278	4 382 1 221	9 013 2 512	8 413 2 345	8 125 2 264

【例】在防火期收集林边和林内各 1m^2 的地表杂草枯枝落叶等可燃物，运回室内称重后在燃烧盘上点燃，再称重，记下燃烧时间。

设①林外经过 1.5min 烧出 1m 远，已测得林外风速 6m/s，坡度 $20°$，则林外干草丛燃烧蔓延速度为：

$$R = \frac{R_0 K_w K_s}{\cos\psi} = \frac{1}{1.5} \times 2.9 \times 1.5 \times \frac{1}{\cos 20°} = 3.1(\text{m/min})$$

又设，$W_0 = 5 \times 10^3 (\text{g/m}^3)$，$V_0 = 200\text{g/min}$，由 R、W_0、V_0 查表 8-24（2），得 $W = 23\,421$，$I = 6\,527$。这是在坡度 $20°$ 地段上干草丛的火强度 $I = 6\,527\text{kW/m}^2$。若要求该坡度的上山火或下山火强度，则可按式(8-54)、式(8-55)计算或查表 8-24。

$$B = R_{\Psi}(1 - \cos\psi)W_0/\cos\psi = 2.9(1 - 0.94) \times 5\,000/0.94 = 925.53$$

取 $t = 1\text{min}$

上山火：

$$W = C_1 e^{Rt} + C_2 e^{Rt} + Be^t = 23\,421 + 925.53 \times 2.78 = 25\,994$$

$$I_{\text{上}} = 0.278W = 7\,226(\text{kW/m}^2)$$

$$I_{\text{下}} = 0.223W = 5\,796(\text{kW/m}^2)$$

由表 8-25 确定火行为级别。

表8-25 火行为、可控性和火险等级

火险级	林分火险等级	W_0 (g/m^3)	火特性	火行为				可控性说明
				火强度 (kW/m^2)	火焰高度 (cm)	火线火强度 (kW/m)	火焰高度 (cm)	
一	初	500 以下	弱小	0~300	100	176	84	很多计划火烧在此范围内进行
二	中等	500~1 500		301~500	100	353	114	人工控制山火以此为上限
三	强	1 500~3 000	中	501~1 500	200	1 764	234	在此强度以上采用任何方法都有困难，直接控制希望很小
四	强烈	3 000~5 000	大	1 501~3 000	300	3 103	276	靠近火头 9m 以内，人要受伤，非常危险
五	强烈	5 000 以上	强	3 000 以上	300	3 528	324	在此强度以上，可能发生飞火、火旋风和树冠火等狂燃大火

②林内经过 2min 烧出 1m 远，林内风速等于林外的 $0.6(6 \times 0.6 = 3.6 \text{m/s})$，坡度相同则 $R = \frac{1}{2} \times 2.0 \times \frac{1}{0.94} = 1.1(\text{m/min})$

设 $W_0 = 3.5 \times 10^3 (\text{g/m}^3)$，$V_0 = 200(\text{g/min})$，查表 8-24(2)，$W = 5063$，$I = 1411$。

$B = R_{\Psi}(1 - \cos\psi)W_0/\cos\psi = 1.0(1 - 0.94) \times 3500/0.94 = 223.4$

$t = 1 \text{min}$：

$W = C_1 e^{Rt} + C_2 e^{Rt} \pm Be^t = 5063 \pm 223.4 \times 2.78 = 5063 \pm 621.0$

$I_{\pm} = 0.278W = 1580(\text{kW/m}^2)$

$I_{\mp} = 1235(\text{kW/m}^2)$。由表 8-25 确定火行为级别。

8.4.5 林火强度测定与预报

(1) 点烧前的准备

点烧前需完成火源调查，易燃地段调查以及标准地选择设置等项工作，其方法是调查访问，查阅资料，实地调查等。

(2) 野外取样与气象观测(表 8-26)

表 8-26 记录表格式

地名		集样地编号		年 月 日 时	
海拔高：	坡向、坡度：	植被类型或林型：	郁闭度：	可燃物类型：	
地表可燃物每平方米负荷量 W_0： g	燃烧残余量 W_E： g	可燃物配置 K_s：	风速更正 K_w：		
点燃开始 h min s	火头到达时间 h min s	经过时间 t_1：	熄灭时间 h min s	t：	
$R_0 = 1/t_1$	$R = R_0 \cdot K_s \cdot K_w \cdot K_f$	$V_0 = \frac{W_0 - W_E}{t}$	$R_0 =$ m/min	$R =$ m/min	$V_0 =$	危险火源 W_f
I_{Ψ}	$I_{\pm}$	$I_{\mp}$	$W = I \times 3.6 =$	火险级：	火行为级：	火烈度级：
气象记录					
地上 0.2m 干球温度： ℃	湿球温度： ℃	相对湿度： %	时间：		
地上 1.5m 干球温度： ℃	湿球温度： ℃	相对湿度： %	时间：		
地上 2m 风向：	平均风速： m/s	最大风速： m/s	时间：		
天气：	特殊天气现象：		过去 24h 降水量： mm		
理查逊数 $r = \frac{T_{0.2} - T_{1.5}}{(u_2)^2} =$ r 大于等于 0.06 不稳定	$r \leq -0.05$ 稳定 r 在 $-0.04 \sim 0.05$ 为中性		今日地表大气层结构		
明日天气预报： 天气 降水		最高温度： ℃	最低温度： ℃	风向：	风力： 级
本站预报火行为：$R_0 =$	$R =$	$V_0 =$	$I_{\Psi} =$	$I_{\pm} =$	$I_{\mp} =$
火险级		火行为级		火烈度	
备注：					

(3) 室内点烧

在特制的燃烧室内进行,事先应有燃烧盘。将采集的可燃物按野外收集时的状态,放置在燃烧盘上,并调好坡度。分平地点火和坡地点火两种,同时按表 8-26 要求记录。

(4) 统计计算与预报

据室内点烧记录的初始蔓延速度 R_0 和当时野外观测到的气象因子,如温度和风速(风级),作回归相关计算,建立多元回归方程,例如,由表 8-27 资料最后可建立二元回归方程为:

$$R_0 = 0.026T + 0.069V - 0.111$$

式中 T——气温(℃);

  V——风力级。

根据建立的经验方程,可预先根据天气预报或气象要素预报计算出 R_0 值,进而再计算 R 值。

表 8-27 气温、风力与 R 的复相关及回归运算

日	x ℃	Y 级	Z R_0	(1) $x-\bar{x}$	(2) $y-\bar{y}$	(3) $z-\bar{z}$	$(1)^2$	$(2)^2$	$(3)^2$	$(1)\times(2)$	$(1)\times(3)$	$(2)\times(3)$
6	8	1	0.12	-8.8	-1.6	-0.385	77.44	2.56	0.148	14.08	3.388	0.616
7	12	2	0.21	-4.8	-0.6	-0.295	23.04	0.36	1.416	2.88	1.416	0.177
8	15	3	0.42	-1.8	-0.4	-0.085	3.24	0.16	0.153	-0.72	0.153	-0.034
9	18	2	0.30	1.2	-0.6	-0.205	1.44	0.36	-0.246	-0.72	-0.246	0.123
10	22	4	0.68	5.2	1.4	0.175	27.04	1.96	0.910	7.28	0.910	0.245
11	25	3	0.72	8.2	0.4	0.215	67.24	0.16	1.763	3.28	1.763	0.086
12	21	5	0.78	4.2	2.4	0.275	17.64	5.76	1.155	10.08	1.155	0.660
13	19	1	0.60	2.2	-1.6	0.095	4.84	2.56	0.209	-3.52	0.209	-0.150
14	15	8	0.64	-1.8	0.4	0.135	3.24	0.16	-0.243	-0.72	-0.243	0.054
15	13	2	0.58	-3.8	-0.6	0.075	14.44	0.36	-0.285	2.28	-0.285	-0.045
计	168	26	5.05	0.0	0.0	230.0	239.60	14.40	8.220	34.20	8.220	1.830
均	16.8	2.6	0.505	0.0	0.0	0.0						

计算出 R_0 值,进而再计算 R 值。

8.4.6 林火烈度

火烈度是一场森林火灾之后,衡量森林本身被烧毁的程度、幼树死亡的数量以及生态系统的演变情况等的一种指标。它是从地震学引来的新概念。

若以森林燃烧时林木蓄积量的变化来表征森林燃烧的猛烈程度,则可以燃烧前后林木蓄积量的相对变化来定义火烈度,即

$$火烈度 = \Delta E_b / E_{b0} = [E_{b0} - E_b(t)] / E_{b0} \tag{8-57}$$

式中 E_{b0}——火烧前的森林蓄积量;

  $E_b(t)$——火烧 t 时刻的森林蓄积量;

  ΔE_b——代表火烧经过 Δt 后,林木蓄积损失量。

经验表明：

当 $\Delta E_b/E_b < 0.2$ 时，为轻度林火；

当 $\Delta E_b/E_b$ 在 $0.2 \sim 4.0$ 时，为中等林火；

当 $\Delta E_b/E_b \geq 0.5$ 时，为大火。

为从整体上区分各种情况，引入火烈度指标 S：

当 $0 \leq \Delta E_b/E_b \leq 0.05$ 时，$S=0$，单位容积烧掉可燃物 $0 \sim 3.0 \text{kg/m}^3$；

当 $0.05 < \Delta E_b/E_b \leq 0.2$ 时，$S=1$，单位容积烧掉可燃物 $4 \sim 8.0 \text{kg/m}^3$；

当 $0.2 < \Delta E_b/E_b \leq 0.4$ 时，$S=2$，单位容积烧掉可燃物 $10 \sim 20.0 \text{kg/m}^3$；

当 $0.4 < \Delta E_b/E_b \leq 0.8$ 时，$S=3$，单位容积烧掉可燃物 $40 \sim 80.0 \text{kg/m}^3$；

当 $0.8 < \Delta E_b/E_b \leq 1.0$ 时，$S=4$，单位容积烧掉可燃物大于 80.0kg/m^3。

实际计算时，火烈度指标 S 用下式

$$S = (W - W_0)/C \times 100\% \tag{8-58}$$

式中　W——最大有效可燃物重量；

　　　W_0——火烧后样方可燃物重量；

　　　C——立木蓄积量。

实际上 $W = W_立 + W_{烧前}$；$W_0 = W_立 + W_{烧后}$。可见式(8-57)中分子项实际上是未烧林地样地可燃物(地表层)重量与过火林地样地可燃物剩余量之差。

为了计算方便，$C(\text{m}^3/\text{hm}^2)$ 化为重量单位 (kg/m^3)，已知立木平均比重为 $0.7(\text{kg/m}^3)$，于是 $C = 0.07V$ (V 为蓄积)。由此可有

$$S = (W - W_0)/(0.07V) \times 100(\%) \tag{8-59}$$

【例】某火烧迹地，蓄积量为 $80(\text{m}^3/\text{hm}^2)$，$W = 0.7(\text{kg/mg})$，$W_0 = 0.5(\text{kg/m}^3)$，求火烈度。

解：$S = (W - W_0)/(0.07 \times V)$

$= (0.7 - 0.5)/(0.07 \times 80) = 0.2/5.6 = 0.036$

$= 3.6\%$。

对兴安落叶松林，有下列经验式：

$$P = 0.103 \times 10 - 3I/\sqrt{R} \times 100\%$$

式中　P——火烈度；

　　　I——火强度；

　　　R——火蔓延速度。

火烈度的另一种定义是林木株数死亡率，即

$$P = [(n_0 - n)/n_0] \times 100\%$$

式中　n_0——烧前林木株数；

　　　n——烧后株数。

Ⅰ等：林木死亡损失 $1\% \sim 5\%$

Ⅱ等：林木死亡损失 $6\% \sim 20\%$

Ⅲ等：林木死亡损失 $21\% \sim 40\%$

Ⅳ等：林木死亡损失 $41\% \sim 80\%$

V 等：林木死亡损失 80%~100%

8.5 森林火险等级系统

8.5.1 我国森林火险等级

《森林防火条例》于1988年经国务院制定发布，2008年11月19日经国务院第36次常务会议重新修订通过，根据新修订后的《森林防火条例》第四十条：按照受害森林面积和伤亡人数，森林火灾分为一般森林火灾、较大森林火灾、重大森林火灾和特别重大森林火灾：

（1）一般森林火灾

受害森林面积在1hm^{2}以下或者其他林地起火的，或者死亡1人以上3人以下的，或者重伤1人以上10人以下的；

（2）较大森林火灾

受害森林面积在1 hm^{2}以上100 hm^{2}以下的，或者死亡3人以上10人以下的，或者重伤10人以上50人以下的；

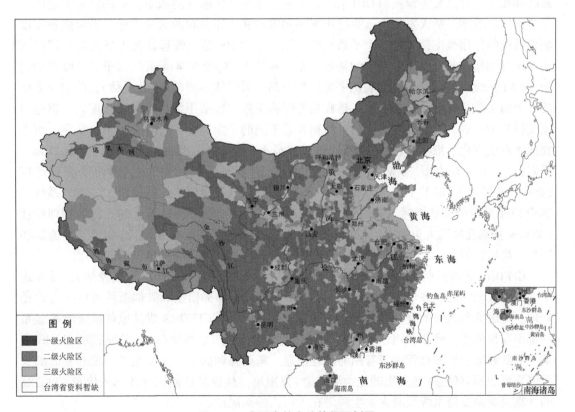

图 8-10　全国森林火险等级区划图

(3) 重大森林火灾

受害森林面积在 100 hm² 以上 1 000 hm² 以下的，或者死亡 10 人以上 30 人以下的，或者重伤 50 人以上 100 人以下的；

(4) 特别重大森林火灾

受害森林面积在 1 000 hm² 以上的，或者死亡 30 人以上的，或者重伤 100 人以上的。"以上"包括本数，"以下"不包括本数。

8.5.2 世界火险等级系统

7.5.2.1 加拿大森林火险等级系统

加拿大森林火险等级系统(CFFDRS)是当前世界上发展最完善、应用最广泛的系统之一。其他一些国家或地区采用该系统的模块和研究思想，形成了自己的火险等级系统，最成功的例子是新西兰、斐济、墨西哥、美国的阿拉斯加和佛罗里达以及东南亚国家。最近，克罗地亚、俄罗斯、智利和美国密歇根州也对该系统的应用进行了评估。一套可定制的系统组分使 CFFDRS 成为世界上唯一能适应从局部到全球任何尺度的系统。当前的加拿大火险等级系统是加拿大联邦林务局自 1968 年开始开发的，但最初的研究可以追溯到 19 世纪 20 年代。CFFDRS 的 2 个主要子系统——加拿大林火天气指数(FWI)系统和加拿大林火行为预报(FBP)系统已经在全国正式运行很多年了；另外 2 个子系统，可燃物湿度辅助系统和加拿大林火发生预报(FOP)系统，虽然存在各种区域性的版本，但还没有发展成一个全国性的版本。林火发生预报系统用来预测雷击和人为引起的火灾数量，而可燃物湿度辅助系统的作用是支持其他 3 个子系统的应用。CFFDRS 是火管理系统人员或野火研究人员制定行动指南或开发其他系统的基石。基于对每天 13:00 时 4 个天气因子的连续观测记录，FWI 系统的输出指标包括表示平坦地形上某一可燃物类型(如成熟松林)火险多个方面的 6 个相关数字等级。前 3 个输出指标是可燃物指数，包括用细小可燃物湿度码，腐殖质温度码和干旱码。不同类别的森林可燃物有着不同的干燥速度，随着每日天气变化，可燃物湿度发生变化。细小可燃物湿度码(FFMC)最高值是 101，而腐殖质湿度码(DMC)和干旱码(DC)则没有上限。FWI 系统的后 3 个输出因子是火行为指标，即初始蔓延速度(ISI)、累积指数(BUI)和火天气指数(FWI)。当火天气严重时，这些值增大。FBP 系统是基于 FWI 系统的某些指标，提供对 16 种基准可燃物类型在不同地形上的火行为物理特性(如火头蔓延速度或火头强度)的数量估计。对于火场面积(面积和周长)和形状、侧翼和尾部火烧特征的估计采用的是由单一点源引起的自由燃烧简单椭圆增长模型。

CFFDRS 是根据点状天气观测结果预测火发生和火行为(如一个林火气象站)。该系统不考虑各气象站之间各气象要素的空间变化。CFFDRS 外部模型和其他系统可以进行内插处理。可燃物和地形的空间变化是一个火管理信息难题，CFFDRS 或其他任何火险等级系统都不容易处理，除非利用计算机技术把该系统与地理信息系统(GIS)关联，利用 GIS 存储、更新和显示对林火管理者有用的地理信息。需要强调的是，获得足够精确和及时的火天气观测和预测信息(最突出的是预测风速)很困难，这也是任何完全或部分依赖 CFFDRS 的计算机决策支持系统预测火发生和潜在火行为的局限性。

CFFDRS 在设计和结构上有一些固有的局限，它很难满足火和生态系统管理要求的系统设计中更多的可燃物类型的需要。在 FBP 系统的发展过程中，开展了大量的工作来校正这一基于物理的火行为模型，通过试验火烧来建立新的预测树冠火发生和蔓延的模型。当前该系统还在不断地得到改善，使它成为世界上一个通用的系统。

8.5.2.2　美国火险等级系统

　　1972 年，美国开始使用国家火险等级系统(NFDRS)。1978 和 1988 年分别对早期的系统进行了修改。当前的系统是基于燃烧原理和实验室试验发展的物理模型。模型采用的常数和参数反映了各种可燃物、天气、地形和危险条件之间的关系。用于计算火险等级指数和组分的数据来自 2 种形式。第 1 种是每日观测的天气指标，第 2 种是用户设置的用于控制和实际计算的参数，例如，草本植被状态、季节代码和绿度因子等。天气数据是当地标准时间 13:00 的观测数据，包括干球温度、相对湿度、露点、风速、风向、天气状况和太阳辐射、气温和相对湿度的最高值与最低值、降水量、降水持续时间和可燃物湿度状况(细小可燃物是否有水附着或饱和)。NFDRS 产生输出因子的计算方程是简单模型。系统用户需要定期输入某些条件和观测因子，才能使模型输出结果更好地反映当地条件和火险状况。NFDRS 参数包括草本植被状态、灌木类型代码、可燃物指数和断点显示类别、测定的木质可燃物湿度、季节代码和绿度因子和初始 Keetch-Byram 干旱指数(KBDI)。

　　20 世纪 90 年代以来，开始采用每 2 周(以后是每周)1km 分辨率的卫星图像(由 AVHRR 得到的 NDVI 数据)，利用"可视绿度"和"相对绿度"指标来估计活植被的状态。当前，有 3 种不同类型的系统来产生 NFDRS 的输出结果，它们是天气信息管理系统(WIMS)、Fire Weather Plus and Weather Pro 和 Fire Family Plus。远程自动气象站(RAWS)把每小时的天气数据不断地传送和存储到 WIMS。野火管理人员可以通过计算机网络系统获得 NFDRS 信息。网站展示每日的美国大陆相关火险图，包括火险等级(基于地方站管理人员输入到 NFDRS)、死可燃物和活可燃物湿度、干旱指数、Haines 指数和 Burgan 潜在火指数。还可以得到每周和存档的可视绿度和相对绿度卫星图像以及距平值。NFDRS 的计算结果有 2 种输出形式，分别是中间输出因子和观测实际火险的指数与组分，中间输出因子作为计算下一日指标的"基石"，这些中间输出因子包括草本可燃物湿度、木质可燃物湿度和死可燃物湿度。指数和组分包括点燃组分、蔓延组分、释放能量组分、燃烧指数和 KBDI。Wanger 曾对加拿大和美国的森林火险等级系统做了系统比较，认为美国的系统对稀疏有草本层的森林或很少或没有腐殖质层的灌木类型预测结果更好。

8.5.2.3　澳大利亚的森林火险等级系统

　　McArthur 根据对水平地形上具有少量可燃物的标准干旱森林火蔓延速度预测在不同天气条件下的扑火困难程度，发展了一个森林火险等级系统。自 20 世纪 50 年代后期，这一火险等级系统就作为标准森林火险等级系统在澳大利亚东部得到应用。该系统在随后的 10 多年得到发展和完善，输入因子包括长期干旱指数、最近的降雨、温度、相对湿度和风速。1967 年，McArthur 森林火险尺(FFDM)作为 Mk4FFDM 第 1 次用于实际工作中。在 1973 年，改进的 FFDM 出现。自此以后，FFDM 被广泛接受并用于澳大利亚所有的乡村消防局(除了 WA)和气象局。这一火险尺是为通用的预报目标而设计的，预测细小可燃物载量 12.5 t/hm^2、水平或稍有起伏地形上的高大桉树林未来一段时间的火烧行为。

　　McArthur 为草地火发展了一个单独的火险等级系统(GFDM)。综合考虑大气温度、相对湿度、风速和影响干旱的长期和短期因子，GFDM 给出一个有关火发生、火蔓延速度、火烧强度和扑救困难的火险指数。McArthur 森林火险等级系统包括 4 个子模型，分别是有效细小可燃物模型（干旱因子）、地表细小可燃物湿度估计模型、火蔓延模型和"扑救困难"模型。该系统认为，地表细小可燃物含水率和风速是影响稀疏桉树林火蔓延的 2 个最重要因子，可用火蔓延速度和细小可燃物湿度的关系来估计扑救困难程度。

自从火险等级系统在 20 世纪 50 年代和 60 年代出现以来，澳大利亚的火行为预测技术发展相对较慢。在澳大利亚，McArthur 对坡度与火蔓延规律的描述和诺模图、表格和图形一同被用来预测野火的蔓延。当前，CSIRO 的林火行为和管理研究组已经研制出了 Siro-Fire 计算机辅助决策系统，用来帮助扑火人员预测一定天气条件下的火蔓延。它是根据 McArthur 森林和草地火险尺与新的 CSIRO 草地火险尺发展起来的。根据扑火人员输入的可燃物和天气信息，采用火险尺的算法估计可能的火行为特征。SiroFire 使用的信息包括温度、相对湿度、风速和风向、可燃物载量及其条件、草成熟度、坡度和选择的火蔓延模型来预测野火蔓延和绘制火场边界图。McArthur 森林火险尺的优势是简单易用。计算机预测系统的缺点在于，采用经验模型预测的结果只能对基础数据范围内的预测结果有效，这是因为只能获得有限的大火数据用于建立模型，并且建立气象因子观测数据和可燃物与火行为参数之间的关系模型的前提假设也不完善。Cheney 对火险等级系统做了评论，认为它仍然是一个有效和有用的火险等级系统，但是它对火行为的预测不能覆盖澳大利亚东部和南部的可燃物类型、天气和地形条件。

8.5.2.4 其他森林火险等级系统

其他一些国家根据上述 3 个系统发展了自己的火险等级系统。例如，新西兰采用了加拿大森林火险等级系统，并做了一些小的修改以满足新西兰的地理情况。1999—2003 年间，加拿大林务局与东南亚国家共同完成了东南亚森林火险系统研究项目。CFFDRS 技术被用于该区域的火险等级系统中。欧洲使用的一个火险等级系统也来源于 CFFDRS 和 NFDRS。1997 年，欧洲委员会的一个联合研究中心（JRC），制定了欧洲尺度上的森林火险评估方法，根据天气数据，计算各种林火指标，如 BEHAVE 细小可燃物湿度、加拿大火天气指数（FWI）、葡萄牙指数、西班牙语 ICONA 方法———点燃概率、Sol 火险指数和意大利火险指数。当前，JRC 通过欧洲森林火险预报系统（EFFRFS）提供高火险期内 1，2，3 天的火险预测（http：//natural-hazards.jrc.it/fires）。

【本章小结】

本章主要讲述了林火预测预报的种类、火险天气的预报、林火发生预报、林火行为预报、森林火险等级系统，为全书重要的一章。其中在林火发生预报的一节中，介绍了国外比较流行的火模型软件，可以对林火的发生进行预报。通过对本章的学习，学生可以对林火预测预报有更加深刻的了解。

【思 考 题】

1. 简述森林火险预报的种类。
2. 什么是火险天气？火险天气等级是怎样划分的？
3. 简述林火发生预报的方法。
4. 简述林火行为预报的方法。
5. 简述森林火险等级系统。

【推荐阅读书目】

1. 林火气象与预测预警．赵凤君，舒立福主编．中国林业出版社，2014.
2. 森林草原火灾扑救安全学．赵凤君，舒立福主编．中国林业出版社，2015.
3. 林火生态与管理．胡海清主编．中国林业出版社，2005.

第 9 章

林火预防

【本章提要】 结合我国政策法规，从预防工作和预防技术措施两个方面学习。森林火灾都有其客观的规律性，掌握这些规律，并采取各种有效措施和手段，就能做到防患于未然，真正贯彻执行"预防为主，积极消灭"的森林防火方针。

9.1 林火预防管理措施

2016 年 5 月，加拿大艾伯塔省发生森林大火，火灾地点位于高纬度寒温带针叶林区，各方面因素与我国 1987 年大兴安岭状况相似，这场大火持续时间长、蔓延面积大、损失严重，导致 10 万多人流离失所，政府启动全国救灾机制，成为加拿大史上最严重自然灾害。

王海忠认为加拿大此次林火发生初期，火势平稳。之后受强风影响，火势蔓延失控。加拿大林业和防火工作一直位列世界前端，但是天气因素给林火的发生带来突发性，加之政府应急能力不足、无法形成有效的地空配合、城市规划建设存在隐患、林火管理策略存在风险等问题，都是导致这次森林火灾造成严重损失的原因。

加拿大森林大火给我国防火提供诸多启示。林火监测时必须注意各项因素的动态变化，重点观察影响因子的异常变化；加强和坚持地方行政首长负责制，依法治理，让森林防火工作落到实处；更新和引进新的灭火设备，增加航空消防飞机和灭火装备，提升应对突发森林大火的能力，灭火着眼扑灭大火、避免小火酿成大火；落实《国家森林火灾应急预案》，加强森林防火、扑火的专业力量建设，提升森林火灾应急处理能力。加强预防森林火灾的安全教育，增加宣传内容和力度，做到全民防火、全民安全用火，积极做好预防工作，主要包括以下五点：

1) 全面了解和掌握火源

做好火灾的预防工作，是防火的先决条件。做好火灾的预防工作，就是做好火源的控制工作。引起火灾的三个条件中，火源是引起火灾的决定性因素，只有可燃物和氧气而没有火种一般是不会起火的。因此，只有严格控制好火源，才能防患于未然。火源绝大部分是人为火造成的，所以，做好人的工作，全面了解和掌握火源，是做好预防工作的根本所在。

在全面了解和掌握火源的基本情况后，就要找出当地经常发生而且危害又最大的火源，从而加以重点预防。大量的火源是由于人们生产、生活用火不慎造成的。如国铁、森铁机车、汽车、拖拉机喷火、漏火、中途清炉、扔煤面；烧荒开垦、烧秸秆、烧地格子、烧窑、烧炭、烧防火线、打鱼、狩猎、野外烧火、做饭、烤干粮、烧松塔；野外吸烟、小孩玩火等引起森林火灾最多。

全面了解和掌握火源，还包括不断摸索和掌握火灾发生的规律。火灾的规律一般是：

第一，人烟活动多的地方，火源多，山火发生的次数多，但一般造成大火灾的次数不多。

第二，火灾发生有其季节性和时间性，随季节和气候条件而变。我国地域广阔，气候差异大，各地的防火季也不相同。一般北方地区春、秋两季为森林防火期。一个省由于气候的差异，各地防火期的长短和林火发生的高峰季节也不一样。因此，必须了解所在地区一年内火灾的变化规律，找出预防火灾的关键时期，关键季节。

第三，一天内不同时间，火灾发生的频率也不一样，因此，要找出一天内火灾最危险的时间。一般白天多，夜间少，中午前后最危险。

第四，在同一天气条件下，不同的森林地段其火灾危险性也不同，易燃林分危险性最大。因此，要确定被保护的辖区内，哪些林地是火灾危险性最大的，哪些是中等，哪些是较小的。

结合本地区火源状况，制作火源分布图是十分必要的。

2) 做好宣传教育，实现依法治林

开展各种形式的教育是预防森林火灾的一项有效措施，也是一项很重要的群众防火工作。通过各种形式的宣传教育活动，可以提高广大职工群众的思想觉悟，增强遵纪守法、爱林护林的自觉性。

(1) 有针对性地做好宣传教育工作

森林防火是一项社会性、群众性很强的工作，它联系着千家万户，涉及林区每一个人。只有因地制宜，针对当地实际，开展各种形式的宣传教育，才能够使林区广大群众养成护林防火的自觉性，造成护林光荣、毁林可耻的风尚。

宣传教育的目的，最重要的是，使入山者具有爱林护林的责任感，自觉做好护林防火工作；做到上山不带火，野外不吸烟，一旦发生火情，立即扑救，实在势单力薄无法扑灭要马上报告；任何犹疑恐惧，动作迟缓或逃避现场的行为，都是犯罪的行为，见火不救则要受到应有惩处。因此，防火宣传必须要有针对性。

有针对性的防火宣传能收到显著效果。如美国很早就重视护林防火宣传教育工作，美国林务局以虚拟人物斯莫基熊(Smoke Bear)作为防止森林火灾的象征，是美国家喻户晓的形象(图 9-1)。

为了唤起民众对森林防火的重视,美国开展了全国性的"斯摩基熊运动",它以一次森林大火烧毁了森林和动物,而只幸存了一只被山火烧伤的熊为象征,把这只熊表彰为护林防火的"模范"化身,广泛开展了护林防火的宣传活动,并把字印成宣传画,配以文字"麻痹大意,招致火灾""护林防火,人人有责",到处悬挂张贴。由于开展了这一宣传活动,有效地防止了森林火灾的发生。有人估计,这个运动使美国避免了一、二百亿元的森林火灾损失。

林区设置防火彩色标语牌,对于预防森林火灾有重要宣传和提示作用。标语牌要设立在入山要道口,来往行人较多的地方。如公路道口,汽车站,森铁候车室,林业局、林场附近,以及林区村屯附近最引人注目的地方。彩色标语牌制作要讲究艺术,色调要鲜明,图案生动活泼,绘制清晰。设置标语牌要慎重、认真,否则会降低宣传效果。

防火标语或宣传单是普及防火知识宣传的一种重要形式。要求文字要简明易懂,内容力求丰富多彩,防止老生常谈,年年一样。

宣传形式要多样化。除了设置标语牌、标语板、宣传栏等永久性设施外。还可利用各种形式重点宣传。如召开职工大会,林区农民、居民家属大会,编印宣传提纲、小册子、传单、标语等;放映

图 9-1　美国防火吉祥物斯基摩熊
(smokey bear)

图 9-2　中国防火吉祥物"虎威威"

防火电影、电视、幻灯等;电台、报社、广播站进行广播宣传、板报宣传、组织防火宣传车、宣传队、文艺晚会等。此外,也可召开广播誓师大会,组织防火游行、飞机空投宣传等;或开展宣传防火月活动,戒烟活动等。总之宣传要做到"三个结合"。即:宣传声势和实效结合,普遍教育和重点教育结合,正面教育和法制教育结合。我国的防火吉祥物为"虎威威"(图 9-2),全名为"防火虎威威",与保卫的"卫"字谐音,与 2007 年 4 月 4 日成功当选中国森林防火吉祥物。卡通形象容易被小孩接受,更好传输防火意识。

(2)贯彻《森林法》,实施《森林防火条例》,依法治林

森林法是森林的根本大法,是做好森林防火工作的切实保证。森林法规定"保护森林,是公民应尽的义务"。1988 年初国务院公布的《森林防火条例》是对《森林法》的补充和完善,是专对森林防火立的法规。因此,要认真宣传、坚决执行,依靠国家林业大法的威力,以法治林,做好工作。

目前世界许多国家都重视以法治林。加拿大、美国、俄罗斯、日本、朝鲜、罗马尼亚、奥地利等国家都有森林法。不管国有林,还是私有林都受到森林法的保护,凡破坏森林都要受到严厉惩处。我们已经有了自己的森林法,今后一定强化法制观念,严格执法,

在防火期违反防火规定、肆意弄火者，都要进行管制，造成违法的失火犯，要严肃处理，不能马虎从事。只有严明法纪，以法治林，才能有效地控制人为火的发生。

(3) 建立各种防火责任制

为了防止森林火灾的发生，各地建立了行之有效的责任制。现介绍如下。

① 三种负责制和首长负责制　为了加强森林防火工作，提高森林防火的积极性和责任感，有的地方建立了行政领导负责制、单位系统负责制、分片分段负责制，简称三种负责制。吉林省多年来建立了一整套负责制，即实行省长、市长、州长、专员、县长、乡长（镇长）、村主任负责制，以及各方面行政领导责任制。凡是三种负责制度和首长负责贯彻实行的地方，森林防火工作就搞得好。吉林省1987年秋季防火期，由于严格实行首长负责制，全省仅发生一次荒火。

② 入山管理制度　森林防火期为防止森林火灾、保障森林安全、制止乱砍滥伐、保护稀有和珍贵动植物资源，规定或建立了入山管理制度。在入山要道口设岗盘查，对入山人员严加管理，凡没有入山证明者禁止入山。对于从事营林、采伐的林区工人以及正常入山搞副业生产的人员，凭入山证进山，但要向他们宣传并遵守防火制度，不得随意弄火。

③ 控制火源制度　进入森林防火期，要认真执行用火制度。吉林省在1966年就提出了野外生产用火管理办法，要求必须做到"七不用火"，即"七不烧"。

林区居民点、作业点、机库、油库四周均需打设防火线。

防火期驶入林区的一切机动车一律要有防火安全装置。国铁、森铁两侧要搭设宽30~50m以上的防火线。列车要在指定地点清炉。旅客不要向车厢外扔烟头、火柴棍。有的地方还规定5级风以上天气不得生火做饭，以防火灾发生。

④ 巡护瞭望制度　在防火期内，为了及时发现森林火情，要指定专人负责巡逻瞭望观察，加强值班值宿工作。瞭望台主要昼夜值班，不停地瞭望视区内的火情。一旦发现森林火情要迅速及时报告防火指挥部。铁路、森铁沿线、易燃林地等地段以及其他关键要害地段，要有专人检查巡护，发现火情迅速报告，积极扑灭。

⑤ 联防制度　在防火期内，凡省与省、县与县、乡（镇）与乡（镇）及林业部门（局、场）之间森林毗邻地段，要建立联防制度，定期召开联防会议，制定联防公约，商定联防工作中的有关问题，有火情互相报告，相互支援扑火。以消灭"三不管"的火灾死区。

⑥ 请示报告制度　防火期各级森林防火指挥部都要昼夜值班，有火情及时请示报告。火灾扑灭了也要请示报告。属于联防地区的，有火灾还要报告联防友邻，将准确情况及时报告上级，有利于指挥及时扑救火灾。

⑦ 奖惩制度　《森林法》《森林防火条例》明确规定，森林防火有功者奖，毁林者罚，纵火者惩。凡认真贯彻森林防火方针、政策，防火、灭火有功的单位和个人给予精神和物资奖励。对于违反森林防火规定，肆意弄火者要分别情节轻重给予批评教育或依法惩处。

3) 严格控制火源，消除火灾隐患

(1) 生产用火

在野外和林内进行的生产用火，是发生山火的主要火源。控制措施，一是认真执行各地规定的野外用火制度。二是严格执行吉林省规定为"七不烧"的用火规定，即：① 不经县一级防火指挥部批准不烧；② 领导不在现场和没有设专人负责不烧；③ 没打好50m宽以上的防火线不烧；④没有组织好扑火人员和准备好工具不烧；⑤超过三级风的天气不烧；⑥没通知毗邻单位不烧。此外，必须有一定人力坚守现场，彻底熄灭余火，以防跑火成灾。

（2）生活用火和野外吸烟

在野外烧水做饭烤干粮等生活用火和野外吸烟是人为火的主要火源。为了减少或避免此类火源的发生，必须严格执行吉林省规定的"五个一律"，五个一律的内容是：

第一，在野外吸烟的，非公职人员一律从重经济处罚或拘留；第二，公职人员一律开除公职；第三，在场不加制止的领导干部一律撤职；第四，野外吸烟引起森林火灾的一律法办；第五，凡不经批准在野外弄火者一律拘审严处。一定要坚持在法律、纪律面前人人平等，无论是什么人违反都要严惩。不搞下不为例，凡是说情、袒护不办者一律同罚。

（3）机械火源

国铁、森铁机车，拖拉机、汽车喷火、漏火的火源在森林火灾中占有较大比重。控制这种火源的办法可采用下述：

①加强对机务、乘务人员的防火教育，增强防火工作的责任感；

②设置防火装备，安装切实有效的火星网、防火罩，关严灰门挡板；

③严格规章制度，即：指定清炉地点，不准途中清炉、扔煤面；机车运行途中司机、车长要前望后顾；机车出入库要严格检修防火装置，防火设备不合格的车不准出库运行；没有防火装置的车轮，检查站不准放行。

④国铁、森铁沿线坡度较大的地段，在火灾危险期间行车时，要随时刹闸停车，严防灼热闸瓦脱落；并指定人员，昼夜巡护监视；巡道员、养路工要加强检查瞭望，发现火情报告扑救。

（4）迷信火源

上坟烧纸、烧香等迷信用火引起的山火在各地都为数不少。为了减少这种火源，要有严格的控制措施：如在清明节前组织宣传队、出动宣传车，进行宣传教育，批判封建迷信思想；在通往坟地的道口增设临时岗卡；坟地附近设置流动哨等，都是控制迷信火源的有效措施。

（5）雷击火和泥炭火的预防措施

①雷击火的预防措施　预防雷击火是一项艰巨的任务，是一个世界性的难题。目前只能属于实验性的做法，无法在实际中使用。

大兴安岭林区是雷击火多发区，往往是干打雷不下雨，常常雷暴过后引起森林大火。对这种雷击火的预防方法，最好是望天观火，加强对雷电的观察，做到及早发现、及时扑救。大兴安岭雷击火主要发生在塔河、呼中、阿木尔、古莲林区。分布规律是：4月占4%，5月占11%，6月占83%，7月占2%，5、6月最多。一天的变化看，午前占18%，中午占36.5%，午后占46.5%，早晚基本不发生雷击火。预防办法：一方面要充分利用瞭望台瞭望，及时发现，并且气象部门加强雷暴观测预报；另一方面可采用小型飞机（直升机）巡护，一旦发现，立即空降扑火队员，将火扑灭。

②泥炭火的预防措施　泥炭燃烧可以导致发生森林火灾，例如，1976年秋小兴安岭友好林业局发生过泥炭火。烟从地面裂缝处冒出，这种火在地下泥炭层中缓缓燃烧，曲曲弯

弯向四周发展，这种火称为地下火。该类火较难以扑灭，可采取挖隔离沟的办法，沟深要超过泥炭层，直至土壤矿物层或地下水以下 20cm。

国家林业局于 2014 年 8 月 21 日发布公告，批准公布了 183 项林业行业标准，其中包括全国森林消防标准化技术委员会归口管理的两项标准，分别为《森林火灾隐患评价标准》和《森林消防专业队伍建设和管理规范》，自 2014 年 12 月 1 日起实施。

4) 建立各级森林防火组织

(1) 建立专业护林组织

它的主要任务是：

①宣传贯彻森林法和森林防火政策、法令，发动和组织群众爱林护林，依靠群众实现无森林火灾、无乱砍滥伐、无毁林开荒、无毁林搞副业、无牲畜毁坏幼林、无毁坏四旁树木、无违章狩猎(俗称"七无")。

②经常巡察森林，做好入山管理和林区治安工作，随时清出非法入山人员和狩猎无证的盗猎人员。

③管理野外火源，监督野外用火，检查防火措施。

④做好火情观察瞭望工作，发生火灾积极组织扑救，追查火灾原因，参加火灾损失调查。

⑤对林区社队、群众的用材和烧柴，按照上级机关批准的数量及时给予解决，制止一切破坏森林的行为，检查非法运输的木材。

⑥经常观察森林和虫害的发生和发展情况，及时报告害情，并积极参加防治。

⑦保护林区各种标桩和林业工程设施。

⑧参加修建防火设施。

⑨对违反林业法规和狩猎法规的人员，按照规定执行责令赔偿损失、罚款、追回非法所得的财物等工作。

⑩将引起森林火灾或破坏森林以及违章狩猎的违法分子，送交公安部门处理。

(2) 建立防火检查站

为了加强护林防火工作，在林区交通要道口设立防火宣传检查站。分临时和长期两种。防火检查站的主要任务是做好入山人员管理，严格控制火源。它是控制林区火源和散杂人员入山的重要关卡。

吉林省对森林防火站的职责范围做了具体规定。它是在县(市)、局森林防火指挥部领导下，专业性的事业机构。

实践证明，成立防火站，加强防火检查站的工作，可以有效地控制非法入山人员，有效地保护森林，减少森林火灾。

(3) 建立森林警察值勤点

武装森警是万里林海的卫士，肩负着防火灭火，维护林区治安的重任。深山密林，偏远林区是发生火灾难以扑救的重点火险区，对这些地区要严格控制火源。在防火期和防火戒严期，在这些重点火险区设立森警值勤点，驻守在那里，专门从事护林防火任务。其任务主要是，清除林内盲目自流人员，警戒坏人纵火破坏森林，并分片巡护，发现火情及时报告防火指挥部，同时积极扑救。值勤点也可分片包干，组织值勤小组进行巡逻检查。

(4) 建立地面巡逻队

在防火期尤其防火戒严期,各县、林业局以及基层防火部门,要抽调部分人员,组成若干地面巡逻小分队进行地面巡逻。

(5) 联防护林

在省与省、县与县、林业局或林场、乡(镇)村连接地段,往往是护林防火的空白点。这些地区因行人复杂,林区政策执行不严,一旦发生森林火灾不易扑救。为了确保森林资源的安全,在这些地区要建立联防护林防火组织,设立联防委员会。

5) 森林防火目标管理体系

森林防火目标管理体系是吉林省大兴沟林业局建立和完善起来的,使职务与职权、职权与责任、奖励与惩罚有机地结合起来形成良好运行机制。该体系增强了森林防火人员的事业心和责任感,有利于开拓进取,奋发向上。

(1) 森林防火岗位目标责任制的意义和作用

森林防火岗位目标责任制,是搞好森林防火内业建设的一项根本性措施,是森林防火综合化的完善和发展。在新形势下,具有重要的现实意义。①有利于调动森防战线上的全体干部和专业人员的积极性,齐心协力完成森林防火工作任务;②有利于转变全员思想工作作风,克服官僚主义、主观主义、形式主义,树立深入林区、深入基层、深入群众的好作风;③有利于促进森林防火专业队伍业务素质的提高,消除森林防火工作中的"松、散、乱"状态,便于提高工作效率;④有利于增强森防全员事业心和责任感,个个开拓进取,人人奋发向上,分项达标,整体推进;⑤有利于各部门,各单位的每个人都有明确的职责和分工,把"四网、两化"层层落实分解;⑥有利于逐步建立起一套森防工作运行的良好机制,为实现森林防火规范化、制度化、现代化奠定良好的基础。

(2) 森林防火岗位目标责任制的内容

①森林防火组织工作细则;②森林防火预防工作细则;③重点火险区防范工作细则;④扑救森林火灾工作细则;⑤森林防火设施建设工作细则;⑥森林防火财经管理工作细则;⑦森林防火奖惩工作细则;⑧森林防火统计和火灾报告工作细则;⑨森林防火监督工作细则;⑩森林防火领导负责制度;⑪森林防火领导值班制度;⑫森林火警报告制度;⑬森林火源管理制度;⑭野外生产用火申报制度;⑮入山人员管理制度;⑯森林防火指挥部职责;⑰森林防火办公室责任制;⑱防火设施设备管理制度;⑲森防专用车管理制度;⑳森防专业扑火队管理制度;㉑扑救森林火灾预案;㉒扑火指挥员职责;㉓森林防火联防工作制度。

9.2 林火预防技术措施

9.2.1 防火线

防火线是为阻隔林火蔓延而采取的一种有效的防火措施。也可以认为:防火线是在林区有计划、成带状地消除地表可燃物,用于控制火源和制止林火蔓延扩展,及作为扑救大火灾中以火攻火的依托,为实现防火目的一种技术手段。

西欧一些国家很重视开设防火线，把森林分割成若干小块，用以阻止林火传播。有的设防火林带，用以代替防火线。有的国家则不主张开设防火线，如加拿大、美国，他们认为防火线阻止不了狂燃大火的蔓延，小火灾没有防火线也可以扑灭，因而不主张开设防火线，而重视林区道路网建设。根据我国林区的实际情况，多年实践证明，开设防火线是防止火灾蔓延的积极措施。

(1) 防火线的作用

防火线的主要作用是分开连续的森林可燃物，起到隔离火灾传播的目的。

原始林、次生林、人工林与草塘毗连地段，要有计划地开设防火线，以防火线作为控制线，一旦发生地表火延烧到防火线，即可阻止火的传播。防火线还可和林业生产结合起来，既是防火线也是集材林道。边境地段开设防火线除有隔火作用外，还可和检查工作结合起来，在人迹罕至的地方防火线犹如一条护国长城。

(2) 防火线种类

①边境防火线　我国北方与俄罗斯、蒙古相接的陆界地段，在我国领土边境开设的防火线，称边境防火线。它是由边境防火站承担，每年用机械翻耕一次，使之全部生土化。边境防火线要求不允许有漏耕和断条，防火带宽一般为 60~100m。

②铁路防火线　就是在国铁和森铁路基两侧开设的防火线。驶入林区的火车和行驶在密林中的小火车，常常喷火漏火以及扔煤引起森林火灾，火车上岭爬坡有时闸瓦脱燃在草丛中也会引起火灾。因此，必须在防火期到来之前将路基两侧的杂草、树木等易燃物，清除干净，控制火源传播，达到防止因火车运行而造成森林火灾的目的。东北地区打铁路防火线的时间在每年的夏末秋初，即秋季防火期到来之前的时间。防火线宽度，国铁为 50~100m，森铁为 30~60m。

③林缘防火线　在森林与草地(草原)连接地段，结合道路、河流等自然条件而开设的防火线。用以防止森林与草原火相互影响。其宽度为 30~50m。

④林内防火线：就是在针叶人工林内开设的防火线。其设置可与营林、采伐道路结合起来考虑。宽度为 20~50m。宽度不低于平均树高的 1.5 倍、间距 5~8km。

⑤其他防火线　凡林区油库、机库、仓库、林场、村屯、居民点周围都要开设防火线。其宽度 30~50m。

(3) 防火线的开设方法

①机耕法　使用拖拉机带犁铧耕翻生土带。目前边境防火线多采用机耕法开设。满洲里边境防火站每年采用机耕法，在中苏、中蒙边境开设数千千米边境防火线。适合采用机耕法的地段应是杂草为主的地段。

②割打法　这是一种最常用的方法。对于一些工作量不大的库房周围、林场、村屯、居民点、临时作业点周围，以及一些临时性的防火线，可采用人工割打的办法，清除杂草、灌木等易燃物质。

③火烧法　这是近年来我国北方地区较普遍采取的一种方法。其特点是操作简单，节省时间，速度快，质量好，能真正起到隔火作用。但若掌握不好，不分时间、不负责任地随意点烧，会适得其反，造成跑火引起森林火灾，尤其在干旱条件下很容易跑火成灾。

④除草剂　通过使用除草剂清除杂草和有害植物，达到建立防火线的目的。除草剂是

农药中的一类,一般价格低廉,被广大农民采用。但是一些除草剂危险性高,而且会给人和一些植物带来副作用,国家不鼓励采用除草剂建设防火线,对一些药剂是限制和禁止的,本书中的介绍仅作了解之用。

按其作用的不同,除草剂可分为灭生性除草剂和选择性除草剂。除草剂的灭生性与选择性是指施用后对杀死杂草相对选择性而言的。凡接触到药剂的植物都会被杀死的称为灭生性除草剂;施用后有选择性杀死某些种类植物,而对另一些种类的植物无害的称为选择性除草剂。

在开设防火线时通常采用触杀型除草剂,触杀型除草剂就是具有触杀作用的药剂,即药剂接触植物的表皮,不能在植物体内传导的除草剂。例如,五氯酚钠、百草枯等只能杀死植物的地上部分,过药效期后,杂草还能再生。

催干(加速植物干燥,防止与氧的结合)点烧开设防火。线使用触杀型除草剂,杀伤植物地上部分,使其迅速脱水枯干,在早霜到来之前进行点烧。用除草剂催干点烧代替自然枯干点烧,可摆脱自然条件的限制,并且安全可靠。

除草剂催干植物点烧的方法,可用于开设林缘、国铁和森铁防火线。在用灭生性除草剂开设防火线的地段中,如果杂草生长茂盛,"干草母"过厚,头一年施用触杀型除草剂催干植物点烧,第二年再用灭生性除草剂比较理想。

适用的除草剂种类和药量。适用于催干植物的除草剂种类和药量见表9-1。

表9-1 适用于催干植物的除草剂种类及药量

除草剂种类	亚砷酸钠	五氯酚钠	百草枯	石油酸渣
施药量(kg/hm^2)	1.5~3.0	7.5~15.0	0.75~1.50	60~90

注:除草剂的施药量,在气温高地区或干旱地段用下限,在高寒地区或湿润地段用上限。

用灭生性除草剂除草开设防火线 在新开设的防火线和机耕防火线上,施用灭生性除草剂,可以杀灭一切杂草和灌丛,使植物地上和地下部分全部死亡腐烂,保持防火线的阻火效能。也可以用灭生性除草剂直接开设防火线。

适用的除草剂种类和药量。适用于灭生性除草剂开设防火线的除草剂一般分两种:茎叶处理类、土壤处理类。

茎叶处理类除草剂:在各种地段上适用的茎叶处理的除草剂和药,见表9-2。

表9-2 茎叶处理类除草剂种类和药量 $7.5kg/hm^2$

除草剂种类	机耕防火线	干草原	湿生草原	沼泽草原
草甘膦	0.20~0.25	0.20~0.30	0.30~0.40	0.20~0.30
茅草枯	2.5~3.0	3.0~4.0	3.0~4.0	3.0~4.0
杀草强	1.6~2.6	1.6~2.4	1.6~2.00	2.4~3.2
草甘膦+2,4-D	0.15+0.10	0.20+0.20	0.20+0.20	
茅草枯+2,4-D	2.0+0.20	0.20+0.20	2.5+0.20	
杀草强+2,4-D	1.0+0.20	1.6+0.20	1.6+0.20	
甲胂钠	1.0~1.20	1.2~1.5	1.2~1.5	
阿特拉津	0.1~0.20	0.20~0.30	0.2~0.30	

表9-2中的药剂,以杀灭1年生和多年生宿根性草、双子叶杂草效果较好的是草甘膦。茅草枯与杀草强除草效果也较好,特别是对单子叶植物,如碱草、小叶章、薹草类更为显著。

双子叶植物较多地段,可将草甘膦、茅草枯、杀草强与2,4-D或二甲四氯混合使用,能降低用药量,扩大杀草谱,提高除草效果。

为了增加杂草对草甘膦的吸收,提高药效,在使用草甘膦时一般要加适量的硫酸铵、柴油等增效剂。加入硫酸铵可减少草甘膦$1/3 \sim 1/2$用量,而不使药效受到影响。其原因是,硫酸铵能增加植物对草甘膦的吸收能力和减少植物体对草甘膦传导的障碍,起到增效作用。硫酸铵价格低廉,可降低除草成本。一般适用量为$0.6g/m^2$。喷施前在药液中加入适量的柴油,可增加浸润力,利于植物对草甘膦的吸收而增加药效,适用量为$0.3 \sim 0.6g/m^2$;过多会造成触杀、影响传导、降低药效。另外,根据试验,在喷施草甘膦时加0.2%的农乳6201表面活性剂,能增加草甘膦在叶片上的保留时间和渗透速度,提高药效。

茎叶处理除草剂的施药时期和方法:施药时期应考虑绝大部分杂草都已长出,植株尚未老化,施药当年能倒伏腐烂,而且很少有新生植株,在防火期到来时,丧失传火能力由综合因素来确定。内蒙古阿尔山林区可在6月下旬至7月上旬施药;吉林省西部平原和东部林区可在6月下旬至7月上中旬施药。茎叶处理一般采用喷雾法,喷液量为$7.5 \sim 15.0g/m^2$。

⑤土壤处理除草剂 土壤处理除草剂主要适用于机耕防火线灭草。另外,在干草原地带的新开设防火线上,第一年用除草剂催干植物点烧处理后,地面上无枯枝落叶覆盖层;第二年也可施用土壤处理除草剂除草。适用于土壤处理的除草剂及药量见表9-3。

表9-3 适用于土壤处理的除草剂种类和药量

除草剂种类	施药量($7.5kg/hm^2$)	除草剂种类	施药量($7.5kg/hm^2$)
敌草隆	$2.0 \sim 4.0$	阿特拉津	$0.2 \sim 0.3$
非草隆	$2.0 \sim 4.0$	氯酸钠	$8 \sim 11$
利谷隆	$0.4 \sim 0.8$	西玛津+茅草枯	$0.1 \sim 0.2 + 0.3 \sim 0.4$
灭草隆	$2.0 \sim 4.0$	除草剂+阿特拉津	$0.5 + 0.1$

土壤处理除草剂的施药期和方法:由于各地杂草生育期不同,施药期也不一样。作土壤处理的灭生性除草剂,施药期应在杂草种子萌发及根茎萌芽阶段施药。内蒙古阿尔山林区可在5月末至6月初施药,吉林省西部平原和东部林区,在4月末至5月初施药为宜。土壤处理除草剂一般采用喷雾法,将药液均匀地喷施于防火线土壤表面。在枯枝落叶层较少的地段,亦可采用喷粉法,将药剂均匀喷布于地表。

9.2.2 防火林带

防火林带是隔离带的一种,是利用林带来防止火灾的传播。在营造大面积针叶林时,在林子外围或内部有计划地种植一些阔叶树种或耐火树种,使大面积针叶林分割成块,可使火灾的传播被隔离,尤其对防止树冠火的传播比较有效。营造防火林带应因地制宜选择速生耐火树种,枝叶稠密、体内含水较多的树种。例如,水曲柳、黄波罗、杨、柳、椴、花楸、稠李等。林带宽 30~50m，或更宽些。防火林带应密植，加强抚育管理，保持林内无杂草，使防火林带充分发挥作用。

目前我国南北方林区的防火林带已用于生产实际。吉林省白城地区，20 世纪 50 年代用杨树营造的防火林带，将草原和森林隔开，已起到很好的防火隔火作用。黑龙江省伊春林区，近年来，用落叶松作红松的防火林带也初见成效。此外，针阔混交林也是一种降低森林火险等级有效的生物措施。

南方地区防火林带所用树种，主要有山茶科的木荷、茶树；壳斗科的苦槠、石栎、青冈；蔷薇科的灰木、石楠、椤木；交让木科的虎皮楠、交让木；冬青科的冬青；忍冬科的忍冬、接骨木和杜鹃花科的常绿杜鹃。防火林带已成为南方各省一项重要的防火措施。从20 世纪 50 年代开始营造防护林带，先后在福建的闽北林区，湖南的湘西林区和广东许多林区，都用耐火树种营造出初具规模的防火林带。

广东省于 1980 年在英德县搞了营造山龙眼、台湾相思和山茶等阔叶树防火林带的试点，取得了经验，1981 年全省推广了以营造木荷为主的阔叶树防火林带。从 1982 年到 1985 年分批在全省各地落实营造防火林带的任务，每年的营造计划为 2 330.5km，并且由省林业厅拨出一笔经费，作为营造防火林带的专款。各地采取生产责任制的办法来落实，选择乡土速生灌木、乔木树种，实行自采种、自育苗、自营造，不但降低了营造成本，达到了速生、快效的目的。

9.2.3 防火沟

近年来一些地区采取挖防火沟的办法来防止火灾的传播，有效地隔离地下火，而且对弱度地表火的传播也能起到防止作用。林区仓库、工业建筑等地段的四周可以挖防火沟。沟的深度、宽度可根据当地火灾情况和地形条件灵活确定。一般沟的深度要大于泥炭层的厚度和地下水的深度。一般沟深为 1m，沟底宽 0.5m 左右，沟上宽 1.5m 左右。有条件的地方可在沟壁和新挖生土带上喷洒森林化学灭火剂。防火沟内的杂草及灌丛，应尽可能除掉，枯枝落叶也要清除。

9.2.4 生物和生物工程防火

生物和生物工程防火，是在 1986 年全国第一次森林消防专业委员会的会上，我国一些森林防火专家，根据国外经验和我国的特点提出的一种新的森林防火技术措施。

何谓生物和生物工程防火？生物防火是运用生态学原理，利用植物、动物、微生物的理化性质及生物学和生态学特性上的差异，结合林业生产措施，营造防火林带，减少可燃物的积累，调节林分组成和结构，降低森林燃烧性，增强林分的抗火性和阻火能力，从而达到控制林火目的的理论和技术措施。

为什么要开展生物和生物工程防火？

第一，森林可燃物是森林燃烧的物质基础，通过生物之间调节，可以改善可燃物的性质和数量，大大减少可燃物和可燃物的积累，增强森林的不燃或难燃成分，改善森林燃烧的物质基础。

第二，利用生物和生物工程防火，不但不会破坏生态环境，而且还能维护生态平衡，调节森林群落结构，更好地发挥森林的有益效能，增强森林对不利因素的抵抗能力。

第三，生物和生物工程防火是结合营林工作同时进行的。这就有利于开展森林立体经营，多种经营和综合经营，使森林经营水平迅速提高。开展生物和生物工程防火与森林经营水平的提高，两者是相辅相成、互相促进的。因此，利用生物和生物工程防火，既有利于提高林分的抗火性，又有利于病虫害的防治；既有利于森林经营，促使森林发挥更大的经济效益，又有利于林地改良，增强土地肥力。

第四，我国是一个少林国家，森林覆盖率为21.63%，其中原始林的面积仅分布在偏远地区，面积甚少。次生林面积也不断减少。只有人工林面积与日俱增。因此，从造林设计开始就要考虑到防火，从生物和生物工程防火角度加以研究，为森林防火规划打下基础。尤其目前的飞播造林，绝大多数是一些常绿针叶树（马尾松、云南松、油松等），很容易着火，因此，对这些飞播针叶林，采用生物与生物工程防火显得尤为突出。

第五，我国要实现森林防火现代化，而积极开展以火防火与生物和生物工程防火，是森林防火网络化、综合化、自控化的基础。

怎样开展生物和生物工程防火？

第一，按各种不同森林类型的燃烧性，划分不同可燃物类型，从可燃物数量分布规律出发，进一步掌握各种可燃物类型、火行为特点。

第二，引进一些不燃或难燃树种，调节混交比，降低森林燃烧性；引种难燃灌木，改善易燃林分结构，增强林分难燃性；引种耐火植物，提高林分抗火性。

第三，开展综合营林措施。如在林中空地造林，既增加森林覆被率，提高土地生产力，同时又降低林地易燃性。还有对人工林及时进行整枝，可以大大降低林分燃烧性。对林分进行抚育采伐和卫生伐，及时清除林内可燃物，既改善森林环境，又促进林分生长，大大增强林分抗火性。因此，开展各项营林措施，既有利于森林经营，又加强了林分自身的抗火性。

第四，开展生物和生物工程防火，主要是营造防火林带和防火灌木林带，以及耐火植物林带等。

第五，生物和生物工程防火是利用生物减少可燃物的一项重要措施。如在针叶林中引种软阔叶树，其枯枝落叶的分解比原来的单纯针叶树枯枝落叶的分解要快得多。此外，利用菌类（如木耳、蘑菇）的大量繁殖，可降低可燃物积累，利用微生物和低等动物，也可降低可燃物积累，增强林分的抗火性。

总之，防火必须与林业密切配合，才能使生物和生物工程防火落到实处。由森林防火与林业工作者共同制订规划和共同执行，或由防火部门监督执行，才能迅速开展生物和生物工程防火。

9.2.5 森林防火瞭望台

防火瞭望台是森林防火的"千里眼"，是林火预防的一项重要措施。有关森林瞭望台的作用、设置原则、瞭望半径等，请读者参阅本书第10章10.2节内容。

9.2.6 防火公路网

修建防火公路是一项带长远性的战略措施。应该有计划地逐年修建，修建原则是：重点闭塞林区，老火灾区和边境地区。这些地区一般是人烟稀少、交通不便，有的根本就没有道路，有的火情不易发现，一旦有火情不能迅速上人扑灭，有火就成灾，难以做到及时扑灭。修筑防火公路要尽可能同林区长远开发建设、木材生产结合进行，形成既是防火公路网又是开发林区公路网，有利于防火又有利于林业生产和战略交通。

防火公路可以起防火隔离的作用，形成网状分布的防火公路，也是隔离带网，一举数得。为了使防火公路起到行驶车辆和隔火作用，其路面、路基按国家三级公路标准施工。大小桥梁要标明承载能力，保证扑火时迅速通行。有些残破路基要经常修、补，保证车辆通行。防火公路的维修保养工作应由防火站或附近林场很好承担起来。防火公路网密度的最低要求是每公顷4m。目前，黑龙江省带岭和穆林林业局公路密度分别为 $4.6m/hm^2$ 和 $4m/hm^2$，所以这两个林业局能做到有火不成灾；而大兴安岭林区的公路密度只有 $0.6m/hm^2$，那里成为全国最多火灾区，公路太少是其中原因之一。

9.2.7 防火通信网

森林防火要做到及时发现火情，及时扑救，要有三个条件："千里眼、顺风耳、快速跑"。瞭望台和飞机以及卫星等探测技术解决了"千里眼"；林区公路或防火公路或飞机空降解决了"快速跑"；通信网则起着"顺风耳"的作用。

建设好防火通信网是搞好森林防火工作的保证，是森林防火工作的重要组成部分。尤其在森林灭火工作中更为重要。通信网可以准确迅速传递火情，及时组织人力扑救火灾；及时报告火情、受理火情、火场通信，及时指挥扑火工作。各级防火机构都应配置防火专用电话。有条件的还可配置无线电或无线电通信，构成防火通信联络网。各基层林业站、防火站、瞭望台、林业作业点和当地防火指挥部之间用电话线或用小功率报话机进行防火联络。设在深山密林里的防火站、临时防火外站、临时工作点，没有能力架设电话线，要配置无线电台，以达到能和地方防火指挥部随时联络。

9.2.8 化学消防站

为了加强预防及扑灭森林火灾工作，在有条件的林业局、林场、森林经营所、航空护林站内应设立消防站。化学消防站的设立地点为：各航空护林站内，通过国铁、森铁及公路沿线的中心地点和经常有机车喷火漏火引起火灾的地点。在交通方便，公路网发达的林业局或林场、森林经营所内可以设立化学消防站。

在火灾危险季节，森林化学消防站应组织消防队（由营林员及受过防火、灭火训练的临时工人组成）队员 6~22 人，设队长一人。

化学消防站使药品为：磷酸铵、硫酸铵和氯化钙、氯化镁等灭火剂。浓度：磷酸铵 15%~20%，硫酸铵、氯化钙、氯化镁 25%~30%。建立防火隔离带时，每平方米用药液 0.5~1kg；直接灭火时，每米火线用量为 0.10~0.25kg 药液。

化学消防站应有房屋及板棚，贮藏药品和调制药液设备，消防及运输工具。包括汽车、摩托车、水泵、水龙带、背负式喷雾器、水槽、药槽以及日常用的扑火工具等。

喷雾器用后，必须拆开零件，用煤油洗净，再用清水洗净擦干，涂上机油，然后安装好运回仓库保存。灭火使用过的工具零件都应注意维修保养。航空护林站设立化学消防站，主要任务是为了飞机喷洒化学灭火剂灭火。具体做法详见本书第 12 章中航空化学灭火。

9.2.9 防火气象站

为了比较准确地发布森林火灾危险天气和灭火预报，以便合理地布置防火、巡逻瞭望工作以及灭火准备，在林业局或大的林场范围内，如果没有气象站，林业局或林场应适当设立简易气象站，站间距离为 25~50km，并由受过训练的专人观测。

简易气象站尽量按国家气候站的标准配备各种仪器、设备，并要有单独的观测室和工作室。每天按 3 次观测，夜间 2:00 用自记仪器记录的值经订正后代替。一切工作应按《地面气象观测规范》进行。除了按时做好气象记录外，气象站还应在防火期内去林内测定可燃物的含水率，为火险预报用。

为了了解未来天气变化，防火气象站要收听省气象台及邻近气象台的天气预报资料，结合当地观测资料，作出本地区的火险天气预报，然后用电话发给防火指挥部和有关部门。

各航空护林站的气象站，在防火季节应该努力做天气预报和火险预报，以便合理布置飞机巡护航线，提高飞机的火情发现率，成为森林防火的有力参谋。

9.2.10 加速实现"四网、两化"

"四网、两化"是森林防火现代化的重要标志，是今后一段时期的发展方向，也是国家向我们提出的要求。

(1)"四网、两化"内容与作用

"四网"：森林火险天气预测预报网、观察瞭望网、通讯联络网、防火隔离网。"两化"：防火队伍专业化、消防机具现代化。

"四网、两化"是解决耳聋、眼花、腿瘸、手短和"参谋部"的问题。过去森林火灾严重，除了宣传教育不够，火源控制不严，组织领导无力以外，其根本原因是森林火灾控制能力太差。反映在具体防火工作上是，有火不能及时发现，火警不能及时传递，扑火队伍迟迟不能到达火场，用树条子扑打，灭火效率太低，人们称之为：耳聋、眼花、腿瘸、手短。设立瞭望台并使之成网，配之以有线和无线电通信设备，用速度快，机动性大的机械化运输工具或直到飞机载运扑火队，就能逐步解决"看不见、听不着、上不去、打不灭"的根本问题。

(2)防火队伍专业化

防火队伍专业化势在必行，是社会经济发展的需要。

①森林防火科学发展的需要　我国森林防火工作，在新中国成立前是空白的，没有任何防火措施，也没有设立任何防火机构，更谈不到防火科学。新中国成立后，党和政府十分重视森林防火，在林区设立许多防火机构，积极开展宣传教育，开展群众性护林防火。但由于种种原因，从新中国成立至 1978 年基本以群众性防火为主体，只是在重点林区开展了科学防火的研究。1978 年以来，我国开始进入科学控制林火的阶段，建立了防火专业队伍，开始重视森林防火技术培训工作，开展了森林防火科学研究，有的地区开始形成了

防火设施网络化。

科学的发展，或者说科学技术在森林防火工作中的广泛应用，就要求防火队伍必须专业化，所以防火队伍专业化是防火科学技术和近代工具发展的必然产物。

②经济体制改革的需要　一切经济工作都要求提高效益，工农业生产联产计酬责任制和承包制的落实，再动员群众打火不仅很困难，而且需要给补贴工资，其效率也不高，莫不如组织扑火专业队，不再牵动工农业停产打火。

③快速灭火和减少伤亡事故的需要　历史经验表明，临时组织群众打火，大兵团人海战术，战斗力并不强，而后勤供应量大，浪费惊人，灭火效率不高且还常发生伤亡事故。据实践证明，专业队则一是训练有素灭火效率高；二是行动迅速能体现打早打小；三是算细账花费少，工省效大；四是不再全局停产去打火，保证了工农业生产顺利进行。

(3) 消防机具现代化

一旦发生山火，靠徒步行军，速度太慢，往往贻误扑火战机。据估测，初起火点，面积在 $10m^2$ 时，一个人即可一气呵成将火扑灭；火起1个小时，风力在三级时，燃烧面积扩展为 $650m^2$ 左右，需5个人奋力扑救；在同样天气条件下，3个小时后，因火风升起，火场气旋形成热流，燃烧范围猛增，可达 $10\,000m^2$ 以上，扑救人员少于30人就难以控制局势了。可见，行军速度与火灾损失大小，关系极为密切。因此，尽可能配以机动车辆或用直升机，载运扑火队伍；现代灭火器具的使用，总比原始的树条子扑火效率高、速度快。

【本章小结】

本章主要讲述林火预防知识，从预防工作、预防技术措施两方面展开学习。预防工作包括了解和掌握火源、做好宣传工作、控制火源消除隐患、建立防火组织与管理体系五方面。我国预防林火技术主要包含防火线、防火林带、防火沟、生物工程防火、防火瞭望台、防火公路网、防火通信网、化学消防站、防火气象站等多种形式。"四网、两化"是森林防火现代化重要标志，也是我们今后一段时期发展方向。

【思考题】

1. 什么是防火线？简述防火线的使用方法。
2. 什么是"四网、两化"？

【推荐阅读书目】

1. 森林消防理论与技术．甄学宁，李小川主编．中国林业出版社，2010.
2. 森林防火．郑焕能主编．东北林业大学出版社，1992.

第10章 林火监测

【本章提要】我国森林防火方针为"预防为主,积极消灭"。林火监测是护林防火的"眼睛",起着"千里眼"的作用。林火监测采用专人负责巡查,目的是减少森林火灾造成的损失,能够及时发现火情,做到"打早、打小、打了",在我国森林火灾预防工作中占有重要地位。本章从地面巡护、瞭望台监测、卫星监测三个方面对林火监测进行阐述。同时,介绍世界各国在林火监测采用的卫星,以及我国重要的卫星信息,如风云系列与高分四号卫星。

10.1 地面巡护

地面巡护一般由护林员森林警察部队和地方专业扑火队人员执行。主要组织形式有森警驻点分队、步行或骑行巡护队、水上巡逻队等。

地面巡护路线确定原则是尽量通过高火险、火源出现较多的地段。

我国从 20 世纪 50 年代开始主要靠步行、骑马或骑自行车进行巡护监测森林火情。每人每天能巡护多大面积,距离多长,在行政管理上都进行了试验研究。

到目前为止,这种地面巡护监测林火的办法仍在广泛应用,特别是居民点和火源较多的地区以及采取其他措施监测火情遗漏的盲区很有必要。但目前多已改为骑摩托车或汽车载人(扑火队员)巡护,发现火情就随地扑灭。从 80 年代开始已研制出轻型的巡护车,携带扑火工具和扑火队员,可以深入森林腹地,对林火的监测和及时扑救起到很大作用。国外一些国家仍然保留着这一方式。

地面巡护的主要任务:①严格清查和控制非法入山人员;②检查和监督来往行人是否遵守防火法令;③检查野外生产和生活用火状况,进入森林防火期后要加大森防宣传和检查力度,大力查出野外违规用火,最大程度减少森林火灾的发生;④严防有人蓄意放火破坏森林。做到消灭火灾隐患,控制人为火源,发现火情及时报告、积极措施。

制订巡护计划主要有两个步骤:评估和制定。

①评估　按照(可能点燃)风险、(燃烧可能造成)危害、(可能损失)价值和历史火灾发生等方面进行评估。考虑因素:最近发生的火灾的问题、是否具有潜在发生火灾的可能性、引起燃烧的原因。

②制定　根据评估结果制定预防策略,制订计划中包含重点巡护区域、巡护时间安排、巡护人员设置、巡护材料及物资、巡护报告、巡护评估等。

地面巡护针对性强,护林人员可是在防火期或火灾敏感区域及时阻止进山人员,减少人为原因造成的火灾。但是这种监测方式需要花费大量人力和时间,存在潜在疏漏。

10.2　瞭望台监测

利用地面制高点,采用瞭望台观察火情确定火场位置和观测火情的林火监测方法,是目前我国探测林火的主要方法和手段。

10.2.1　瞭望台的作用与设置原则

根据国家要求,在重点林区要建立瞭望台网,它的主要作用是用以观察火情、火灾,确定火灾发生的地点,是护林防火的一种重要措施,对于及时组织扑救森林火灾有着重要作用。

瞭望台的设置原则,应以每座瞭望台观察半径相互衔接,覆盖全局,使被保护的地区基本没有"盲区",形成网状。首先在地形图上按观察半径 15~25km,即台间距离约 40km 左右,然后选择交通方便、居民点附近的高地,规划台位。在一个林区内,台网要构成统一整体,不受行政、企业界线限制,台位落在谁的施业区(或管辖区)内就由谁负责修建,并派人值班瞭望。每座瞭望台的监护面积为 $6 \times 10^4 \sim 10 \times 10^4 hm^2$(平均 $8 \times 10^4 hm^2$),在瞭望台的监护责任区内,有火就要立即报告有关单位,建立瞭望员岗位责任制。

瞭望台的设置可以采用交叉定位原则(cross shot)(即由两个不同的方位进行交叉直线延伸,两条直线的交点即为着火点。)

10.2.2　瞭望台的密度

瞭望台组网密度要适中。网眼过大会出现"盲区",不利于早期发现火情;网眼过小,则会使台数增多,消耗不应有的建设资金和瞭望人员及各种设备,造成长期浪费。目前瞭望台的密度应由瞭望半径来决定。瞭望半径一般定为 20km 左右。其根据是:

(1)林火行为

一般低能量的林火在 10min 内,烟柱可升空 100~150m,在 20km 的范围内均可看见。高能量的火、烟柱升空更高,观察更明显。

(2)红外探测技术

据四川大学和黑龙江省森林保护研究所研制的地面红外探火仪扫描半径为 20~30km,

瞭望台安装这种仪器也是最适台距。

(3) 实践瞭望观察

从大地测量看，用经纬仪可看 10km 的红白测旗；总参测量手册介绍，人的视野半径一般为 1 350m，肉眼可看见 5km 的独立小屋；我们的瞭望台装备有 40 倍望远镜，实践证明，能清晰地观察到 20~30km 处的烟火。

(4) 国外经验

加拿大的阿尔巴他省和宾西两省的瞭望台，其观测半径平均为 16~24km。卡鲁普斯一个防火站，管护森林 $60 \times 10^4 hm^2$，设置 5 座瞭望台已全部覆盖，每台观察半径在 30km 以上，控制面积 $12 \times 10^4 hm^2/$ 座。

一座瞭望台所观察的控制范围，往往受地形条件和能见度的制约，大范围内组建瞭望网，1/2 以上的面积是重复观测的，如按最小观测半径 20km 计算，则为 $12 \times 10^4 hm^2$ (πR^2)，为了尽量减少"盲区"，可采用平均 $6 \times 10^4 hm^2/$ 座的标准，保险系数已足够。

10.2.3 瞭望台结构与高度

瞭望台结构分为金属瞭望台和砖石瞭望台。

(1) 金属瞭望台

用钢铁建造，经久耐用，使用寿命长。设计金属瞭望台应充分考虑修建地点的山形地势以及瞭望半径。金属瞭望台是由四根斜立支柱(由角钢焊成)和许多斜柱(由角钢焊接)组成。最顶部四周设有保护栏和观察室，能蔽日遮雨，观察员有休息和工作的地方。金属架顶端应有避雷设备。上下焊接牢固的把手，台下设有居住室。金属瞭望台塔架由工厂制造的各种标准件组成，安装需要由制造工厂或专业施工队完成。

(2) 砖石瞭望台

用石头打底，用砖砌成圆形、方形、菱形或六边形的瞭望台，内部设有上下阶梯，顶部设有观察室。这种砖石结构瞭望台很牢固，观察人员上下很方便，不迷糊，在瞭望台内工作如同在楼房里一样，很舒适。

瞭望台高度根据山地情况而定。在一般漫岗上，高 24m，台上小瞭望室高 2m；在平坦地区，高度应超出当地成、过熟林最大树高 2m，在树梢不遮挡视线为准；目前在幼、中龄林(平坦地区)中修建，要考虑 10~20 年后树的高度；在突出的高山顶上建台时，可不设台架，只搭一个观察室，既可观测又可住人，如观察半径达不到 25km 时，可视需要，修建几米高的观察台。

10.2.4 瞭望台的设施

一个瞭望台(哨)应有下列配套设备：

①避雷装置　为了保护台架不受雷击和瞭望人员安全，必须装配避雷设备，以确保安全。

②通讯设备　安装电话或电台(对讲机)，是保证发现火情后能及时传递信息。为免受地形等影响，在最高峰上的瞭望台还能起到信息中继站转达作用。

③高倍望远镜　用以增强远视能力和测算距离用。

④方位刻度盘　代替罗盘仪观测起火点的"真方位角"，以减少纠正磁偏差的程序。

⑤计时器　准确记载和报告起火、灭火的时间（时、分），不能用"上午""下午"等那种粗略的时间概念。

⑥瞭望区域地形图　每座瞭望台的视野范围受地形影响，其观察距离是不同的，因此，需明确各自的责任区域界线并标绘在图上，地图又是瞭望员判定起火点的重要辅助工具。

⑦办公设备　瞭望台需配置火情观察记录簿、绘图用品、瞭望设备、通讯设备、交通工具及防御武器等。

⑧生活设施　距居民点较远的瞭望台，需在台下建居住室，并配置炊具、桌椅等。

10.2.5　配备训练有素的瞭望员

瞭望员应熟练地使用和维护台上的一切装备设施，并熟悉火情报告的基本内容，记录和分析整理火情资料，准确报告出起火点和火场范围等。应实行岗位责任制，在本台视野范围内发生的火情，不管哪个局、场的防火责任区，均需立即上报并通告驻在附近的扑火专业队迅速扑救。

10.2.6　方位刻度盘的制造与使用

从瞭望台上观察火警，要准确地报出起火地点，必须精确地观测方位角。过去用罗盘仪观测方位，需做磁偏差校正，容易产生错误，发生报错起火点。为了保障观测精度，提高工作效率，可用自制"方位刻度盘"来代替罗盘仪。

"方位刻度盘"制作简单容易，固定在瞭望台上后，不用防潮维护，不受磁铁影响，不必经过"磁偏差"校正，加快了对起火点的定位工作。

在地形图上量取"定位角"。把瞭望台的位置准确地标绘在大比例尺（1∶100 000或1∶50 000）地形图上，并标出瞭望台所在位置的经纬度，以此坐标为图根点，向附近"明显地物标"（不仅地图上有而且在瞭望台也能看见的村屯房屋、河流道路的交叉点、古塔、水库电站、陡峰等）连线，用分度器量测此线的方位角度数，称它为"定位角"。

(1) 方位刻度盘的制作

制作刻度盘。在一块直径为30~40cm的圆形木板上，沿周边绘出360个等分的刻画，按顺时针方向，每10°向圆心连一条线并注明度数：10°、20°、360°。以圆心为轴安置一个能转动的"方位指示针"，针尖对准由地形图上量得的"定位角"的度数。

将刻度盘固定在瞭望台上。以刻度的圆心视作瞭望台位置，将"方位指针"所指的方向，对准实地的明显地标物之后，用三个铁钉将刻度盘固定，就可使用了。

(2) 方位刻度盘的使用

将望远镜对准烟火点，记下望远镜所在位置。量取所在位置线与"定位角"之间的角度，便是火场准确位置。

10.2.7 单点瞭望台探火

(1) 方位观察

用望远镜在"刻度盘"上定方位,将着火点位置与"定位角"之间的夹角记下,标在图上,并报告地面指挥部。

(2) 距离测算

测定瞭望台与着火点之间的距离,办法很多,这里仅介绍2种:米尺测距法、密位数测距法。地图测距法放在地图的应用一章中介绍。

①米尺测距法 如图10-1所示,手持尺棍与目标间隔(高度或宽度)平行,令"0"分划对准目标的一端,读出另一端所对刻度的厘米数,按下式计算:

距离 = 目标间隔(m) × 100cm/尺棍读数(cm)

【例】已知电线杆为6m,尺棍读数为1.5cm。则站立点至电线杆之间距离为:

距离 = 6(m) × 100cm/1.5cm = 400(m)

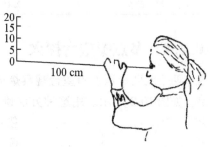

图10-1 米尺测距法

②密位测距法 密位:将圆周等分成6 000个刻画,两个刻画之间的一段弧度所对应的圆心角为一个密位。一密位所对的弧长,概略等于半径的千分之一,是军事上常用的量角单位,亦称"千分"。

书写密位时,应在百位与十位数之间划一短线,如:

密位数	写法
1	0 – 01
25	0 – 25
155	1 – 55
1 255	12 – 55

望远镜里的十字线,大刻画为10个密位,小刻画为5个密位。

用密位数测算距离按下式:

距离 = 目标间隔(m) × 1 000/密位数

【例】两根电柱的间距为50m,望远镜测得密位为0—25,则站立点至电柱间的距离为:

$$距离 = \frac{50m \times 1\,000}{25} = 2\,000(m)$$

为便于记忆,可按下列口诀记(图10-2):

上间隔,下一千;

距离密位在二边;

要求其中任一数;

对角相乘比一边。

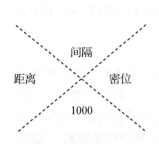

图10-2 密位测距法示意

为便于使用,列出下列常见物体尺寸表10-1。

表 10-1　常见物体尺寸表

目标名称	尺寸(m)		
	高度	宽度	长度
人，中等身材	1.65		
骑马人	2.2		
电柱高	6~7		
两电柱间隔			50
京吉普车	1.87	1.75	3.86
解放牌车	2.18	2.47	6.72

10.2.8　多点瞭望台探火

两个或两个以上瞭望台观察烟火时，可根据观察者所确定的方位角的交点确定火场位置，如图 10-3 所示。用这种方法确定火场位置，也称前方交会法。如火灾发生在两个瞭望台中间线上，需要由相邻的第三个瞭望台来观测，才能确定火场位置。

有经验的观察者，可以凭借烟的颜色来判断火场距离和火灾种类。晴天烟移动说明火场较近，烟不动说明火场较远。烟色浅灰或发白常是地表火，烟色深或黑色常是树冠火，烟色稍发绿可能是地下火。

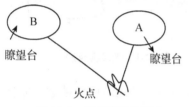

图 10-3　多点瞭望台探火

10.3　卫星监测

10.3.1　卫星探火的基本知识

卫星探火是利用安装在卫星遥感器(高分辨照相机、辐射仪、扫描仪等)，接收地面林火信息，通过传输处理形成图像，对地面的林火发生和发展进行传输处理成图像，对地面的林火发生和发展进行监测的一种空间探测方法。

卫星探火具有范围广、反映火场动态变化、受地面影响小、信息丰富、全天候观测、成本低廉等特点。

我们现在提到的卫星主要分气象卫星和陆地卫星两种类型。按照轨道类型可以分为近极地太阳同步卫星和地球(赤道)同步卫星。

10.3.1.1　人造卫星

人造卫星又称人造地球卫星，是人工发射的绕地球运行的物体。卫星放在保护外罩中用火箭发射至高空，当其水平方向速度达到或超过某一定值(约 8km/s)后便以圆形轨道或椭圆形轨道绕地球运行，成为地球卫星。卫星形体根据仪器安装需要可做成各种形状。卫星可以执行通信(电报、电话、电视转播)，军事侦察，大地测量，地球资源勘测，气象、天文、海洋和地球物理的研究等多种任务。卫星上除装有探测仪器外，还有数据收集传输系统、无线电系统、姿态控制系统、工程遥感系统及能源(太阳能电池或核能源)。卫星可在离地数百至数万千米之间运行。卫星上的能源可以维持卫星正常工作数年,由于空气阻力作用使卫星逐渐减速,最后陨落在大气中烧毁。

自1957年10月4日前苏联首次成功发射人造卫星以来,至今世界大多国家都已成功发射人造卫星。我国是第5个成功发射人造卫星的国家。早在1978年,我国已8次成功发射人造卫星。自2001年后,中国发射人造卫星数量已超过50颗。表10-2是各国第一颗人造卫星情况。

表10-2 各国第一颗人造卫星一览表

发射国别	前苏联	美国	法国	日本	中国	英国
卫星名称	卫星一号	探险者一号	试验卫星A-1	大隅	东方红一号	幸运号
发射日期	1957/10/4	1958/2/1	1965/11/26	1970/2/11	1970/4/24	1971/10/28
卫星重量(kg)	83.60	8.22	42	9.4	173	65.8
周期(′)	96.17	114.80	108.61	144.36	114	109.53
倾角(°)	65	33	34	31	68.5	82
近地点(kg)	228.5	360.4	526.2	351	439	547
远地点(kg)	946	2.531	1.809	5.142	2.384	1.582

10.3.1.2 陆地卫星与气象卫星

(1)陆地卫星

陆地卫星即地球资源技术卫星。由于第一颗地球资源技术卫星发射后,人们认为它取得的影像和数据主要应用于对陆地的观测和研究,所以,从第二颗地球资源技术卫星发射后改名为"陆地卫星"。

陆地卫星至今由美国发射三颗。卫星离地面910km,分辨率70m,每幅图像覆盖面积185km×185km,每次拍摄0.5~0.6μm、0.6~0.7μm、0.7~0.8μm、0.8~1.1μm波段,即4、5、6、7波段图像各一张。对地球上每一特定地点18天成像1次。

Landsat8于2013年2月11日发射,卫星高度705km,倾角98.2°,覆盖周期16d,采用的机载传感器为OLI/TIRS。

(2)气象卫星

用于气象探测的人造地球卫星。按运行轨道可分为二类:

①低轨卫星 取太阳同步轨道,高度约1 000km,绕地球一周约100min,轨道平面与赤道交角约90°。两颗轨道平面互相垂直的低轨气象卫星每6h可将整个地球巡视一遍。

②高轨卫星(又称"静止卫星") 取地球同步轨道。位子赤道上空35 800km处,绕地球一周的时间恰为24h,故在地球上看去是静止的。地球同步卫星上的感应器每半小时可以对地球表面1/4的地区观察一遍。

美国NOAA(National Oceanic and Atmospheric Administration)重点关注地球大气与海洋动态,为灾害天气提供预警。NOAA卫星自1970年12月第一代"泰洛斯(TIROS)"至今已发射19颗卫星,NOAA-19于2009年2月6日发射。从第五代开始(NOAA-15~NOAA-19)采用高分辨率辐射仪,包括5个波段,分别为可见光红色波段、近红外波段、中红外波段和两个热红外波段。波长范围0.58~12.50,其中波段3(3.55~3.93部分)可以识别下垫面高温点,监测到森林火灾、火山运动等。NOAA 卫星一天可以接受两次全球图像,动态监测方便人们随时掌握地物变化。

EOS(The Earth Observation System)卫星为近太阳同步极轨的双星系统,由上午卫星和下午卫星组成,第一颗 EOS 上午轨道卫星于 1999 年 12 月 18 日发射,命名为 TERRA。所搭载的光学探测设备是 MODIS,有 36 个通道,可用于林火监测的通道分别为通道 7、通道 20~25。可以监测地表温度和湿度、林火等级预报、荒漠化监测、森林病虫害等不同内容。

"风云一号"是我国研发的第一代太阳同步轨道气象卫星,共发射四颗。FY-1A 发射时间为 1988 年 9 月 7 日,因运行中发生故障,服役时间只有 39 天。随着技术进步和研究方法的更新,FY-1B、FY-1C、FY-1D 的服役时间增长,FY-1D 从 2002 年发射到 2012 年失效,超额服役达 10 年,为我国积累大量有效数据。我国最新风云四号气象卫星将于 2016 年 12 月份中旬发射,风云四号气象卫星是我国第二代静止气象卫星,与风云二号气象卫星性能相比,有很大的提高。探测波段数量增加到 12 波段;地球圆盘图成像时间缩短 10 分钟,全帧扫描效率从 5% 提升至 80% 左右;增加小区域扫描观测功能,利于区域性强灾害性天气现象的实时监测;空间分辨率、数据量化等级均有所提高。

高分四号卫星于 2015 年 12 月 29 日发射,是我国第一颗地球同步轨道遥感卫星。卫星距离地面 36 000km,分辨率 50m 以内,数据下传码速度 300M/s,在三四秒内即可传输一幅照片。高分四号卫星主要在监测森林火灾、洪涝灾害等方面发挥重要作用。在 2016 年 3 月 2 日甘肃省甘南藏族自治州的森林火灾中,高分四号就发挥了重要作用,连续 4 天监测火场动态以确认复燃可能性。森林火灾发生时,可在光影像上看见浓烟,中波红外影像出现高亮区域(图 10-4)。

图 10-4　高分四号森林火灾监测图像

注:图片源于易维等《高分四号卫星在森林火灾监测中大显身手》(卫星应用,2016:05)

10.3.1.3　卫星遥感

利用人造卫星搭载遥感仪器来探查包括土地、水渠、森林、矿藏等地球资源和大气层内各种现象,称为卫星遥感。

10.3.1.4　卫星探火的优越性

卫星探火较航空探火有独到的优越性:

①小成像范围大,一张陆地卫星图像相当于 1:10 000 航测照片 3 500 张。

②资料新颖,能迅速反映动态,及时监测发现自然界的变化。

③不受地形影响,克服飞机、雷达的空间局限性。

④采用多光谱摄影,形象信息丰富,如在森林可燃物分布图中可同时使用5、7波段的卫星片,各树种在7波段的光谱反射率差异较大,有利于树种识别,而5波段出现的低反射率则有助于把林地与无林地(草地、农田、道路)分开。

⑤成像迅速,成本低廉。

陆地卫星遥感图像在分辨率上不如航空遥感图像。而气象卫星分辨率更低,并对特定地物的定位还较粗糙。随着遥感仪器和判读仪器的发展,这些缺点将逐步得到弥补和克服。

10.3.2 卫星遥感在防火灭火中的应用

遥感仪器(如多光谱扫描仪,红外辐射计等)能在数百至数千千米的高空中接收来自地面和大气的可见光至热红外波段的各种反射和辐射信息。再将这些信息送到地面站,地面站将接收这些信息并进行一系列预处理后,以图像胶片和数据、磁带形式供给用户,最后经过分析判读,达到应用的目的。目前普遍采用 MODIS 数据进行研究,因为 MODIS 数据免费、算法多,为我们提供便捷数据源;拥有 36 个谱段,波谱范围从 $0.4\sim14.4\mu m$,空间分辨率达到 250m(表10-3);能够全球观测,$1\sim2d$ 便可覆盖全球。

表 10-3 MODIS 用于火灾监测的通道及应用

波段	波长(μm)	空间分辨率	主要应用
CH1	0.62~0.67	250	过火面积,烟雾
CH2	0.84~0.87	250	过火面积,烟雾
CH6	1.62~1.65	500	火点监测,明火面积估算
CH7	2.10~2.13	500	火点监测,明火面积估算
CH20	3.66~3.84	1000	火点监测,明火面积估算
CH21	3.93~3.99	1000	火点监测,明火面积估算
CH22	3.93~3.99	1000	火点监测,明火面积估算
CH23	4.02~4.08	1000	火点监测,明火面积估算
CH24	4.43~4.49	1000	火点监测,明火面积估算
CH25	4.48~4.54	1000	火点监测,明火面积估算
CH31	10.78~11.28	1000	明火面积与过火估算
CH32	11.77~12.27	1000	明火面积与过火估算

注:表格数据来自张安定等《遥感技术基础与应用》(2014)。

MODIS 数据运用在林火监测的核心是通过热红外波段和植被指数二者结合来识别火点,用绝对阈值判断,逐步识别高温区,如果 $T_{22}<320K$ 且 $\Delta T<20K$ 则基本满足火点判定。

应用主要体现在以下几个方面:

(1)林火动态监测

美国于 1975 年 11 月 24 日用同步气象卫星(SMS-2)监测加利福尼亚州由林火引起的

烟雾扩散情况,分辨2km。1977年5月23日由"流星"气象卫星(苏联低轨卫星)拍摄我国大兴安岭发生的一次林火,图像能看出火势还在向东北蔓延。这次卫星拍摄的资料与地面记录相吻合。1976年9月15～16日陆地卫星-2拍摄的黑龙江省黑河地区西部一次林火,15日烟雾尚少,16日燃烧点增多而且范围扩大了。

目前由于陆地卫星很少,覆盖周期长,每18天才能对同一地点巡视一次,而气象卫星虽然每天能成图几张,但分辨率低。因此,这两种卫星在林火探测上直接应用还有一定距离。

(2)雷击火监测及预警

雷暴云是由于强烈对流引起的。由于对流强,云顶高而温度极低,在可见光和红外图像上呈现为最光亮区。所以卫星云图可见光波段和红外波段范围都非常直观地提供了雷暴云的信息,可以在云图上把雷暴云从其他云类中分辨出来,并确定其位置,从而勾画出地面上可能发生雷击火的区域。美国阿拉斯加州在1973年6、7月的三天中,诺阿-2卫星图像显示出的雷暴云与地面雷击火相关位置表明:雷暴云位置与记录的林火位置都是一致的。

(3)编制大范围森林可燃物分类测绘图

陆地卫星图像经过电子计算机数字分类和彩色增强处理后,可以表示出林区中不同林型、水面、沼泽、采伐地、非林地、火烧迹地等位置及面积。一旦发生火情,使用这种图就能从中确定林火蔓延速度和控制措施,从而为扑灭森林火灾提供制订最佳方案的情报。

(4)绘制火烧迹地图和估算损失量

多光谱的陆地卫星图像能反映地面物体对不同光谱的反射强度。经过火灾后的枯死植被强烈吸收红外光,故在6、7波段图像上火烧迹地的色调比周围活植被暗。1975年6月10日我国内蒙古红花尔基林业局一次火灾迹地在卫星图像(7波段)显示出来,通过密度分割仪处理后,得到了表示林火严重等级的面积分布,并能估算材积损失量。

(5)及时测绘防火期植被的物候变化

根据卫星图像的影像分析,很容易随时在大面积范围上测绘雪线界限的变化和林区植被的物候变化,如从枯草返青、枝条萌发可判别防火期的开始和结束。同时植被变化和含水量是划分火险等级的一个重要因素,卫星遥感在这些方面提供了大范围的数据,使火险动态区划更精确。

(6)测定和传递各种地面和高空气象因素供计算机做火险预报

林区气象站稀少,交通不便,通信困难,要取得常规需要的一些观测资料是困难的。气象卫星昼夜进行全球范围的观测所测得的温度、湿度、降水、辐射等三度空间分布的气象要素,可一天数次向各地区站快速传送。

10.3.3 红外和卫星遥感技术展望

红外卫星遥感是20世纪六七十年代发展起来的一门新技术,并很快由军事上的目的转为民用,其中包括森林防火灭火。国外红外探火技术进展很快,有些国家已将一种称为红外前视仪的装置用于森林防火。这种仪器既能作横向扫描,又能纵向扫描,直接用电屏及时显示生动的红外图像。它还不受航速、航高限制,装在直升机上,甚至"停滞"在空中，对地面扫描显示。此外，还有头盔式红外夜视仪，驾驶员戴着它可以观察火情和地物。手提式红外热像仪，也可用于清理火场。轻便红外电视摄像机还能观察地面或空中烟雾弥漫的火区。红外除用于探火外，在农、林、牧业及环境监测等方面都有广泛应用的前景。

利用人造卫星搭载红外装置探测林火，比机载装置巡视林区，速度大大加快，国外已开始应用，而且经济效果很理想。例如，用卫星图像绘制火烧迹地图，与航空勾绘相比，前者不仅能表示受害面积，而且能表示出受害严重等级。是一种便宜、有效、精确调查损失的方法。在加拿大，二者成本之比为1:1。

我国从1973年以来，在防火科研中引入了红外和卫星探火技术，并先后研制出各种不同类型的红外样机，这是防火科技工作的重大成果。当然由于各种原因，这些红外样机还不能完全适应林区防火的要求，需要继续研究改进。但绝不能以此否定红外和卫星探火的先进技术。一旦突破某些技术难关，我国森林防火就会出现新的景象。

10.4 林火监测新技术

(1) 无人机技术

无人机监测火点是一种新型林火监测技术，相较于过去常用的卫星监测、瞭望塔监测、地面巡护和航空巡护，无人机体积小、耗费成本低、操作简单灵活、受限制因素少、节省人力物力。近些年随着无人机技术的成熟和发展，在气象探空、灾情预测、环境遥感等领域得到应用。无人机探火是在无人机上携带摄像系统在森林火灾中进行巡护。无人机运用测绘，通过获取的影像进行拼接处理，获得地物坐标。

森林火灾扑救是一项非常危险的行动，伴随林火发生时会产生大量的烟尘、烟雾，不仅阻碍消防人员视线，同时给呼吸造成困难，林火释放的烟雾中含有很多有毒、有害物质，吸入过量会危及生命。

通过无人机对火场进行探察，确定火灾所在位置、估测火场面积、判断林火种类，及时将信息回馈给相关部门，方便林火指挥中心进行消防决策，减少因没有全面了解火场信息而造成的无谓的伤亡。特别是初发火和隐火不易被人发现，无人机可以通过机载红外和可见光摄像机监测森林火灾，显示出火点、热点，通过系统重新判别是否火点，并进行更为精确的定位。还可以将无人机带回的信息留档制图，作为以后预测的有效数据。

随着无人机技术的更新，第八届中国国际警用装备博览会上出现一款多功能消防无人机，这款无人机有弹道发射系统，可以用于警用侦查、测绘航拍、电力架线巡线、农业植保等区域。还备有安全降落伞系统，当遇到意外出现"坠机"事故，它可以保护无人机的航拍仪器不受损害。

(2) 物联网监测技术

当前，物联网技术和智能信息处理已经成为获取精确定量信息的重要手段，为林业领域的信息采集与处理提供了新思路，已经成为现代林业的研究热点。利用物联网全面感知、可靠的传送和智能作用这三方面的特性，可以将其应用于林火监测系统中。在森林覆盖的区域内通过无人机及可自动识别林火的监测视频发现森林火灾，通过安装无线传感器网络可实现对林区各项林火因子的实时监控，利用无线射频识别装置及全球定位系统可以进行护林员巡护管理。这样，从多个监测方面同时入手来实现对森林火灾的早发现、早控制、早处理。综合各种先进设备的智能化的物联网林火监测网络一旦形成，必将综合各种监测设备的优点，扬长避短，大幅提高林火监测的效率，成为森林防火工作的坚实后盾，从而达到保护森林资源，保障生态安全之目的。

随着物联网技术的发展，越来越智能化、高效率和可互操作的物联网林火监测系统将会逐步出现，并广泛应用于森林火灾监测领域。物联网技术在森林火灾预测预警方面的发展与成熟，也将极大提高林业信息化的水平和程度。

(3) 森林火灾距离监测系统

法国一家专业防火公司研制出种森林火灾距离监测系统。该系统包括远距离火源探测器，一架远红外摄像机，以及一台电脑试验表明，这套系统在雾天能够测出 2km 以外一张燃烧的报纸和 8km 以外的 $10m^2$ 火区较弱的火势。这套系统不仅能测出火灾，同时也可准确有效地测出热气体和易燃气体。它可以通过遥控摄像机准确地测出火源和判断火势，并把其精确的方位自动地送到消防操纵台。每套系统可监测 $200km^2$ 的范围，通过数套系统，人们便可以三角交叉监测各个区域，并把搜集到的信息加以对比。

(4) 森林报警系统

在人们发现森林火灾和报警之前，火灾往往早已失去控制，造成重大损失。只有采用自动化监测，才能做到及时发现，及时报警，迅速扑灭。西班牙国家海军军备建设公司最近提出一套森林报警系统，并获得了欧洲专利。该系统是在林区监测塔上安装太阳能电视录像机，每机都配有两套图像传感器，一套对可见光敏感，另一套则对红外线辐射敏感。前者所得的图像以地图形式储入仪器记忆装置，而后者则能记录下由较大热源所造成的热点，并将它叠加到记忆装置中的图像地图上去，再传回中枢调控部分。当发生火灾时，即形成热点，红外传感器会自动记录下该点。当图像地图上因叠加作用而出现热点时，就会相应地发生显著变化，促使中枢调控部分发出警报，值班护林员即可据此通知距离火源最近的消防小分队迅速前往灭火，将火消灭在初发阶段，从而可避免森林大火造成严重损失。

(5) 森林防火电视机

俄罗斯科学家研究成功一种能在电视控制装置屏幕上发现森林火灾烟雾的电视机。这个闭路电视系统具有影像信号传动装置，它可安装在防火观察瞭望台和高大建筑物上。该机由装置在瞭望台中的 3 个仪器和装在房屋内接受方位的 3 个仪器组成，它可进行远距离调控。当发射室的位置超过林冠 20~25m 时，可在电视装置屏幕上发现森林火灾。其半径小于 15km，林冠到地面森林详细检查在 2min 内就可以完成。

(6) 自动林火监测预报系统

在德国，林火监测塔已被自动监测系统所取代。该系统由两部分组成，即监测林火传感器，安装在欲测林火的林地上，另一部分是连接各监测点传感器的监测中心，设在林管区或林业局，通过无线电同 10 个传感器相连接，安装在林地高处传感器上装有可转 360 度的彩色相机，高度为 25~50m，图像处理计算机可自动识别烟火，并以高质量把信息通过无线电传送给监测中心,监测中心通过荧屏上反映的信息做出判断和防火措施。

(7)森林火灾红外线监测器

意大利研制出一种森林火灾红外线监测器,它可以感知 120 平方英里(1 平方英里等于 $2.59km^2$)范围内因火灾引起的温度变化,并在摄像机发现火焰之前发出火灾警报。设在森林中的火灾监测塔除配备一台气象用传感器和一台帮助消防人员看到火势情况的摄像机外,还应配有一台这种新研制出的用于测量地面温度的红外线监测器。这种监测器能以每分钟旋转 360°的频率对林区进行扫描。如果在连续 3 次的旋转中均发现地面温度升高,它便会发出火灾警报,通知消防队伍赴现场,此时火势往往尚处于初起的闷烧状态。而当红外线监测器继续监测火焰时,来自气象传感器的数据将与存储在监测器计算机中的当地平均温度相比较,再结合摄像机的拍摄情况,便可使消防队知道哪儿是火灾中心以及火灾的蔓延趋势。

【本章小结】

本章主要讲述了林火监测的知识,包括地面巡护、瞭望台监测、卫星监测三部分。林火监测贯穿林火发生前、林火发生过程中及林火发生之后,前期监测通过发现异常状况,立刻定位火点位置,及时派人前去救援;中期在林火发生过程中可以保持对火场的动态监测,随时了解火场变化信息,为指挥部门提供有效信息进行决策;后期扑救工作结束后,可能存在潜藏的隐火、暗火的可能,通过红外、卫星监测可以做到"发现问题、立刻解决"。传统监测方式有地面巡护、瞭望台监测,随着科技的发展,涌现出一批更快速、精准、便捷、节省人力物力的方法,但是传统监测方式仍旧是林火监测中的重要组成部分;现代林火监测方法主要是通过卫星遥感,对某一地区进行长期的动态监测,通过发现异常值,进行多步骤判别来决定是否发生森林火灾,尤其方便监测偏远、发展程度较低、人不便到达的地区。其他新型技术,如无人机监测、物联网监测等技术的日益成熟,将会对林火监测工作做出更多贡献。

【思考题】

1. 简述地面巡护的主要任务。
2. 简述瞭望台的作用和设置原则。
3. 请举例说明当今林火监测新技术都有哪些?

【推荐阅读书目】

林火生态与管理. 胡海清主编. 中国林业出版社,2005.

第11章

森林防火通信

【本章提要】 林火通信是森林防火工作的重要组成部分，是保证高效率扑灭山林火灾的主要手段。有良好的通信网可以迅速准确地传递火情，及时组织人力扑救火灾；及时报告火情，受理火情。依靠火场移动通信，组织行进间的不间断联络，使指挥员掌握火场情况，指挥得当，调度合理，为扑火队伍的开进、收拢，选择最佳行进路线，从而减少扑火人员盲目奔波火场的疲劳程度，使高度分散的扑火队伍形成一个整体，扑火战斗做到快节奏，速结局。因此，各级森林防火指挥部门都配置森林防火专用有线和无线电通信设备，构成了森林防火通信网络，保证指挥通信畅通。由于无线电话通信信息传递快，机动性强，经济效益好，电台架设不受地形环境的影响，操作简单方便，因而在广大林区使用较普遍。本章重点讲述无线电通信在森林防火中的应用。

11.1 森林防火通信系统概况

森林防火、灭火无线电通信系统主要由两部分构成：一是由固定电台组成的森林防火指挥调度通信网；二是利用超短波电台（FM）和短波单边带（SSB）电台组成扑火现场移动战术通信网。该系统主要是进行话音、数字、数据、图像等传输通信。

11.1.1 森林防火调度指挥通信网

森林防火调度指挥通信网，一般是指林业部森林防火指挥部，各省防火办指挥部；各市、县防火办指挥部；各基层防火机构之间的联络。其联络对象均以防火工作的隶属关系来组织。所用器材多为功率比较大固定台。共有3种形式：

①使用 4GHZ-960 路微波电台组成多路通信的微波调度指挥网(大兴安岭地区使用较多)。

②使用超短波电台如 IC-28A，TK705/805，TM241 基地台和 C-150，HX260，TK26AT 等手持机。组成森林防火固定无线电台调度指挥网。其中有的要求覆盖面较大时，设有中继台或多级中继台。在近似大平面工作区域里，可以设转发台组成森林防火无线电台调度指挥网。

③短波单边带电台组成中远距离的无线电通信，通信距离在几百千米至几千千米。

11.1.2 森林扑火现场移动战术通信网

森林山火扑灭成功与否除了靠固定森林防火无线电通信网调度指挥扑火战斗外，更多的是靠火场移动战术通信网指挥灭火战斗。火场移动战术通信网，因其条件恶劣、参战人员多、情况复杂多变，通信组网方式为多层次、多手段、多信道，属漫游式通信。

森林扑火现场移动战术通信网的组织方式是依据辐射网和地域网(节点网)工作原理，建立可行性的大平面火场和带状火场的移动无线电战术通信网络模型，并在实际扑火中恰当地使用。

11.2 无线电通信基础知识

林火通信中所用的各类通信电台，其收发信号之间实现的联系是靠电磁波的传播建立起来的。在传播过程中受各种媒介的影响出现电波的反射、折射、绕射等变化。

11.2.1 无线电波传播的基本特性

(1) 地波吸收的现象

①吸收　地波沿地面传播或遇到地面上的障碍物，将在地面及障碍中产生感应电流，造成能量的损耗，这种现象叫做吸收。吸收的大小与频率、通信距离、地面导电性能有关。

②绕射　电波在行进中遇障碍物时，不能直接穿透，而绕过障碍物继续行进的现象，称为绕射。频率越高绕射能力愈弱。短波有一定的绕射作用，而超短波的绕射能力则很弱，如图 11-2 所示。总之，地波可以使用同一频率沿地面稳定地传播。

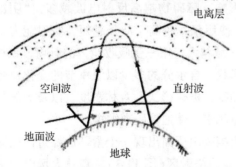

图 11-1　电波的 3 种传播方式

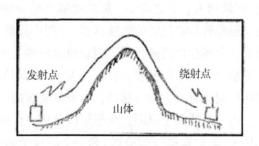

图 11-2　绕射现象示意

(2) 天波传播及其特点

短波通信，能够利用电离层的反射，进行较远距离的通信。

在地球上空 40~800km 高度有电离子的气体层，包含有大量的自由电子和离子。当受到太阳辐射出的紫外线和带电微粒的作用形成电离层时，电离层能反射电波，对电波也有吸收作用。

天波传播的主要特点是：

①电离层对电波有吸收　吸收的大小与下列因素有关。

第一，电离层对电波的吸收与频率高低有关。频率低吸收大；频率高吸收小。

第二，电离层对电波的吸收与电离密度有关。电离密度大，吸收越大；电离密度小，吸收小。

②衰落现象　在收听短波固定电台的信号时，常出现时强时弱，时有时无的现象，叫做衰落现象。由于接收点的电场强度，常常是由几个不同路径的反射电波合成的，合成后的电场强度也不相同，引起了衰落现象。通信电台中多单用自动增益控制电路克服衰落现象。

③白天和夜间传播的差别　短波电台使用存在着白天信号弱，夜间信号强的现象。根本的原因是，电离层高度及电离层密度在白天和夜间是不同的，所以晚间收到的信号明显增多。

④寂静区　使用天波时，有时会出现在距离电台较近和较远的地方，可以收到信号，而在中间一段地区却收不到信号，这种现象叫做越距。收不到信号的区域就称为寂静区。为了缩小以至消除这个区域，常使用较低频率和使用发射仰角大的天波（即高射天波），使天波反射回来达到的地区离发信机近些。

(3) 直接波传播

由于超短波频率高，容易穿透电离层，因而不能靠天波传播来通信。超短波的绕射能力又很弱，地面吸收大，也不能用地波传播通信。所以只能以直接波来完成通信。

超短波电台用直接波通信时，"阴影损耗"是一个值得注意问题。它的产生原因主要是，直接波在崎岖不平的森林地区传播途中，受到传播路径上的高山、岩石、建筑物、森林等物的阻挡，引起随机的绕射衰落、多径衰落和地形衰落，这些衰落称为"阴影损耗"，其衰耗的程度受三个因素影响：第一受障碍物影响，障碍物越高反射电波越多，"阴影损耗"区域越大，反之越小。第二受频率的影响，使用频率越高，波长越短，绕射能力就更弱，遇障碍物被反射的电波越多，"阴影损耗"区域越大。第三受吸收能力的影响。森林媒质是一个弱起伏随机介质，随着树木的种类和形状，含水分的多少以及季节的变化对超短波能量均有一定的吸收，吸收的大小与使用的频率、极化形式、森林密度，以及天线与森林间的距离有关，频率越高，电波被吸收的能量越多，使通信距离缩短。

由于上述三个原因，在超短波通信中会在阻挡高山后面出现一个紧贴山峰背面的完全无信号"阴影损耗"（寂静区）和一个信号受到削弱的绕射区（图 11-3）。森林火场电台多数是贴山移动工作的，"阴影损耗"对扑火通信影响较大，因此应避开其影响，以获得高质量

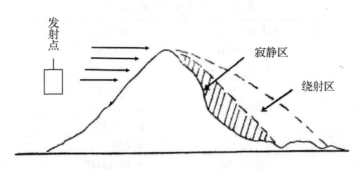

图 11-3　高山后面寂静区与绕射区

的通信效果和尽可能大的通信概率。

"阴影损耗"区内的寂静区和绕射区的形状与电台所用的频率，天线的结构、高程，以及电波反射条件有关。由于在绕射区不能收到直接波，接收点又属于弱边缘接收场强点，受反射和折射电波的影响，相位变化大，使接收点合成场强随着移动，电台位置的改变呈波动状变化。当快速移动通信时，这种波动更大，所以在绕射区通信时，尽量少用移动通信方式。

实际通信中多数用设中继台的方法来克服超短波绕射能力差的弱点，以便增大通信范围，减少"阴影损耗"对山林山地通信的影响。

11.2.2　影响通信距离的主要因素

超短波无线电话机通信距离的影响主要有 3 个因素：

(1) 距离衰耗

无线电波随着收、发信机之间的距离增加而减弱。这是一种连续的，可以预测的衰耗。它与收、发信机天线高度、频率、天气状况及林区地形条件等因素有密切关系。

(2) 阴影损耗

它是由建筑物、森林小山丘等阻挡物引起的随机衰落，在多高山林区或者城市中，它随着阻挡高度和密度的增加而加快，甚至可以使无线电话机的通信距离大幅度的减小。

(3) 多径传播引起的快衰落

由于移动中的无线电话天线低矮，完全被掩没在各种建筑物、岩石、树木等下面，到达收信点的电波不仅有直接波还有许多反射波，使合成的信号时而增强，时而减弱，造成快衰落。这对超短波通信来讲，是非常不利的。

11.2.3　无线电波的传播与波段的划分

(1) 按波长或频率划分

森林防火通信电台所用频段(表 11-1)：一是短波电台；二是超短波电台。各波段的传播特点及用途由表 11-2 给出。

表 11-1　波长分类与波长范围

分类		波长范围(m)	频率名称	频率范围
长波		10 000~1 000	低频(LF)	30~300kHZ
中波		1 000~100	中频(MF)	300~3000kHZ
短波		100~10	高频(HF)	3~30MHZ
超短波	米波	10~1	甚高频(VHF)	30~300MHZ
	分米波	1~0.1	特高频(UHF)	300~3000MHZ
	厘米波	0.1~0.01	超高频(SHF)	3~30GHZ
微波	毫米波	0.01~0.001	极高频(EHF)	30~300GHZ

表 11-2　不同波段电波传播特点及用途

波段	电层对电波吸收	传播特点	主要用途
长波	弱	主要靠表面波传播，有绕射能力，可沿地面传播很远	导航 通信
中波	白天很强，几乎被吸收完，夜间很弱	沿地面传播，可达数百千米，夜间可以靠天波传播很远。所以，传播距离白天近夜间远	导航 通信 广播
短波	白天，对较长波长强，对较短波长弱；夜间很弱	主要靠天波，经电离层多次反射，能传播很远，但接收信号有衰落现象。沿地面传播损耗大通信距离近	导航 通信 天文 无线电广播等
超短波	电离层不起反射作用	主要靠空间波(视距传播)传播距离不远。电离层散射和流星余迹传播能达几千千米	导航 通信 电视广播
微波	电波能穿透电透层	直线传播距离很近，有频带宽，信息容息量大的特点，用拉力方式传播距离远。对流层散射传几百千米，卫星传播能传到全球各地	雷达 无线电 天文

（2）按传播方式分

①地波（地面波）　沿着地面传播的电波称地波。

②天波（空间波）　向空中发射，由电离层反射回到地面的电波称为天波。

③直接波（直射波）　直线传播的电波，称为直接波。一般由直射波和地面反射波组成。3 种传播方式如图 11-1 所示。

11.3　移动通信

森林消防中的移动通信是在监测和林火扑救过程中通信联络的重要手段。通信器材多采用超短波电台(对讲机)，辅以短波电台或移动电话(可根据火场通信接收情况来定)。在扑火中，随时反映火场动态，确保各级扑火指挥指令通畅。现场通信对林火控制有着举足轻重的作用。许多国家的扑火实践证明，火场通信的好坏，直接关系到扑火方法能否及时实施和火灾损失的大小。因此，森林灭火现场是组建森林防火通信网络中的重要环节。

(1) 扑火现场通信区域的构成

扑火现场通信区域构成的基本要求是要覆盖整个现场。为了保证每个角落的通信联络，扑火现场通信区域构成的基本要求是要覆盖整个现场。与网络区域构成有关的因素有：电台的覆盖半径和网络的组成形状，这直接关系到话务密度的大小。由于电台覆盖半径与电台的功率大小有关，所以网络形状分为三角形、四边形、六边形 3 种。具体布局可根据现场地形、火场形状灵活采用。通信区域构成在实际工作中可分为带状和大平面两种类型。

① 带状工作区域组网　这种组网形式一般用于火场区域比较狭窄的情况下，使用强方向性的定向天线组成网络区域，电台网络按纵向排列。而整个通信系统网络由许多细长的通信区域连接组成。这种带状扑火工作区域是使用区域网来实现火场通信的。每个区域网是网络中的"基层"单位，增设主台，沟通区域网之间的联络。区域网内使用相同的频率，机动灵活。适合中小型火场通信组网。带状区域网络中的指挥信息是由各区域网主台接力传递的。带状组网的缺点是，一个区域网的主台发生故障，将影响部分电台的工作。

② 大平面工作区域组网　火场大多数形状是椭圆形，所以通信组网要用大平面工作区域。根据地形条件，可采用三角形、四边形、六边形的网络形状。其网络构成通常是多级辐射状。一般火场用一线网即可，而大中型火场或花脸火场可采用多级组网。在大平面区域组网中，电台采用单工异频机，主台与属台、属台与属台之间都可以通话，便于联络。应该注意的是，因扑火现场呼叫的随时性，容易产生碰撞现象而造成通信阻塞。要严格管理，统一安排频率，才能保证通话畅通。

(2) 移动无线电台的越区转换

当林火发生后，火场形状和蔓延速度及方向受当地当时的气象因子和地形条件的影响，燃烧区域极不规则，因此，在扑火时，造成无线电台台址移动频繁。移动电台有时与基地电台的距离拉大，使得通信信号减弱或中断，给扑火通信带来问题和困难。所以，要认真研究和解决好网络中移动电台的跨区转换问题，如根据火场变化情况，科学的配置电台的功率，调整好信号的交叠区域，保持一定深度，确保火场通信的畅通。在扑火现场越区转换有按地理位置切换和通信质量比较切换两种方法。

① 按地理位置切换　当持有移动电台的人，对扑火区域比较熟悉，并能够准确测定基地(节点)电台所在位置的时候，可在原联络的电台和前进方向的电台两个信号覆盖交叠区域的适当地点进行转换隶属关系切换。

② 信号质量比较切换法　在电台移动过程中，当与原联络电台的通信质量下降到规定值时，应采用转换隶属关系的方法，使移动电台适时地转入通信质量最高的区域工作。

(3) 森林扑火现场电台的设置

在森林扑火现场使用的大多是超短波电台，其传播方式是直射波，由于受周围环境(气候、地形)影响较大。有时场强形成明显谷点。在谷点，即使距离在覆盖半径内，也测不到对方信号。因此，扑火现场电台的位置设在何处十分重要。

① 基地电台和火场指挥部电台　基地电台和火场指挥部电台一般位置相对固定，但距离火场较近。为增大电台的覆盖面积，减少谷点，应选择障碍物少、地势较高、且能够直

视火场的地点架设无线电台。同时，可将红旗当作标志，以利于火场各移动电台确定方位和距离。

②火场移动电台　在山区扑火，地形复杂，应派经验丰富、技术水平较高的同志担任现场移动电台的服务工作。移动电台在与上级电台通信中，必须充分利用 FM 电台的特性，恰到好处地使用无线电台。在复杂的地理环境中，选择较高的地点通话，最好能直观基地电台，从而保证扑火现场工作的畅通无阻。

(4) 火场规模与通信网络设置

由于林火发生的时间和气候条件不同，发现的早晚也不一样，使得火场规模也不相同。火场面积可大可小，甚至跨越地区、省乃至国界，所以扑火通信网络的组建差异较大。

11.4　防火通信新技术

消防通信新技术是指利用现代先进技术通过数据、移动网络，以计算机、手机、平板等载体以各种我们熟悉的形式传送到使用者手里的方式，是现代消防水平的一个非常重要的方面。由于城镇化的集中发展，小区、城镇、工业区的集中，会使得火灾一旦发生就非常难以避免，然而，上述因素的集中又是必然的趋势，所以如何有效地做好火灾防范工作，以及火灾发生时如何高效、及时地处理将是非常重要的任务。其中处理火灾的方式也有许多种类，如利用移动数据、无线网络等。下面对其进行简单的介绍：

11.4.1　短波通信技术在森林防火中的应用

近年来，全国消防部队逐步建成了一套自己的应急通信网络，在各类灾害事故救援中发挥了重要作用。在这些通信保障体系中，短波通信以其组网灵活、操作快捷、性能稳定的优势，在消防救援工作中已成为不可替代的应急通信手段。

11.4.1.1　短波通信概述

国际上通常将波长在 $10\sim100m$，频率为 $3\sim30MHz$ 的电磁波归为短波通信。目前，短波通信已经被广泛地用于消防、交通、水电、部队等各个部门。随着时代发展，新的通信系统不断出现，但短波通信以其自身特点并没有被社会所淘汰，而是越来越受到世界的重视，这一古老和传统的通信方式正快速发展着。短波通信凭借着传输距离远、抗毁能力和自主通信能力强、运行成本低的优势，在地震救援、灾害处置及军事指挥等领域依然发挥着重要作用。

短波通信主要有3种方式：地面波传播、天波传播、直射波传播。地面波沿着半导电性质和起伏不平的地表面进行传播，传播距离不远；天波是短波的主要传播途径，几百至上万千米都是其可以传播的距离，并且不受任何地形条件影响；直射波是由发射点从空间直线传播到接收点的无线电波。

短波通信主要有三大特点：一是抗毁能力强。短波通信通常不受网络中枢和有源中继系统的影响，遇到大型地震、山体垮塌、泥石流等重大自然灾害时，各种通信网络可能会遭受大的破坏。而短波通信一般是不需要中继枢纽的，每个电台既可以做主站也可以做从站，毁掉其中一部分电台，不影响其他短波的正常通信。不管哪种通信手段，它们的生存能力和独立通信能力都无法和短波通信相提并论；二是建立通信模块。短波通信与卫星通信相比，其不需要建立任何中转站便可实现较长距离通信，也可使用固定基站进行定点通信，又可随身携带背负或放入车辆内实现移动通信，通信的建立非常简单，临时组建网络也很快捷，灵活性强；三是组网可选择的方式多。电台、无线和电源可组成一个基本的短波通信站点，而两部及以上的电台便可构建一套短波通信系统；四是覆盖面积广。短波通信传输可以达到几百到几万数千千米的通信距离，因此，在遭遇突发自然灾害时，可通过短波通信将信息反馈到全国其他地方，在抗灾救援中起越来越特殊的作用。

11.4.1.2 短波电台通信在消防救援中的应用

近年来，伴随着我国各类重特大灾害事故、突发公共事件、自然灾害事件等不断增多，规模也在不断增大，应急性强、救援技术要求高、处理难度大、操作时间长在消防灭火救援过程中呈现的越发明显，特别是跨区域协同救援越来越频繁，给指挥调度和应急通信工作提出了新的要求。自2009年以来，消防部队适应新形势的发展需要，启动了信息化建设项目，目前已逐步建成了以卫星通信网为主，公用卫星电话、短波设备、超短波电台等为辅的消防部队重特大灾害应急通信系统，通过多种通信手段保证消防部队的指挥通信畅通，解决跨区域，特别是灾害事故现场公网通信瘫痪情况下的消防自有应急救援通信网络。短波电台通信主要用于大区域、大规模灾害事件发生时快速建立消防应急救援通信网，解决指挥中心、现场指挥部、现场救援分队之间的应急通信联络问题。与其他几种应急通信方式相比，短波通信组网简便、设备轻便、无通信费用等因素，是消防部队灭火作战、野外救援使用较为频繁的通信方式。

(1) 在灾害救援中的应急通信作用

我国是一个多自然灾害的国家，汶川地震、雅安地震等重大灾害现场，都造成了公网通信的中断，因此，消防部队在开展救援活动的过程中，应急通信是整个救援行动中至关重要的环节。当面对一些特殊情况，比如通信中断、交通堵塞、电力中断等，短波通信设备凭借其重量轻、功耗小等优点，在应急电瓶或发动机的带动下，短时间内即可实现通信畅通，在同救援部队保持紧密联系的同时，还可及时对营救方案和行动进行分析，便于抢险指挥部调度和部署。

在抗震救灾中，由于救援队伍很多，卫星通信通道往往会被现场携带的类似设备挤占，进而导致通信不畅，甚至中断；汶川地震救援中，民间的无线电爱好者组织携带的通信电台就发挥了重要作用。消防部队可充分发挥短波通信自身的灵活快捷、传播距离远、快速、耐用等特点，及时组建应急通信指挥系统，以便第一时间展开救援工作。

(2) 在野外救援中的作用

随着消防部队救援职能的不断拓展，高空索道故障、洪涝水灾事故、野外山区迷失等事件造成的群众被困也需要消防人员开展救援行动，这类救援往往地域面积大，地势路况差，处置时间长，使用短波应急通信，相比卫星通信，其不受地形条件限制，而且不用支付话费，运行成本较低，是消防部队处置此类事件最适合的指挥通信方式。

(3) 在灭火救援中的作用

在经济社会高速发展的今天，城市化和工业化进程突飞猛进，现代工业区和人员密集场所一旦发生火灾事故，往往容易短时间内形成大面积火场，单凭辖区消防中队的灭火救援力量已不能满足战斗需求。在这样的火灾事故发生时，消防部队会根据情况增派多个战斗分队赶赴火场，在现场成立火场指挥部，统一组织灭火救援。各消防中队的指挥体系和无线通信频点也不相同，要实现统一指挥，还得依托短波通信，短波电台自组网模式与消防350M无线集群网交互对接。通过构建短波通信网，实现在实现中心与现场快速建立独立的、上下贯通的指挥调度通信网络，解决远程指挥中心、消防总部、现场战斗单位之间指挥官和士兵之间的短波通信。

11.4.2 消防新技术在现代通信中的应用

与以往的消防通信水平不同的是，现代消防通信技术摆脱了通信难、通信贵的问题，消防人员完全可以利用计算机网络、数据网络等现代技术及时、高效地实现快速通信，从而有效地避免灾情的扩大。其中，我们有效地利用的现代消防技术水平可以概括为：

a. 可以将计算机与无线网络相连接实现快速的交流，及时掌握灾情，及时处理相关问题；

b. 继续利用固定电话等有线设备，及时收到有关危险、灾情的报警，便于及时分派人手解决问题；

c. 可以利用计算机中相关软件的功能，实现计算机与火情相关联，做到用电脑智能化处理一部分难以处理的火情。

(1) 利用计算机处理的相关工作

计算机的出现使得处于世界各地的人能够实现面对面的交流，而计算机的功能之一——免费视频通话对于我们火灾的解决也有相当重要的作用。对于消防现场，不是所有的人员都可以进去完成消防工作的，消防人员也不可能一成不变的根据上级知识来死板的完成任务，然而火情却不能时刻在上级领导的掌控之内，这就需要我们的视频电话来帮助我们出色地完成任务了。即使不在火灾现场，上级领导也可以根据通过视频电话，和消防人员时刻保持联系，对于不可控制的火情，及时的改变原来的消防计划，调动全员听指挥，从而提高消防工作的效率和大家的反应，并且及时有效地控制灾情的进一步恶化，最大限度地保护人和财产的安全。视频电话可以说是现代消防通信技术的一项质的飞跃，极大地提高了执行效率。不仅如此，视频电话照样可以应用到消防技术的其他领域中去，便于上级领导及时地了解消防人员工作完成情况和训练情况等。不仅简化了上级领导的工作，还能提高工作效率。

(2) 利用 GPS 定位系统解决难题

随着数据网络的不断更新换代，我们现在已经处于 4G 时代，不论是面对面交流，还是不在身边都可以做到，如同在身边一样，而 4G 网络可以让你及时、快速地找到你想要寻找的目标，这在消防通信技术上也是一项非常有意义的改革。消防人员可以根据现代先进技术，通过手机等移动设备就可以准确地定位到火灾发生的地方，甚至是受伤人员所处的位置，及时救出受伤人员。当火灾发生时，消防人员或许仅仅需要打开自己的手机就可以准确定位到火灾的位置，从而提高工作效率；另一方面，正是有了现代定位信息，上级有关部门也可以在最短的时间里了解相关信息，在很大的程度上避免被蒙蔽的可能。

(3)网上浏览在现代消防通信中的应用

虽然计算机网络能够有效地帮我们解决大部分难题,但是我们所能涉及领域也只是在数据网络控制方的掌控之内,对于有些东西,没有专业技术根本不可能做到翻越。而消防人员就可以根据一些专业渠道,及时地了解到需要消防的地方的具体情况,和自己所处环境的交通、环境等相关方面的情况,而且由于其保密性的存在,这些信息很难被一般人泄露,基于此种方法,消防工作就会变得相对简单、高效。

11.4.3 新型灭火技术的应用

能及时了解火情却做不到高效处理也是不能胜任消防任务的,因此如何做好灭火工作也显得尤为重要。下面将讨论新型灭火技术在现代消防通信中的应用。

(1)智能机器人在其中的应用

生命是非常可贵的,灭火是为了救人,为了减少灾情的发生,而在其中失去自己的生命也是非常令人遗憾的,因此,智能机器人的诞生给我们带来了新的希望。智能机器人可以根据不同的火灾情况来完成自己的工作,它们可以根据火灾之前就被设定好的程序,选择性的根据火灾当场的情况来做到,喷射相关灭火原料,并且像正常人一样进行高危工作,向上攀爬、向下趴、旋转等工作,可以在高温情况下帮助人们搬出一些重要的商业资料、重要器材、伤员,等等。机器人远远可以代替人类进行高温下的工作,有毒气体的场合,从而有效避免消防人员的伤亡。

(2)更密更细的喷水技术

这项技术突破以往的传统,灭火效率极其快速,动力充足,根据压强相关原理技术,把水分成极细的雾状,有效地改进了灭火技术,大大提高了工作效率。

(3)利用化学制剂灭火

此种灭火器是依据化学原理而研制的,火灾发生前将事前化学制剂包装起来,做成方便好拿的器具,在火灾发生时直接将其投掷向火灾当场,在高温下释放出不利于燃烧的二氧化碳,从而有效地阻碍火情的进一步蔓延,同时,在此过程中由于高温情况,水分会大量蒸发,由于蒸发吸热,会使得燃烧物迅速降温,也有助于火势减小。

总之,想要做好消防工作,要做的远远不止这些,未来的消防通信技术也非常值得期待。世界无时无刻不在变化,现代消防技术也必然会在现代新技术的路上越走越远。将计算机技术和现代消防技术相结合是发展的必然趋势,两者之间的结合不仅使信息使用者能够方便快捷地获得火场数据,而且,作为信息接收者也能够更加方便地掌握信息,做好相关的处置工作。但是,现代消防通信技术是一项非常重要而艰巨的工作,要想好好发展必须做到一切从实际出发,杜绝只是追求表面工作,尽量按照上级领导要求,做到尽可能的统一化建设。在应用相关的高科技、先进技术的同时,也不能忽略它可能带来的负面情况,尽可能处理好利弊问题,做到利远远大于弊,维护好各个方面相关的工作。

【本章小结】

本章主要介绍了森林防火通信的系统概况、无线电通信的基础知识、移动通信，以及防火通信新技术。森林防火通信主要关系到指挥人员与救援人员之间的交流，直接影响信息传递。森林火灾发生的地区大多路途崎岖，基础设施建设薄弱，信号不通畅，导致信息传输困难。结合我国使用的通信方式，总结利弊，学习新技术、新应用，提高在森林火灾扑救过程中信息传递的高效性。

【思考题】

1. 当今森林防火通信系统的概况如何？
2. 什么是无线电通信？列举几种无线电通信设备。
3. 查阅相关文献，并举例说明防火通信新技术。

【推荐阅读书目】

1. 林火生态与管理. 胡海清主编. 中国林业出版社，2005.
2. 森林消防理论与技术. 甄学宁，李小川主编. 中国林业出版社，2010.

第12章 航空护林

【本章提要】航空护林是使用各种类型的飞行器(主要是飞机),其中以固定翼飞机和直升机为主,对大面积林区进行以预防、发现和消灭森林火灾为重点的各项工作,总称为航空护林。航空护林是森林防火工作的重要组成部分。本章重点介绍我国航空护林的特点、方法,以及航空监测原理,并介绍国内最新使用的航空护林飞机型号。

12.1 航空护林概述

航空护林是指利用飞机沿一定的巡护航线在林区上空飞行,以俯瞰形式观察林区火情,发现火情后,可立即改航去火场,详细侦查火场情况,并及时向基地报告。航空巡护具有机动、灵活,空中鸟瞰总揽全局,视野开阔不受高山等地形影响。目前航空主要有定翼飞机巡护、直升机载人巡护和直升机升高瞭望。我国多省(直辖市)都设有航空护林(分)站,以南北划分为国家林业局南方航空护林总站和国家林业局北方航空护林总站,统归国家林业局管理。其中北方航空护林总站的范围在东北(内蒙古)部分,主要负责航空护林行业管理、森林防火协调和森林防火物资储备,下设机构有办公室、党委办公室、航空护林处、森防协调处、总调度室和科技处;南方航空护林总站原名"国家林业局西南航空护林总站",于2012年10月正式更改为现在的名称。主要管理范围有云南、四川、重庆、贵州、西藏、广西、海南等18省(自治区、直辖市),护林所涉及国土面积共计418×10^4 km^2。森林航空消防业务手段有巡逻报警、机降扑火、索降扑火、滑翔扑火、火场侦查、空投空运、控制指挥、应急救援、观察培训等,履行森林消防、森林防火协调、卫星林火监测、防火物资储备、森林航空消防培训五项职能。主要使用机型有米-26、米-171、米-8、卡-32、小松鼠等。国外航空护林起步早，国内相对较晚。随着实践经验和科技的发展，航空护林在林业所占的地位越来越重要，本章将对航空知识进行讲解和介绍。

12.1.1 航空护林的特点

航空护林的主要特点是集中表现在使用飞机这种现代化运载工具上。它可以做到迅速、及时、短时间内对偏远地区，缺少现代化地面设施的大面积森林，完成从及时发现火情到扑灭火灾等大量工作和特定需要的任务，从而能有效地保护森林资源，减少因森林火灾的损失。

具体地讲，航空护林的特点是：机动性大，不受地形和道路条件限制；速度快，能迅速运输扑火力量；侦察精确，对起火点和火场范围标定较准；控制面广，空中鸟瞰，一览全局。

12.1.2 航空护林的任务

目前，我国航空护林的主要任务是：侦察和巡逻火情（包括利用红外探测系统探火）、空投火情情报、空运专业队员或群众扑火、空降跳伞队员扑火、指挥火场扑火、喷洒化学药剂或水灭火、播撒催化剂促进降水、空投宣传品和扑火物资、调查火灾损失以及训练专业人员进行飞机喷洒药剂防治病虫、飞播等工作。

黑龙江省森工总局防火办的丛广生，就我国的航空护林问题当前发展的主要任务是：①应该侧重未开发的偏远山区，将已经开发林区的巡护飞机适当集中于无人无路失控的偏远林区，加大那些林区的巡护密度。②在有条件的地方扩大空中喷洒化学药剂灭火、灭草的业务量。用化学药剂阻截火头铺设隔火带和在预防上喷洒除草剂代替人工开设防火线，是对地面防火设施的补充和支持。洒药的飞机，同时要完成火场勾绘、火势侦察等任务。③发展航空护林的最主要方面是增加中、小型直升机载人巡护灭火的数量。

12.1.3 航空护林的其他用途

12.1.3.1 森林防火相关工作

①宣传护林防火　观察员、跳伞员、机降员、航空护林的工作人员，在火险期开始前或火险特别紧张的时候从飞机上撒放传单宣传防火知识，也可用跳伞和直升机运送机降扑火员前往居民点宣传防火和有关规章制度。

②检查防火工作　用飞机检查防火瞭望台的值班情况，这时航线靠近瞭望台即可。或飞到瞭望台上空时，高度降低到200m，瞭望员见飞机后应走出瞭望室或用白旗、白毛巾等向飞机挥动。如发现没有瞭望员，飞机应及时告诉地面防火部门，以便采取相应措施加强瞭望。也可用飞机来检查防火线的开设情况，火烧防火线是否跑火等。

③支援扑火工作　必要时在火场扑火过程中要多次绘制火场草图，指出火灾的发展及火场周围情况，指出可能开设防火线及人们宿营的地点。空投或空运必需的人员和物资。如是直升机的话还可降落，把火场扑火的负责人带上飞机巡视火场，检查火场清理和看守情况。

12.1.3.2 林业航空相关工作

①飞机调查森林病虫害　从飞机上不仅能分清由于各种原因造成的树木干枯的地区，

而且还能按照针叶、阔叶、树干等颜色和树冠透光度的变化情况来断定病虫害的危害程度。

②航空化学防治　航空化学防治能提高工效，降低成本。常用来防治针叶树种的初期害虫和阔叶树种的初期害虫。在害虫的幼龄阶段进行航空化学防治效果最好。

③森林航空调查　目的是初步调查林木组成、森林性质和蓄积量，以便确定各林分在森林经营及利用上的价值，编写森林资源调查报告，绘制森林分布图。

④森林上空的物候观测　通过物候观察了解不同森林植物地带自然周期变化的情况。通过对物候变化情况的了解和对物候变化过程的观察，不仅能编出自然林木发展的日历，并且能编出森林经营、造林和森林经理工作的日程安排。

⑤其他工作　如飞机播种，飞机调查森林更新和栽植情况，狩猎业调查，河道能否流送木材，运材道设计等方面的航空调查。

12.2　巡护飞行与观察火情

12.2.1　巡护飞行

飞机在空中巡护系指在巡护区域内进行的系统飞行。目的是为了发现已发生的火和决定它们的种类、位置和周围的情况，以便进行报警或组织扑灭。

航线巡逻一般结合火险预报进行，参考昨天的火险级和飞行时的天气形势来安排。对航线和起飞时间的安排，观察员应与该巡护区内的林业局或林场所在地的县级防火办协商。起飞前的领航准备主要是：①在考虑风速、风向的情况下决定各段航线的飞行时间和航向。②观察员根据本次巡逻飞行的具体情况计算飞机加油量和载重量。③检查领航仪表和无线电台，取得附近无线电导航台的频率和密码；观测员要检查完成本次飞行所需的装备和工具。

起飞前的检查主要由机械师和驾驶员进行，观察员也应关心和协助。一切准备就绪，等待塔台（飞行值班室）命令，飞机滑出停机坪，在跑道上起飞。

因航空护林飞行中巡护范围不大，一般使用最基本领航方法和工具，即：用罗盘定航，用高度表定航高，用空速表和时钟定飞行速度和飞行时间，用地图（飞行图或巡逻图）和目视领航决定飞机与地物标的相对位置。在航线飞行时观察员要随时记录有关因素和根据风速、风向的改变来修正航向，以确保飞机按原定航线飞行。

12.2.2　观察技术

空中观察的最大缺陷是，飞机对任何一点进行观察的时间有限。为了弥补不足，飞机可周期性地转动360°飞行、观察员必须勤快地从飞机窗口向外瞭望。以运－5飞机为例，观察员坐在二位驾驶员中间舱的位置时，向外观察的视线最好，这时可把展现在眼前的观察地区分成几个观察地带，采用"之"字形扫描方式，对左右侧观察地区和边缘地区的观察时间应多些。在边缘地区，那里烟柱常和背景混在一起，对杂色山坡更要细心观察，因色彩类似的东西混在一起往往不易识别，另外干可燃物比湿可燃物产生的烟少。对干旱地区也应较多的观察时间，这里产生的烟不仅较少而且可能与背景在一起。观察时要识别烟与霰、霾、雾等的不同。烟、霾、霰、雾都是天气现象，判断时应掌握以下要点：

①烟　物质燃烧时，所产生的气体。它能随风飘移，影响能见度。当飞机经过烟层时可嗅到烟味，这是区别其他天气现象的一种主要方法。

②霾　是空气中存在的大量浮游的微粒烟尘、杂质而形成的混浊现象。一般在日落前后较浓，有时它发生在空中某一高度上形成一层俗称霾层。

③霰　水蒸气在高空中遇到冷空气，凝结成的小冰粒，下雪前常先下霰。

④雾　接近地面的水蒸气，达到饱和状态时，遇冷凝结成浮游空中的微小水滴，呈白色堆状，多出现在云少微风的夜晚以及雨后转晴的第二天早晨。

一般情况下，发现下列征状的烟雾可能是火灾：①无风天发现地面冲起一片烟雾时；②无云天，天空出现一道白云横挂空中，而下部有烟雾连接地面时；③风较大的天，空中发现霾层时。

12.2.3　火场位置和面积的确定

观察员在巡护飞行中一般只知道飞行的大概位置，一旦发现火情(烟)后，不能马上转向烟处飞行，而要首先知道飞机的确切位置，在某一个明显已认出的地物标上转向烟处飞行，观察员要记下从某一地物标转向火场的时间和航向。

如果同时有几处冒烟时，观察员首先要注意那些可能会带来严重后果、威胁居民点和工业企业的火灾；发生在珍贵林区的火灾；带有树冠火或蔓延速度很快；以及没有天然或人为隔火线的火灾。观察员决定火灾位置要尽可能正确。因为弄错一条沟塘或一条山，就可能使扑火人员找不到火场，而耽误扑火工作。火场面积可由目测法、地形图勾绘法和计算法来确定。

12.2.4　火灾种类的确定

从飞机上来确定火灾种类，可据下列标志：

(1) 地表火的辨别

地表火(指仅燃烧地面枯枝落叶层、草类)，具有不规则的延长形状，烟呈浅灰色，从6 000m高空一般看不到火焰，有时仅能见到个别火焰闪光。从200m高空观察高强度火灾时，沿整个火头可见黄色丝状火焰，这说明火焰高度超过1m。从200m高空观察中等强度的地表火时，仅在个别的火头上见到火焰。从200m高处看不到火焰，说明火势很弱。

(2) 树冠火的辨认

从空中很容易发现在树干和树冠上燃烧的火焰，火场延伸很长，烟黑色。

(3) 地下火的辨认

类似于强度不大的地表火，形状不像地表火那样延长，烟量也较少。刚发生不久的地下火，烟从整个火场上冒出之后，仅从周围冒烟，飞机上看不见火焰。

此外，对火场及其周围地区的情况也应进行观察。周围情况指：林分组成、密度、林龄、河流、道路等。

12.2.5 空投火报

观察员把火灾报告单装入火报袋或火报筒后,空投到附近的火报接收站或有关部门。在巡逻飞行发现有"破坏林区用火规定"时,也可用空投火报的办法向附近有关单位报警。

火警空投袋是红白相间长 1m、宽 12~15cm 的布袋,布袋一端缝有沙袋和防火火灾报告单的小袋。当飞机飞到准备空投林火警报的居民点上空时,飞机在 200m 高空呈"盒形"飞行,以便吸引居民注意。火报接收点的值班人员发现飞机后,要在开阔地带举起红旗或白旗,观察员发现值班员做好准备后,指示驾驶员降低飞行高度并进行空投,在居民点应沿街道进入空投,在林中空地或采伐地带应从开阔地逆风进入空投。平原区空投高度应离树冠 50m,在山区视飞行安全情况而定。空投后,飞机恢复到 200m 高度呈"盒形"飞行。

地面值班员拣到火报后应摇挥旗帜;如拣不到火报,则把旗放在地上,这时观察员应进行第二次空投。如是观察员在飞机降落后亲手交值班员或有关人员,应加以解释并组织扑火工作等。值班员应把火报交给当地护林防火负责人。扑灭火灾后,在火灾通知单后详细记录所采取的措施,并寄回航空护林站。

12.2.6 无线电通信

这里简介航空护林方面的无线电通信基本知识。

(1) 无线电定向器

飞机在火场空投一种专门的发信机,而地面扑火队伍装备一种专门接收此种发信机发射信号的接收机。

(2) 空中广播器

空中广播除用来通知所发现的火情外,还可用来进行护林防火宣传和组织扑火工作。

(3) 无线电通信

无线电通信主要用在:飞机对地面防火部门,飞机对航站,飞机与飞机,飞机与火场扑火人员等。飞机上安装的一般是短波无线电台,可通话和电报。通话一般使用代号。用电报的方法分收报、发报和通报(二个或二个以上的电台,相互间收发电报,称为通报)。

目前世界上通用的电码是摩尔斯电码。摩尔斯电码的原理是:应用二种"开"的信号即一个短的和一个长的电脉冲(写成- -,读作嘀嗒);中间用"关"的信号(即没有电脉冲)隔开,利用这些点和横划的不同组合法,摩尔斯编写了一套英文字母和数字的电码。利用这一套英文字母和数字的电码再组成通信所需的密码。

12.2.7 地对空符号

地对空符号可用一面为白色,另一面为红色的布制成通常为 2m×2m 或 4m×4m。按规定的"对空联络符号"把信号布叠成不同形状,向飞机发出必要的信号。这种联系符号一般用在,地空之间不能进行无线电通信而又需要进行联络的地方。当飞机"明白"地面所设联络符号,则摆动双机翼;如"不明白"飞机深度摆动右机翼;这时地面人员要检查符号是否正确,只有确切了解飞机表示"明白"信号后,再发出下一个符号。如没有信号布或没有能让飞机看清的开阔地来放置信号布,则用各种颜色的信号弹。信号弹发射后等待飞机表示"明白"或"不明白"之后发第二次信号。如果第一次信号中有几发信号弹,则每发信号弹之间的时间间隔为 8~10s。此外,还可以用点火堆放烟的办法。

12.3 机降灭火

12.3.1 直升机在机降灭火中的应用

直-5 直升机的巡护服务面积,一般为 $250 \times 10^4 hm^2$ 左右,如果林火较少可适当增加到 $300 \times 10^4 \sim 500 \times 10^4 hm^2$。如果服务面积太大(达到 $700 \times 10^4 \sim 1\,000 \times 10^4 hm^2$)反而降低了直升机的使用效率(因距离太大,运送不及时)。

使用直升机的航站应位于林区并与林业局靠近,便于工作。要合理规划巡护航线,以最短的航线经过火灾最容易发生的地点。为了扩大直升机的服务面积,应在林区选设临时站或加油站(点),临时降落场。这些点应均匀分布在火险严重的地方。野外临时降落场的面积与直升机的起飞重量、野外场地的标高、场地四周障碍物的高低、当时的大气温度和湿度、逆风风速的大小有关。在选择着陆场时要避开高压线,居民点和建筑群。选好的场地周围不应有柴禾(草)垛,年久失修的房屋,以防起降时将其吹跑、吹倒。若所选场地需多次使用,还应靠近公路,以便于直升机的维护和后勤补给。

直升机巡护方式一般有 2 种:

(1)直升机和小型巡护机相结合

用小型快速飞机进行巡护,直升机在机场待命。小型快速飞机在巡逻中发现火灾后用无线电把火灾地点、面积、种类及有关情况告诉航站,直升机立即携带必需人员、工具奔赴火场扑火。到火场后如不能降落,在悬挂状态下,装卸工作一定要快,并有组织地进行。

(2)直升机直接进行巡逻

如果在这之前屡次发现火灾,而气象条件又继续有利于林火的发生,可直接由直升机载运机降扑火队员进行巡逻,发现火灾后,如需用机降队力量扑灭,下去扑火的人数可根据火灾的大小、种类以及地形、植被条件和所携带的工具等来定。

12.3.2 我国机降灭火概况

1968—1978 年,大部分时间处在"文化大革命"之中,航空护林蒙受很大损失。当时面对全国 $2\,700 \times 10^4 hm^2$ 林区的航空护林只设 6 个航站和两个临时站,护林飞机只有 14 至 16 架,21 条航线,空降队员由过去 340 多减为 32 人。尽管如此,在有关部门互相配合、共同努力下,还做了不少工作。据 1973 年至 1978 年春统计,飞机侦察的火区为 596 处,巡护主动发现火情 341 起,占侦察次数的 57%。直升机空运扑火人员 11 934 次。1975 年曾以加格达奇为中心基地,开展了人工降水和化学灭火工作。

1979年以来东北航空护林局重新确定由林业部领导。现在东北航空护林包括内蒙古、黑龙江、吉林三省（自治区）。在大兴安岭、小兴安岭、长白山林区设有：嫩江、加格达奇、塔河、伊春、海拉尔、根河、满归、敦化8个航站和佳木斯、乌兰浩特二个临时点。航行空中巡护、机降灭火、化学灭火和空投、急救等航空护林任务。以1980—1984年为例，飞机侦察火场1 053个，其中飞机主动发现937个，主动发现与侦察之比为89%，比1979年以前最好水平提高12.6%；机降370个火场，机降灭火率为35.1%（不包括其他部队和扑火人员，仅指航空护林所属300名机降队员的战果），比1979年以前最好水平提高19.1%；当日扑灭火场293个，占79.2%，化学灭火94个火场，占8.9%。

这5年来东北林地过火面积为 $92.99 \times 10^4 hm^2$，其中1980年为 $34.7 \times 10^4 hm^2$，1981年 $39.3 \times 10^4 hm^2$，1982年 $13.05 \times 10^4 hm^2$，1983年 $4.28 \times 10^4 hm^2$，1984年 $1.65 \times 10^4 hm^2$，1983年森林损失率为0.18%，1984年森林损失率降到0.07%，年损失率仍超过国家1990年的计划指标，东北林区近年来过火面积之所以下降，是各方面努力的结果，其中也与航空护林的努力分不开。

东北地区的航空化学灭火也做了大量工作。表12-1给出在加格达奇、嫩江航空护林站开展的航化灭火的一览表。

表12-1 1980—1985年航化灭火情况表

年 份	化灭架次	化灭火场	化灭单独扑灭火场数	备 注
1980	138	21	2	
1981	190	25	2	
1982	131	30	1	
1983	52	10	2	
1984	47	7	1	
1985	55	10	1	秋航未搞化灭
合计	613	123	9	

注：资料来自东北航空护林局资料室。

吉林省敦化航空护林站为了适应新形势的需要，于1983年成立了第一支机降灭火队——吉林省武装森林警察航空机降灭火大队。他们已于同年4月24日在长白山脉板庙子樟子松林火场首次机降灭火成功。运送一架次6人，经过5个小时奋战，将1 200m的火线彻底扑灭，保住了樟子松林。

此外，我国西南林区也有了航空护林站。1985年6月经国务院批准恢复林业部西南航空护林站，设在云南省昆明市。该站原于1961年设立，设在昆明，成都设分站。现在西南航空护林站按照林业部关于开展机降灭火等任务，于1986年3～4月在云南省思茅和四川省西昌，以机场为中心，半径100km范围内的林区，使用运-5型固定翼飞机巡逻报告火情，用米-8型直升机载运机降扑火队员的方法，首次开展了机降灭火试验，通过9次机降灭火，获得成功。说明今后在西南林区开展机降灭火大有发展前途。

12.4 索降和吊桶灭火

12.4.1 索降灭火

索降灭火是利用直升机作为载运工具，将扑火队员快速运送到火场附近最佳位置，从悬停的直升机上，扑火队员通过绞车装置、钢索、背带系统或滑降设备（包括主绳、下降悬停器、安全带、自动扣主锁、手动扣主锁、扁绳套等）降至地面扑救森林火灾的方法。

索降灭火是机降灭火的补充，优点就是不需要机降点，不足之处是技术要求较高，扑火队员必须经过严格训练考核。索降灭火主要适用于山高坡陡和林中平缓空地少、附近没有机降场地的森林火灾的扑救。

12.4.1.1 准备工作

实施索降灭火作业的航站，根据自己的实际情况与当地森林防火指挥部门协商建造索降训练设施。训练设施包括：训练塔、保护沙坑或保护垫等。每年非航期，航站组织扑火队员进行严格的训练和考核。考核合格后，方可从事索降灭火作业。

飞机进场后，航站和机组要对飞机索降设施设备进行认真检查，杜绝安全隐患。同时要有计划、有目的地安排本场或模拟火场索降训练，便于队员熟练掌握程序，提高机组人员、扑火队员的临战技术水平。

12.4.1.2 组织实施

第一，航站负责组织、指挥和实施索降灭火工作。组织和实施索降灭火的各类专业人员，必须熟练掌握操作程序和技术。接受索降灭火或训练任务的机组、观察员、指挥员要共同研究确定飞行方案。机组要根据火场与机场距离、作业时间、天气等情况，确定加油量和载运索降队员的数量。扑火队员准备好索降灭火的装备及各种用具并带上飞机；观察员根据接受任务和调度员提供的情况进行地图作业，做好索降准备工作。

索降由随机观察员具体组织实施。观察员对设备使用中的安全事项进行检查，并对该设备的维护管理进行监督。观察员组织作业时应本着"安全第一"的原则，在实施过程中，一旦发现安全隐患，应立即停止作业，排除隐患。

第二，飞机到达火场后，观察员同机组、指挥员共同确定索降场地。选择好地点后，飞机在目标点上空悬停，开始实施索降。因林区气流起伏不定，索降时应掌握好场地的区域气候特点，尽量加快下降速度，缩短直升机空中悬停时间。

第三，执行索降任务的队员，登机后应听从观察员的指挥，做好准备，系好安全带，在指定位置依次坐好。为确保安全，舱门打开时，观察员和等待索降队员必须扣挂保险带，队员下降时方可解除保险带扣。队员离开机舱前，观察员应对其安全带及下降器的扣装严格检查，防止错装错扣，造成安全事故。下降器与主绳的扣装必须由随机观察员亲自操作。

索降队员由训练有素的专业队员组成，其中1号队员为索降指挥员。指挥员首先降到地面，索上时最后离开地面。每次索降结束时，指挥员负责收回全部队员的索降器材，按要求收好，每次索降结束后，指挥员要负责收回全部队员的索降器材，当面清点后交观察员，如出现缺损，必须记录清楚。

每次实施索降，机组机械师系好保险带与驾驶员保持密切联系的同时，打开舱门，指令 1 号队员（指挥员）进行索降，并报告驾驶员索降开始，操纵绞车，控制下降速度，将队员安全降到地面，直至解脱索钩。解脱索钩后，队员要手握钢索，直至钢索上升，索钩高过头顶，以防钢绳绞错。若实施滑降，机械师打开舱门后，观察员将滑降主绳一头按要求在飞机绞车架上系好，确认牢固无松动后，将另一头扔到地面。观察员扣好下降器与主绳的扣装后，指令队员迈出舱门，确认安全无误后，解开队员保险带扣，队员控制下降器安全下滑到达地面。

观察员、机组人员和索降指挥员必须熟练掌握规定的手势信号，做出正确的反应动作。指挥员着陆后注意观察其他队员的情况，及时用正确的手势信号与机上沟通，并负责解脱索钩和牵引下滑主绳。

索降队员在进行索上时，应保持与悬停的飞机相对垂直，挂好索钩，避免起吊时人员摆动，造成事故。

机械师和观察员在索降和索上作业时，必须同驾驶员保持密切的联系。索降队员到达地面后，指挥员没有打出索上手势时，不得收回钢索。滑降时，指挥员没有打出继续下滑手势时，不得放下一名队员下滑。

12.4.1.3 紧急情况的处理与急救

索降队员在索降或索上过程中，绞车设备一旦出现机械故障，飞机可由原地升高（超过树高 20m），悬挂在空中的队员缓缓飞到最近的机降场地徐徐下降，将人安全降至地面，解脱索钩后撤离。

在滑降过程中，因气流影响使飞机无法保持高度或左右摇摆，滑降队员应中止下滑，并在下降器上打上安全结，待飞机稳定后，继续下滑。滑降队员接触地面后，在解开下降器或安全带挂钩前，应使下降器继续保持下滑状态，并保持下蹲姿势，快速解开下降器，避免飞机因气流导致高度上升，将队员吊起。

队员在索降过程中或降到地面后，造成受伤或发生危及人身安全时，可通过索上的方法，进行营救。

12.4.1.4 场地标准

场地能见度必须良好，机上人员能够清楚地看到地面，地面无影响索降的障碍物；在林区上空，由于林冠起伏不平，能引起强烈乱流，因此，阵风风速不得超过 4m/s，最大风速不得超过 8m/s；西南林区受地形小气候和森林小气候的影响，飞机在空中悬停的平稳度较差，摆幅较大，因此，索降和索上作业时，林中空地面积不得小于 $15 \times 15 m^2$，以免飞机摆动时人员碰撞树冠，造成人员伤亡或机械设备损坏；为了保证索降队员到达地面后能够站立、行走，索降场地的坡度不得大于 35°，索上场地坡度不得大于 45°。严禁在悬崖峭壁上进行索降、索上作业；场地应选择在火场风向的上方或侧方，避开林火对队员的威胁；山地坡向的不同，气流也各异。迎风坡是上升气流，飞机受上升气流的抬举，呈上升之势；背风坡是下降气流，飞机受下降气流作用呈下降之势。因此，索降和索上作业时，应避开背风坡，以免下降气流使飞机急速降低高度而危及安全。一般可依火场烟的倒向判断迎风坡或背风坡。

12.4.1.5 地空联络手势信号规定

①指挥员位于飞机左侧，面向机门。

②左臂上举，右臂向右不断挥舞，示飞机向后。

③右臂上举，左臂向左不断挥舞，示飞机向前。

④左臂上举，右臂向前不断挥舞，示飞机向右。

⑤右臂上举，左臂向后不断挥舞，示飞机向左。

⑥双臂上举，不断向上挥舞，示飞机原地升高。

⑦双臂下伸，向下不断挥舞，示飞机原地下降。

⑧双臂两侧平伸不动，示飞机保持高度和位置。

⑨双臂向前平伸，左右交叉摆动，示发生紧急情况，驾驶员、机械员应采取相应的补救措施。

⑩单臂向下伸出，向下不断摆动，示机械员再放索钩(滑降时示观察员可继续放人下滑)。

⑪单臂上举，向上不断摆动，表示索钩扣好或已解脱，示机上收回钢索(滑降时示收回主绳)。

⑫单臂平伸不动，示机械员停止收放钢索(滑降时示观察员暂停放人下滑)。

12.4.2 吊桶灭火

吊桶灭火技术在一些先进国家已经开始采用，是航空护林直接灭火的有效方法。我国对吊桶灭火的使用比较滞后，在1987年大兴安岭特大火灾之后，意识到我们必须提高航空直接灭火的能力与技术，在1991年提出研究吊桶灭火相关课题。1992年同意批准立项研究。1994年12月在哈尔滨，通过林业部科技司组织专家鉴定，认为我国吊桶技术已经达到国际同类技术水平。

吊桶灭火技术的研究与成功应用，对扑救森林火灾、保护森林资源、提高航空护林的经济效益、社会效益和填补中国航空护林史的空白方面，具有非常重要的意义。

吊桶灭火技术目前已经被更多人们所认识，并得到了广泛的推广与应用，不仅提高中国航空直接灭火能力，同时也保护了航空护林的经济效益和社会效益。

12.4.2.1 吊桶灭火的必要性

我国灭火从单一的巡逻报警发展到利用多种方式灭火，如机降灭火、索降灭火、化学灭火等，增加了我国航空护林直接灭火的综合能力。扑火主力到达火场的时间是否能控制火情，不让其扩大蔓延的关键。但是我国很多地区道路建设水平不同，经济能力参差不齐。边远地带发生火灾如果扑救人员没有及时到场，可能酿成重大火灾。其次，有的地区虽然可以采用汽车运输扑救人员和消防工具，但是山路崎岖，并且速度有限，在很大程度上限制了火灾的扑救。

直升机灭火是航空护林和航空灭火的重要组成部分。它的优点是发现早、报警快、扑救及时、效率高，在交通不便或原始、偏远林区占有极大优势。在应用直升机进行巡护时，吊桶灭火也重要内容之一。

12.4.2.2 吊桶灭火的优势

吊桶灭火是用直升机外挂吊桶载水和载化学药液,直接喷洒在火头、火线上;或者喷洒在火头、火线牵头地段,起到阻燃灭火作用;也可以将吊桶释放到地面水箱里,扑火人员使用水枪、水泵等机具喷洒火头、火线上进行灭火。

吊桶灭火的优势有:

①不受地形限制,速度快,可随时起飞降落,行动灵活。

②对水源和水质要求低,就近取水灭火,节约时间,即使水质浑浊也不影响灭火。

③可承载多种灭火方式,吊桶可以折叠好放在机舱内。

④吊桶能够为地面系统、机车和地面扑救人员提供水源进行灭火。很多池塘、河流内杂草丛生,道路泥泞难走,车辆人员难以短时间内高效率往返,也不容易迅速获取水源。直升机可以将水直接释放到火场预设水池,供扑火人员使用。

⑤吊桶灭火是扑救雷击火最有效的措施。雷击火经常发生在人烟稀少、交通不便的边远山区,而且火场面积小。直升机吊桶灭火只需要载几个吊桶即可进行扑救工作。

以上内容充分说明吊桶在我国灭火方面有着极大的优势,尤其对我国边远原始山区灭火有着明显的效果。

12.4.2.3 吊桶灭火方法

根据火场大小、火势强弱、火灾种类等因素判断,可以分为直接灭火和间接灭火两种方法。

(1) 直接灭火

用直升机吊桶将水直接喷洒在火头、火线上,根据火场形状、火头大小、火线长短及蔓延速度、火情种类和位置、风向、风速来确定飞行高度、飞行速度。喷洒形状有带状、条状、点状、块状。根据火势大小,喷洒高度一般控制在 15~30m 之间,高度超过 30m 则效果不佳,喷洒液体容易飘散。而且不易和地面扑救队员进行配合。

林火强度较小时,适合采用较快的飞行速度进行喷洒,这样地面形成的水覆盖面积较大,单位面积受水量小,可以同时保证灭火需要还不浪费水源;林火强度较大时,适合采用较低的飞行速度进行喷洒,水覆盖面积小,单位面积受水量大,灭火效果好,对火头具有很好的压制作用。

(2) 间接灭火

就近从水源地取水,释放到地面提前设置好的火场边缘软式水池中,供地面扑火人员采用各类机具进行灭火。此类方法还可以有效节约水资源,降低浪费。

12.4.2.4 吊桶技术指标

我国航空护林应用的吊桶目前有 3 种型号。型号 1 可承重 2t,型号 2 可承重 1.5t,型号 3 可承重 0.7t。

12.5 航空化学灭火

化学灭火是使用化学药剂组织林火的发生、发展或终止燃烧。在人烟稀少,交通不便的偏远林区的森林火灾,利用飞机喷洒灭火药剂直接灭火,或喷洒阻火带阻截林火蔓延。航空化学灭火则是把药剂装载到飞机上,在低空飞行时于火场喷洒灭火剂的一种航空直接灭火方法。化学灭火的优点是效率高速度快,但是成本消耗大,而且会造成环境污染,在我国没有广泛应用。

12.5.1 化学灭火原理

(1) 覆盖原理

某些化学药物可以在可燃物表面形成覆盖层,阻止可燃物和空气接触,或阻止热分解产生的可燃气体向外扩散。

(2) 稀释气体原理

某些化学药物受热后产生大量不可燃气体,这些气体能够稀释可燃物热分解产生的可燃气体浓度,同时降低局部空间的空气中氧气含量。

(3) 热吸收原理

某些化学药物受热分解时,会吸收大量热,使温度降低,可以减缓燃烧速度;温度降低至燃点以下时,燃烧会停止。

(4) 卤化物灭火原理

利用卤化物的游离基捕捉燃烧链式反应所必需的游离基,中断燃烧反应链。

(5) 化学阻燃原理

利用某些化学物质使纤维物质脱水成碳,使之不能发生有焰燃烧。

12.5.2 化学灭火剂的种类

根据化学灭火剂喷洒后的有效时期,可分为短效灭火剂和长效灭火剂。

(1) 短效灭火剂

短效灭火剂一般指药剂喷洒后不能长期黏附在可燃物上,无法承受雨水冲刷、高温蒸发,不能长期保持有效阻火作用的化学灭火剂称为短效灭火剂。

(2) 长效灭火剂

药剂喷洒以后,能长时间牢固地黏附在可燃物上,并可以有效保持阻火作用,尽管会受到一些自然条件影响,如降水和高温蒸发,也仍旧具有阻火效果的,称为长效灭火剂。

12.5.3 航空化学灭火概况

12.5.3.1 国外化学灭火概况

20世纪初国外就已经开始采用飞机喷水灭火,通过多年的试验和研究,在1954年,美国林务局发现使用化学药剂可以有效地影响森林可燃物的燃烧强度,并将硼酸盐泥浆和氯化钙作为最有效的灭火剂,在20世纪50年代末,发现在水中加入增稠剂可以提高灭火能力。20世纪60年代开始使用磷酸铵和硫酸铵等化学药剂进行灭火,经过研究,发现硫酸铵和磷酸铵的灭火效力高,是现在美国和加拿大主要使用的灭火药剂成分。

目前国外常用的灭火剂有由美国蒙桑托化学公司生产的福斯切克、美国凯姆尼克农业化学公司生产的法尔卓尔、苏联经常使用的氟利昂乳剂3Φ-1和3Φ-2等。

12.5.3.2 国内化学灭火概况

我国航空化学灭火起步晚,从1955年才开始进行试验,与此同时,国外已经确认通过增加什么成分来增强化学药剂的灭火能力。直到1980年，我国才正式开展相关工作，并成为我国航空灭火的方式之一。

航空化学灭火的方式在我国应用的范围还很小，只在我国东北林区与内蒙古林区开展。目前我国采用的运-5型飞机的最大载药量为1t，AT802F型飞机最大载药量3.2t。载药量的多少限制着航空化学灭火的发挥程度。我国目前所使用的灭火剂是ABC干粉型药剂，其主要成分为磷酸二氢铵和硫酸铵。

航空化学灭火是一项科技含量和效率很高的灭火技术手段，我国对航空化学灭火的研究和使用给予高度重视，然而制约航空化学灭火技术发展的因素还很多，还没有得到更完全的普及，因此，在未来的航空化学灭火研究中，针对限制条件解决现存问题，才能使这门技术在我国得到更好的应用与发展。

12.6 我国目前使用的几种航护飞机

航空巡护是指利用飞机沿一定航护航线在林区上空进行观察和监测作业。发现火情后，立即飞往火场，详细侦查火场情况并及时向基地反馈。我国常用的机型有K32、米-26、运-5型(Y-5型)、米-8型(M-8型)、直-9型(Z-9型)、小松鼠(AS-350)等，具体飞机性能在下文中有所介绍。

12.6.1 飞机的飞行原理

空气是由各种气体分子组成的，这些分子在不停地、无规则地运动着。由分子不规则运动而产生的对物体的冲击就是压力，空气同液体一样压在和它相接触的物体表面。任何一个在空气中运动着的物体，都不断受到空气的反作用，这就是空气阻力。飞机在空中飞行必须克服这种阻力才能飞行。

当飞机在空中前进时，迎面朝机翼吹来的气流在机翼前缘分成上下两股，从机翼上面绕过的空气所经的距离要比绕过下面的距离长，即上面的空气流速比下面大。根据流体的基本特性：气流速度越大，其压强越小，气流速度小则压强大，由于机翼所受压力不同，下大上小，使其上升。如果再考虑空气同翼面摩擦产生的阻力，就形成了总的空气动力，通过力学计算，举力可比阻力大18~20倍。

12.6.2 飞机基本结构与操纵

飞机由机翼、机身、起落架和尾部几个基本部分组成。

机翼是飞机最重要的部分，飞机的飞行性能决定机翼的平面形状、横截面形状和大小。双翼飞机有二组机翼。

机身是飞机结构的基本部分，它和机翼、发动机支架、起落架和尾翼相连。机身用来装载旅客、货物。机身头部装有发动机的框架。框架后面是驾驶员的座舱、在座舱里安装一切操纵装置和仪器，机身尾部有尾翼。

起落架是飞机起飞前作起跑和降落时减轻撞击的必要升降设备。

飞机尾部是由水平尾翼和垂直尾翼所组成。凭借这些尾翼，飞机在空中可升、降、转弯和保持纵向平衡。

飞机的操纵主要是通过操纵装置(方向舵、升降舵和副翼)。如果驾驶员用一个力使飞机的方向舵向右偏,垂直尾翼上就产生一个向左的力,这个力就迫使机头绕飞机重心向右转。

升降舵的作用是使飞机抬头或低头。当升降舵向上偏时,飞机就抬头向上爬升;升降舵向下偏时,飞机就低头向下俯冲。

副翼则是用来使飞机向左或向右倾斜的。副翼在机翼左右翼尖各有一片,二片副翼的动作方向是相反的,这样可使飞机左右倾斜。驾驶员是通过座舱里的方向盘和踏板来操纵飞机,使其上升下降或向前飞行。

12.6.3 我国常用的护林飞机及其性能

K32是目前最先进的消防直升机之一,可以运载3t水桶,空中灭火面积达$400m^2$,灵活高效,在森林火灾扑救中能起到重要作用。上海、重庆等地区消防部门已经投入使用,在G20峰会期间,杭州采用K32进行航空护林作业。

米-26是当今世界上最重的直升机,第一架原型机首飞在1977年12月,成员5名,载客量84名,最高速度达295km/h,航护速度达255km/h。我国曾在2008年"5·12"汶川地震时从俄罗斯临时租用过一架。米-26发挥优势,担负吊运重型设备飞往救灾现场的运输任务。2010年7月大兴安岭森林大火、2012年3月云南省玉溪市森林火灾都使用M-26赶赴火场进行扑救作业。2014年7月俄方向中方支付一架米-26TS中型运输直升机,提供给山东林业部门使用,为我国航空事业的发展提供了支持。

除此以外我国还使用过的航护机型有:运-5、立-2、伊尔-12、伊尔-14、安-24、直-5、米-8,以及从美国进口的"贝尔"直升机。米-171直升机是1991年米-8基础上研制而成,航护速度230km/h,最大速度250km/h,飞行高度可达5 000m。

较常用的是运-5飞机,就以它为例介绍一下飞机性能。

运-5飞机是在前苏联设计的安-2飞机基础上改造的。该机为双翼、半硬壳式金属结构。上翼展为18.76m,下翼展为14.236m。停机状态时长12.4m。机高5.35m。飞机空重3 340kg。正常起飞重量5 250kg。最大起飞重量5 500kg。最大携油量900kg。有效商载1 310kg。飞机升限4 500m。最大平飞速度256km/h。最大航程1 560km。在水泥跑道上起飞滑跑距离150m。着陆滑行距离170m。在公路和草地上也可起落。飞机总寿命飞行可达7 000h。

12.6.4 飞机场

飞机场由飞行地区、预备区、边地和建筑物地段所组成。直接用于起跑和滑行的机场工作地区称为飞行地区。它由一条或数条跑道组成。位于主风方向的称为主跑道,以及二端二侧安全道、滑行道、停机坪等。与跑道二端相连的地区称为预备道(安全道)。它保证飞机安全起飞和降落,并便于飞机转弯。与跑道二侧相连的地区称为边地。建筑物地段是机场范围内的一部分,调度管理和其他工作用的建筑物都坐落在这里。机场周围的地区称为机场附属地。在附属地上各种建筑的高度都有一定限制。在机场和机场附属地上空的空间叫空域。

护林防火机场的规模一般分为中型和小型二种。中型机场主要接收全重 8~40t 的飞机为主，如伊尔-14、立-2，跑道长度在 1 500m 左右。小型机场主要接收全重在 8t 以下的飞机。如运-5 飞机，跑道长不超过 600m；也能接收直升机的降落和起飞。

在机场的跑道 1 500m×100m 或 600m×1 000m 中，包括两端安全道各 100m。两侧安全道各 30m。跑道道面有混凝土、沥青、砂石及自然草皮道面。道面是直接保证飞机安全起飞、着陆、滑行和承受飞机荷载的重要结构部分。因此，必须坚实平整，不能有积水和杂物。

与安全道接邻的地区，并没有严格要求，但障碍物高度不应超过障碍物与安全道边界之间距离的 1/25，即 20m 高的树可位于离安全道边界 500m 处。

【本章小结】

本章主要介绍了航空护林的知识。从概述、巡护飞行、机降灭火、索降和吊桶灭火、航空化学灭火、飞行器的原理几个方面阐述。航空护林是我国森林火灾预防和森林火灾扑救的重要手段，优点在于可以越过地形不利因素、承载消防人员及携带灭火工具到达火场进行扑救。随着全球变暖加剧，森林火灾增多，需要更大规模的灭火飞机投入森林火灾扑救工作。

【思考题】

1. 简述航空护林的特点和任务。
2. 简述航空护林的几种方法。
3. 简述航空化学灭火的原理。

【推荐阅读书目】

1. 林火生态与管理. 胡海清主编. 中国林业出版社, 2005.
2. 林火气象与预测预警. 赵凤君, 舒立福主编. 中国林业出版社, 2014.

第13章

林火扑救

【本章提要】 对森林火灾采取控制和扑灭措施，目的是使火灾造成的损失减少到最低限度。森林火灾扑灭程度直接关系到损失的评估和计算。越及时、高效的扑救，越能降低林火带来的危害。本章从扑救概念、扑救方法、扑火指挥和扑火安全四个方面阐述。

13.1 林火扑救的基本概念

森林燃烧必须具备：可燃物、氧气和一定温度这三个要素。通称为燃烧三角。灭火就是破坏燃烧三要素的相互结合，使其失去燃烧条件的行为。

13.1.1 灭火原则和方法

(1) 灭火三要素

①隔离可燃物或减少可燃物蒸汽量，使可燃气体低于着火下限。

②隔离空气，使空气中氧气的含量(浓度)低于14%~18%。

③可燃物温度低于燃点。

(2) 灭火三种基本方法

①隔绝空气(窒息)　即使可燃物与空气隔绝的一种方法，又称隔绝氧气。通常空气中氧气浓度低于16%，燃烧就会停止。用扑火工具直接灭火，就是使可燃物与空气隔绝而窒息。使用化学灭火剂灭火，就是灭火剂受热分解，产生不燃气体，使可燃物隔绝空气并稀释氧气，使火受抑制和熄灭。此法适合于火灾初期。

②冷却法　就是采用降温的办法使火停止燃烧。用水喷洒在可燃物上或用湿土覆盖可

燃物，可以达到冷却、降温灭火目的。据实验得知，1kg 水每升温一度要吸热 4 187J 热量，当水化为蒸汽时又要吸收 225.7kJ 的汽化热量。

③封锁可燃物法　就是设法把森林可燃物已燃烧的和未燃烧的分开，或用改变燃烧状态来灭火。为了切断火源，可用防火线、防火沟、生土隔离带、化学灭火等方法。

灭火三要素与三种方法基本图框如图 13-1 所示：

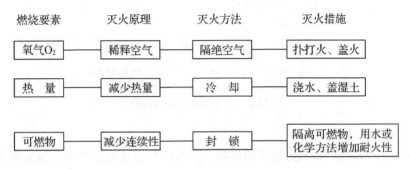

图 13-1　灭火三要素及灭火方法关系图

13.1.2　灭火三个阶段

(1) 初期灭火阶段

就是灭火队员初始与火交锋。初期灭火目的在于把火控制住，防止扩散。初期灭火，在地面灭火活动中，可以使用简单工具和机动水泵等，在空中灭火活动中，可以使用飞机灭火。

(2) 平定灭火阶段

在初期灭火基础上，进行的灭火为平定灭火。其目的在于完全控制火灾传播。这时可以在森林火灾周围建立防火线，并要尽可能利用天然河流、道路、湿地等有利自然条件。建立防火线可采用手工具或大型机械推土机等。地面灭火活动应尽可能利用水熄灭火线和增加可燃物湿度。

(3) 熄灭火阶段

这是扑灭森林火灾的最后阶段。目的是达到整个火场全部彻底熄灭。火熄后扑火队员即撤出火场。熄灭阶段常用手工作业，或配备背负式灭火器或水枪胶囊灭火器。

13.1.3　战略灭火地带

为了更有效地扑救各种森林火灾，进行宏观分析与控制，将森林火灾威胁地区划分成不同地带，可以更明确确定战略灭火地点，有利于部署第一次攻击的目标。通常有以下两种地带：

(1) 限制进展地带

在火场外有天然和人工的防火障碍物，如在火势发展的某一方向上有河流、湖泊、沼泽、公路、铁路等，这些天然屏障可以阻止火势在该方向发展或延缓火速，使火不易扩大，这样的地带称为限制进展地带。对于限制进展地带扑火时可少投放或晚投放扑火力量，控制住非限制地带的火以后，再逐个消灭限制进展地带的火(图 13-2)。

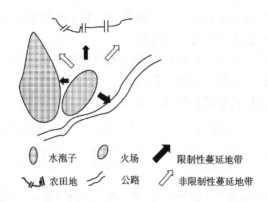

图 13-2 火场战略灭火地带图

(2) 非限制进展地带

在火场边界外无天然和人为防火障碍物，火可以自由蔓延。非限制进展地带成为战略灭火带，也是首次攻击的对象。因此，首先集中扑火力量将这些地带控制住，然后逐个消灭限制进展地带的火。

13.2 扑救林火的具体方法

目前扑灭森林火灾的方法主要有两种：一种是直接灭火法，也称积极灭火法；另一种是间接灭火法，也称建立防火线隔离法。

13.2.1 直接灭火法

适用于弱度、中等强度的地表火，因使用方法不同，又可分为以下几种。

(1) 扑打法

这是一种最常用、最古老而又最有效的方法。即用灭火手工具直接扑火。它可用树枝直接扑打；也可用湿的麻袋片绑在木棍上（即现今"二号"工具）扑打。扑打时应将扫把斜向火场与火焰成45°角，向火场里一打一拖，不能直上直下或猛起猛落，以免助长火势或火星向四处飞散，造成新的火点。这种方法只适合扑救小火。3~5人为小组进行扑救，边打边清。

(2) 土灭火法

这种方法适用于枯枝落叶层较厚，森林杂乱物较多的地方。如果林地土壤结构疏松，用土灭火是较有效的。目前主要是用锹铲土埋，对消除平定阶段和熄灭阶段的林火，土灭火法效果明显。在火场清理中，用土埋法来熄灭燃烧的风倒木腐朽木等，防止"死灰"复燃也十分有效。也可采用移动式小功率喷土枪扑灭弱度、中度的地表火，每小时可灭0.8~2.5km的火线，比手工作业快8~10倍。

(3) 水灭火法

水是最普通的灭火剂，火场附近有水源条件，可以采用此法。水可以直接熄灭火焰，也可以防止复燃火。

水的灭火性能有如下几点：

①水具有很大的热容量，能够冷却森林可燃物。水能从正在燃烧的物质中夺取大量热量，增加可燃物的湿度和抗燃性。

②水受热汽化时，每升水能变为1 500~1 720L的水蒸气，这些水蒸气能阻止空气进入燃烧区，减少氧气的补充量，因而使可燃物因缺氧而降低燃烧强度或达到终止燃烧。

③用压力喷出的水柱具有机械冲击力，能冲毁燃烧的枯枝落叶，使其与土混合，起到灭火作用。

(4) 风灭火法

利用强风将火扑灭的方法。一般常用风力灭火机扑灭林火，就是用高速大量的强气流吹散燃烧产生的热量，使可燃物温度下降到燃点以下，达到灭火的目的。

13.2.2　间接灭火法

这类灭火方法主要是建立防火隔离带，挖防火沟等，它适用于燃烧猛烈的地表火、树冠火和难灭的地下火。

(1) 挖沟

用铁锹挖沟或用开沟机开沟，一直挖到矿物层以下20cm，可以阻挡地下火蔓延。

如何扑救地下火，多年的实践经验是，要有一支精干的扑火队伍，配备灭火工具，摸清火场边界，挖隔火沟，沿隔火沟划分若干小区，分别进行消灭。

具体方法是：第一步，接到地下火报告时，迅速组织精干扑火队，每队10人左右，4人带铁锹，2人带水桶，2人带耙子，2人带钩子。用锹挖隔火沟，用钩子捅地下火，用耙子把可燃物和已燃物耧到隔火沟内，用水浇灭引燃最深的地下火。用开沟犁沿火场四周挖深30~40cm，宽70~100cm的隔火沟，其深度必须低于腐殖质层达到矿物层。到达火场要尽快确定火场边界，布置扑火力量。火场边界是根据地下火发生的具体地点的地物、地势、风向、风力、交通等立地条件，按每小时蔓延速度4~5m计算来确定。用有烟和无烟交界处作为火场边界，向无烟处延伸8~10m来确定隔火沟位置。插上标志，便可挖隔火沟，隔火沟闭合后，再检查一次是否地下火已在圈内。这时根据扑火力量，将火场划分若干小区，直到把已燃和未燃的腐殖质，泥炭全部控制在固定位置上。第二步，集中力量彻底清理火场。

(2) 隔离带

在草地、土层较厚的地段，使用拖拉机开设生土带或伐开树木、灌丛，阻隔林火蔓延。

按火向前推进的速度，考虑灭火人员运动速度，预计在火到达之前能来得及就伐倒树木，开设隔离带。为了保护大片森林，可选择道路、河流、湿的林中空地等有利条件把树木伐开，将截下的树头、枝桠及可燃物尽可能推到河里或转移到安全地段。如果来不及，可将这些可燃物堆放到着火的一面。隔离的宽度，一般要为树高的两倍以上才行，即树高若20m，隔离带的宽度应为40m。隔离带内要清除一切伐倒树干、树头、枝桠、倒木等，使之切断可燃物。此外，还有化学隔离带，即在火势发展前方采用飞机喷洒、人工喷洒化学灭火剂建立隔离带,达到阻火目的。

(3)以火灭火

以火灭火是一种有效的灭火方法。按点火时间形式不同可分为两种:

①火烧法。在沟塘缓坡草原的地方或风口处,当隔离带不能起到有效隔火作用时,同时使用机械或人力加宽也不允许时,可采用此种方法。火烧时用原有道路、河沟等自然条件作为控制线,即在控制线和火场间点火。分一组在下风头沿控制线边上先点火,但不能使火越过控制线;分另一组在上风头等待第一组把火线拉出100m以后,再开始点火,控制住火向控制线一侧烧去,将另一侧火打灭,形成较宽防火线。

此外,以小道、小溪作为控制线,沿控制线逆风点火,使火逆风烧向火场,遇到火头后,使火立即熄灭。

火烧法可在下列情况下使用:火温高,烟火大;急进地表火无法建立隔离带;飞火大量向远处散布;扑火要求很宽的防火带;没有建立隔离带的条件。

②迎面火法。当大火逼近或遇到猛烈树冠火时,用人力难以扑灭,又来不及开防火线的情况下,就可使用迎面火法如图13-3所示。使用时要选择安全地段,如河流、道路等作控制线,或利用生土带、用水或化学灭火剂浇成的湿润带做控制线,利用有利地形条件,当逆风产生后点火,受逆风影响,新火点向火灾方向燃烧,两个火头相接近时可形成很大气旋,火势很猛,但相遇后由于氧气的迅速减少火就逐渐熄灭了。

图 13-3 迎面火法应用的地形条件示意

点迎面火要知道火烧隔离带的宽度,才能计算点迎面火的地点与火头的允许距离。这段距离是按需要隔离带宽度加上火烧隔离带时间内火头向前蔓延距离之和,即:

$$L = L_0 + L_n \tag{13-1}$$

式中 L——点迎面火与火头的距离(m);

L_0——需要隔离带宽度(m);

L_n——火烧隔离带时间内火头向前蔓延距离(m)。

试验证明:迎面火速度与火头蔓延速度的关系为1:4到1:6取最大比例,则:

$$L = L_0 + 6 \times L_0 = 7L_0 \tag{13-2}$$

又据经验

$$L_0 = 3 \times 火锋深度(火墙厚度)$$

所以

$$L = 3 \times 7 \times 火墙厚度 = 21 \times 火墙厚度 \tag{13-3}$$

树冠火的点迎面火规定的参数不太明显,有人认为点迎面火允许距离与树高有关,火

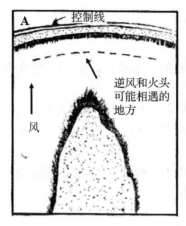 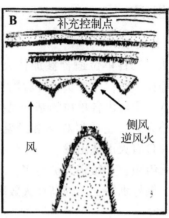

图 13-4　火烧法示意

烧隔离带宽度应为树高的 2 倍。还有人认为与树冠火蔓延速度有关。总之，测量树冠火的火墙厚度很难完成，因关系到人身安全，所以 L_0 不应少于 200m，因此，允许距离 L：

$$L = 7L_0 = 7 \times 200m = 1400m$$

总之，以火灭火是一项较难掌握的灭火方法，只有运用得当，才能起到省工、省力、应急的灭火效果。运用不当等于放火，会造成扑火人员的伤亡。运用以火灭火应由有经验的扑火指挥员和战斗员，在适当时机、适当条件下采用，决不可无组织、盲目采用。例如，1986 年发生在云南的二次森林火灾。①3 月 28 日早晨 6:00 许云南安宁县青龙寺普达山沟，4 处起火，3 处已迅速扑灭，一处未灭。沟谷内距火场 3km 处有曙光机械厂，为了保护机械厂，多数人员进入三面环山的山谷内开设防火线，有少数人用点迎面火法灭火。结果 13:00 多风力增大，大火迅速封住山口，将 70 多人围在火中，当场烧死 56 人；②3 月 29 日上午 8:00 许云南玉溪县皂角乡发生一起吸烟火，当天和第二天当地军民奋力扑救未灭，31 日又奋力扑救，早晨有 3000 多人到达距火头约 2km 的制桐关东山大山沟顶部山脊（海拔 2365m）开设防火线。中午 12:00 基本打完宽 15m（实际 8~9m）长 100m 的防火线，大部人员陆续转移。约 13:20 火头迅速沿陡坡（约 60°）扑向山顶，突破防火线，当时未转移人员被火包围，烧死 24 人。

这两次的主要教训是，第一次点迎面火的人没有经验，没掌握点火时间、地点、条件与火场距离，没制定应急措施，没有退路。第二次是开设防线与火头太近，这都反映了缺乏紧急避险知识，丧生者大部分是与火同向撤退，凡迎火撤退者得救。

13.3　扑火指挥

森林防火工作必须认真贯彻"预防为主，积极消灭"的方针，一旦出现火情，就要做到"打早、打小、打了"。把火灾消灭在初发阶段。

13.3.1 扑火组织

(1) 群众性的扑火组织

①普通扑火队 把各单位适合参加扑火适龄、身体健壮的职工群众以民兵形式组成班、排、连、营等扑火队，主要负责扑救附近的山火。

②基干扑火队 主要由各单位的基干民兵组成扑打边远地区大火。

③机动快速扑火队 主要以林场和经营所基层单位为主，抽 30~50 名青壮年组成，也生产也待命，一旦有火迅速出发。

以上三种扑火组织，要做到人员落实，"官兵"相识，并在防火期前进行组织整顿，备好扑火机具物资，搞好训练，以提高扑火效率。

(2) 专业扑火队

①主要以武装森林警察组成的空降灭火队和机降灭火队。

②护林员、营林员，这两支专业队伍主要负责边远重点火险林区的扑火。

13.3.2 火场前线指挥部

火场前线指挥部称为"前指"。为了加强对扑火的指挥领导，需在火场建立前线指挥部，并由主要领导同志担任火场的指挥部署和调动，按火势的不同，组成若干个扑火队，在统一指挥下，进行扑救。

(1) "前指"设置原则

一般设在能瞭望火场或距离火场较近(距火场约 10km 以内)的安全地带。最好选在障碍物少的高地，用红旗作标志。

(2) 扑火指挥机构

①火情侦察组；②通信联络组；③物资供应组；④医疗救护组；⑤宣传鼓动组。

(3) 制订扑火作战方案

扑救大火灾时，首先要掌握起火时间、发生地点、当地气象情况和火发展的趋势。根据侦察火势情况及时制订出扑火作战方案，组织扑火。

13.3.3 指挥方法

扑救指挥，要抓住时机，及时做出果断判断。提出正确的指示和要求，特别是火灾范围很大，投入多数扑火成员时，要正确判断火灾情况的不断变化，发布明确的命令指挥扑救，是火灾扑救的关键。

各级指挥员应该注意以下几点：

①森林火灾扑救，第一是防止火灾蔓延；第二是及时扑灭火灾；第三是必须彻底扑灭。以此为基本点，根据火灾情况和消防能力，对火灾断然采取直接灭火和其他方法扑救。

②如自己的消防能力有可能扑灭火势时，要抓紧一切时间，集中优势兵力，力争一举扑灭火灾。

③配备扑火队员不能平均使用力量，要把重点火线放在首位，对其他火线也要部署力量，同时扑救。

④对初发火，要迅速包围火势，力争迅速扑灭。无风或风小时，从四面进行扑救。如火势随风向前发展，在火头前阻击不住又有危险时，则应沿两侧火线迅速向前推进，组织优势力量快速扑打，在火的前方利用河流等自然条件，进行阻击。

⑤配备扑火队时，要考虑队员力量、现场、火场、地况、林况等划分扑火担当区，决定扑救作业的要点。

⑥在确定扑火队时，主要根据火势发展情况，在一时难以扑灭的火场，要考虑组织第二梯队，做到轮扑火，使长期扑火队员得以休息。

⑦前线指挥部的位置，设置在便于指挥和联系的地段，并明确指挥部所在位置。

⑧前线指挥员，要随时掌握火场风向风力的变化，防止发生意外火势的变化，给扑火队员造成危险，这是安全扑火最重要的一环。

⑨火场面积很大时，必须使各路扑火队与前线指挥部之间，随时保持联系，指挥部的命令、指示，能及时传到各扑火队，同时扑火队的扑救情况及时报告到指挥部。

⑩全面清理火场阶段，应作为一项重要"战役"来打，采取分段负责的办法，彻底清理余火，反复检查验收，防止复燃。保证扑火胜利。

13.4 扑火安全

扑火安全是一个世界性难题，在扑救森林、草原火灾中，造成人员伤亡的情况多种多样。扑火需要在高温下进行艰苦的工作，大部分时间在野外，地形陡峭崎岖，远离交通，危险性大，事故发生率高。森林扑火人员经常处于恶劣的环境，即使有各种防护装备和器材，仍有可能在森林火灾中烧伤、摔伤、烟气中毒或受到其他伤害，所以对森林火灾扑救工作的危险性要有充分的认识，并对必要的安全措施给予密切的关注。

13.4.1 我国森林火灾中人员伤亡时空分布特征

森林火灾因受天气、地形和可燃物三大自然因素的影响，火场变化无常，特别是林火行为突然变化，会造成严重的人员伤亡。2007年希腊发生了150年来全球最严重的森林火灾，火灾造成67人死亡，16 000多人无家可归，12万民众受灾。2010年俄罗斯发生近130年来本国最严重的森林火灾，火灾造成53人死亡，3 500人无家可归，9万人转移。我国是森林火灾严重的国家之一，人员伤亡惨重，1950—2005年间，我国因森林火灾死亡的人数达3万多人，仅1987年发生在大兴安岭特大森林火灾就造成213人死亡，226人受伤，受害群众达56 092人。近年来，在森林火灾扑救机制的作用下，受灾森林面积明显下降，年均森林火灾火场总面积占全国森林总面积的0.16%，远低于10%这一世界同期的平均水平。但受全球气候变化的影响，极端气候事件频繁发生，森林火灾中人员伤亡情况依然较为严峻。据统计，2006年全年共发生森林火灾8 170次，受害森林面积41×$10^4 hm^2$，因灾受伤61人，死亡41人，是继1987年以来森林火灾发生最为严重的年份；2008年我国南方遭受冰冻雨雪灾害，森林火灾次数明显增多，以湖南省为例，仅3月份就发生森林火灾3 097次，超过1999—2007年3月份火灾次数的总和，森林火灾中人员伤亡人数约40人，是1999—2007年平均伤亡人数的6.56倍。

森林火灾在造成重大经济损失和环境破坏的同时，还严重威胁人民生命安全，这已经引起了各方的关注。第四次国际林火大会以扑火安全为主题，对林火安全研究工作的挑战、存在问题和关键领域等进行了深入分析和研讨，会议提议物理学家、生物学家和社会科学家团结起来、通力合作，在扑火安全方面针对迫切需要的设备开展研究，减少人员伤亡。在我国，对森林火灾中人员伤亡的关注从《森林防火条例》的修订中可以看出，2008年11月19日国务院第36次常务会议修订通过了《森林防火条例》，此条例自2009年1月1日施行，是对1988年颁布施行的《森林防火条例》的调整。修订后的《条例》凸显了以人为本的理念，从"必须迅速赶赴指定地点，投入扑救"，到"尽最大可能避免人员伤亡"，从资源为重到安全第一，视角发生了转变，同时修改后的条例对森林火灾等级的划分不仅仅根据受害森林面积来衡量森林火灾，还将伤亡人数纳入了森林火灾的分类标准，将森林火灾中人员伤亡与受害森林面积分别考量来划分森林火灾等级，换言之，抛开受害森林面积不谈，只要造成一定数量的人员伤亡就要定性为相应级别的森林火灾，充分反映了国家对森林火灾中伤亡人数的重视。例如，发生一起森林火灾，受害森林面积在1 000 hm^2 以下，但死亡人数在30人以上，如果按照修订前《条例》第28条规定，它不是特别重大森林火灾，但按照修订后的《条例》第40条规定，则应该被归类为特别重大森林火灾；发生一起森林火灾，死亡人数10人以上30人以下的，或者重伤50人以上100人以下，按修订前《条例》规定，非特别重大森林火灾，但按照修订后的《条例》为特别重大森林火灾。

13.4.1.1 我国森林火灾中人员伤亡时间分布特征

根据我国森林火灾中人员伤亡数据的统计，1988—2012年我国共发生森林火灾192 765次，年均发生7711次，烧毁森林面积206.5×$10^4 hm^2$，年均烧毁8.2×$10^4 hm^2$，造成人员伤亡4 418人，其中死亡1 363人，重伤562人，轻伤2 523人，平均每年伤亡176人。1988—2012年间，森林火灾中人员伤亡数年际间波动较大，存在明显的年际振动，大概每隔4~6年就有一次人员伤亡严重的高峰年。通过对我国森林火灾中人员伤亡人数趋势进行分析发现，伤亡数总体呈现递减的趋势，在干旱严重的年份，森林火灾发生次数多，相应的森林火灾中人员伤亡也多。例如，1999—2000年我国经历了建国以来最严重的干旱，俗称世纪末大旱，1999年我国发生的6 847次森林火灾共造成人员伤亡421人，创1988年以来人员伤亡最高纪录，其中山西省1997—2000年连续4年遭受大旱，1999年的旱情、灾情最为严重，出现了40年不遇的干旱天气，同年4月3日，在山西省汾阳市万宝乡王虎村发生的重大森林火灾，因组织扑火不力，致使火灾蔓延至与之相邻的文水县境内，火场面积1 256hm^2，受害森林面积912hm^2，火灾直接造成23名人员死亡。2004年在2003年干旱基础上，连续干旱，全国共发生森林火灾次数13 466次，比2003年增加了22.3%，人员伤亡252人，其中死亡131人，轻伤80人，重伤41人，为步入2000年以来的最高纪录，其中2004年1月3日发生在广西玉林市兴业县卖酒乡党州村太平自然村经济场后岭的森林火灾，死亡11人，是继1999年山西汾阳森林火灾后，死亡人数较多的一次。

13.4.1.2 我国森林火灾中人员伤亡空间分布特征

按我国各大区域划分，各区域森林火灾中人员伤亡情况不同，总体来看，2000—2012年我国各区域森林火灾中人员伤亡情况最重的地区为西南地区，该区伤亡人数占全国森林火灾中人员伤亡总数的35.5%，伤亡以轻伤为主，约占该区伤亡总数的62.6%；其次是华中地区，该区伤亡人数占全国森林火灾中人员伤亡总数的24.3%，该区伤情较为严重，重伤和死亡人数占该区伤亡总数的75.5%，其中死亡人数占该区伤亡总数的60.5%。西南地区和华中地区森林火灾人员伤亡数占我国森林火灾人员伤亡总数的59.8%，东北地区、华北地区、华东地区、华南地区、西北地区则占我国森林火灾人员伤亡总数的40.2%。

13.4.1.3 我国与其他国家人员伤亡的对比

1988—2012年美国共发生森林火灾19 076 929次，烧毁森林面积5 295.3×10^{4}hm^2，造成人员伤亡约123人，相比之下，美国森林火灾发生次数约是我国森林火灾发生次数的10倍，烧毁森林面积约是我国的26倍，而人员伤亡人数约是我国的3%。1988—2012年加拿大共发生森林火灾207 556次，烧毁森林面积6 082.4×10^{4}hm^2，造成扑火队员伤亡约43人，与我国相比，加拿大森林火灾发生次数相近，但烧毁的森林面积是我国的30倍，人员伤亡是我国的1%。

基于以上森林火灾中人员伤亡的时空分布特征，我国森林防火工作在今后的一段时间应该有针对性地开展不同时域、地域的森林火灾预防和扑救工作，力求最大限度地保障人民生命的安全，减少人员伤亡。

13.4.2 森林火灾扑救中扑火队员的安全防范

森林火灾是世界上救助较为困难的自然灾害之一，扑救森林火灾具有极高的危险性，稍有不慎就会使救灾人员瞬间变成受害人员。全球平均每年发生森林火灾20多万起，烧毁森林面积上千万公顷，扑火伤亡时有发生，有的非常惨重。造成人员伤亡的情况多种多样，如被火围困烧伤致死、被浓烟熏呛窒息而死、坠崖摔伤或摔死、被滚落碎石和枯死站杆砸死或砸伤、迷山失踪、毒蛇咬伤或咬死和高危传染病等。近些年来，随着科学技术的迅猛发展，虽然灭火手段有所改善，但仍未能有效地抗拒和遏制紧急险情的侵袭和危害。目前，世界各国都强调初始出击，发现火时，动用一切力量扑火。发达国家在应对森林火灾时，大都采用飞机和大型消防车辆实施灭火，开设隔离带，避免人员与火的直接接触。

13.4.2.1 扑火危险性发生条件

森林火灾具有突发性、随机性和任意性，有一个逐步形成、发生、发展的过程。但是，当一般性森林火灾受到特殊火场环境的综合作用时，火势和蔓延速度会骤然加剧，蔓延方向突然改变，甚至形成火爆、火旋风等，造成扑火人员出乎意外、猝不及防，从而出现烧伤烧亡问题，具有很大的随机性和不可抗拒性。特殊地形、易燃植被和天气构成森林火灾扑救危险三要素。

(1) 特殊地形

特殊地形是发生险情的关键因素，主要指陡坡、窄谷、单口山谷（葫芦峪）、窄山脊线（拱脊）、鞍部、突起的山岩及其他复杂地形。

(2) 易燃植被

易燃植被是发生险情的物质基础。针叶幼林或可燃物垂直分布明显的地段，燃烧强度大，极易形成地表火、地下火和树冠火立体燃烧的复杂局面。人迹罕至的原始林区森林火灾频发，并深入地表层以下燃烧，长年累月的可燃物大量堆积是其重要的物质基础。

(3) 天气突变

天气是发生险情的催化条件。每天 10:00~16:00，火场气温高，相对湿度小，烟尘大，能见度低，风大物燥，且风向易变，是扑救森林火灾极其不利的时段。特别是高温大风天气，可在短时间内干燥乔木等粗大和高含水量的可燃物，加快燃烧速度，并使火焰由垂直发展改变为倾斜或水平发展，增强辐射和对流传热作用，同时将燃烧余烬带到火焰前方形成新的火源，常常引起极端的林火行为。森林火灾发生蔓延是在开放系统环境下进行，时间和地点有很大的随机性。扑火队员的行动围绕森林火灾的发生与蔓延的时间地点来进行，增加了扑火队员发生事故的危险性，也要求扑火队员有良好的身体素质，掌握好安全防范措施。

13.4.2.2 森林火灾扑救中的安全事故

(1) 森林火灾扑救中的意外事故

扑火队员在森林火灾扑救中意外事故时常发生。这些意外事故大多是在夜间作业、不熟悉的山路行军、紧张和长时间作业等情况下发生的，如砸伤、摔伤等。

(2) 森林火灾扑救时的生理伤害

扑火队员的身体健康素质是至关重要的，较好的身体素质可以减少事故的发生。很多事故是由于身体条件的原因而引起的，如身体上有某一方面的毛病或缺陷，或者身体素质差，无法胜任扑火的艰巨任务。森林火灾扑救时的生理伤害主要有痉挛、虚脱、脱水和中暑等。

(3) 森林火灾扑救中的火灾事故

扑火人员在森林火灾扑救中发生的事故，主要是在小火及轻型可燃物里或大火中相对平静的部位中发生的。这是因为小火和平静的气氛容易给人造成错误的判断，瞬时林火行为的变化往往使得扑火队员反应不过来，来不及采取防范措施，从而发生森林火灾事故。

13.4.2.3 森林火灾扑救安全防范技术

采取正确的森林火灾扑救安全防范技术，就可减少灭火行动中的事故，或者可以减轻事故的严重性。因此，美国、加拿大等国家非常重视森林火灾扑救安全对策的制定和实施。

(1) 体检

扑火人员极易处于应激反应的紧张状态，并在心理上处于负荷过重的状态，而一个人在这种情况下是不能持久的。这就要求扑火队员必须有健康的身体。在选择扑火队员时，可将身体素质较差、不适合执行灭火任务的人员淘汰。需根据各人的年龄对灭火人员进行定期体检。从一般医学观点上认为到了健康标准的人员，并不见得是一个体力上适合于执行森林火灾扑救任务的人选。

(2) 培训

灭火队员必须接受有关灭火工具与设备的使用、灭火技术基本知识以及行为基本知识等内容的培训。所有监督与管理人员及后勤支援人员应根据他们履行岗位职责的需要接受相应训练。

应实行扑火人员任职资格制度，指导防火工作各岗位人员的培训。从事灭火工作各岗位的人员应当做到，在任何情况下始终都能充分发挥自己熟练的技能。为此，应通过各种模拟演习，体验各种条件下的灭火行动，提高实战能力。监督管理人员应把灭火工作中的安全问题始终摆在优先地位来考虑，必须对部属人员的行动负责。工具与设备的保养是培训的重要任务，正确地保养车、机、各种机械设备及灭火工具，就可减少灭火行动中的伤亡。

（3）灭火人员的防护装备

防火线作业人员的防护装备至少应包括高质量的长筒靴、防护手套、护镜及安全帽。有些灭火机构还硬性规定给每一个扑火队员配备防火帐篷及防火衣裤。因为用天然纤维制作的服装容易磨损，而许多人造纤维制品遇到火就熔化，会导致严重的、伤口愈合缓慢的甚至致命的烧伤。

灭火飞机的空勤人员需要戴钢盔和穿防护服装，包括手套。飞机上还应提供防止惯性作用的安全带，并要求飞行人员使用。安全服和大部分其他安全装置通常并不能防止事故的发生，但能起到减轻事故的严重性的作用。防治中毒，也是扑火人员保健和医疗的一个重要问题，应继续研究可用于扑救火灾服装和防毒衣服的各种材料与物质的性能，以不断改进其防毒的效能。

（4）配备安全人员

扑火组织中的每一个成员均须对自己及部属的安全负责。在整个扑火行动中，还应指定专人负责安全监督、参与制订计划，并对不符合安全作业和可能会引起安全事故发生的一些做法，向扑火指挥人员提出建议。安全组织的结构不是一成不变的，应与灭火工作的实际需要相适应。

一般情况下，配备的安全人员为火线安全员、飞行安全员以及营地安全员。火线安全员负责监督管理火线上的安全问题，也有责任向火线指挥提出安全方面的改正建议。为了有效地履行职责，火线安全员应具有较高水平的监督管理防火线作业的能力。当有飞机参加扑火，要执行较复杂的飞行任务时，就要设置专门的飞行安全员。飞行是灭火行动中引起人员事故的重要原因，飞行安全员应具有飞机灭火作业与飞行安全等方面的丰富知识。营地安全员主要是协助扑火指挥做好基地的安全及人员健康方面的工作，负责监督管理火线营地的安全作业，并向营地官员或服务主管提出改正建议。

（5）火场医务人员

在森林火灾扑救行动中，需要派一些医务人员，如训练有素的急救人员、急诊救护人员或伞兵救护人员，以便对事故提供及时的救援。还应提供急救箱，急救箱内所装的药品及医疗器械应根据派往火场的医务人员的情况来配备。在撤离和转移负伤人员时，可能需要救护车和直升机。要与当地医院和医生做好联系工作，以便接受并治疗烧伤人员。

为了加强对扑火人员的救护工作，还要进一步提高医生们的专业素质。除了组织有关培训、进修外，还应当组织他们同预防医学的有关专家进行业务交流，并向扑火人员提供心理咨询服务和指导，促进扑火人员的心理训练和心理健康。

13.4.2.4 对我国扑火安全的展望

我国幅员辽阔，气候多样，森林资源分布广泛。受自然地理环境的影响，我国是一个森林火灾多发的国家。近些年，森林高火险天气日益增多，福建、湖南、四川、黑龙江、内蒙古、云南等省（自治区）森林火灾频繁发生，不仅使有限的森林资源遭到严重破坏，而且直接威胁扑火队员和人民群众的生命安全。

我国目前的森林灭火设施设备和技术手段已经有了很大改善，扑救森林火灾的能力和安全防护能力都有所增强。近年来，森林面积呈现稳步快速增长趋势，我国2010年森林覆盖率将要达到19.4%，2050年达到并稳定在25%以上。同时，一些重点林区可燃物载量激增，特别是受气候条件的变化，以及林区流动人口增加等因素的影响，火源管理的难度越来越大，森林火灾的危险性增大。

从未来发展趋势看，保护森林资源的任务将越来越繁重，出现扑火危险性的概率增加，扑火人员生命安全的潜在威胁还将长期存在。扑火队员用自己的生命安全拯救国家和人民的生命财产，需要社会、主管机关、有关部门及各级领导对扑火队员的安全防范措施给予更多的关心和重视。

【本章小结】

本章主要讲述了林火扑救的知识，包括林火扑救的基本概念、具体方法、扑火指挥和扑火安全的内容。森林火灾扑救的目的是将损失降低到最小，其扑救是否及时、高效直接影响森林火灾造成的损失程度。通常采用的扑救方法有扑打灭火、以土灭火、以水灭火、化学灭火、风力灭火、隔离带阻火、以火灭火、航空灭火、人工降雨等。受设备、交通、通信等条件限制，过去的扑救工作充满艰难，每一次林火扑救都可能带来财产之外的巨大人员伤亡。因此，明确了解扑救原理及方法可以有效地提高扑救过程中的安全性和效率。注重扑救安全，也是减少森林火灾损失的重要部分。本章需要掌握林火扑救的概念和方法，以及在林火扑救时的安全措施。

【思 考 题】

1. 简述林火扑救的基本原理。
2. 简述林火扑救的具体方法。
3. 简述在扑救火灾时的安全防范措施。

【推荐阅读书目】

1. 森林草原火灾扑救安全学．赵凤君，舒立福主编．中国林业出版社，2015．
2. 林火生态与管理．胡海清主编．中国林业出版社，2005．

第14章 森林防火灭火机具

【本章提要】灭火机具是林火预防和林火扑救的重要组成部分。任何一场森林火灾都需要多种机具配合才能有效地完成森林火灾扑救工作。面对不同强度林火应该采取不同机具。本章从森林防火机具和森林灭火机具两方面学习。

14.1 森林防火机具

14.1.1 点火器

点火器具主要是用于火烧防火线，点迎面火，进行计划烧除点火。点火器种类很多，这里仅介绍如下4种：

(1) PH-1型滴油式点火器

这是黑龙江省森林保护研究所研制的。该点火器能提供稳定而又持久的火种，它是一种简单、经济而又实用的点火工具，能满足各种条件下营林安全用火的需要。

①构造　它由可背负的油桶、油管、手把、开关、点火杆和点火头组成。点火头是薄铁皮做成的圆锥形罩子，内添耐高温的玻璃纤维布或临时放些棉线团、破布、草团做芯子。

②原理和使用方法　油桶装好油后，打开油门开关，油自油桶经输油管流入点火头渗透芯子，用火柴即可点燃。油桶位于油管上方，如果拧紧油盖，油可缓慢流出，保证点烧不断有油供应。点烧人员往前走，点火头贴地面可拉出一条火线。

③燃料　可使用混合油，70%左右的柴油加30%左右的汽油。也可以使用纯汽油，使用混合油较经济，用汽油不太经济，安全性差，使用时特别要注意安全。

(2)滴油式点火器

滴油式点火器没有压力,油自由落地,由开关控制,是以柴油、汽油的混合油为燃料的点火工具。自重约2~3kg,装油8kg,总重10kg(装满油),一边滴一边点火,每小时耗油1kg左右,可烧4km,装满一桶油可连续使用8h左右。它是由油桶、点火杆、点火头等部件组成,具有轻便、效率高的特点。

(3)SDH-4型点火器

这是北京林业大学制造的。以汽、柴油为燃料。净重2.5kg,装油4 000mL,与汽油喷灯原理差不多,用小气管打气增加空气压力。喷油量100~150mL/min,水平射程6m。

优点:点火速度快,携带方便,加一次油可工作30min以上。

(4)航空点火投掷器

航空点火投掷器包括投掷器和点火球两部分。它的工作原理是在高压聚苯乙烯制作的密闭点火球内,放有一定量的强氧化剂——高锰酸钾。将此点火球放入投掷器内,投掷器可连续地向每个点火球内注入一定量的燃烧剂——乙二醇水溶液。高锰酸钾与乙二醇水溶液经过化学反应会引起火焰,温度可达1 000℃。高温火焰可将地被物引燃。

中国HDQ-Ⅱ型航空点火投掷器的主要优点在于,投掷速度可调,具有每分钟可投掷80、120、160、200、240个点火球的五个档次。如果需要,可实现五级变速。另外,还具有光电报警机构,在投掷器发生卡机故障时能自动报警,并可同步断电停机,可确保飞机电源的安全。加拿大PFRC-Ⅱ型投掷器只有每分钟投掷240个点火球的一个档次,这对于不均匀植被条件下的点火作业是极不方便的。没有故障报警机构,点火作业时不易发现故障,工作人员无安全感。

此外,还有76-自调压手提式点火器、BD型点火器、17型点火器、SID-1型手提增压点火器,BOD-1型背负多用点火器等。

14.1.2 开沟机

开沟机是用拖拉机带动而工作的。利用旋转圆盘铣刀切削土壤,将土壤抛出沟外,形成一条带,用以阻止地下火蔓延和地表火蔓延。开沟深一般为80~100cm。适合浅山区农林交错地带开设防火隔离带(沟)。其性能在8h工作日中可开沟约10km,效率高,质量好。

(1)LKD-103型单元盘旋转开沟机

该机由拖拉机带动,抛土距离1m左右,作业速度233~298m/h,适用于五花草塘或沙土地,石砾直径不大于10cm土层较厚的水湿地作业。每小时可开设6~14m宽,长300m左右生土带,耗油量10kg。缺点是前进速度低,有较大的石头地不适合作业。

(2)ZG-90型旋转开沟机

该机作业宽为1m,旋转宽度5~15cm,作业速度为1.58~2.74km/h,适合在一、二、三类荒原作业。开设防火生土带每小时为1 500~2 700m,耗油10kg。

除此以外,还有双圆盘旋转开沟机等。

14.1.3 东风-5型烟雾机

东风-5型烟雾机是上海农业药厂生产的,特点是机体小、重量轻,便于森林地带作业。森林防火上主要用于烧除杂草，开设防火带。它是由燃烧及冷却系统、燃油系统、起动系统和烟剂系统四大部分构成的。在烧除杂草，打烧防火线时，可进行喷火作业，将喷火头装在短烟化管上，当燃油通过喷火，在喷火头圆周上的孔洞处用火引燃，就可喷射火焰。为防止烧伤人体，在炽热的冷却管外装有防护罩。

14.2 森林灭火机具

14.2.1 灭火手工具

一般有铁铲、镰刀、多用防火锹、镐、锯、斧、打火拍、铁耙（清火耙、三齿耙等）、铁桶、帆布桶，F82-7组合工具、F82-8组合工具。

"一袋装"：为了使扑火手工具系列化、标准化，国家森林防火灭火研究开发基金委员会对一袋装扑火工具进行了研制，由黑龙江省森林保护研究所和哈尔滨金锋五金厂承担任务并已通过专家鉴定。该工具具有一柄多头、调节长短、携带方便等优点。把斧、镐、锹、刀、锯、二号工具、耙等手工具统一装入一个袋内，而且各有固定的位置。一个班配备一袋，队员到达火场后，临时组合。这种系列工具非常适合空运扑火队和快速扑火队使用。

"一、二号"工具：

一号工具：通常把树木枝条捆成帚把而成。

二号工具：这是黑龙江省大兴安岭地区，为了与一号工具区别开，将它称为"二号工具"，它是用汽车废旧轮胎的里层，剪成80~100cm长、2~3cm宽，0.12~0.15cm的条20~30根，用铆钉或铁丝固定在1.5m左右长，3cm左右粗的木棒或硬塑料管材上即成。这种工具节省了幼树，成本较低，携带方便，经济实用。

14.2.2 灭火器

目前我国使用的灭火器很多，仅介绍如下3种：

(1)胶囊水枪灭火器(又称CHP-1型灭火水泵)

该灭火器主要用于扑灭初起森林火灾、弱强度地表火线，清理火场以及打烧防火线控制用火。这种灭火器自重2.2kg，一次装水20kg，能连续使用4min。

胶囊灭火器主要由胶囊和水枪两部分组成。胶囊与水枪用胶管连接。胶囊用挂胶的帆布粘贴而成。规格为高506mm、厚100mm、宽400mm，是盛装水或化学灭火液体的容器，配有背带可背负。水枪(手动泵)是由泵筒、塞杆、进水阀门、出水阀门和喷头组成。泵筒和塞杆全用硬塑料管制作，其他用铝合金加工而成。喷水成细柱状可喷20~30m远。

(2)SM-Q型化学灭火器(储压式灭火器)

这种灭火器，是利用从3个并联的合金钢封桶中的二氧化碳蒸发而产生的压力，将化学药剂喷出达到灭火的目的。喷射距离为12~14m。一次连续喷射40s至4min。喷射时间长短，因喷嘴直径大小而异，可以一次喷射，也可以进行点射。灭火器自重为10kg，装药

10kg，可用于扑救中、弱度地表火，地下火或清理火场，打防火隔离带。但没有水源的地方，难以发挥作用。

(3) SF-88 型灭火水枪

SF-88 型灭火水枪由装勺、过滤网、背包、水袋、胶管、喷枪六部分构成。喷枪全部采用铝合金制作，并进行了冷拉和表面镀处理，具有强度高、重量轻和防腐蚀等优点。该枪可装水 18kg，喷枪重 0.37kg，灭火水枪重 1.6kg，平射距离 12~16m，喷口直径为 2.5~4mm（一般按 3.0mm 制作）。

此外，还有 SM-B 型自压式灭火器、M-17 型灭火器、MA-18 型灭火器、SL-Q 型灭火器和汽油机灭火器等。

14.2.3 风力灭火机

(1) 构造

风力灭火机是由去掉导板和锯链的油锯改装而成的。西北林机厂生产的灭火机，主要由汽油机、离心风机和多功能附件组成。离心式风机叶轮直接与汽油机输出轴连接，叶轮旋转时产生高速气流、风筒出口风速达 70m/s，风量 $0.5m^3/s$。出口 2m 处风速互大于 20m/s，可吹走二块捆绑在一起的标准码（235mm×115mm×53mm 重 15kg），相当于九级风。安装不同附件可喷"灭火干粉"、喷水、喷雾、喷高速气流，喷火烧隔离带、放迎面火、进行间接灭火。

(2) 原理

风力灭火机就是用高速大量的强气流吹散燃烧产生的热量，使温度下降到燃点以下，失去燃烧三要素之一，达到灭火的目的。

(3) 主要技术指标

①型号：CF2-20（6MF-5）；②形式：手提式多用机；③净重：11kg；④外形尺寸：870mm×310mm×380mm（长·宽·高）；⑤风速：20~22m/s（距风筒出口 2m 处）；⑥燃油箱容积：1:4L；⑦发动机型号：1F52F；⑧燃油：70# 汽油与 10# 车用机油按容积比 20:1 混合。

风力灭火机具有重量轻、体积小、功率大、一机多用和在各种条件下都能使用的特点。

14.2.4 灭火弹

灭火弹有各种形状及不同重量型，其结构是：由雷体、发火体和灭火剂三部分组成的。

雷体由手柄、弹盖、拉环、拉绳、纸壳等组成。外壳涂有防湿蜡或涂红色硝基漆。

发火体由拉火管、摩擦簧、拉火帽、拉火药、导火索、雷管、炸药组成。

灭火剂由磷酸氢二铵、磷酸二氢铵、溴化铵、尿素以及其他灭火剂组成。

灭火磷酸铵、溴化铵和尿素等受热分解升华，吸热致使燃烧物温度降到燃点以下，同时分解出的氨气、水蒸气，能稀释燃烧物周围的氧气，使空气中含氧量小于 15%，从而因供氧不足而熄灭。磷酸铵和尿素受热逐渐生成焦磷酸、偏磷酸等无色稠状物，均匀覆盖在燃烧物表面上,隔绝氧气防止复燃现象发生。

14.2.5 干粉灭火器

这里主要介绍 MDS 型灭火弹。MDS 型灭火弹适用于扑救淌洒于地面的石油产品,油类、油漆、有机溶剂的初起火灾,电气设备火灾,民房初起火灾,山林、灌木林、草甸子火灾。

(1)特点

①体积小、重量轻,可以随身携带,并可先于其他消防器材,提前投入扑救,及时消灭初起火灾。

②使用方便,不用其他辅助器材,直接用手投出,随时可以灭火,机动性好。安全可靠,产品经跌落试验、抗振试验,均能保证各次性能指标,使用时无破坏性碎片,无毒害性,确保人员安全。

③有效期长,易于保存。弹内装填性能稳定的钠盐干粉灭火剂,弹体及包装又作了全面的密封防潮处理,确保产品 $3\sim5a$ 不失效。

(2)结构原理

本产品采用钠盐干粉灭火剂,利用拉发火机构,引爆适量炸药,抛撒干粉,在一定空间内形成高浓度的粉雾,充分发挥干粉的灭火效能,瞬间即可灭火。

(3)使用方法

灭火时首先将防潮塑料袋撕破,将弹的上端"开口处"用手指按破,取出拉环,套在小手指上,将弹投向火场目标。

14.2.6 灭火炸药

炸药多半是在黏重生草土的地段建立防火带或防火沟或用以爆炸火头时应用,因为这些地段利用其他防火工具是困难的或者效果不大。现介绍一种索状炸药。

索状(带状)炸药:索状炸药爆破灭火需要 11 种器材:电雷管、火雷管、拉火管、电起爆器、电线、万能表、导爆索、无线电遥控收发机、炸药等物品。使用时,将炸药放在索状的管中,在火头前方开辟 3.5m 宽的生土带阻隔火的蔓延,爆炸时,产生的气浪可将火扑灭。适用于偏远林区、人烟稀少、林内杂乱物较多,新的采伐迹地和土壤坚实的原始林。

此外,还有硝铵炸药等。

14.2.7 多功能火柴

森林防火多功能火柴,是美国森林防火专业扑火队员随身的安全装备之一。该火柴用于扑救林火中采取以火攻火和安全自救,也可供林区打烧防火线,营林用火理想的点火工具。其特点是:能抗风(在 8 级大风天能点燃);点燃时间 $10\sim20s$;火焰有一定喷射能力;防潮和能做信号使用。

14.2.8 灭火飞机

使用化学灭火剂消灭林火,需用各种飞机直接喷洒或投扔灭火弹。各国飞机种类很多，在此介绍加拿大国产的一种飞机。

CL-215T 涡轮螺桨型（加拿大多用途水陆两用）。该飞机比原先的 CL-215 型有更好的设备，成为更先进的革新型。可作水陆两用机，亦可民用及军用，它的双引擎水陆两用飞船可作多种用途。水箱装水容量为 6 130kg，当飞机在海面 33°起飞时，每台引擎可产生 1 750.5kW 的轴功率。广泛应用在加拿大、法国、意大利、西班牙等国家扑灭森林火灾工作中，效果非常理想。

14.2.9 余火探测器（仪）

TCY-2 型手持余火探测器（仪）是黑龙江省森林保护研究所研制的。它是一种携带方便的非接触式野外余火火源检测的光电仪器。它能快速、准确地发现人眼难以发现的无烟，失去火焰的地表及灰覆盖下的余火，以及杂草下的隐燃火，防止余火复燃。经过多次实验证明，扑灭火灾后，用于全面彻底消灭余火，有很好的使用价值。

仪器结构简单、体积小、重量轻、耗电少，使用和携带方便。近几年，又研制出性能较高的余火探测器。

总之，在使用余火探测器时需注意以下几点：防止激烈震动和冲撞；不要用手触摸光学镜头，如镜头有灰尘时，可用皮老虎吹净，切勿用布物擦；仪器采用红外敏感器件，使用时切勿对天空，林火扑灭后，最好待 2h 后再用仪器进行余火探测，以避免虚警。

除此以外，灭火机具还有喷土枪、灭火炮、灭火水泵、6MY-2.3 型森林灭火机和重型喷气式灭火器。

14.2.10 推土机——隔离带开设工具

推土机在森林防火与森林灭火中起到开辟隔离带的作用。详细内容请参见本章第三节，森林消防车辆中的介绍。

14.2.11 高压细水雾

采用专业设备，在最小设计工作压力下产生的、距喷嘴 1m 处平面上、雾滴累积分布 $Dv0.99 < 300\mu m$ 的水雾；高压水雾具有降温、加湿、防尘、消防、造景等功能。高压细水雾灭火原理：快速冷却、局部窒息——先进的双作用灭火原理：水从一种特殊材料的喷头喷出时，形成粒径在 10~100 微米的水雾，比表面积小，遇火后迅速汽化，体积可迅速膨胀 1 700~5 800 倍，吸收大量的热，使燃烧表面温度迅速降低；同时，水汽化后形成水蒸气，将燃烧区域整体包围和覆盖，使燃烧因缺氧而窒息。

14.3 森林消防车辆

目前我国使用的森林消防车种类很多，这里仅介绍以下几种。

（1）履带消防车

履带消防车是用苏联 76 自行火炮改装而成。它有两台 55.16kW 嘎斯发动机。速度为

30km/h，载重2~3t，能爬行30°以内的坡地，用来载人或安装灭火水泵可直接灭火。但由于发动机串联，易出故障，并且底盘较低，离地面只有30cm，在林区较松软地带行驶，履带容易深陷、误车、行进困难。

这是前苏联在第二次世界大战做准备的，链轨比拖拉机链轨宽，还可作运输车，能装2.5~3t水，还可运人、物质，用来直接灭火。

(2) 水陆两用装甲运输车

水陆两用装甲运输车是用我国生产的63式履带装甲运输车改装而成。由北京681厂制造。也叫531装甲运兵车。117.7kW柴油发动机，速度为45km/h，载重4t，水陆两用。性能相当好，在恶劣的山地条件都能行驶，很适合在森林里灭火，速度快，最高时速60km，在这个基础上，黑龙江省大兴安岭地区又将531B型运输车改装成森林消防车，既可水陆两用、又可运送扑火人员，装上水箱、水泵、点火器、灭火器等用以灭火或打烧防火线效果好，对及时扑灭森林火灾起了很大作用。缺点是价格较高，耗油量大，需进一步改进。

(3) 推土机

推土机是常用防火、灭火机械。在森林防火中，用于建立防火生土带和修筑防火公路。

推土机一般可分两大类。

① 履带式推土机 履带式推土机速度快，达10km/h，能爬30°。

② 轮式推土机 轮式推土机速度为30~50km/h，不能在湿润地行走。故障比较少，在比较平坦的地区作业效率最高。

推土铲有平面的U字形、内凹方形和液压式的，钢索式的。清理疏林地，一般90%用履带式的。轮式用的极少。

履带式和轮式推土机的性能见表14-1。

表14-1 履带式和轮式推土机性能对比

履带式推土机	轮式推土机
行驶速度低，最高仅达10km/h不适于长距离运土	最高行速可达30~50km/h适于长距离运土
接地面积大，牵引系数小，因而土壤性质对效率影响小	接地面积小，牵引系数小，土壤性质对效率影响大，不适于松软土壤和雨季
不允许在公路上行驶，必须用车辆运输转移或使用路板及橡胶履带板转移，不适于转移频繁的施工地点	能高速自由行驶，适于转移频繁的施工地点
行走机构磨损，故障多	只是轮胎磨损，行走机构故障相对少些，但不适于岩石地区
爬坡能力30°~35°	爬坡能力25°~30°

(4) 森林防火宣传车

森林防火宣传车，一般是采用多种型号车体改装的。目前，江苏省无锡无线电厂生产的ML宣传车，是用南京生产的YZ-130越野汽车改装的。还有长春汽车制造厂为林业部门制造适合山林特点的各种宣传车。车内装有收音机、录音机、电唱机、扩大器和广播器材等。还有休息的地方，可以躺着睡觉。

森林防火宣传车对于组织森林防火宣传，提高广大群众爱护森林起到重要作用，是森林防火部门重要的宣传工具。

此外，还有拖拉机、森林越野消防车、CGL25/5 型森林消防车、水箱消防车（日本）、可卸式车、万路通履带车辆和林牧消防专用车等。

【本章小结】

本章主要讲述了森林防火灭火机具，包括森林防火机具、灭火机具以及消防车辆三部分。防火灭火机具是林火预防和扑救的重要组成部分，通过本章对概念学习和装备介绍，将更充分的了解我国防火、灭火机具的使用现状，以应对不同情况下对工具的选择。灭火机具的选择必须结合实际情况，配合火灾所在的地形条件以及火势发展状况等因素选择。而且灭火机具的特点和种类要满足需求，如哪些机具需要扑救人员近距离手持灭火，哪些机具需要在远程控制火势等。随着科技的发展，灭火机具将能够更完美的配合扑救人员的需要，在灭火过程中发挥更大的效力。

【思考题】

1. 简要举例森林防火机具。
2. 简要举例森林灭火机具。
3. 森林消防车辆有哪些种类？

【推荐阅读书目】

1. 林火生态与管理．胡海清主编．中国林业出版社，2005．
2. 森林草原火灾扑救安全学．赵凤君，舒立福主编．中国林业出版社，2015．

第15章 营林安全用火

【本章提要】 过去,古老的人类缺乏对火的正确认识,他们惧怕和排斥火,认为只要有火灾发生,就意味着生命逝去、财产损失、家园毁灭。随着人们对自然更科学的认识,发现火并非只具备有害影响,还可以帮助森林更健康的发展。营林用火是现代森林培育、森林保护及资源管理等方面的重要手段,本章从营林用火的理论基础、实际应用、具体操作方法三大方面阐述如何营林安全用火。

15.1 营林用火的理论基础

火既会对森林造成危害,也能对森林起到有益作用。经过长期的研究和实践,人们逐渐认识火是维持生态系统稳定的重要的一部分。火究竟对森林起到有害还是有益作用,归根结底取决于火作用的时间与强度。只有高强度的火烧会毁坏森林内部结构、破坏生态平衡,起到危害效果;低强度火烧有利于维持生态系统稳定、促进森林自然更新、提高林地生产力。因此,营林用火是森林经营与保护和资源管理的重要手段。

15.1.1 营林用火的定义

(1) 营林用火定义

所谓营林用火(营林安全用火)是在营林工作中,在人为控制下,在指定地点有计划、有目的安全用火,并要达到预期的目的和效果的一种营林措施或手段。

营林用火是根据火的两重性(火害和火利)提出来的。它是利用火的有利一面来防止火的破坏作用,并获得效益。营林用火是一种用火技术,也是森林经营的一种手段和工具。

营林用火目前国内外学者认为包括两个方面:规定火烧和控制火烧。它们是两个不同的概念。

(2) 营林用火的条件

营林用火应该选择合适的季节和时间,选择安全用火窗口。天气条件影响营林用火的效果。适合营林用火的天气条件有:

①稳定的风向和风速　理想风速在 2~4m/s,1~3 级。

②相对湿度　一般要求在 30%~60%。

③温度　温度随不同时间和不同地区改变而变化。冬、春季温度 0~10℃;夏季小于 20℃。

④天气　少量的降雨或雪后 2~3d 内;

⑤可燃物含水率在 10%~20%;

⑥要求大气稳定的条件。

(3) 规定火烧和控制火烧

①规定火烧(又称计划烧除)　是指用一系列人为有目的点燃的移动火,点烧地被物或活的植被的一种用火。要求火强度低,持续时间短,不产生对流柱,对森林环境影响不大,有利于维护森林生态平衡。目的是满足造林、森林经营、野生动物管理、降低森林燃烧性等方面的需求。

规定火烧用火技术严格,要求火强度不得超过 500kW/m,超过这个值就会损害森林资源。采用游动火或一系列的移动火,而不是固定火。规定火烧的目的,主要是减少林地易燃物,降低森林燃烧性。因此,过火后的林地允许出现"花脸"。目前各地实行的火烧防火线就是属于规定火烧的范围。

②控制火烧　是指在一定的控制地段,将大量中度和重度的死可燃物烧掉的一种用火。例如,利用火烧清理采伐剩余物,清理林内大量杂乱物等。一般采用固定堆积火烧或带状火烧。控制火烧的火强度高,火持续时间长,能产生对流柱,对森林环境有一定影响,但能彻底消除林内杂乱物。森林抚育采伐后的剩余物,防火要求不应堆放在林内,应移到林外,在适当的季节、适当的地块进行控制火烧。

由于规定火烧和控制火烧有许多不同点,因此,点烧技术措施也有相当大的区别。

15.1.2　营林用火与森林火灾的区别

营林用火和森林火灾的区别:

(1) 森林生态条件的不同

用火是在一定生态条件下进行,缓慢释放能量,范围是 1 464~2 928.8kJ/m。用火是利用火这个活跃因子有利一面,在一定间隔内,影响物质循环和能量流动,维持森林生态系统平衡,而火灾则是突然释放大量能量,狂燃大火可达 12 552kJ/m,破坏森林生态平衡,使生态系统内的生物混乱。如果一片红松阔叶林被森林火灾烧光,它经过原生演替再回到原来的生态顶极,需要上百年时间。

(2) 燃烧特点的不同

用火是在人为控制下,有目的、有计划并达到预期效果;而火灾则是失去人为控制的燃烧。

(3) 经济影响的不同

用火是为人类经济服务，成为森林经营工具和手段；火灾则是对人类经济的破坏。目前森林防火多采用以火攻火，以"规定火烧"逐渐代替森林火灾。如美国在1966年"规定火烧"面积17 402hm^2，到1970年"规定火烧"面积为1 011 750hm^2，而同年火灾面积为910 575hm^2。澳大利亚每年规定火烧已超过1 417 000hm^2。我国林区用火技术的进展也很快，我们以打烧防火线为例：东北林区1952年开始提倡打烧防火线，当时仅发动群众用镰刀割打，一直延续到现在。1956年，黑龙江省北安县，沿河南北对岸大片杂草采取火烧法起到良好效果。1968年，伊春林区参照北安做法，采取了"一火成"和"两火成"办法，推广开了。1970年代以后，东北三省、内蒙古重点林区大面积推广用火烧法烧防火线。规定火烧除了降低森林燃烧性以外，还在森林抚育、清理林场、促进森林更新、炼山造林、消灭病虫害和鼠害，更新牧场、改善饲料草和改善野生动物居住环境方面的应用。

(4) 火烧天气条件的不同

营林用火对天气条件要求严格，除对林木一定径级和物候相外，对可燃物含水量、风速、风向、气温、湿度和天气的稳定性，都有一定要求。而火灾大多发生在火险级高，常伴有大风、高温、干燥等恶劣天气条件。

(5) 火烧后果的不同

营林用火是将火作为一种廉价的手段和工具，产生经济效益、社会效益和生态环境效益；而火灾会造成森林资源、人力、物力等经济上的损失，以至人身伤亡，会带来精神上的恐怖感，产生社会和生态环境的不良效应。

15.1.3 营林用火在营林中的作用

(1) 减少可燃物的累积，降低森林燃烧性

森林是储蓄能量的地方，森林又以枯枝落叶和立木枯损等形式把储存能量释放出来，主要依靠火。据统计：林地可燃物积累可多达每公顷为50t，燃烧时每秒释放热量20 920~41 840MJ，大约相当一吨汽油每秒释放的热量。大兴安岭地区沟塘草甸一般积累3~5a以上，就会发生较强烈的火灾，因此，可燃物的积累是判别火强度的主要变量之一，一般情况下，可燃物增加1倍，火强度提高4倍，如果有计划烧除，就会大大减少可燃物积累量，减少森林损失。

(2) 规定火烧在森林抚育中的效益

①由于树种抗火性不同，特别是抗火性较强的喜光针叶树种为主的林分，采用规定火烧可以抑制林下耐阴树种的生长、促进主林木的生长发育用火维持目的树种不被更替，而形成火顶极类型(或称亚顶极类型)。如美国南部的松林，依赖火维持它的存在。

②减少林内下木竞争，在不破坏土壤和腐殖质层而防止杂草竞争时，除用化学除莠剂以外，安全用火是唯一的营林措施。

③规定火烧可促进林地有机质加速分解，利于林木生长。

④规定火烧可烧掉林内站杆，具有卫生伐，为主林材创造良好的生育条件。

(3) 规定火烧在清理林场和促进森林更新中的效益

在采伐迹地或林地进行规定火烧能改善林内卫生状况，减少火灾危害，减少病虫害发

生,促进有机质分解、改良土壤,有利天然更新。火烧后能促进某些坚硬迟开球果开裂,因为火烧去球果外边树脂或球果失去水分而开裂,有利播种、幼苗生长。对更新有利。

(4) 炼山造林的效益

炼山是造林前的工作,可清除杂草,消灭病虫,增加土壤可溶性物质,一般在臂山后一个月左右进行,成本低廉。

(5) 规定火烧在控制病虫害和鼠害方面的效益

落叶松早期落叶病,樟子松落叶病。火烧对此病是有效的,又经济。同时对消除虫害有积极作用,尤其对杂草、灌木丛或树干基部越冬的虫卵、茧和幼虫都有显著效果,防止蚜虫也有明显的效果。还能消灭或减少鼠类。对更新牧场、改善饲料、改善野生动物居住条件方面极为有利,促进畜牧业大发展。

(6) 营林用火提高母树结实的数量和质量

营林用火对母树结实的作用有以下几个方面:

①火烧后增加光照,有利于刺激开花。植物生殖生理最新研究成果表明,开花激素的形成,主要决定光照和温度。火烧后,母树林内光照强了,温度提高,这对母树花芽的刺激,对形成开花激素和开花都是有益的。

②火烧后林木稀疏,有利花粉的传播。母树通过风力或蜜蜂进行传粉时,由于林木稀疏,提高了传粉的效率,增加了种子结实数量。

③火烧后增加矿质元素,有利开花。植物开花除环境因素外,还需要各种大量元素和微量元素作为开花的物质基础。尤其某些微量元素缺少后,可使植物出现不孕。

④火烧后产生激素,促进开花。母树林经过火烧后,产生火伤,这种火伤刺激会引起树木释放出乙烯一类激素,有利母树开花结实。

⑤火烧后增加 C/N 比,提高种子数量和质量。开花生理中 C/N 比学说最近研究的成果比较多,绝大多数试验材料的研究表明,C/N 比增加,结实率提高。火烧后,树干受到伤害,减少光合作用产物通过韧皮部往下运输有机物质,有利于有机物在花和果实上积累,这是提高种子产量和质量的物质基础。

15.1.4 营林用火的基本理论

火是森林生态系统的一个重要生态因子,如果把火从森林中排除,将会打乱森林生态系统的平衡。火有两重性。我们常常会看到有些轻微地表火,不但不会给森林带来危害,相反会产生某些对森林的有益效果和作用。这就是火利的一面。如果我们能积极控制"火"不利的一面,防止林火发展成灾,又能积极发挥它的有利一面,化害为利,则可使火成为经营森林的手段和工具。

火与森林是长期共存的,在没有人类以前地球上就已有自然火伴随森林,火成为森林生态系统中一个最活跃的生态因子,火对森林的形成、发展、演替有着极为密切的关系。火与森林是不可分割的。

火虽然能给森林造成很大危害,但由于长期与火共存、共斗,有许多树种产生了对火的适应性或对火的抗性。火促进了一些树种的更新、生长和发育。如大兴安岭林区,有些火烧迹地落叶松更新较好。除热带雨林外,可燃物的自然分解速度很慢,火可以加速其分解速度，但若是高强度的森林大火，会给森林带来严重危害。"规定火烧"是利用低能量的火，不会对森林生态系统带来危害，只能带来益处，可以减少可燃物积累，达到降低森林燃烧性的目的。可以说，"规定火烧"能代替森林火灾，以低能量火代替高能量火，以缓慢释放能量代替突然大量释放能量，可以促进森林生产力的发展。

上述就是营林用火的基本理论或理论依据。

15.1.5 营林用火系统的结构模式

营林用火是一个系统工程，我们可以归纳成下列系统结构模式。

(1) 系统结构模式

如图 15-1 所示。

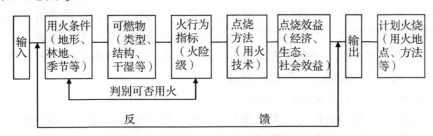

图 15-1 "营林用火"系统结构模式

(2) 系统的组成与作用

①输入 首先输入用火条件，可燃物，火行为指标。用火条件主要包括用火地点的地形、地势，用火的林地情况，用火的季节等。可燃物指用火地段的可燃物类型，可燃物结构，分布状态，可燃物的干湿状况。火行为指标是指用火林地的火行为状况，应包括火险天气、火强度、火蔓延速度等，但可用火险级来表示。

作用：根据用火条件、可燃物和火行为三个方面的条件来判别预定的用火地段能否用火。

②点烧方法 根据前边三项因子确定是否用火后，再输入各种点烧方法。根据用火的条件、可燃物、火行为便可确定点烧方法。

③点烧效益 包括经济效益、生态效益、社会效益。作用是评价是否应该计划火烧。

④输出并反馈 通过前边的用火条件、可燃物类型、火行为、点烧方法和点烧效益的综合选优判断，最后输出，计划火烧的地点、方法等。

反馈的作用：不断修正方案，使之优化。

以上模型可通过计算机来实现。

15.2 火在森林经营中的应用

(1) 火在农业方面的应用

火在农业生产中的应用是非常广泛的，如用火烧荒、用火管理土地等。

①用火进行开荒、开垦。如在我国东北地区进行处女地大面积垦荒时，事先进行火烧，清除地面上的杂草、灌木，然后开垦，可增加土壤肥力，改善土壤条件。

②烧灰积肥。这在我国南方是一种传统的积肥办法，是农家肥源之一。

③火烧秸秆。当农作物收割后，田里残留许多秸秆和茬子，如不加以清除，不但妨碍耕作，而且也不利于施肥。所以在耕耘前一般先进行火烧，加以清除。这种耕作方式常在东北人烟稀少的北大荒应用。我国南方有利用火烧清除田边和田埂杂草的习惯。在美国曾利用大火进行中耕除草，如利用安装火焰喷发机的中耕机，将杂草烧死，有利于作物生长。

(2) 火在牧业中的应用

火能增加可食性草类，改善草场。当过度放牧，可食性草类因被反复啃食而减少，致使不可食草类增加，降低了草场价值。但通过火烧可以抑制不可食性草类的发展，而有利于促进可食性草类的增加。因此火能使草场复壮。同时通过几年一次的轮烧办法，也有利于提高牧场的土壤肥力和减少病虫害的发生，从而也有利于大牲畜的生长和繁殖。但在特别干旱地区用火要特别谨慎，以免引起损失。

(3) 火在野生动物繁殖和狩猎中的应用

火能改善野生动物的栖息地，调整和改善野生动物的饲料，有利于某些野生动物的繁殖和利用。同时为狩猎打下牢固的基础。特别是近几年来，世界各国都非常重视野生动物资源，我国也开始重视，逐步摸索经验，迅速培养和发展野生动物资源。

此外，应该深入研究我国特有野生动物和禽类与火的关系。现在国外已开始研究如何通过火维持面临濒于灭绝的野生动物，研究如何通过火改善其环境，有利于种群繁殖。

(4) 火在野生经济植物经营中的应用

火对野生植物经营方面的应用得到的信息愈来愈多，甚至对国民经济的发展也愈来愈起到重要的作用。这种应用是多方面的，现分别介绍如下：

①火对野生果类资源影响较大，在火烧迹地上果的种类很丰富，有些品种在市场上已经有一定影响，如草莓、越橘等。这些都是非常有用的资料。

②林区中，药用植物也是很丰富的，但有些药用植物的繁衍和旺盛的生长与火有着密切关系，如杜鹃、刺五加、刺玫果等。

③食用植物：山区这类植物较多，火能促使山菜增产，有的山菜每年出口量很大，如蕨菜等。

④蜜源植物：火烧迹地上阳光充足，开花植物多，能增加大量蜜源，使蜜蜂产量骤增。

⑤香科植物增多：用火可增加香科植物生长量，提高产量，如矶跼躅等。

⑥加强木耳、蘑菇菌类繁殖，提高其产量。

从而可看出，火对农、林、牧业的发展，对野生动物的影响，都是密切相关的。为此，在这些方面都需要林业工作者深入调查研究，使火真正成为一种有效的工具和手段，为我国国民经济繁荣和发展发挥其应有的作用。

15.3 营林用火技术和方法

15.3.1 营林用火的应用范围

(1) 火烧沟塘草甸

我国东北林区的沟塘草甸多生长塔头薹草、大叶章和小叶章等草类，在春秋两季防火期多为易燃物，常是森林火灾的"引火点"，由此起火逐渐烧入林内，引起大面积森林火灾。这些草类3~5a的积累量，每平方米可超过2kg，一旦发生火灾，可形成强度较大的火，难以控制。利用安全用火期，火烧沟塘草甸，既能降低森林燃烧性，又能使烧过的沟塘(无可燃物)阻隔林火蔓延。

(2) 火烧防火线

这里指火烧经过林区的铁路、公路两侧的防火线和火烧林缘和居民区四周的防火线，以防止森林火灾相互蔓延。

(3) 火烧伐区剩余物

清理伐区剩余物，可以降低林地火灾危险级，采用火烧法清理，不仅能降低森林燃烧性，还能消除一些林木病虫害。只要火烧时机选择适当，不致发生意外(跑火)，要比人工清理更经济、更有效。

(4) 林内计划火烧

利用计划火烧来消除林内的可燃物，在我国东北林区和云南等地已有一定成效。一般点低强度的火，可减少1/2~1/3的可燃物，能维持3~5a之久。在山地条件下，林内计划火烧一般也不会影响森林涵养水源等方面的功能。

15.3.2 营林用火的用火条件

(1) 用火季节和时间

选择用火季节和时间是保证安全用火的重要条件。一般用火季节应选在非防火期，也可选在防火初期或防火末期。只有这时才比较安全，否则安全没有保障。在防火期，尤其防火紧要期，应禁止计划火烧。在非防火期什么时间用火都可以，一般最好中午前后或午后，因为这时可燃物容易点着；在防火季的初期(或末期)，最好选在午后四时以后用火，比较安全，利于控制。

安全用火的最佳时间，应和植物生长发育结合起来。植物在一年中不同的生长时期，其生长的生理过程不同，不同季节发生的火对其影响也不同。植物的一年生育期可分三个阶段：营养生长、种子生长和营养储藏。在营养生长的早期和营养储藏期，火烧对林木影响不大，而种子生长期影响最大，如图15-2所示。可见早春和晚秋是最好的安全期用火，又称为火窗。"火窗"是指一年中可以进行安全用火的日子。在我国东北林区，早春和晚秋都是"火窗"，但早春用火比晚秋更好，因早春处于回暖阶段温度较高，林内积雪融化处于"花斑"期，林内用火有积雪作依托。晚秋处于向冬季过渡期，温度低，有时林内积雪尚少

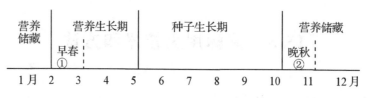

图 15-2　火窗的选择(东北)

说明：早春①和②晚秋是安全用火的火窗。

或没有，用火的依托条件差。

(2) 用火天气条件

一般计划火烧要求的天气条件是：天气稳定，风向稳定，风速小在 3 级风以下的无明显降水的天气。不稳定天气，风向多变，有阵风并且风速超过 3 级以上的天气，不宜用火。

(3) 地形、林地(用火"窗口")

用火"窗口"(又称安全用火窗口)，指在进行计划火烧时，为保证绝对安全，应选择好用火地块(包括地形、地势及林地状况)，这种安全用火地块就称为安全用火"窗口"。这种安全地块("窗口")的标准是：①四周有不燃的防火障碍物(如河流、道路、农田等)；②四周有水湿地的山岗地；③林内早春阳坡岗地雪已融化，但四周仍有积雪，火烧阳坡山岗地不会跑火。一般只要符合其中一条就可作为用火"窗口"进行用火。

(4) 火行为指标

计划火烧应随时随地掌握火行为变化。一般在计划火烧时，火的蔓延速度为 1～3 m/min，最快不超过 5m/min，否则难于控制，容易跑火。火焰高度应在 1m 以下，火强度在 300kW/m 以内，这种火对林木伤害不大。但对于火烧清理伐区剩余物和火烧沟塘草甸，火焰和火强度可以高些。另外在进行计划火烧时还要随时掌握火烧进度，一般应当日烧完。

(5) 可燃物湿度与分布

在用火时应掌握火烧地段内可燃物的分布状况，要求分布均匀，如果不均匀，应在用火前处理好，否则会烧坏林木。可燃物湿度也要掌握好，一般细小可燃物湿度大于 30%，不易点燃；小于 15% 非常易燃，难于控制。适宜的点燃湿度是在 15%～25%(细小可燃物)，点烧起来比较安全。

15.3.3　营林用火的点烧方法

在计划火烧或控制火烧时，由于点烧的方法不同，可影响火的蔓延速度、火的强度以及燃烧的程度和对火的控制程度。因此，在进行营林用火时，应根据用火目的和要求，以及用火地块的具体情况选择适宜的点烧方法。现将几种主要的点烧方法简介如下。

(1) 逆风点火

逆风点火，就是使火向逆风方向烧去，逆风蔓延[图 15-3(a)]。特点是：火向前蔓延速度慢，燃烧时间长，释放的热量大，消耗的可燃物多。容易控制，不易跑火。适于：平坦地段，重型可燃物，风速在 2～3 级可以点烧；若山地(白天)点烧，逆风火是下山火，

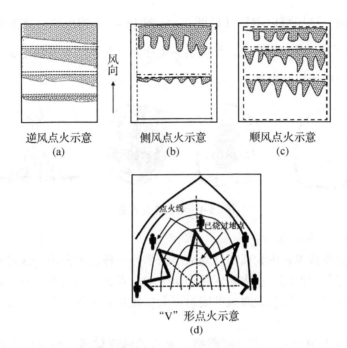

图 15-3 点火技术示意

易控制。安全措施：四周要有控制线(防火线、障碍物)。

(2) 顺风点火

顺风点火就是使火沿顺风方向烧去，顺风蔓延[图 15-3(c)]。特点：蔓延速度快，燃烧时间短，释放能量小，消耗可燃物少。容易跑火，较难控制。适于：①可燃物分布均匀或轻型可燃物，如草地、疏、矮灌丛等；②山地是上山火，应区划段落，分段点烧，坡度不宜过大；③无风或微风(1~2级风)天气。安全措施：①火头前方控制线要宽些；②风向多变不能用，③重型可燃物不能用；④坡度过大不能用。

(3) 侧风点火

侧风点火就是将燃烧区划分成若干带，每带一人顶风点火，火向两侧蔓延[图 15-3(b)]。特点：火的蔓延速度介于顺风火与逆风火之间，燃烧时间、释放能量和消耗的可燃物基本也介于顺风火与逆风火之间。适于：①分布均匀的中型或轻型可燃物；②地势平坦；③风速小或微风(1~2级风以内)。安全措施：①周围要有控制带或障碍物；②风向多变不能用；③两个火头相遇时，易发生飞火或火旋风，应慎重使用。

(4) "V"形点火

适用于山地的一种点火方法。沿山脊有控制线，在两山马鞍处有流水线，顺流水沟向下点火，火向两侧山坡蔓延，烧成"V"形。特点：火的蔓延速度相当于侧风火，火速的控制取决于沿流水线点火速度，往流水线向下点火愈快，火速愈快；相反，则慢。适于：山地点烧，无风或微风。安全措施：山脊和山的两侧应有控制线，如图 15-3(d)所示。

(5) 中心点火

这是北美火烧清理采伐迹地的点火方法。首先在采伐迹地中心点一圈火，形成对流柱，然后再在外围100m处又点一圈火。因为中心已形成对流柱，火向内部扩展，不易向外扩展，容易控制，这样可以继续在外圈点火(图15-4)。若山地，首先应在山头点烧一圈，然后不断向山下一圈一圈扩大，待烧至$\frac{1}{3}$山地面积时，用直升机沿山下部点烧，火向上蔓延。这种方法要无风或微风。

图15-4　中心点火示意

(6)棋盘式点火(方格点火)

这是澳大利亚在桉树林内大面积计划火烧采用的一种点火方法、这种点火方法是在计划火烧区的四周有各种控制，在火烧区每隔40~60m点火，当火扩展到一定程度，两处侧火相碰后就会自然熄灭。因为此时火的能量不大，相互合并不会产生高强度火，对林木一般不会损伤。

它适合于分布均匀的轻、中型可燃物，要求无风或微风，四周要有防火控制线，如图15-5所示。

图15-5　棋盘点火法

(7)营林用火的物候点烧法(跟雪点烧法)

物候点烧法是一种安全性大的用火技术；其所以安全是选择植物休眠期进行点烧，此阶段，林木处于休眠期，抵抗高温的能力最强。生物学家早就认为：高的抗热性与高的抗寒性和抗旱性常相伴随，或者说，抗寒性与抗热性存在着一种内在的偶联机制。东北地区植物的休眠温度总是在0℃以下，具有抗冻机制，可以避免组织内结冰和忍耐组织内结冰。总之，从休眠状态的细胞和内含物的特性来看，既具有对严寒的抵抗能力，又具有对高温的抵抗能力。

物候烧法是营林用火的一种方法。它主要根据物候相的时差和位差来选择合适的林分、点烧机具和点烧方式等点烧最佳时机。一定要及时抓住点烧"窗口"的时机，在有积雪的北方林区，每块林地在一年中总会出现白色覆盖、黄色覆盖和绿色覆盖。所谓白色覆盖指的是冬、春林地被积雪覆盖。所谓黄色覆盖指的是春季融雪和晚秋枯霜后，看到的枯枝落叶等易燃物出现了黄色覆盖。所谓绿色覆盖指的是春末到仲秋为植物生长季节，地面长着绿色植物，出现绿色覆盖。在每年融雪期的春天，积雪融化后，林地中的枯枝落叶裸露了，过一定时期可能又降一场雪，林地再次出现白色覆盖，以后还可能间歇几次雪。所以从春季融雪期开始，在两次降雪间隔，林地总会出现几次黄色覆盖。秋冬的"雪后阳春期"，同样会出现这种情况，这种降雪间隔期，林地短期出现黄色覆盖，就成了用火的点烧"窗口"，由于林地融雪又出现明显的时差和位差，更能利用点烧"窗口"及时用火。

但必须值得注意的是：在春季山脊和阴坡积雪完全化净，以及秋季枯霜后到降第一场雪前，在林地出现的黄色覆盖不能列为点烧"窗口"，没有雪的依托，容易跑火，造成火灾。

在一年内春季融雪期和秋(冬)第一场雪后出现的"雪后阳春期"，总能找到几段适合物候点烧法的时间。物候点烧法有几项可以看得见、摸得着的指标，即出现某种动、植物候相和气象水文物候相，首先植物进入休眠，除常绿针叶树外，树木已经落叶，枝条变得僵硬；其次，林地表土处于冻结状态，春季表土刚要解冻，秋季表土刚刚冻结；第三，在点烧林地的山脊上有明显的"雪线"；第四、谷柳(一种萌动最早的柳树)花芽开放始期，可作为春季点烧结束时间。1983年，他们采用了物候点烧法，试验成功，试烧面积近1 333 hm^2。据初步观察，试烧后的林地，树木生长良好，其他各种生态效应正在观测。

从生态学角度来看，林火是一种活跃的生态因素。从经营的角度来看，林火则是一种可以利用的廉价工具。所以，林火的利用必将在保护森林，增加森林和资源的永续利用中发挥人们现在还预想不到的作用。

15.3.4 营林用火的步骤

(1) 计划火烧的准备工作

计划火烧的准备实际就是计划火烧的规划设计，其内容包括下列各项。

①实地调查。根据计划火烧目的和要求，应实地调查下列内容：a. 火烧地块的植被和森林分布状况及面积大小；b. 火烧地块四周天然的与人为的防火障碍物分布情况，是否需要临时开设防火线或控制线；c. 计划火烧林地是否需要保护地段。

②确定计划火烧的用火季节、时间和要求。

③确定或预估用火的天气条件，可燃物点燃时的含水率和用火时的火行为指标等。

④编制计划火烧报告，并绘火烧区附图，向上级森林防火指挥部申报。

(2) 计划火烧的实施

计划火烧实施方案即计划火烧报告，待上级(县级森林防火指挥部)批准后，方能实施，未批准之前不能实施，不能"先斩后奏"，这是用火的程序问题，也是保证用火安全问题。实施步骤主要有下述各点：

①组织火烧的点火人员，要有6~12人的火烧(用火)小队，队员要有专门培训，未经专门培训人员不能用。

②准备下列设备：4个无线电对讲机，6把铁锹，6把打火拍或6个背负式喷水器，2把拖把，5个探火器，110升燃料（70：30柴油与汽油比），2个工具箱及表盒。有条件也可备D-7型翻耕机。

③现场点烧时，注意现场风向和天气变化。如天气突变，刮起大风，应立即将火扑灭，避免引起森林火灾。

(3) 计划火烧后的工作

①火烧后人员不能立即撤退，等到彻底无复燃火危险了，才能离去。

②填写详细计划火烧报告，不仅是一次用火的技术总结，更是一次用火的现场经验积累。

(4) 计划火烧需要注意的几个问题

①先烧危险地段，后烧一般地块。因为开始点火时，火的能量小，蔓延缓慢，容易控制不易发生危险。

②如点烧面积大，应先烧远处，后点烧近处，愈烧愈安全。

③点烧地块不宜过大，时间不宜过长，一天不要超过10h。

④进行大面积火烧时，应将火烧区先划成若干小区，同时用火点烧，这样才能做到在相对安全的时间内，很快烧完，保证安全。因为适合计划火烧的天气条件不多，因此，必须抓紧切莫错失良机。

15.3.5 营林用火的评价

计划火烧后的效益评价，一般应包括：经济效益、生态效益、社会效益。但目前只能从经济效益、生态效益两个方面来评估。

(1) 经济效益

计划火烧用于消除林内可燃物的积累和火烧防火线，只要掌握好用火安全窗口和火窗，就可获得明显效益。这是一种多快好省的方法。如用火烧防火线，按单位面积计算，火烧法要比人工割打法或翻生土带或用化学除草法，均便宜几倍、十几倍或几十倍。但火烧法有一定危险性，必须有严格的操作规程，必须有经专门培训的专业队伍。

评估经济效益的最简单方法是投入产出指标对比法。如清除林内可燃物，它的产出就是将积累的林内细小可燃物或采伐剩余物全部清出林内，减少林分的燃烧性；其投入可有多种方案，人工搬运或计划火烧，只要对比人工搬运和计划火烧的投入总价值就很容易得出，谁优谁劣的结论。据大量经验表明，用计划火烧法清除林内可燃物要人工法经济（便宜）得多。火烧法除有经济效益外还有其他效益，因此，世界各国都在推行计划火烧。

(2) 生态效益

火烧的影响有的是短期的、有的是长期的；有的是明显的，有的隐蔽的。因此，研究火的生态效益，只能通过长期固定观测，才能掌握。长期观测项目主要有植被的变化、土壤理化性质、养分、微生物变化，水流和水质变化，气象因子（微气象）变化等。火烧后是否对生态系统发生影响，可按下列几条标准衡量。

①火烧后树种更新情况，若能自我树种更新，则有利于维护森林生态系统良性循环。如兴安落叶松林火烧后仍为兴安落叶松林更新，则维护了生态系统良性循环；如火烧后破

坏了森林生态系统功能和结构，则不利于维护森林生态系统平衡。

②计划火烧后是否逆行演替，若逆行演替则不利于维护生态系统平衡。若火烧后发生顺行演替，则有利于维护生态系统平衡。

③计划火烧后能否维护物种的多样性，若能维护物种的多样性，则有利；相反，火烧后物种的多样性明显减少，则不利于生态系统的平衡。

④火烧是否超过系统的抵抗力和恢复力，若火烧超过了系统的抵抗力和恢复力，则不利；没有超过则有利。

⑤火烧后是否能维持系统的自我调节能力，若火烧后不能维持系统的自身调节能力，则不利；能维持则有利。

【本章小结】

本章主要讲述了营林安全用火的知识，包括理论基础，经营中的应用以及技术和方法三个方面。营林用火是人类对火有更科学的认识之后的一种表现形式。定期计划火烧有利于森林健康发展，满足造林、森林经营、野生动物管理、清理地表堆积可燃物从而降低森林燃烧可能性等作用。营林用火与森林火灾有天壤之别，森林火灾是失去人为控制并且给森林生态系统和人类带来危害与损失的行为，而营林用火是在一定生态条件下进行，受人为控制，有目的、有计划的一种对森林生态系统有益的行为。

【思 考 题】

1. 什么是营林用火？结合实际举例说明。
2. 简述火在森林经营中的应用。
3. 简述营林用火的技术和方法。

【推荐阅读书目】

1. 林火生态与管理. 胡海清主编. 中国林业出版社，2005.
2. 森林消防理论与技术. 甄学宁，李小川主编. 中国林业出版社，2010.
3. 森林防火. 郑焕能主编. 东北林业大学出版社，1992.

第 16 章

林火灾后管理

【本章提要】我国森林资源贫乏而森林火灾频繁,生态环境非常脆弱。每年森林火灾给我国造成巨大损失。对森林火灾灾后损失评估不单纯是生态学学科的问题,还涉及很多生态经济学的知识。因此,建立科学、完善的森林火灾损失评估体系,对计算与合理量化森林火灾造成的各方面损失和林火管理提供科学指导。森林火灾损失分为三大类,即直接损失、间接损失和生态损失。国外尤其是一些发达国家对森林火灾损失评估工作非常重视,欧洲 EFFIS(The European Forest Fire Information System)通过卫星观测进行火灾监测;国际上其他很多国家采用野外小规模点烧的方法调查烧后的标准地并进行室内模拟实验。本章将从火灾面积调查、森林火灾损失的计算和评估、火烧迹地的清理与更新和森林火灾数据几个方面进行学习。

16.1 火灾面积调查

火场面积调查方法主要有 4 种。
(1) 实测法
火烧迹地较大,调查精度要求较高时,可使用罗盘仪或经纬仪测定火场面积。在火烧迹地总面积中,分别测出草原、荒山及森林(包括原始林、次生林和人工林)等面积各占多少,然后绘图(或火烧迹地平面图)。再用方格纸法、图解法或求积仪法求出其面积。常用的方格纸法或图解法。
(2) 估测法
一般火情、小火灾烧林面积不大,测量又存在困难时,可由有经验的人,用步行估算其面积。

(3) 航空法

利用飞机绕火场四周飞行,根据飞行速度和飞行时间,即可确定火场面积。其原理是:

$$S = Vt \tag{16-1}$$
$$S = 2\pi R \tag{16-2}$$
$$Vt = 2\pi R \tag{16-3}$$
$$R = Vt/2\pi = 0.1592 \times V \times t \tag{16-4}$$
$$D = \pi R^2 = 0.0796 V^2 t^2 \tag{16-5}$$

式中　S——火场周边长(km 或 m);

　　　V——飞行速度;

　　　t——飞行时间;

　　　R——火场半径;

　　　D——火场面积。

(4) 航空勾绘法

利用巡护飞机在火场上空,根据火场外围各地物标所在位置,勾绘在巡护图或地形图上,并连接各地物标,构成封闭曲线,然后再用地图求火场面积的方法求其面积。

16.2　林木损失调查

对于林火烧过的迹地,应做林木损失调查,以便准确地确定火灾损失,使火灾报告真实可靠。

16.2.1　调查方法

(1) 飞机估测法

用飞机在火场上空飞行,概略了解整个火场损失情况,进而估算出林木损失情况。

(2) 标准地调查法

为了比较准确地确定林木损失烧死烧伤情况,可采用林地调查法,即在火烧迹地设标准地,进行每木调查。标准地应选择有代表性的地段,其面积不应少于火烧林地面积的 1%。标准地大小视地形地势而异,山地可选设 4~10m 宽带状标准地,从山下腹至山的上腹。平地可选设块状标准地,每块标准地为 100m×100m,即 1 hm² 面积,在标准地内四角及中央各选一块 5m×5m 的样方进行每木调查,样方内灌木调查采取 2m×2m 的小样方,下草植被调查可取 1m×1m 的小样方。

这种多适用于烧林面积较大,经济价值不高的林分。对于烧林面积较小,经济价值较高的林分,应作全面实地调查。

(3) 样方调查法

这是吉林省护林防火指挥部,根据吉林省的实际情况,于 1982 年提出并在全省实施的一种调查方法。其优点是比标准地调查的精度要高得多，适用于经济价值较高，经营强度又大，火烧面积又较大的林分。

样方(样地)的选择方法有 2 种：

①随机抽样方法　具体做法是：先将火烧迹地图规整地划分若干个方块，每个方块(样地)为 10m×10m，山地条件可在山坡上设长方形样地。然后将每个样方编号，从北向南，从东到西依次编号，并把号码写在纸上，以备随机抽样。把图上抽得的样地到实地中去找，一般要求不能与实际位置相差太大。找出样方，便在样方内调查。

这种方法比较准确，没有人为干扰因素存在，样地抽的越多，则精度越高。

②自测选择法　这种方法选择样地的依据是要求调查人员具有一定的实践经验，对现场较熟悉，并要做到，同一林分要分别按疏、中、密取样地，分别计算，再取平均。

这种方法一般用于经济价值较低的林分。

样方选取的要求与数量：样方调查法要求样方的选择必须考虑林相、树种、林龄、疏密度(或郁闭度)和森林类型、林木被害程度的不同而定。被害面积大，林分较复杂的火场应多选几块；被害面积小，林分情况又不复杂的火场，可少选几块。总的样方面积不得少于被烧林地面积的 1%，并要求具有代表性。

样地的多少，在同一林分中依火烧面积的大小而定。火场面积与样方数量多少列于表 16-1。

表 16-1　火烧面积与样方数量关系

火烧面积(hm^2)	样方数量	火烧面积(hm^2)	样方数量
大于 66.67	100~150 个	小于 3.33	5~10 个
小于 66.67	50~100 个	小于 0.67	3~5 个
小于 6.67	10~15 个		每个样方 10m×10m

16.2.2　调查内容

火烧迹地林木损失调查项目目前尚无统一规定。黑龙江省有的地方的调查项目有：成林(大于 8cm)林木濒死、烧死、烧伤、未死、其他；幼林(小于等于 8cm)林木烧伤、未伤、其他；其中烧伤木又分熏黑高度、熏黑宽度、烧伤高度、烧伤宽度、烧伤面积等；火烧迹地可燃物变化情况调查，包括种类、残留量、易燃物数量(分小于 1cm，1~5cm)、难燃物数量，绿色植物数量，火烧迹地土壤调查，包括覆盖度、烧黑深度，有机质含量等。

这些详细的调查内容对于林火的科学研究是十分必要的，也是全面衡量林木损失的科学依据。但是要求每次起火后都作详细记载，全面调查，也难以实现。

下边是吉林省护林防火指挥部规定的样地(或标地)内的调查项目。

在样地内分别按烧死木、烧伤木(烧毁木)和未烧伤木作每木调查、以便计算材积损失。对幼树只统计株数，即烧死、烧伤、未烧伤的株数。烧死木、烧毁木、未烧伤木的确定是按树冠，树干形成层和树根受害情况来定的，具体划定标准为：

①烧死木　整个树冠的 2/3 以上被烧焦；树干形成层的 2/3 以上被烧焦；树根烧得厉害，已无恢复生长的能力。

②烧毁木(烧伤木)　整个树冠被烧 1/4~1/2；树干形成层尚保留 1/2 以上未被烧坏，

树根烧的不厉害，还有恢复生长的可能。

③未烧伤木　树冠被烧；树干形成层未受伤害，仅外部树皮被烤焦；树根未受伤害。

分别统计成林（胸径大于8cm为成林）烧死木、烧毁木（即烧伤木）、未烧伤木的株数折合成立木材积，填在表16-2内，用以推算总的林木材积。

表16-2　森林火灾林木损失统计表

标准地号	样地内总株数	烧死木			烧毁(伤)木			未烧伤木			备注
		幼树株数	成林		幼树株数	成林		幼树株数	成林		
			株数	折材积		株数	折材积		株数	折材积	

调查人：　　　　　　调查时间：

16.3　其他损失计算

指因山火造成的房屋、通信设备、桥涵、道路等及其他财产被烧毁的项目，按受害程度，折价计算。

$$P_8 = \sum_{i=1}^{n} P_i f_i \tag{16-6}$$

式中　P_i——i 项损失的折算（换算）价值；

　　　f_i——i 项损失受害（损坏）率，用0.1~1.0表示。

16.4　经济损失估算

这里所讲的林火损失是指直接经济损失，包括：林木损失（成林立木蓄积、幼林经济价值），林、副产品损失，扑火费用，其他因森林火灾造成的损失等。这里不包括生态效益和社会效益的损失，也不含森林的前期投入和后续效益损失。

（1）成林立木损失

成林是指胸径在8cm以上的林木。首先应在受害森林地段内设标准地或样方调查烧死木、烧伤（毁）木、未烧伤木的成林株数和幼林株数，及成林受害木材积。然后按不同地区，不同树种的立木材积价格计算其损失。分烧死木和烧伤木两项。

烧死木：

$$P_1 = \sum_{i=1}^{n} f_i V_i \tag{16-7}$$

式中　P_1——成林立木烧死总价值（元）；

　　　f_i——i 树种国家规定在某地区的山林立木材积价格（元/m³）；

　　　V_i——i 树种被烧死的材积（m³）。

烧伤木：

$$P_2 = \sum_{i=1}^{n} f_i V_i \alpha_i \qquad (16\text{-}8)$$

式中　α_i——伤死系数，即烧伤木 i 树种中近期不能恢复生长的比例数；
　　　f_i、V_i 同(16-7)式，但(16-8)式的 f_i 应小于(16-7)的 f_i。

(2) 幼林株数损失价值

规定胸径在 8cm 以下为幼树，以株数计量单位，分烧死和烧伤两种。

烧死：

$$P_3 = \sum_{i=1}^{n} F_i N_i \qquad (16\text{-}9)$$

烧伤：

$$P_4 = \sum_{i=1}^{n} F_i N_i \beta_i \qquad (16\text{-}10)$$

式中　F_i——i 树种幼树单株价格(元/株)；不同树种、不同树龄、不同类型、不同地形的幼树单株价是不同的。
　　　N_i——i 树种烧死(烧伤)的株数；
　　　β_i——伤死系数，即 i 树种烧伤木中近期不能恢复生长的比例数。

注意：若是人工幼林的损失，应按重新造林和抚育费用计算，但要扣除火烧木可能销售的木材价值。这里略去了土地利用率和货币价值的变化率部分的费用损失。

(3) 林产品损失

林产品指因山火被烧掉的山场楞垛材或其他半成品材，可按木材或半成品材价格计算。

$$P_5 = \sum_{i=1}^{n} f_i V_i \qquad (16\text{-}11)$$

式中　f_i——i 材种规定山场销售价(元/m³)；
　　　V_i——i 材种被烧掉(烧毁)的数量(m³)。

(4) 林副产品损失

林副产品是指火烧前受害林地内的野生药材、山菜、野果等有采集、加工价值的副产品。其损失计算较复杂，有后效性连续损失问题，又有恢复生长的"增效"情况。为简化计算只考虑大体情况和一年的后效损失，略去了"增效"，即

$$P_6 = \sum_{i=1}^{n} f_i A_i + \sum_{i=1}^{n} f_i A_i \alpha_i \qquad (16\text{-}12)$$

式中　f_i——i 品种林副产品的单价(元/kg)；
　　　A_i——i 品种林副产品损失的估量(kg)；
　　　α_i——i 品种林副产品绝损率，即因火灾造成的完全灭绝部分的数量或面积占总估数量或面积的比值。

式(16-12)中右端第一项为当年的损失，第二项为下一个生长季的损失。

(5) 扑救费用

扑救火灾所投入的一切费用，主要包括：飞机、车辆、电话、电报、器材工具、粮

食、燃料、伤亡抚恤和其他因扑火而消耗的各种物资折价,扑火人员工资和补助费用也在此项内。

$$P_7 = \sum_{i=1}^{n} Q_i \tag{16-13}$$

式中　Q_i——扑火支付的某项费用(元);

　　　n——扑火支付的项数。

(6)损失总价值

一场森林火灾之后的损失总价值,就是上述各方面的总和,一律折算为人民币以元为单位。

16.5　生态效益损失计算

森林火灾损失评估分为直接损失评估和间接损失评估,在计算火灾后的损失时,我们最常关注的是经济效益损失,然而随着人们对生态系统、生态功能认识的发展,越来越重视森林火灾对生态层面的损失评估。其中森林生态效益损失属于间接损失的一种。森林生态效益是指森林资源具有的森林生态效用和生态功能。森林火灾的发生影响森林生态系统功能的发挥。

根据我国《森林生态系统服务功能评估规范》(LY/T 1721—2008)给出涵养水源、净化大气环境、固碳制氧、积累营养物质、保育土壤、森林防护、生物多样性保护及森林游憩8个类别14个指标的评估体系,具体包括森林涵养水源效益;森林水土保持效益;森林抑制风沙效益;森林改善小气候效益;森林吸收二氧化碳效益;森林净化大气效益;森林减轻水旱灾效益;森林消除噪声效益;森林游憩资源效益;森林野生生物保护效益。

(1)涵养水源效益损失

对森林火灾造成的涵养水源效益损失的评估,常采用替代工程法(影子工程法)计算。森林被破坏后,通过人工建造一个工程来代替原来环境的功能所需投入。先计算森林每年的总调节水量,再乘以建设单位库容水库需投入的成本费用,并认为森林在调节水量的同时起到净化作用,且调节水量即净化水量。采用替代工程法,用人工净化水质的成本计算。

$$U_{调} = 10 C_{库} A(P - E - C) \tag{16-14}$$

$$U_{水库} = 10 K A(P - E - C) \tag{16-15}$$

式中　$U_{调}$——森林年调节水量损失价值(元/a);

　　　$C_{库}$——水库建设单位库容投资(元/t);

　　　$U_{水库}$——森林年净化水质损失价值(元/a);

　　　K——水净化费用(元/t);

　　　P——林外降水量(mm/a);

　　　E——林分蒸散量(mm/a);

　　　C——地表径流量(mm/a);

　　　A——受害森林面积(hm^2)。

(2) 水土保持效益损失

森林的枝叶可以减少雨水对地表土壤的直接冲击从而减少因此带来的土壤侵蚀，植被根系有强大的固着力，林内枯枝落叶的分解增加土壤肥力。森林火灾的发生，直接影响森林枝叶、根系、凋落物，导致森林水土保持效益的损失。因此，森林保持水土效益损失可以认为是同无林地相比的固土、保肥、减少和防止泥沙滞留与淤积方面的效益损失。

$$U_{固土} = AC_{土}(X_2 - X_1)/\rho \tag{16-16}$$

$$U_{肥} = A(X_2 - X_1)\left(\frac{NC_1}{R_1} + \frac{PC_1}{R_2} + \frac{KC_2}{R_3} + MC_3\right) \tag{16-17}$$

式中　$U_{固土}$——森林年固土损失价值(元/a)；

　　　A——受害森林面积(hm^2)；

　　　$C_{土}$——挖取及运输单位体积土方的费用(元/m^3)；

　　　X_1——有林地土壤侵蚀模数[t/($hm^2 \cdot a$)]；

　　　X_2——无林地土壤侵蚀模数[t/($hm^2 \cdot a$)]；

　　　ρ——林地土壤容重(t/m^3)；

　　　$U_{肥}$——森林年保肥损失价值(元/a)；

　　　N——森林土壤平均含氮量(%)；

　　　P——森林土壤平均含磷量(%)；

　　　K——森林土壤年平均含钾量(%)；

　　　C_1——氯化钾化肥价格(元/t)；

　　　C_2——有机质价格(元/t)；

　　　R_1——磷酸二铵化肥含氮量(%)；

　　　R_2——磷酸二铵化肥含磷量(%)；

　　　R_3——氯化钾化肥含钾量(%)；

　　　M——森林土壤有机质含量(%)。

(3) 改善小气候效益损失

$$U_{小气候} = A \cdot Y_{小气候} \tag{16-18}$$

式中　$U_{小气候}$——森林改善小气候效益的损失价值(元/a)；

　　　A——受害森林面积(hm^2)；

　　　$Y_{小气候}$——森林改善小气候的年效益(元/hm^2)。

(4) 固定 CO_2 效益损失

森林是陆地最大的碳库，通过光合作用，将 CO_2 转换为 O_2，具有碳汇的功能。森林火灾的发生使林地内树木、灌木、草丛、凋落物燃烧，产生大量含碳气体，导致森林碳汇转为碳源。固碳和释放氧气的过程是同时发生的，因此只计算固定 CO_2 的效益价值。需要注意的是火灾后森林固碳损失计算和测定森林碳库方法有所不同。

$$U_{固碳} = 0.95355M \cdot Y_{固碳} \tag{16-19}$$

式中　$U_{固碳}$——森林固定 CO_2 效益的损失价值(元/a)；

　　　M——林分蓄积量变化绝对值(m^3)；

　　　$Y_{固碳}$——森林固定 CO_2 的成本(273.3 元/t)。

(5) 净化大气效益损失

森林具有净化空气的功能，树木分泌的物质能起到杀菌的作用。然而发生一场森林火灾会排放出大量的有毒、有害气体和颗粒，严重威胁林内生态环境和人类身体健康。此外，大火烧死、烧伤林内植被，影响森林生态系统服务功能的发挥。

《中国生物多样性国情研究报告》的数据显示：针叶林滞尘能力为 33.2t/hm², 吸收 SO_2 能力为 215.6kg/(hm²·a)；阔叶林滞尘能力为 10.11t/hm², 吸收 SO_2 能力为 88.65 kg/(hm²·a)。空气中负离子浓度超过 600 个/cm³ 时有益人类身体健康，负离子费用为 5.818 5元/10¹⁸ 个。

$$U_{负离子} = 5.256 \times 10^{15} \times A \cdot H \cdot K_{负离子}(Q_{负离子} - 600)/L \tag{16-20}$$

$$U_{滞尘} = AQ_{滞尘}K_{滞尘} \tag{16-21}$$

$$U_{SO_2} = AQ_{SO_2}K_{SO_2} \tag{16-22}$$

$$U_{NO_2} = AQ_{NO_2}K_{NO_2} \tag{16-23}$$

式中　$U_{负离子}$——森林提供负离子效益的损失价值(元/a)；

A——受害森林面积(hm²)；

H——林分高度(m)；

$Q_{负离子}$——森林中负离子浓度(个/cm³)；

$K_{负离子}$——生产负离子费用(5.818 5 元/10¹⁸ 个)；

L——负离子寿命(min)；

$U_{滞尘}$——森林滞尘的效益的损失价值(元/a)；

$Q_{滞尘}$——森林滞尘能力(t/hm²)；

$K_{滞尘}$——消减粉尘成本费用(元/t)；

U_{SO_2}——森林吸收 SO_2 效益损失价值(元/a)；

Q_{SO_2}——森林吸收 SO_2 能力(hm²·a)；

K_{SO_2}——削减 SO_2 投资成本(元/t)；

U_{NO_x}——森林吸收 NO_x 效益损失价值(元/a)；

Q_{NO_x}——森林吸收 NO_x 的能力(t/hm²)；

K_{NO_x}——削减 NO_x 的投资成本(元/t)。

(6) 减轻水旱灾效益损失

森林火灾损失的森林每年减轻水旱灾效益计算公式为：

$$U_{减灾} = A \cdot Y_{减灾} \tag{16-24}$$

式中　$U_{减灾}$——森林减轻水旱灾效益的损失价值(元/a)；

A——受害森林面积(hm²)；

$Y_{减灾}$——单位面积森林每年减轻水旱灾的效益值[元/(hm²·a)]。

(7) 消除噪声效益损失

树木枝叶的反射和摩擦能有效地降低噪声的传播。森林火灾导致林内树木枝叶被烧焦、烧毁，减弱了森林消除噪声的效益。我们选择一处与受火灾森林环境相似的森林，在林内测定每公顷森林平均降低噪声的分贝值，转化为同等效果的标准规格的隔音墙的长度，用其造价来替代计算。

$$U_{降噪} = A \cdot X \cdot K_{隔音墙} \tag{16-25}$$

式中 $U_{降噪}$——森林消除噪声效益的损失价值(元/a)；

A——受害森林面积(hm^2)；

X——将森林面积化为同等效果隔音墙长度的转化系数(m/hm^2)；

$K_{隔音墙}$——单位长度标准规格隔音墙的造价(元/m)。

(8)保护野生生物效益损失

世界上50%以上的物种在森林栖息，森林生态系统是重要的生物多样性宝库。植物、动物、微生物等之间有食物链关系，维持生态系统的稳定。森林火灾对野生生物的影响是致命的，轻则影响数量，重则影响生物多样性。一旦有某种生物从地球消失，其所带来的影响几乎是无法拯救的，改变食物链组成，打乱生态系统稳定性。

通过调查得到海南省森林平均单位面积保护野生生物的年效益为112.2元/hm^2，黑龙江省为108.6元/hm^2。对全国范围内森林评估生物多样性的物种保育价值，采用两地平均值为110.4元/hm^2。

$$U_{生物} = A \cdot Y_{生物} \tag{16-26}$$

式中 $U_{生物}$——森林保护野生生物多样性的总效益的损失(元/a)；

A——受害森林面积(hm^2)；

$Y_{生物}$——森林保护野生生物多样性的单位面积效益(元/hm^2)。

16.6 火烧迹地的清理与更新

火灾后，必须对火烧迹地进行清理。由于不同林型、不同气候地区，林中凋落物的积存量有明显的不同，其林内下木、杂草及树种也各不相同，因此在同样的火强度下，其火烧残留物也不同。另外，火强度不同，其林内凋落物、残留物也不同，如弱的地表火过后，林内凋落物较少；树冠大和强的地表火过后，林内火烧残留物较多。鉴于此，在制订迹地清理计划时，要调查了解林地面积和根据不同林型以及火烧程度，合理确定清林工作量，同时要考虑防火措施，尽可能达到多种效益和目的。彻底清除林内杂乱物，可以降低森林燃烧性，防止火灾的再度发生，同时也为扑火创造方便条件。

为了在短期内使火烧迹地及时得到更新、尽快恢复森林，在有条件的地区，进行人工造林，选择适当树种，使用壮苗，培育速生丰产林。对于有天然更新条件的地方，可利用天然下种促进更新。对于森林火灾面积大，交通又不便的边远地区，可以采用飞播更新，以迅速恢复火烧迹地。

16.7 森林火灾统计

各级森林防火部门，在防火期结束之后，应按有关报表进行森林火灾统计，向上一级防火部门汇报，以便掌握情况，采取措施进行预防。

16.8 森林火灾档案

对于大火灾和特大火灾,必须搞专案调查,进行季度、年和累年的统计,连同火灾记录,组成一套完整的档案(见附表)。

每发生一次森林火灾,包括:森林火警,一般森林火灾,重大森林火灾及特大森林火灾,就必须填报火灾报告表,填写格式统一。(见森林火灾报告表——附表)。

为了统一吉林省森林火灾报告表的成灾面积计算(包括成林和幼林面积)和成灾成林蓄积量与成灾幼林株数的计算方法,省护林防火指挥部作了补充规定,如下:

森林火灾报告表中的受害森林面积是指被火烧过的森林面积,以公顷为单位计算。确定是否构成森林火灾或森林火警,是根据受害森林面积来定。在受害森林面积中包含着成灾森林面积(即烧死木和烧毁木所占的森林面积)。成灾森林面积,按林业部规定,单位面积上成林成灾面积达30%以上就算全部成灾;单位面积上幼林成灾面积达60%以上即为全部成灾。根据我省的情况,本着实事求是的精神,要以调查的实际数,如实填写。对成灾面积、成灾成林蓄积、成灾幼林株数的计算分别如下:

(1)成灾面积

先计算成灾株数百分数,以成灾株数百分数来代替成灾面积百分数。

①成林成灾株数百分数 P:

$$P = (n_1 + n_2 + \cdots + n_i)/(N_1 + N_2 + \cdots + N_i) \times 100\% = \frac{\sum_{i=1}^{n} n_i}{\sum_{i=1}^{n} N_i} \times 100\% \quad (16-27)$$

式中 n——样方内成林受害成灾株数;
N——样方内成林的总株数。

②成林成灾面积 $S_成$:

$$S_成 = 受害森林面积(A) \times 成林成灾株数百分数(P) = A \times P (\text{hm}^2) \quad (16-28)$$

③幼林成灾株数百分数 f:

$$f = \frac{m_1 + m_2 + \cdots + m_i}{M_1 + M_2 + \cdots + M_i} \times 100\% = \frac{\sum_{i=1}^{m} m_i}{\sum_{i=1}^{m} M_i} \times 100\% \quad (16-29)$$

式中 m——样方内幼林受害成灾株数;
M——样方内幼林总株数。

④幼林成灾面积 $S_幼$:

$$S_幼 = A \cdot f \quad (16-30)$$

(2)成林成灾蓄积量和成灾幼林株数计算

①成林成灾蓄积量计算:

受害森林中成林成灾株数 F = 受害森林面积(A)/样方面积($S_样$) × ($n_1 + n_2 + \cdots + n_i$)/样地数,即

$$F = \frac{A}{S_{样}} \cdot \frac{\sum_{i=1}^{n} n_i}{N} \quad (16\text{-}31)$$

式中　A——受害森林面积(hm^2)；

　　　$S_{样}$——样方面积(hm^2)；

　　　$\sum n_i$——样地内成林成灾株数总和；

　　　N——样地总数。

②总材积 V：

V = 受害森林中成灾成林株数 × 一株平均受灾立木材积(V)，即

$$V = F \cdot V = \frac{A}{S_{样}} \cdot \frac{\sum n_i}{N} \cdot V \quad (16\text{-}32)$$

③受害森林中幼林受灾株数(E)

$$E = \frac{\text{受害森林面积}}{\text{样地面积}} \times \frac{m_1 + m_2 + \cdots + m_i}{\text{样地数}} = \frac{A}{S_{样}} \cdot \frac{\sum m_i}{N} \quad (16\text{-}33)$$

式中　$\sum m_i$——样方内幼林受害成灾株数的总和。

【本章小结】

本章主要讲述了森林火灾后管理，包括火灾面积调查、林木损失调查其他损失计算、各类经济效益损失计算方法，同时也讲述了森林火灾的统计与建档。我国森林资源匮乏而森林火灾频发，建立和完善森林火灾损失评估体系，对计算与合理安排森林火灾灾后修复和重建工作和森林火灾研究提供有效数据参考。

【思考题】

1. 火灾的面积如何调查？
2. 林木的损失如何调查？
3. 简述森林火灾的生态效益损失计算
4. 简述森林火灾的统计和建档

【推荐阅读书目】

1. 林火生态与管理．胡海清主编．中国林业出版社，2005．
2. 森林防火．郑焕能主编．东北林业大学出版社，1992．

附表1 森林火灾统计月报表（一）

填报单位：　　　　　　　（本年度森林防火期　　月　　日至　　月　　日和　　月　　日至　　月　　日）

林火1表
林业部制

地级或县级名称	森林火灾次数（次）					火场总面积（ha）	受害森林面积(ha)			损失林木			人员伤亡			其他损失折款（万元）	出动扑火人工（工日）	出动车辆（台）		出动飞机（架次）	扑火经费（万元）
	森林火警	一般火灾	重大火灾	特大火灾			计	其中原始林人工林		成林蓄积（m³）	幼林蓄积（万株）	计	轻伤	重伤	死亡			计	其中汽车		
甲	1	2	3	4	5	6	7	8	9	10	11	12	13	14	15	16	17	18	19	20	21
一至本月累积																					
本月合计																					

填表人：　　　　　　　　　　　　　审核人：　　　　　　　　　　　　　　年　　月　　日填报

附表 2　森林火灾统计月报表（二）

填报单位：　　　　　　　　　　　　　　　　　　　年　月　　　　　　　　　　　　　　　　　　林火 2 表
　　　林业部制

地级或县级名称	已查明火源次数																					未查明火源次数	火案处理情况		
	合计	生产性火源									非生产性火源												已处理起数	已处理人数	其中刑事处罚人数
		烧荒烧灰	炼山造林	烧牧场	烧窖	烧隔离带	火车喷漏	火车甩瓦	机车喷火	其他	计	野外吸烟	取暖做饭	上坟烧纸	烧山驱兽	小孩玩火	痴呆弄火	家火上山	电线引起	其他	故意纵火	外省（区）烧入	外国烧入	雷击火	其它自然火				
	1	2	3	4	5	6	7	8	9	10	11	12	13	14	15	16	17	18	19	20	21	22	23	24	25	26	27	28	29	30
甲																														
一至本月累计																														
本月合计																														

填表人：　　　　　　　　　　审核人：　　　　　　　　　　　　　　　　　　　　　　年　月　日填报

附表 3 八种森林火灾报告表

林火 3 表
林业部制

填报单位：　　　　　　　　　　　　　　　　　　火灾编号：　　　　　　　　　　　　字(9)—号

起火地点	坐标	起火时间	发现时间	扑灭时间	起火原因	火灾种类	火灾等级	火场面积(ha)	受害森林面积(ha)				损失林木			
									计	其中		林分组成	成林蓄积(m³)	幼林株数(万株)	其他损失折款合计(万元)	人员伤亡
										原始林	次生林	人工林				
1		2	3	4	5	6	7	8	9	10	11	12	13	14	15	16	17

人员伤亡			
计	轻伤	重伤	死亡
18	19	20	21

地（盟、市）
县（林业局）
乡（林场）
村（林班）

东经 °'"
北纬 °'"

火警 一般 重大 特大
地表火 树冠火 地下火

月日 时分

火场指挥员	出动扑火人员						出动飞机				出动车辆(台)					投入扑火机具(台、把)				
	合计	其中:(人数)					总架次	飞行时间	飞行费(万元)	机降架次	机降人次	计	指挥车	运输车	装甲车	其他车辆	携带电台(部)	计	风力灭火机	二号工具	其他机具	扑火费(万元)
	人数	工日	军队	武警	森警	扑火队																
22	23	24	25	26	27	28	29	30	31	32	33	34	35	36	37	38	39	40	41	42	43

姓名：
职务：

火灾肇事者	肇事者及有关责任人员处理情况		火场气象情况						
	肇事者	有关责任人员	天气	气温℃		风力(级)	风向	降雨(雪)	主要扑救过程
				最高	最低				
45	46	47	48	49		50	51	52	53

姓名
年龄
职业
单位

晴 阴 多云

无 小 中 大

（另附火场示意图）

填表人：　　　　　　　　　　　审核人：　　　　　　　　　　　　　　　　　　　　年　　月　　日填报

附表4 森林火灾调度日报表

填报单位：　　　　　　　　　　　　　　　　填报时间：　年　月　日　时　　　　　　　　　　　　　　　林火4表
　　林业部制

地级或县级名称	森林火灾次数				当日未扑灭火灾次数	火场面积(ha)	受害森林面积(ha)	出动扑火人员			受伤(人)	死亡(人)	当日天气实况				当日火险等级	次日天气预报				次日火险等级	备注
	计	森林火警	一般火灾	重大以上				合计	其中				天气	气温℃	风力(级)	降雨(雪)		天气	气温℃	风力(级)	降雨(雪)		
									军队	森警													
	1	2	3	4	5	6	7	8	9	10	11	12	13	14	15	16	17	18	19	20	21	22	23
甲																							
合计																							

值班员：　　　　　　　　　　　　　　　　　　　　　　　　　　　　　　　　　　带班领导：

第17章

森林防火规划

【本章提要】森林防火事关重大,不仅关乎经济效益,更关乎国家稳定、人民福祉。本章从森林防火规划的几个方面进行介绍,包括重要性、原则、方法、内容几个方面,突出了防火规划的重要地位。通过本章的学习,可以深刻理解防火规划的重要性以及在整个防火过程中的指导地位。

17.1 森林防火规划的重要性

森林防火工作事关国土安全,事关人民群众的根本利益,事关社会和谐稳定,事关生态文明建设,历来受到党和国家的高度重视。习总书记一再强调,"绿水青山就是金山银山",守好"绿水青山",首先是要抓好森林防火,否则一旦发生森林火灾,"青山"褪色,"绿水"流失。进入21世纪后,我国森林防火形势一直处于严峻的状态。森林火灾不但造成了人民生命财产的巨大损失,而且也造成了巨大的生态损失。因此,加强森林防火,保护森林资源,对维护国土生态安全、保护国家和人民生命财产、维护林区社会稳定、构建和谐社会、建设社会主义新农村、新林区具有重大意义。针对我国森林防火工作面临的严峻形势,党中央、国务院审时度势,高度重视。国务院办公厅在《关于进一步加强森林防火工作的通知》中明确指出:森林防火事关森林资源和生态安全,事关人民群众生命财产安全,事关改革发展稳定大局。地方各级人民政府和有关部门必须以对党和人民高度负责的态度,增强森林防火的紧迫感和责任感,把做好森林防火工作作为"三个代表"重要思想和"立党为公、执政为民"的一项重要内容,摆上议事日程,以求真务实的精神切实抓好,为加强生态建设和全面建设小康社会提供有力保障。特别是2006年以来,中央领导同志多次就做好森林防火工作作出重要批示和指示。《通知》精神和中央领导同志的批示,充分说明了加强森林防火工作的极端重要性，为搞好新时期森林防火工作指明了方向。

(1) 加强森林防火工作是落实科学发展观的客观要求

科学发展观的核心是坚持以人为本。"良好的生态环境是实现社会生产力持续发展和提高人们生存质量的重要基础。"森林是陆地生态系统的主体，在维护国土生态安全、建设环境友好型社会中肩负着优化生态环境和促进可持续发展的历史使命。森林资源是国家宝贵的战略资源，广袤林区既是人民群众世代生活的美丽家园，也是广大林民生产发展、生活改善的重要物质基础。因此，做好森林防火工作，不仅是保护森林资源，保护人民群众生命财产安全，更是保护人类赖以生存的物质条件，保护人类和人类社会健康发展，是"以人为本"理念的具体贯彻和落实。

(2) 加强森林防火工作是提高处置突发公共事件能力的重要内容

森林火灾是最为严重的自然灾害和公共危机事件之一，发生率高，影响面广，损失巨大。森林火灾不仅危及人民群众生命财产安全，而且直接影响林区社会稳定以及和谐社会的构建。能否有效处置危机，能否有效保障人民的生命财产安全，能否维护正常的社会秩序，是检验政府执政能力强弱的重要标志之一。所以，做好森林防火工作，是提高各级政府处置突发公共事件能力的重要内容，是各级政府加强执政能力建设的重要体现。

(3) 加强森林防火工作是实施以生态建设为主林业发展战略的重要保障

党中央、国务院在全面分析、深刻总结我国林业发展实践的基础上，确立了以生态建设为主的林业发展战略。全面实施以生态建设为主的林业发展战略，就是强调林业可持续发展，要求既要抓森林资源培育，又要抓森林资源保护。因此，加强森林防火工作，是保护森林资源、维护林业可持续发展的基础，是保卫国土生态安全，巩固林业生态建设成果，促进人与自然和谐发展，确保国家实施以生态建设为主的林业发展战略顺利实施的重要保障。

(4) 加强森林防火工作是适应全球气候变暖的客观需要

世界气象组织新闻公报表明，近年来，受厄尔尼诺、拉尼娜、温室效应等影响，全球气候异常，气温升高，旱涝不均等自然灾害为历史罕见。1860—2000 年间，全球地面平均温度上升了大约 $0.6 \sim 0.9 ℃$，其中 11 个最暖的年份出现在 1985 年以后。伴随着气候形势的异常，森林火灾的发生日趋频繁。进入 21 世纪后，世界上森林火灾次数及过火面积大幅度上升。据专家分析预测，目前全球气温仍然在以每 10 年 $0.2℃$ 的速度上升，全球气候变暖为森林火灾的发生提供了条件。因此，做好森林防火工作，保护好森林资源，充分发挥森林的固碳功能，是维护生态平衡，减缓全球气候变暖进程的客观需要。

(5) 加强森林防火工作是林火管理迈向现代化的需要

近年来，世界林业发达国家越来越重视森林防火工作的规范化和科学化，林火管理逐步迈向现代化。从世界森林防火发展走势看，呈现出几个明显特征：一是尊重林火的双重性，树立："健康的森林成就健康的国家"的理念，倡导科学用火，不断促进森林健康。二是以人为本，将优先保护人身安全、社区安全、重要措施安全作为制定防火政策和实施防扑火措施的重要原则，处处体现"以人为本、安全第一"的思想。三是管理规范，政府在扑火救灾中充分履行公共服务和后勤保障职能，物资的采购、储备、调用，森林消防队伍的建设和管理，森林防火宣传教育等，都有相应的标准和工作规范。与发达国家相比，我国森林防火工作还存在一些不足，亟待改进。在工作理念上，还没有彻底摆脱传统观念，缺乏预见性、前瞻性，制约了森林防火的创新发展；在管理机制上，部分地方还在墨守固有的工作模式，未能真正实现由单一的行政手段向行政、经济、法律和技术等手段综合治火转变；在扑火手段上，主要依靠人力扑救，缺乏先进的灭火装备，扑火效能有待进一步提高；在信息化建设上，存在不规范、不统一、不够快捷高效等问题；在森林防火投资上，总量不足，地区间差异较大，基础设施设备不完善、不配套。因此，正视这些问题和不足，认真找出差距，制定有力措施，在充分发挥自身优势的基础上，全面提升我国森林防火工作整体水平，是我国林火管理迈向现代化的需要。

17.2 森林防火规划的原则

(1) 坚持以人为本、保护森林资源的原则

森林防火工作的主要目的是保护森林资源，但在森林防火工作中，应把保障林区广大人民群众生命安全放在第一位，把保护一线扑救火灾人员的生命安全放在第一位，尽量减少或杜绝因森林火灾造成的人员伤亡和财产损失。

(2) 坚持以防为主，防救并举、综合治理的原则

积极预防，加强森林防火宣传教育，构建专群结合、群防群治的防控体系；加强林火监测、通信、预警与阻隔带等基础设施建设，加强扑火队伍和大型装备能力建设，提高扑火快速反应和控制火灾能力，做到"打早、打小、打了"；落实森林防火领导干部任期目标责任制，完善森林防火规章制度，运用行政、经济、法律和技术等手段对森林重点火险区实施综合治理。

(3) 坚持统筹规划，分步实施，突出重点的原则

全国统筹规划，统一布局，针对各区域的特点，制订相应的发展目标和建设思路；明确重点建设区域，对重点区域重点倾斜，加大建设力度，按照轻重缓急，分批分期实施。

(4) 坚持科学分类，加强火源管理的原则

根据森林火灾发生、发展的自然规律和可控制程度对林火进行科学分类，针对火险因子类别、防控基础和火源条件、保护对象重要性，认真总结经验教训，结合发展的新情况等综合因素对林区进行合理区划，分区、分类进行林火管理与控制。

(5) 坚持以科技为先导，宣传教育优先的原则

充分利用现代科技手段防控森林火灾，运用先进实用的防扑火设备和手段，提高科技含量；开发、引进、推广新型扑火机具与装备；重视宣传教育和人才培养，有计划、有重点地组织林区广大干部群众学习森林防火知识，全面提升公民的森林防火意识。

(6) 坚持资源共享，政府主导，各部门齐抓共管的原则

以政府为主导，林业部门与各部门通力合作，充分利用内、外部可利用资源和社会公共资源与协作条件，坚持建管并重、加强后续管理和设施设备资源的充分利用，最大限度地实现资源共享和优化配置；结合当前林权制度改革的新情况，继续坚持广大群众和社区联防等符合中国特色行之有效的林火管理手段，从而促进形成政府主导、各部门通力协

作、齐抓共管、全社会共同关注和参与的森林防火机制。

(7) 坚持地方政府责任制，积极拓展资金筹措渠道的原则

认真贯彻《森林法》和《森林防火条例》，落实地方政府森林防火责任制，把森林防火作为公共突发事件应急处置系统建设的重要内容，把建设项目纳入地方政府国民经济和社会发展的总体规划，把森林防火预防和扑救的日常经费纳入财政预算，调动社会、受益单位对森林防火的资金投入。

(8) 坚持加强与其他林业建设工程相结合的原则

加强林业部门各项建设工程的相互衔接，避免建设重复交叉，在实施过程中与其他工程密切配合，如工程隔离带和生物阻隔带建设实行与造林"四同步"，即同步规划、同步设计、同步施工、同步验收。

17.3 森林防火规划的方法与步骤

森林防火规划步骤可以概括为：

筹备阶段→系统诊断→目标设计→系统对策→方案比较→方案决策→行程规划文件

(1) 筹备阶段

明确森林防火规划目的，成立领导小组组织规划队伍，筹措经费和做规划时间安排

(2) 系统诊断

系统诊断是对拟规划对象的组成要素、结构及其功能进行全面的分析。既要了解规划区域与林火相关的因素，他们之间的关系及其对林火发生频率和受害轻重的关系，力求了解其间的规律性，确定控制森林火灾的关键，以制定控制森林火灾有效对策。一般需要收集以下资料，并进行相关分析。

①自然条件　对象地区的山脉、河流、地形地貌、气象条件等；

②社会情况　包括工业、农业、副业、商业、人口、劳动力及城镇村落分布等；

③交通情况　包括公路、铁路和其他道路的数量、等级和分布；

④森林资源　包括森林分布、覆盖率、树种、森林组成、蓄积量、木材产量和营林任务等；

⑤过往森林火灾资料　包括年森林火灾次数、年过火面积、年森林火灾损失、火灾的原因以及其他资料。

根据上述资料研究拟规划地区天气变化规律，森林植被种类、燃烧性及其空间分布；该地区森林火灾发生和发展规律；该地区行之有效的森林防火措施，区域内已经具有的森林防火措施等，作为设计目标和实现目标的对策的依据。

(3) 目标设计

根据系统诊断的结果，有针对性地提出森林防火的目标。目标可以是火灾控制指标（发生率和受灾率）、防火设施建设规模预算安排、防火队伍、工具和装备等。

(4) 系统对策

系统对策就是系统分析和目标设计后，设计并提出多个实现森林防火规划目标的方

法、手段和途径。

(5) 方案比较

将上一步骤完成"对策"方案进行单个方案的对比评价和方案不同组合后再评价。评价指标主要考虑技术上安全、可靠、先进；经济上，低成本高效益。多个方案组合往往涉及资源的合理配置，项目实施顺序，使方案评价更加复杂，但必须认真做好此阶段工作。

(6) 方案决策

方案经过比较后，单个方案以及不同方案组合的优势明朗化，需要从待选方案中确定最适合的方案，这就是方案决策。决策过程，一般要有森林防火专家、林业部门的领导、地方防火主管部门和领导参加，形成共识，以便今后共同实施防火规划，取得预期成果。

(7) 形成规划文件

森林消防规划方案决策后，一般会形成以下文件：

①森林消防综合设施图　依据规划区域的行政区划图、地形图、航空相片和林相图，绘出火险基本图，然后在基本图上设计各项措施，并通过实际调查加以修订。

②综合防火措施一览表　此表上列明各个年度应完成的项目数量和所需费用。

③森林消防规划说明书　在说明上提出规划设计各种防火措施的依据、位置、实施规划设计的实际需要和可能。

17.4 森林防火规划的内容

17.4.1 全国森林防火中长期发展规划

2009年10月19日，经国务院批准，国家林业局和国家发展和改革委员会联合印发《全国森林防火中长期发展规划(2009—2015)》，下面对其进行简要介绍。

17.4.1.1 总体思路

1) 指导思想

以邓小平理论和"三个代表"重要思想为指导，全面贯彻落实科学发展观，坚持以人为本，坚持"预防为主、积极消灭"的工作方针，发挥"专群结合、群防群治"的制度优势，树立以林火管理为核心和防控森林大火的思想理念，以保障森林资源和人民生命财产安全为根本，以科技为依托，以森林重点火险区综合治理为突破口，通过科学分区与分类和加强林火管理与控制、提升装备水平、改善设施条件、建立高效快速反应的应急处置系统，进一步建设和完善森林防火预防、扑救、保障三大体系，逐步建立森林防火的长效机制，全面加强森林防火工作，最大限度地减少森林火灾对森林资源和人民生命财产的危害，为促进人与自然和谐、构建和谐社会做出贡献。

2) 基本原则

(1) 坚持以人为本、保护森林资源的原则

森林防火工作的主要目的是保护森林资源，但在森林防火工作中，应把保障林区广大人民群众生命安全放在第一位，把保护一线扑救火灾人员的生命安全放在第一位，尽量减

少或杜绝因森林火灾造成的人员伤亡和财产损失。

(2) 坚持以防为主，防救并举、综合治理的原则

积极预防，加强森林防火宣传教育，构建专群结合、群防群治的防控体系；加强林火监测、通信、预警与阻隔带等基础设施建设，加强扑火队伍和大型装备能力建设，提高扑火快速反应和控制火灾能力，做到"打早、打小、打了"；落实森林防火领导干部任期目标责任制，完善森林防火规章制度，运用行政、经济、法律和技术等手段对森林重点火险区实施综合治理。

(3) 坚持统筹规划，分步实施，突出重点的原则

全国统筹规划，统一布局，针对各区域的特点，制订相应的发展目标和建设思路；明确重点建设区域，对重点区域重点倾斜，加大建设力度，按照轻重缓急，分批分期实施。

(4) 坚持科学分类，加强火源管理的原则

根据森林火灾发生、发展的自然规律和可控程度对林火进行科学分类，针对火险因子类别、防控基础和资源条件、保护对象重要性，认真总结经验教训，结合发展的新情况等综合因素对林区进行合理区划，分区、分类进行林火管理与控制。

(5) 坚持以科技为先导，宣传教育优先的原则

充分利用现代科技手段防控森林火灾，运用先进实用的防扑火设备和手段，提高科技含量；开发、引进、推广新型扑火机具与装备；重视宣传教育和人才培养，有计划、有重点地组织林区广大干部群众学习森林防火知识，全面提升公民的森林防火意识。

(6) 坚持资源共享，政府主导，各部门齐抓共管的原则

以政府为主导，林业部门与各部门通力合作，充分利用内、外部可利用资源和社会公共资源与协作条件，坚持建管并重、加强后续管理和设施设备资源的充分利用，最大限度地实现资源共享和优化配置；结合当前林权制度改革的新情况，继续坚持广大群众和社区联防等符合中国特色行之有效的林火管理手段，从而促进形成政府主导、各部门通力协作、齐抓共管、全社会共同关注和参与的森林防火机制。

(7) 坚持地方政府责任制，积极拓展资金筹措渠道的原则

认真贯彻《森林法》和《森林防火条例》，落实地方政府森林防火责任制，把森林防火作为公共突发事件应急处置系统建设的重要内容，把建设项目纳入地方政府国民经济和社会发展的总体规划，把森林防火预防和扑救的日常经费纳入财政预算，调动社会、受益单位对森林防火的资金投入。

(8) 坚持加强与其他林业建设工程相结合的原则

加强林业部门各项建设工程的相互衔接，避免建设重复交叉，在实施过程中与其他工程密切配合，如工程隔离带和生物阻隔带建设实行与造林"四同步"，即同步规划、同步设计、同步施工、同步验收。

3) 奋斗目标

总目标：建设森林防火预防、扑救、保障三大体系，大幅提高森林防火装备水平、改善基础设施条件，增强预警、监测、应急处置和扑救能力，实现火灾防控现代化、管理工作规范化、队伍建设专业化，扑救工作科学化，使森林火灾受害率稳定控制在1‰以下。具体是：

——初步建成全国森林火险预警监测体系,实现在防火期内,制作并发布未来24h及48h的森林火灾发生概率预报及林火行为预报;森林林火监测能力和水平得到进一步提高,实现卫星监测成果发布时效性100%在30min内;瞭望覆盖率达到90%。

——加强工程隔离带和生物阻隔带建设,形成阻隔功能较强,自然、工程、生物相结合的高效林火阻隔网络体系。

——初步实现由语音模拟通信向数字化语音和数据传输相结合的通信模式转变,使重点治理区域森林防火语音通讯平均覆盖率达到95%以上,一般治理区域达到85%以上;完成一般治理县森林防火机构的信息传输与处理系统建设,建成较为先进完善的国家森林防火信息传输与处理系统。

——进一步构建专群结合、群防群治的防控体系,森林航空消防能力、专业扑火队伍装备水平、快速反应与火灾扑救能力进一步提高,当日到达火场并扑火火灾率力争达到98%。

——森林防火科研开发体系,森林防火宣教培训体系,森林火灾损失评估和火案勘查体系较为完善,通过全面开展可燃物处理等积极的火险降低措施,使我国森林防火工作进入现代林火管理阶段,重大火灾得到有效控制。

4) 区划布局

加强森林防火工作必须因地制宜,突出重点,根据不同区域森林防火特点,实行分区施策,分类指导。

(1) 六大区域布局

按照森林资源分布、气候、地理等因子,考虑到便于全国森林防火工作协调和建设布局,明确各区域建设重点,将全国区划为东北、西南、西北、东南、中部和华北6个森林防火建设区域,其中东北、西南区域为重点建设区域。

① 东北区域 包括内蒙古、黑龙江、吉林和辽宁4个省(自治区)。该区域是我国有森林资源分布最为集中的地区,防火任务重,易发生重特大森林火灾,境外火、草原火对森林资源威胁严重。主要建设思路:加强突发公共事件应急体系建设,加强部门之间协调,提高协同作战能力;建立健全森林火险预警系统;加强雷电、航空巡护和瞭望监测系统建设,提高瞭望监测覆盖率和通信覆盖率;加强防火隔离带建设;加强火场应急通信能力和大型防火装备水平,提高航空消防能力,加强武警森林部队防火力量。

② 西南区域 包括四川、云南、贵州、重庆、广西、西藏6个省(自治区、直辖市)。该区域是我国重要的林区之一,天气复杂多变,森林类型多样海拔地势高,森林火灾频发,有境外威胁,火灾扑救困难。主要地面巡护和火源管理,加强防火专业队伍建设,提高适合区域特点的扑火机具能力建设,加强生物阻隔带建设,增加重点省区的武警森林部队防火力量。

③ 西北区域 包括陕西、甘肃、宁夏、青海、新疆5个省(自治区)和新疆生产建设兵团。该区域林区相对分散,干旱少雨,地广人稀,森林火灾防控能力弱。主要建设思路:建立火险预警体系,提高重点林区的瞭望监测能力;加强通信能力和防火专业队伍建设,提高防火机具装备水平,增加武警森林部队防火力量,逐步开展森林航空消防。灾防控能力弱。主要建设思路:建立火险预警体系,提高重点林区的瞭望监测能力;加强通信能力

和防火专业队伍建设，提高防火机具装备水平，增加武警森林部队防火力量，逐步开展森林航空消防。

④东南区域　包括山东、江苏、上海、浙江、福建、海南、广东7个省（直辖市）。该区域地域跨度大，经济较为发达，人口密度大，人员活动频繁，干旱季节易引发森林火火灾。主要建设思路：加强森林火险预警监测体系建设，改善瞭望监测手段，增强火场应急通信能力建设，进一步完善以生物阻隔带为主的森林防火组个系统，提高森林防火专业队伍的装备水平，逐步开展森林航空消防。

⑤中部区域　包括河南、安徽、湖北、湖南、江西5个省。该区域是我国重要的集体林区，森林覆盖度较高，人口密度较大，林农交错生产生活用火频繁，火灾发生频率高。主要建设思路：加强森林火险预警系统建设，加强瞭望与地面巡护和火源管理建设，加强以生物阻隔带为主的森林防火阻隔系统建设，增加防火物资储备，加强森林防火专业队伍建设，提高装备水平，逐步开展森林航空消防。

⑥华北区域　包括北京、天津、河北、山西4个省（直辖市）。该区域名胜古迹众多，火灾影响大。主要建设思路：加强应急指挥系统建设，建立森林火险预警系统，提高火情监测时效，强化防火专业队伍和装备建设，开展森林航空消防，提高快速反应和处置能力。

(2) 重点治理片区

为进一步明确建设重点，根据森林火险等级、森林资源分布等因子，并考虑县级行政单位森林火灾发生概率，以及高火险等级趋于相对集中连片的情况，在六大森林防火建设区域基础上划定20个重点治理片区。

(3) 一般治理区

指20个重点治理区以外有森林火险等级的区域。该区域由于森林资源分布比较分散，一般情况下发生重特大森林火火概率较小，但个别县具有较高的火险等级，预防不力容易发生火灾，需要加强监控和防范。

5) 重点治理片区及主要治理措施

——大兴安岭片区主要治理措施是，加强航空巡护，完善瞭望监测网和雷击火监测系统，健全火险预警体系；加强火源管理和专业消防队伍建设，增加大型扑火装备；加强包括边境防火隔离带和草原防火隔离带在内的林火阻隔网建设，防止外来火入侵，降低重、特大森林火火的发生率。

——小兴安岭片区主要治理措施是，完善瞭望监测系统，加强航空巡护；因地制宜开展阻隔系统建设，林农、林牧交错区建设多种形式的林缘隔离带。完善边境林火隔离带；严格火源管理，建立行之有效的火源管理机制；加强专业扑火队伍建设，增加大型扑火装备，提高扑救能力。

——完达山、长白山片区主要治理措施是，加强探索可燃物调控的研究，加大森林火险实时预警与响应机制等经验的推广，提高林火管理水平；加强航空巡护，加强森林火险预警与监测系统建设；提高阻隔网密度，增加机动性强的扑火装备，加强队伍实战演练，强化快速反应能力。

——燕山片区主要治理措施是，把森林防火提高到维护京津生态安全的政治高度来认识,加强防火线建设;建立现代化的森林火险预警、火情监测、火灾扑救和指挥体系,强化应急体系建设,开展森林航空消防,提高快速扑救和指挥处置突发公共事件能力。

——太行山片区主要治理措施是,因地制宜地开设防火线;加强预警、瞭望监测网建设;严格火源管理。加快扑火队伍与装备能力建设步伐,加强扑火安全培训和演练,逐步实现由专业队伍扑火取代群众扑火,逐步开展森林航空消防。

——阿尔泰山片区主要治理措施是,完善林牧联防制度,严把火源关;增加林缘防火隔离带,完善边境隔离带。提高卫星林火监测水平,加快瞭望、巡护、通信等方面建设的步伐,解决火情发现不及时、报案难等问题;建立精干的专业扑火队,配备扑火机具装备,提高火灾扑救效能。

——天山片区主要治理措施是,在完善林牧联防制度的同时,提高瞭望覆盖率;配备适合当地的有效灭火工具;加强专业扑火队伍建设;对夏季森林火灾进行专题研究,提供控制夏季森林火灾经验。

——祁连山区主要治理措施是,建立健全森林火险预警与监测系统,改善林区通信条件。提高林火监测和通信覆盖率;配备适用的灭火运输等设施设备,实现通信网络化、扑火机具化、队伍专业化的目标。

——陕甘宁片区主要治理措施是,建设适用的林火阻隔带,防止火越过"V"形峡谷酿成大灾;建立火险预警系统,做好林火预报工作;做好以地面巡护为主,瞭望台、航空和卫星为辅的林火监测工作。

——岷山、大巴山片区主要治理措施是加强航空巡护和高山瞭望、地面巡护的配合,及早发现火情;加强扑火队伍的技术演练和扑火安全培训。

——横断山脉片区主要治理措施是,因地制宜营造生物阻隔带,加强瞭望监测和应急通信网络建设,利用航空巡护和航空灭火的优势,提高火灾扑救效率和装备水平。

——滇西南片区主要治理措施是,加强生物阻隔带,完善边境防火隔离带;加强航空巡护、地面巡护和高山瞭望的配合;加强物资储备库的建设,增加物资种类。

——滇黔桂三省交界片区主要治理措施是,加强森林防火宣传教育,加强生物阻隔带建设,加强航空巡护和地面瞭望巡护,早发现早扑灭,配备适用的扑火装备,强化队伍训练,提高战斗力。

——黔桂湘三省交界片区主要治理措施是,做好宣传教育,严格火源管理;加强生物阻隔带建设,加强森林消防专业队伍、半专业队伍的建设,逐步实现扑火专业化,以取代群众扑火;加强瞭望网、通信网络建设,做到瞭望、通信等资源共享,实现三省联防联动。

——鄂湘西部片区主要治理措施是,加强生物阻隔带建设,建立森林火险火情预警监测体系,推广适应于复杂地形的新技术扑火机具装备的应用,增加物资装备储备,强化专业队伍建设,提高装备水平。

——湘赣交界片区主要治理措施是,因地制宜营造各种形式的生物阻隔带;加强森林防火宣传教育,严控火源;加强防火基础设施改造和更新,提高瞭望监测水平;加强基层森林消防专业队伍建设,完善个人安全装备和队伍扑火装备。

——鄂豫皖赣四省交界片区主要治理措施是,加强生物阻隔带建设,强化队伍建设,增加扑火机具，提高装备水平；增加交通工具，提高运兵能力；加强省级协作联防，实现瞭望、通讯、扑救、物资调配等联动。

——鲁中南片区主要治理措施是，加强生物阻隔带建设；加强森林火险和林火瞭望监测系统建设；建立现代化的森林防火专业队伍，不断加强指挥员和战斗员的森林防火培训和实战演练，增强战斗力。

——东南西部丘陵片区主要治理措施是，大力营造生物阻隔带，加大防火宣传力度，强化火源管理；改善瞭望监测手段，加强火险预警系统建设。加强专业队伍建设，强化森林防火培训和实战演练，提高队伍装备水平。

——海南片区主要治理措施是，配合适宜当地的水灭火工具和机具，大力开展水灭火；加强森林防火宣传教育，强化火源管理，做好充足的物资储备。

17.4.1.2 建设内容与任务

森林防火是项复杂的系统工程，为有效解决我国森林防火存在的突出问题，提高森林火灾防控综合能力，必须全面加强森林防火的预防、扑救和保障三大体系建设。具体建设内容包括森林防火宣传教育工程、森林火险预警监测系统、林火阻隔系统、通信与信息指挥系统、森林航空消防系统、森林消防专业队伍及装备、物资储备库、森林火灾损失评估和火案勘查系统、科技支撑系统、培训基地建设等方面。

1) 森林防火宣传教育工程建设

加强森林防火的宣传教育，增强民众的防火意识，消除火灾隐患，是森林防火工作的第一道工序和长期性的任务。

按照"政府主导，媒体联动，教育渗透，全民参与"的要求，突出宣传重点，丰富宣传形式，扩大宣传广度，深化宣传实效，提高宣传教育的覆盖面，切实发挥预防火灾的作用。

(1) 建立全方位社会化的森林防火宣传教育网络体系

强化各级森林防火指挥部的宣传教育职能，协调宣传、新闻、教育、文化、旅游、公安等部门及乡、镇、村民委员会，组成宣传教育网络体系。从各条战线、各个层面开展森林防火宣传教育活动，建立全方位社会化的森林防火宣教格局。

(2) 开展多种形式的森林防火宣传教育活动

进一步开展"进林区、进村宅、进单位、进学校、进风景旅游区"的森林防火宣传教育活动，每年防火期，组织开展"宣传月"、"宣传周"活动，利用多种形式对全民进行森林防火科普知识、火灾扑救和安全避险知识的教育，开展先进单位和个人的宣传与森林火灾的警示教育，结合普法教育，组织开展森林防火法律法规的培训。建立森林防火宣教展览室。增加林区的防火宣传牌、宣传窗、宣传栏和防火检查站的数量，林区县和林业局增配防火宣传车和宣传设备。加强防火宣传教育，建立防火检查站等防火宣教设施是重点火险区综合治理一项重要内容。

2) 森林火险预警监测系统建设

通过建立健全预警中心、森林火险要素监测站和可燃物因子采集站构成的森林火险预警体系，以加强火险天气、火险等级和林火行为等预报，并制定与之对应的预警响应机制，实现科学防火；升级改造并完善林火卫星监测系统，合理布局和改造地面瞭望设施，增强地面瞭望和巡护能力，逐步构建卫星监测、空中巡护、高山瞭望、地面巡护"四位一体"的林火监测体系，减少直至消除林火监测盲区，降低我国森林火灾的发生频率，有效预防重特大森林火灾发生，防患于未然。

(1) 森林火险预警系统

森林火险预警系统由预警中心、森林火险要素监测站和可燃物因子采集站构成，分为国家级和省级两个子系统，其中国家级森林火险预警子系统由国家林业局森林防火预警监测信息中心、新建的国家级森林火险要素监测站和森林火险因子采集站组成；省级森林火险预警子系统由省（自治区、直辖市）和重点林区森工集团防火办森林火险预警分中心、省级森林火险要素监测站和森林火险因子采集站组成。

①国家级森林火险预警系统 国家林业局森林防火预警监测中心负责采集国家级森林火险要素监测站和可燃物因子采集站的监测信息，收集国家气象信息网发布的全国天气实况和预报信息、国家雷电监测定位综合信息网的雷电监测报告，收集省级森林火险预警分中心的监测成果，制作全国中短期森林火险等级预报、实时火险监测报告和雷击火发生预报，通过中国森林防火网站向社会公众发布，并通过森林防火系统的内部信息传输渠道对森林防火系统内部用户发布。

为实现与气象部门的数据信息共享，确保信息传输线路的畅通，国家森林防火预警监测信息中心与中国气象局国家气象中心新建一条数据通信专线，用于传输气象卫星数据和森林火险气象观测数据的交换。

②省级森林火险预警系统 设在省（自治区、直辖市）和重点国有林区森工集团（林业公司）森林火险预警分中心负责采集辖区内及周围省区的部分森林火险要素监测站和可燃物因子采集站的监测信息，收集本辖区内气象部门发布的当地天气实况和预报信息，国家雷电监测定位综合信息的雷击监测报告，制作本省（自治区、直辖市、森工集团）中短期森林火险等级预报、实时火险监测报告和雷击火发生预报，通过森林防火网站向社会公众发布，并同时上报国家林业局森林防火预警监测信息中心，下达到本省（自治区、直辖市、森工集团）的基层防火办。

省（自治区、直辖市）和重点林区森工集团防火办森林火险预警分中心与所在地气象局新建一条数据通信专线，主要用于森林火险气象观测数据的交换和卫星数据传输。

③森林火险要素监测站 在充分利用国家气象部门现有气象站的基础上，在林区选择具有代表性的地方补充建立国家级森林火险要素监测站，每日定时向国家、省（自治区、直辖市）森林火险预警监测中心报送火险要素监测数据。

省级森林火险要素监测站的设置，根据各省（自治区、直辖市）重点林区的实际情况在国家级森林火险要素监测站的基础上加密。

森林火险要素监测站布局原则上按气候带和森林分布设定，还要考虑与国家气象观测网的平面互补性，设置在火源较多的林缘地带或林间空地，森林火险要素监测站点需要具有 GSM/GPRS 或 CDMA 移动通信网的覆盖。

④可燃物因子采集站 在重点林区设置可燃物火险因子采集站，主要监测因子包括地表可燃物含水率、可燃物载量、可燃物的燃点、地表温度等相关因子，通过森林火险要素监测站向省级系统传输观测数据，并与森林火险要素监测站同步布设。

(2) 卫星林火监测系统

卫星林火监测系统主要用于林火的宏观监测和火灾发生后的跟踪监测。由国家林业局森林防火预警监测信息中心、国家林业局西南、西北、东北卫星林火监测分中心构成，以确保卫星林火监测范围覆盖全国，不留盲区。

①对现有卫星林火监测系统升级　将现有已经严重老化、故障频繁的林火监测备份系统进行更新升级，使其在接收现有我国 FY-1 系列和美国 NOAA 系列极轨气象卫星数据的同时，能够接收和处理我国新发射的 FY-3 新型气象卫星和美国 EOS、NOAA 系列气象卫星数据；同时，对现有的 EOS/MODIS 林火监测系统的软硬件进行必要升级改造，使其能够在接收和处理现有卫星数据的同时，能够接收和处理我国 FY-3、美国 NPOESS 等新的卫星数据，从而满足林火监测实际工作需要。

②建立分中心自主接受林火监测系统　由于三个分中心采用气象卫星中心的 DVB 林火监测系统，其时效性和稳定性较差，特别是在卫星时间冲突时无法选择接收卫星，无法实现对森林火灾的早发现，早报告，影响了分中心林火监测作用的发挥。为进一步提高三个分中心林火监测时效性，充分发挥其作用，拟在三个分中心建设自主接收卫星林火监测系统。

③建立数据传输系统　目前，国家林业局东北、西南和西北林火分中心均没有与国家家林业局森林防火预警监测信息中心联网，其开展林火监测的气象卫星数据是采用 DVB 林火监测系统，通过地面站—地面宽带—气象卫星中心—卫星广播—用户接收的复杂数据传输链路传输，接收北京、广州、乌鲁木齐地面站的气象卫星中的卫星数据，数据时效性弱，常常无法满足工作需要。为了充分提高分中心林火监测工作时效性，拟建设东北、西南、西北分中心到国家林业局的宽带数据专线，从而实现中心、分中心的全面联网。

④有条件的省份，结合森林防火指挥中心的建设可自主建立健全林火卫星自主接收系统，提高各省火情监测的时效性。

(3) 航空巡护系统

航空巡护监测主要是利用飞机高空优势，能够及时准备侦察传送森林火险、火情信息，并及时向地面报告；减少偏远林区、卫星监测及瞭望监测盲区；实现对不同时段、地域、天气条件下的火险等级、卫星热点核实的巡护监测；有利于林火的早发现、早扑灭，最大限度地减少火灾损失，并为正确制定扑火方案和科学指挥林火扑救提供依据。该部分建设内容在森林航空消防系统建设中统筹考虑。

(4) 瞭望监测系统

在全国范围内尤其是在重点治理片区内合理布局瞭望台，更新改造现有瞭望台，增加可视和红外探火等林火自动监测与报警设备，提高监测技术含量，扩大瞭望监测范围。

(5) 地面巡护系统

由于地理位置、地形地貌、气候天气等差异，卫星林火监测与航空巡护及瞭望塔(台)监测方式对于一些不通视的森林地段存在着死角和盲区，同时，加强林区火源管理检查火灾隐患，监督安全用火。需要因地制宜地选择摩托车、马匹等交通工具在各自分管的责任区内，按照不同的火险等级进行不同时间、不同密度的巡护监测，及早发现并报告火情。

3) 阻隔系统建设

华北、东北、西北区域以工程防火隔离带建设为主，西南、东南、中部区域以生物阻隔带建设为主，以提升林区防火阻隔系统网密度。

4) 防火通信和信息指挥系统建设

综合应用无线短波、超短波、有线、卫星等多种手段，建立完善以固定通信网为基础，以车载、机械、移动通信设备为支撑，以便携式应用通信系统为补充，确保火场指挥通信得到可靠保障。无线通信重点解决重点治理片区县到林场、林场到瞭望塔、检查站直至火场的通信网络畅通；信息指挥系统重点构建国家到省乃至地(市)的信息系统基础设施网络、指挥室信息指挥系统和应急指挥系统。

(1) 无线通信系统建设

无线通信系统建设是以构建超短波语音为主的基础通信网络，应急通信系统、常规通信设备、通信车和应急移动指挥车为补充，完成火场扑火队与前指、基指，以及扑火队之间的话音通信联络。同时实现前指与基指、市、省和国家森林防火指挥部之间的语音和数据(包括文件、图片和图像)的传输。

①超短波基础通信网络建设　超短波基础通信网络建设内容包括超短波中继系统、综合通信塔、有线和无线转接设备、扑火队伍 GPS 定位跟踪系统和空地通信系统。

②应急通信系统建设　应急通信系统建设的主要内容包括便携式超短波中继系统、背式短波系统、卫星通信系统和火场实时多媒体信息机载传输系统。

③常规通信设备建设　为保障专业扑火队伍与火场的通信，减少设备故障造成的损失，配备背负式对讲机、超短波基地台(车载台)、手持机等常规通信设备。

④通信车和应急指挥车　通信车和应急指挥车主要是保障森林火灾发生时，指挥员能够做到立即出发、尽快到达火场，以发挥指挥和协调基础通信网络的作用，并利用车内集成的设备作为火场到前指和前指到县级指挥部之间的语音和数据的传输；实现各类扑火队指挥员之间的通信联络。通信车和应急指挥车采用小型越野车，进行集成和改装而成，集成的通信设备包括：全球星或亚星车载卫星电话、超短波车载台、超短波中继台、车载短波电台、警灯警报、天线升降塔及供电设备。

(2) 信息指挥系统建设

信息指挥系统主要由网络基础设施、应用系统、指挥室构成，再结合应急卫星通信网系统和应急移动指挥中心，实现由国家到省、地(市)、县的数据通信网络畅通，保证火场的音频、视频和图像等数据信息及时准确向各级指挥机构传递；信息指挥系统应逐步建立全国统一标准的数据库和应用软硬件。

①网络基础设施建设　借助已建立的全国林业信息专网，采用国家、省、地(市)、县四个层次，建立健全全国森林防火信息指挥网络平台及网络信息安全系统；建设中央级数据中心及灾难备份系统、省级及地市级数据分中心；建立全国卫星应急通信网络。

②应用系统建设　应用系统建设包括森林防火视讯调度指挥系统建设和地理信息系统平台建设。

③指挥室及设备建设　对国家森林防火指挥室和设备进行升级改造，完善和改造省级防火指挥室的信息汇聚、操作及显示系统，改造和完善地市及县级防火指挥室。重点解决

国家、省、地(市)、县指挥室的设备配备。

④森林防火应急指挥中心建设　建设国家和各省森林防火应急指挥中心，进一步加强增强处置紧急突发事件和重特大森林火灾的能力。

(3)人员培训与应急通信系统专用频道建设

建立和健全森林防火通信及信息指挥系统的培训机制，加强专业技术人员培训，提高设备维护保养、管理操作技能，确保通信网络和信息指挥系统管理和应用效能，对国家、省、地(市)、县相关岗位人员进行专业培训。

为保证应急通信系统及时、快速、不受任何干扰地完成扑救森林火灾时的通信联络，申请中继专用频率，以保证不同地区和范围的使用，并逐步规范应急通信专用频率的使用。

5)森林航空消防系统建设

在充分利用现有航空基础设施的基础上，以东北航空护林中心、西南航空护林总站为依托，通过增加飞机数量，完善航站设施提升功能、新建航站等，加强航空消防系统建设，提高航空直接灭火和航空巡护的能力，基本实现重点区域航空巡护和航空灭火的全覆盖，以弥补人力和地面交通难以到达的边远林区火情监测、巡护和火灾扑救能力的不足。

建设重点为增加飞机数量，提高航空巡护和灭火能力；完善现有护林中心(总站)与航站基础设施和信息指挥系统，充分发挥其功能；加密东北、西南区域偏远林区巡护、灭火需要的航站，拓展华北、中部等区域的森林航空消防。

(1)提高森林航空消防能力

按照航空消防应机动灵活、行动快、受地形地貌影响小的要求，拟选用载重量较大、运兵能力强、爬升高度较大、适合吊桶、洒水作业的大中型直升机和固定翼飞机。为满足大型洒水灭火飞机取水的需要，根据我国江河湖泊等水源分布情况，在重点林区省份确定符合大型洒水灭火飞机取水条件的水库、湖泊、河流作为水源。

(2)森林航空消防基础设施设备完善

主要对东北航空护林中心和西南航空护林总站各航站进行维护改造；对林业自建机场进行改造升级；改扩建森林航空消防调度指挥中心、机场指挥塔楼及滑降训练设施等。在东北航空护林中心建立森林航空消防航油贮备库，对现有部分航站配备的化学灭火设备更新，建设航空消防飞机气象保障系统。

(3)森林航空消防信息指挥系统建设

①信息传输综合平台　建立东航中心和西南总站与各航站(临时基地)之间的信息专线，作为全国森林航空消防管理信息系统、GIS系统、数字化调度指挥系统的运行平台，实现数据及语音的综合传输，并满足视频传输的要求；在数据网基础上以VPN技术组建东北和西南森林航空消防系统IP电话网、视频会议网，实现内部互通IP电话与视频传输，从而建立一套多功能的综合信息传输网络平台。

②地理信息平台和辅助决策系统　利用"3S"技术建设统一的地理信息系统，并与森林资源二类调查数据整合，建立具有高技术含量的卫星林火监测应用、森林航空消防管理和防扑火指挥系统，为森林航空消防工作和森林防火协调工作提供现代化的管理和辅助决策手段。

③航线管理及动态监控系统建设 根据东北和西南森林航空消防系统的职能,主要以现有的电子地图管理系统为基础,整合卫星通信系统,利用网络、通信等高新技术建设现代化的空中管制及指挥保障系统,提供航线动态管理、飞机实时监控,方便对飞机进行指挥和调度,提高航护效率、避免飞行事故,实现对航护期每架飞机的有效监管。该系统包括北斗一号卫星定位子系统、航线管理及动态监控应用平台子系统、航线管理显示系统子系统。

④地面网络视频监控系统 该系统是对航护飞机处于地面阶段和飞机进行降落、升空时进行直观有效监控,方便日常对飞机的指挥和调度。在远端各航站的监控现场,网络摄像机将从各航站监视到的视频信号转换为基于以太网络标准的数据包,通过 VPN 网络使摄像机所摄画面直接传送到内部网络上,在远端对航站机场进行监控。

⑤无线电通信导航子系统 鉴于东北和西南森林航空消防系统的无线电信号存在着质量差、时断时续以及连接不通等问题,需要对目前正在使用的简易天线进行改造与完善,以解决无线电信号接收问题,确保无线电通信质量及导航工作顺利进行。

(4) 林火信息采集系统升级工程

直升机从空中对地面火场实施侦察自动摄影,取代目前以肩扛式摄像机获取火场信息的方式,实现林火信息采集系统的升级。采集的林火信息通过便携式卫星宽带数据交换系统,利用先进的卫星和微波技术实现现有交通工具无法到达的火场的信息传递任务。

(5) 新建航站

由于航空护林具有灵活机动,"早发现、行动快、灭在小"等优势,在巡护监测和扑救火灾具有不可替代的作用,因而在森林防火实际工作中越来越受到重视。根据森林防火形势发展需要,结合现有航空护林站的布局,需合理调整森林航空消防站(点)建设布局。一是逐步增加航空护林站的密度;二是逐步拓展森林航空消防的覆盖范围。

(6) 移动航站建设

依托固定航站增设移动航站,延伸固定航站辐射半径,弥补航空直接灭火盲区。根据实际需要,分轻重缓急,首先在现有航站和在建航站以及临时基地配备移动航站。

(7) 森林航空消防训练基地建设

为开展森林航空消防机降、索降、吊桶、化灭、扑火人员技能训练、火场自救训练、地空配合扑火等专业科目实战演练,提高航空灭火效益和确保飞行安全,在东北和西南建立森林航空消防专业训练基地,对森林航空消防飞行和专业扑火人员进行专门训练。

(8) 森林航空消防新技术引进推广

为提高恶劣环境条件下火情监测和侦察能力,加大机载多光谱扫描探火系统等新技术在森林消防的应用与推广。

6) 森林消防专业队伍与装备能力建设

(1) 森林消防专业队伍建设

建立一支精干、训练有素的专业、半专业的森林消防队伍,是实现"打早、打小、打了"的可靠保证。各重点治理县保证至少建立一支森林消防专业队伍,专业队伍要配备数量充足的扑火机具与装备;每支专业队建设一定数量的营房和附属设施;利用各级森林防火培训机构,加强专业、半专业队伍的培训和训练,提高扑火队伍的战斗力。

(2)扑火机具与装备能力建设

本着实用性与先进性相结合的原则,因地制宜地配备风力(水)灭火机、灭火水枪和扑火服装等中小型扑火机具与装备,满足数量上的需求。

根据不同区域,结合地形条件,有选择地加强装森林消防车、水罐车、接力水泵和野炊车等大型扑火装备能力建设,提高森林大火扑救机械化水平和扑火效能,提高机械化扑救和处置重大森林火灾的能力。大型扑火机具装备建设重点是加强东北、西南等重点林区。

7) 武警森林部队防火装备建设

结合森林防火形势任务需要,重点加强装备建设投入,加快装备信息化建设步伐,建立有森林部队特色的指挥、信息体系。对现有装备进行补充更新,从而提高部队防火执勤、灭火作战的组织指挥能力、快速机动能力和综合保障力。适当引进先进灭火装备,突出水泵等灭火分队装备建设,提高装备科技含量,逐步实现由人力扑救向机械扑救,由风力灭火向以水灭火、化学灭火转变,确保装备适应不同地域、不同季节、不同火源、不同气象条件下执行任务需求。在有线电通信装备建设上,实现通信指挥网之间可连互通、相互兼容、互相弥补;在有线通信、指挥通信装备建设上,实现信息资源共享、实现灭火作战指挥音频、视频和图像高质量传输。

8) 森林防火物资储备库建设

物资储备库是扑救森林大火重要的供应保障体系,也是国家应急保障能力的重要组成部分。根据森林防火区域划分和重点建设区域,结合现有的国家物资储备库建设情况,按照"突出重点、辐射周边、就近增援、分级保障"的原则,合理布局各级物资储备库,形成应对突发公共事件的保障能力,以便能够在火情紧急时,对重特大火灾扑救实施及时、有力的增援。物资储备库按国家、省、重点治理县(市、区、局)三级建设。

9) 森林火灾损失评估和火案勘查系统建设

森林火灾评估系统主要包括服务器及输入输出设备、高容量磁盘阵列和数据软件等。其中国家森林火灾评估系统服务器、磁盘阵列和数据软件规格和等级要求较省森林火灾评估系统配置高。

国家、省森林火灾评估系统是利用高分辨率的遥感卫星、地理信息系统等高新技术手段,开展对灾后森林资源损失、生态环境影响评估,并建立森林植被恢复模拟和森林火灾损失档案系统。同时加快火灾损失评估标准体系的研究,加快建立评估标准和评估办法,从而规范评估程序。同时,为提高森林火灾案件侦办和查处力度,为全国森林火灾案件勘查刑侦机构配备刑事勘查车和刑事勘查箱。

10) 科技支撑系统建设

依托现有的林业高等院校、科研单位组建国家林火研究机构。以防火基础理论、实用技术开发推广和防火管理科学研究为支撑,加大科技投入,加强科技开发,全面提高森林防火工作的科技和管理水平。规划建立国家林业局森林防火研究中心,在全国建1~2个国家级森林防火重点实验室,并依靠社会各部门的科研力量和资源条件加强对防火应用技术及其装备研究与创新,并重视科研成果的转化,提升森林防火自身的科技含量和可持续发展能力。在近期建成局级重点实验室,"十二五"期间,升级为国家级重点实验室。实验室重点围绕森林雷击火防控关键技术开发、森林火灾预警监测、特殊山地林火扑救技术、扑火队员安全防范技术、森林可燃物调控技术、森林火灾防控机具设备研制、航空灭火技术等方面进行研究开发与推广应用。

11) 培训基地建设

森林防火从业人员的良好素质是充分发挥国家森林防火综合建设体系作用的重要保障。根据现状，按照突出重点、合理布局，学历教育与职业教育并举的原则，逐步建立健全国家、重点林区省(区)森林防火培训基地(结合宣传教育同建)，优化整合教育培训资源，加强对森林防火管理和科技人才的培养；建立森林防火管理、森林火灾应急处置案例库，并通过案例教学，加大宣教培训力度。建立一支以理论研究人才为先导、高级管理指挥人才为龙头、以中层管理指挥为骨干、以专业技术人员为重点、以村(镇)联防队员为补充，工种岗位齐全、业务技术精湛，具有较高素质的复合实用人才队伍。

(1) 国家森林防火培训基地建设

分别依托东北、华北、东南和西北区域林业高等院校和现有的培训机构建立国家森林防火培训基地，主要加强省、地、县(市)各类森林防火指挥员、专职指挥和地级以上森林防火办主任的森林防火基础理论知识的宣教培训，提高指挥人员对森林火灾扑救指挥能力和水平。

(2) 省(自治区、直辖市)森林防火培训和野外演练基地

在重点林区省(自治区、直辖市)建立森林防火宣教培训基地和野外演练基地。培训基地要充分利用现有教学科研院所培训资源；为加强火场场景仿真模拟演练，建立野外演练基地。省培训基地主要针对各县防火办主任、各专业队队长的基本专业知识和指挥自救能力的培训。野外演练基地主要针对各级指挥员和专业扑火队员进行实战演练，提高指挥员实战指挥技能和专业扑火队员实战扑救能力。

17.4.2 森林火险等级的划分和火险图绘制

17.4.2.1 森林燃烧性分类与火险等级

森林可燃物是森林燃烧三大要素之一。森林可燃物的种类、组成、结构数量决定了森林燃烧性，对森林火灾发生、蔓延以及人们扑救火灾和安全用火均有重大影响。森林可燃物管理工作包括确定可燃物燃烧性，可燃物分类管理，森林火险等级划分和火险等级分布图，计划烧除和降低林分燃烧性等内容。

森林燃烧性高低取决于森林可燃物的种类、数量、结构、空间分布及其所处环境条件。一般可以依据森林植物群落类型、森林类型和可燃物类型划分森林燃烧性。具有相同或相似燃烧性的森林可燃物，其火行为也具有相似性。因而，可以根据森林燃烧性进行分类管理。

17.4.2.2 划分森林火险等级与绘制火险等级分布图

森林火险等级或称森林燃烧等级，是根据森林燃烧性及其所处地段林火环境条件(气象、地形、土壤和小气候等)，将森林划分为不同火险等级，以便分级管理。2008年9月3日颁布了 LY 1063—2008《全国森林火灾区划》行业标准，全国各省(自治区、直辖市)都进行了森林火险等级区划。但是县级以下森林火灾区划尚无国家标准。

(1) 森林火险等级的确定

根据《全国森林火险区划》行业标准，森林火险区划因子有6个，树种燃烧类型、农业人口密度、防火期平均降水量、防火期平均温度和路网密度。森林火险区划单位根据调查或计算得到的6个火险区划因子的值，查全国森林火险因子级距标准查对表，得响应的森林火险因子的得分值。将各个森林火险因子的得分值求和，并分别乘以森林覆盖率和活立木总蓄积量所得（表17-1）。

表17-1 森林火险等级表

火险因子	级 距	得分值
树种（组）燃烧类型	难燃类	0.04
	可燃类	0.10
	易燃类	0.20
人口密度（人/hm²）	≤0.6	0.03
	0.7~1.3	0.14
	≥1.4	0.12
防火期平均降水量（mm）	≥53.0	0.04
	52.9~24.6	0.11
	≤24.5	0.23
防火期平均温度（℃）	≤7.5	0.03
	7.6~14.0	0.15
	≥14.0	0.19
防火期平均风速（m/s）	≤1.7	0.02
	1.8~2.6	0.09
	≥2.7	0.16
路网密度（m/hm²）	≤1.5	0.04
	1.6~2.5	0.08
	≥2.6	0.05

表中树种（组）燃烧类型分为难燃类、可燃类和易燃类三类。

①难燃类 木荷、栲、槠、青冈、竹、楠、水曲柳、核桃楸、黄波罗、刺槐、泡桐、阔叶混交林。

②可燃类 针叶混交林、桦、椴、檫、杨、珙桐、杂木、硬阔（榆、色木、山毛榉）、软阔（枫杨、柳、槭、楸、木麻黄、楝）、落叶松、云杉、冷杉。

③易燃类 樟、桉、枫香、针叶混交、云南松、思茅松、高山松、马尾松、油松、华山松、油杉、赤松、黑松、樟子松、红松、杉木、柳杉、水柳、紫杉、铁杉、柏木、矮林、栎类（柞、栎、栗、柯、槲）。

全国森林火灾区划等级标准分值查"全国森林火灾区划等级标准"即得评价区域的火险等级（表17-2）。

(2) 森林火险等级图的绘制

将森林火险等级相同而又相互毗连的地段联合成同一火险区；将某一区域内不同火险等级的地段以图面形式标示出来就是火险等级分布图。根据火险等级分布图可以制定森林防火规划，确定永久性防火设施建设布局和建设规模的依据，还可以作为开展各项森林消防的借鉴。

表 17-2　火险等级划分

火险等级	得分值代数和×森林资源数量	标准分值
Ⅰ 森林火险性大	得分值代数和×活立木总蓄积量（$\times 10^4 m^3/hm^2$）	>65.1
	得分值代数和×森林覆盖率（%）	>72
Ⅱ 森林火险性中	得分值代数和×活立木总蓄积量（$\times 10^4 m^3/hm^2$）	5.3~65.1
	得分值代数和×森林覆盖率（%）	43~72
Ⅲ 森林火险性小	得分值代数和×活立木总蓄积量（$\times 10^4 m^3/hm^2$）	0.2~5.3
	得分值代数和×森林覆盖率（%）	<43

17.4.3　火源管理

控制好火源是森林消防工作的关键。控制站引起森林火灾99%的人工火源尤为重要。火源管理主要有以下几项重要工作。

1）绘制火源分布图和林火发生图，用以确定火源控制的重点空间和时间

分别以林业局、林场或某级森林区划单位，对火源长期进行统计分析，取得火源时间分布和空间分布资料。依据某林区近10年或20年的森林统计资料绘制火源分布图和林火发生图。

火源分布图可以按火源空间分布绘制，即将不同区划单位按照火源种类，计算单位面积火源平均出现次数，依次数多少划分成不同等级，并用不同颜色加以标示。火源分布图也可以按火源时间分布绘制，也就是以月份或年份为横坐标，以某种火源出现频率为纵坐标的直角坐标系中绘出该火源发生频率的直方图或折线图。

采用同样的办法也可以绘制出林火发生图。从火源分布图和林火发生图，可以直观地了解火源和林火发生空间分布规律和火源或林火发生的时间规律。

火源和林火发生空间分布规律可以作为森林防火工程设施建设布局，确定主要火源防范区，确定地面和空中重点监测对象的依据。

2）依据或预案或林火发生的时间规律划分防火期，确定森林防火的重点时段

《森林防火计划》第2章第23条规定："县级以上地方人民政府，应根据本行政区域内森林资源分布和火灾发生规律，规定森林防火区规定防火期并向社会公布。"

3）划分火源管理区类别，实行分类管理

根据某区域居民人口密度及分布特点，火源种类和数量，交通情况和森林可燃物的类型及其燃烧性等因素划分成不同的火源管理区，然后分类制定相应的火源管理、防火灭火措施，制定火源管理目标，开展火源目标管理。

4）开展火源目标管理

火源目标管理是落实森林防火责任制的一种重要的行之有效的方式。首先，经过深入调查研究，制定火源控制总目标，如火源总次数或火源下降率等，然后依据总目标分解落实到各个岗位和责任人，制定积极可行的管理措施，并有序推行之，最终达成火源控制目标。

5) 森林消防工程及设施布局

森林消防工程及设施布局包括林火预测预报网、林火阻隔网、林火监测网、林火通信网、林区交通网、生物防火工程和队伍与装备布局。

(1) 林火预测预报网

林火预测预报网主要有火险天气预报、林火发生预报和林火行为预报3种。需要综合考虑气象台站的合理布局，森林可燃物的空间分布及其燃烧评价所需数据的采集、处理、分析等组织和人员的配置；预测预报信息发布管理方式等。

(2) 林火阻隔网

林火阻隔网由林火的天然阻隔体与道路、防火线、防火林带、生土带、阻火沟等人工阻隔体组成网状的林火阻隔系统；以有效切断林获得蔓延的连续性，达到阻隔限制林火蔓延、较少损失的目的。

(3) 林火监测网

林火监测网由航天—航空—地面三个层次组成。卫星遥感监测需要设备、技术、资金和高素质人员；航空监测需要布设飞机的起降点、飞行路线、飞行时段和次数；同样的瞭望台的空间位置、配备的设备和人员，地面林火观测路线和频率均需严密规划，才能发现早，扑救及时，减少损失。

(4) 林火通信网

需要处理好森林防火部门内部专用系统与公共通信网络的关系。在此基础上，明确通信地面站点的数量、位置和设备选型；同时要处理好固定通信网点和移动通信的关系；确保平时和扑救森林火灾时通信顺畅。

(5) 林区交通网

道路网既是林火阻隔构成的一部分，又是营林生产、森林采运和林区生活的通道网，规划设计要使道路系统功能优化。

(6) 生物防火工程

生物防火工程是最环保的防火工程。通过营造防火林带、改变林分的树种及林分结构，提高林木的抗火性，达到阻火作用。

(7) 队伍、装备和扑火网

所有森林防火措施和灭火行动都是人的行为。因此，需要数量合适、装备精良、技术娴熟，具有高度责任感的灭火队伍。与其他网点建立相类似，各个扑火队也要编制适当，空间分布合理，以方便及时赶到林火现场，迅速扑灭林火。

【本章小结】

本章主要讲述了森林防火的规划，包括森林防火规划的重要性，森林防火规划的原则，森林防火规划的方法与步骤，以及森林防火规划的内容。加强森林防火工作不仅是落实科学发展观的客观要求，同时也是提高处置突发公共事件能力的重要内容。森林防火规划必须做到"八个坚持""七个步骤"。认真贯彻《森林法》《森林防火条例》，坚持地方政府责任制。结合我国几个区域实际特点因地制宜，善用现代科技手段，做到全面规划、科学规划。过去我国只注重林火扑救而不重视林火预防和规划，所以导致一些原本不是必要森林火灾发生，因此，自 1987 年大兴安岭特大森林火灾之后，我国在森林防火规划的给予更高的重视程度。通过对本章的学习，可以对森林防火的规划有更深刻的理解和认识。

【思 考 题】

1. 森林防火规划的原则有哪些？
2. 简述森林防火规划的方法。
3. 简述森林防火规划的步骤。
4. 简述全国森林防火中长期发展规划。

【推荐阅读书目】

1. 森林消防理论与技术．甄学宁，李小川主编．中国林业出版社，2010．
2. 林火生态与管理．胡海清主编．中国林业出版社，2005．
3. 森林防火．郑焕能主编．东北林业大学出版社，1992．

第18章

世界森林防火概况

【本章提要】 本章为对前面知识的补充,前几章内容偏向概念性,需要学生熟练掌握,而本章内容则是介绍世界各国森林防火的概况。理论要联系实际,了解各国现状有利于更好地认识到本国问题并改善。本章从世界森林火灾发展状况、各国森林防火工作进展、世界森林防火研究机构以及我国森林防火科研现状与展望四个方面进行阐述。

18.1 世界森林火灾发生状况

近几十年来,由于世界范围的人口膨胀,工业化进程加快,人类活动对森林的影响日益加剧,森林火灾发生的危险性提高,防御和控制森林火灾受到了各国的普遍重视。森林火灾的发生有很深的自然因素和社会因素。全世界每年发生森林火灾几十万次,受灾面积达几百万公顷,约占森林总面积的0.1%。进入20世纪80~90年代以来,火灾每年都有上升的趋势,虽然各国的森林防火费用不断增加,但森林火灾面积并未发生明显变化,特别是90年代后期,火灾毁灭了数百万公顷的热带森林,严重破坏了全球的生态平衡。森林火灾增加了大气中CO_2的含量,导致了气温升高。严重的森林火灾还会引起土壤荒漠化,并对全球的经济产生巨大影响。

目前,世界每年发生火灾约22万次以上,烧毁各种森林达$640 \times 10^4 hm^2$,约占世界森林覆盖率的0.23%以上。世界各地的森林火灾频繁发生,大洋洲的森林火灾最为严重,其次是北美洲,最少为北欧。有的国家森林资源十分丰富,森林火灾也较为严重,如美国、加拿大、俄罗斯等。森林覆盖率在30%以上的,年均火灾面积也在百万公顷以上。纵观森林火灾,温带地区最易发生火灾,下面就欧美一些国家的火灾情况做些分析。1970—1980

年，美国平均每年发生森林火灾近 11.8 万起，火烧面积达 $180\times10^4\mathrm{hm}^2$，占森林面积的 0.6%；1970—1976 年，平均每年发生森林火灾 13.8 万起，火烧面积达 $96\times10^4\mathrm{hm}^2$；加拿大在这 15 年中平均每年发生森林火灾 7 000 多起，烧毁森林超过 $89\times10^4\mathrm{hm}^2$，占森林面积的 0.2%，到 70 年代平均每年仍然保持在 7 000 余起，烧毁百万公顷。澳大利亚在 1966—1976 年间平均每年发生森林火灾 1 700 多起，火烧面积 $36\times10^4\mathrm{hm}^2$，占森林面积 1.4%；日本在这 10 年中，平均每年发生森林火灾 6 500 多起，火烧面积 $1\times10^4\mathrm{hm}^2$；林业建设比较发达的北欧国家，森林火灾也经常发生，芬兰 1970—1976 年，平均每年发生森林火灾 604 起，毁林 1 119 公顷；瑞典 1971—1975 年，发生森林火灾 5 047 起，火烧面积达 $4\,941\mathrm{hm}^2$。森林火灾不仅烧毁了大量的森林，而且给人类带来灾难性损失。据世界各国对森林火灾损失的报道，美国 60 年代平均每年因森林火灾损失木材 $2\times10^8\mathrm{m}^3$，占林木生长量的 35%，并且烧死烧伤 1 000 多人；日本 1967—1976 年，平均每年烧毁森林超过 $1\times10^4\mathrm{hm}^2$，相当于 1976 年全国造林面积的 5%，损失达 200 多万日元，平均每年烧死 50 余人；瑞典 1971—1975 年平均每年烧林超 $1\,000\times10^4\mathrm{hm}^2$，损失 200 多万克朗。

2010 年 8 月 10 日，以高温、干旱、大风等气象因素为主要原因的俄罗斯发生一场大火，过火面积 $100\times10^4\mathrm{hm}^2$，潜在损失高达 3 000 亿美元，共造成 61 人死亡，1 000 余人受伤。

2010 年 12 月 2 日，以色列卡梅尔地区发生森林大火，有 3 个起火点，分布在不同区域，过火面积达 $10\,000\mathrm{hm}^2$，是以色列建国 60 多年来前所未有的巨大灾难，总理内塔尼亚胡将 12 月 2 日设为哀悼日。

2009 年 2 月 3 日，澳大利亚东南部发生严重山林大火，过火面积 $41\times10^4\mathrm{hm}^2$，据《悉尼先驱晨报》报道，经济损失预计超过 5 亿澳元，死伤高达 230 人。

2009 年 8 月 21 日，位于地中海沿岸的希腊发生全国性森林大火，持续燃烧 5d，大火不仅影响当地居民的生活。这场大火是 2007 年希腊发生特大森林火灾以来最为严重的一次林火。

2016 年 5 月，加拿大艾伯塔省境内突发森林大火，情况愈演愈烈难以控制，据报道这次森林大火可能是有史以来最严重的一次。

全世界平均每年发生森林火灾高达 22 万次，2013 年 7 月美国亚利桑那州发生森林大火；2013 年葡萄牙中部发生森林火灾，过火面积约 $31\,000\mathrm{hm}^2$；2014 年澳大利亚发生火灾；2015 年智利 Valparaiso 发生森林大火，威胁到当地一处联合国教科文组织的世界文化遗产。

18.2 各国森林防火工作概况

美国、加拿大、澳大利亚等西方发达国家灭火装备很先进，也提出了灭火作战"零伤亡"的概念，但这也只是一个理想的目标，他们在扑救森林火灾中，扑火队员和居民发生伤亡的情况也时有发生。越来越多的火灾促使重新调整了林火管理政策。美国自 1995 年开始执行的林火管理政策，明确：公众与扑火队员的安全为第一优先；扑救成本要最小，应综合考虑安全、被保护的价值；保护的重要性排序是救命第一、财产与其他的保护第二等。

就森林火灾的情况来看，温带地区最易发生森林火灾，所以重点就欧美和俄联邦国家的森林火灾情况做些分析。从欧洲和北美洲的一些国家在1980—1994年的火灾发生次数统计结果来看，美国的森林火灾次数要远远高于其他国家，其次是俄罗斯和加拿大。法国、德国、挪威、土耳其和英国等欧洲国家每年的森林火灾次数在几十至几千次；美国每年的森林火灾总次数均在9.5万次以上，以1983年为最低，1981年为最高，达到18.9万次。但自1984年以来，森林火灾次数有下降趋势；俄罗斯每年（1991—1994年）森林火灾次数一般在1.7万~2.6万次，只有1993年森林火灾较少，为5846次；加拿大每年森林火灾总次数在1万次左右。从引起森林火灾的火源来看，人为放火和跑火是这些欧洲国家发生森林火灾的主要原因，天然火源只占总火源的5%左右。而美国和加拿大的天然火源所占比例大约占30%左右。

由1980—1994年欧洲和俄联邦国家的森林和其他林地的火灾面积来看，加拿大、美国和俄罗斯每年的森林火灾面积要明显高于其他国家。其中，1989年加拿大森林火灾面积为最多（$756 \times 10^4 hm^2$）；1991—1994年俄罗斯的森林火灾面积在112×10^4~$120 \times 10^4 hm^2$；90年代以来美国的森林火灾面积在111×10^4~$183 \times 10^4 hm^2$；法国、德国、挪威、土耳其等欧洲国家每年森林火灾面积为几十至几千公顷。由发生森林火灾的林地类型来看，火灾主要发生在针叶林和萌生林地。例如，1990—1992年意大利针叶林火灾面积分别占总面积的26.36%、23.72%和17.17%，萌生林地火灾面积分别占当年火灾面积的61.95%、62.18%和69.46%；1990和1991年加拿大的针叶林和萌生林的火灾面积也分别占到当年森林火灾总面积的34.61%和25.23%。加拿大的天然林资源丰富，疏林地、矮林、灌丛和树丛面积广大，这一部分林地还处于自然状态，在森林火灾统计中占到很大比例。

森林火灾发生的次数和面积反映了这些国家的森林火灾状况，用1990年这些国家平均每万公顷森林面积发生的火灾次数和火灾面积可以更好地反映出各国的森林火灾与森林防火情况。美国的森林火灾次数与面积等数据为最多，每万公顷森林发生火灾5.72次，火灾面积为$105.33hm^2$，平均每次火灾面积为$18.42hm^2$；加拿大平均每万公顷森林发生火灾0.41次，火灾面积$37.66hm^2$，平均每次火灾面积为$92.07hm^2$；俄罗斯每万公顷森林平均火灾次数与面积分别为0.23次和$21.86hm^2$，平均每次火灾面积为$94.50hm^2$，是这些国家中平均每次火灾面积最高的国家；挪威平均每次火灾面积只有$0.15hm^2$，是比较低的国家。平均每次火灾面积小，说明对于火灾可以及时发现和组织力量进行扑救，对于火灾的控制能力强。

对加拿大1960—1994年每10年间发生大火的次数与面积统计结果表明，火灾次数与火灾面积均有降低的趋势。60年代发生大火40次，每次火灾面积为$14hm^2$；80年代只发生21次大火，每次火灾面积只有$8hm^2$。这说明随着森林防火事业的发展，加拿大的林火管理水平有了很大提高。

森林火灾造成的经济和木材损失统计结果反映了森林火灾带来的后果，如意大利1990年森林火灾造成的损失为8248万美元，损耗了$13.21 \times 10^4 m^3$木材；俄罗斯在1991—1993年的木材损失分别为$999.8 \times 10^4 m^3$、$11139.7 \times 10^4 m^3$和$12259.2 \times 10^4 m^3$。森林火灾不仅消耗掉大量的木材，还需要投入大量的人力和物力进行扑救，同时也对当地居民的财产和生命造成巨大危害。

18.3 世界森林防火研究机构

各林业先进国家都非常重视森林防火的研究工作，并且多数国家设有专门的林火研究机构，以下就美国、加拿大和俄罗斯的科研机构和研究内容作些阐述。

18.3.1 美国

美国的森林防火工作是以坚实的科研和教学为基础。爱达荷大学于1916年开设了森林防火课程，现在全美共有60多所大学开设了有关森林防火课程。林务局直属有3个火科学实验室，即佐治亚州亚特兰大市的南方实验室、加利福尼亚州莱克塞德市的西南太平洋实验室和蒙大拿州米苏拉市的中部山区实验室。美国火科学实验室除研究火行为、化学灭火、计划烧除和火生态内容外，重点研究：①林火预测预报：现在美国可以可靠地预报30天内的相对湿度、风力、气温和雨量，并根据这些因子预测火险等级、火的强度；②林火模型：研究火灾与活的和死的可燃物含水量的关系、火强度与可燃物载量的关系和预测火蔓延模型；③火灾史的研究：经过长时间的大量研究，西南太平洋实验室找到了一种适用的火情预报方法，即根据现在气象和可燃物情况与过去相似情况相比较，利用燃烧指数来预测当地的火险情况。美国的林火研究工作突出合作研究的特点，并与生产实践紧密结合。如林务局同蒙拿大学、土地管理局、国家公园局于1988年共同研究出的火影响信息管理系统，可使管理人员根据计算机数据库了解火对西部地区近200种植物和十几种动物的影响，从而可以更好地利用火来管理林地、草场和野生动物。他们还把灭火预案模型转入小型计算器中。野外工作人员根据风速、坡度、可燃物、温度、湿度、火蔓延速度、火苗长度、火强度等因子制定灭火方案。

18.3.2 加拿大

国家林务局下设6个林业研究所，每个所都有森林防火研究室和一批专家，科研重点是如何引用和推广国内外的先进科学技术。每个科研项目都在区域森林防火中心或防火站设有试验基地，采用边研究边推广的办法，使加拿大的森林防火研究保持在世界先进水平。随着计算机的广泛应用，林火管理的研究把各研究所联系起来，各单位可以共享资料。根据森林火灾、气象因子、可燃物分类和防火设施等资料。可以预报各地发生林火的可能性，预测雷击区、林火蔓延速度、火场扩散模型、合理使用空中和地面灭火力量等，还可以预测规定火烧的最佳时间和方法，合理用火抚育森林。目前，加拿大在林火生态、火灾历史和林火在野生动物管理上的应用等方面的研究较多。

18.3.3 俄罗斯

俄罗斯联邦林务局目前拥有10个林研所和18个林业研究站，有许多研究人员从事森林防火的研究。各科研单位均有自己的试验站，在全国形成多层次的林业科研试验站网。科研和生产紧密结合。俄罗斯森林防火研究开展较早，林火的预测预报和计划火烧技术比较成熟。现在的研究重点是生物防火、火情预报和林火生态。从这些国家的科研工作来看，对森林火灾的基础研究，如火行为、林火模型、林火生态、火灾史等方面不断深入。随着遥感技术和计算机新技术在森林防火上的应用，林火监测技术和林火信息系统不断得到完善。

18.4 我国森林防火科研现状与展望

自60年代中期以来，美国、加拿大、澳大利亚等国家已从森林防火阶段进入了林火管理阶段，并对林火管理技术进行了深入的研究，已取得了新的进展。人们认识到火的两重性：即破坏性和生态性，把火视为是大多数生态系统中独特的、重要的、正常的自然环境因子。合理的用火也成为林火管理的重要内容之一。火可以促进生态系统的稳定，在天然林生态系统中，也存在火循环现象。开展计划火烧，一方面可将地表枯枝落叶、森林杂乱物或采伐剩余物烧掉，减少引起火灾的隐患；另一方面，可使未腐化的引火物变为林木生长发育所需的养分，火是最廉价的森林经营工具。

18.4.1 科学研究

（1）林火发生机理

火源、火环境和可燃物组成了燃烧环网。森林防火首先要控制火源，目前各国采取的措施主要是：在游憩地采用生物防火技术（如营造防火林带和适当的森林计划火烧技术）可以有效地防止人为火源引发火灾。同时，加强对天然火源的监测，及时地控制森林火灾。其次是通过生物技术改善火环境，利用混交林或防火林带降低森林的火险。对林火行为进行了深入的研究，针对不同的可燃物类型建立了火烧模型，采取营林措施或计划火烧来控制森林可燃物的量，把森林火险降低到最低程度。

（2）林火预测预报

美国、加拿大等一些国家已在全国普遍建立了全国统一火险预报系统，并建立了计算机网络信息系统，可发布长、中、短期火险预报，已研制成自动定位测报雷击的装置，对林火的预测预报向更准确的方向发展。

（3）林火监测

在林火探测方面，美国、加拿大等国家普遍采用了遥感技术，如在瞭望台、飞机上安装有传感器，进行定点探测。当前，美国主要采用两种方法：一是用红外探测仪主动搜索火源；另一种是定时接收美国海洋大气局卫星向地面传送的图像，分辨有无热源存在。在红外探测方面，还存在一些问题有待于改进，如改进传送办法，引进电视系统，直接在飞机上传出图像；扩大红外显示功能，尤其是直接计算出高强度狂燃大火的蔓延速度、火线强度、火线长及形状、火场面积及周边长，把这些数据传送到地面以便于制定扑火方案。随着地理信息系统的发展，美国、加拿大等国家先后开展了利用卫星探测和研究森林火灾。基于空间信息（包括森林植被图和遥感数据）和其他数据库信息，森林防火系统将得到进一步的发展。

（4）灭火技术

人工促进降雨已取得成功；飞机广泛用于巡护、探测、空降、机降灭火、空中喷洒灭火等；计算机技术在这一方面得到广泛应用，主要用于建立火灾管理系统、扑灭火灾系统，实行林火管理模型化；化学灭火剂将向高效、低价方向发展；而灭火机具将向越野性强、多用途、综合性方向发展。

(5) 灾后研究

森林火灾会在一定程度上消耗森林资源，影响到立木、植被、森林动物、土壤和微生物的活动，靠近居民区的森林火灾还会影响到当地居民的生命和财产安全。低强度的森林火灾有类似计划火烧的作用，在一定程度上促进了森林天然更新，增加生物多样性。例如，澳大利亚就利用一定频度的低强度火烧来保持某些野生动物要求的生境，一定频度（3~5年）的低强度火烧对草原的生长有利，可以提高牧草的产量和质量。火灾也对生态系统产生不利影响甚至破坏生态平衡，导致森林群落的退化。火烧后地表植被减少，水土流失加重，在某些地方会引起地下水位的上升或下降，使林地沼泽化或沙漠化；高强度的森林火灾会毁掉地表一切植被和土壤大部分微生物，使林地天然更新困难，森林退化为草地群落；森林火灾会造成空气污染，树木在燃烧中大量的烟尘和有害气体，随着空气的流动，会对附近的城市或居民造成危害。对于火灾的评估，要从经济损失和生态影响各方面考虑，客观评价森林火灾的后果。随着火生态学的研究发展，人们逐渐接受了重复扰动（recuring disturbance）概念和理论，特别是火烧对生态系统结构和功能的扰动作用。火作为自然扰动因素之一被广泛研究，火生态理论不断得到丰富和完善。

18.4.2 森林防火投资

森林防火工作搞得较好的国家，近年来防火费用不断增加，用于森林火灾的科研经费也逐年增多。在投资上，主要用在利用航空和卫星对林火监测、各级防火人员的培训和基础设施的建设等方面。随着人们对环境的日益重视，森林火灾对周围生态环境的污染和火灾后森林的恢复以及森林火灾与生物多样性的关系等问题格外引人注目，在这些方面的研究投入也呈上升趋势。

18.4.3 加强国际合作

森林火灾的巨大危害性影响着国家经济和人民的生活环境，如何有效防止和控制森林火灾是各国关注的问题。林火管理的研究，需要扩大国际合作，尤其是全球一些区域性的合作。林火管理的国际合作包括4个方面：国际林火协议；林火研究合作；非官方林火组织活动和森林消防设备厂家合作。

随着林火研究的不断深入和全球环境的联合行动日益增加，林火研究区域性合作得到加强。开始实施的合作计划有：亚洲北方火研究（Firescan）、国际北方森林演替研究协会林火工作组（IBFRA-SRF）、南方热带大西洋地区试验（STARE）、近赤道大西洋大气化学与传输（TRACE-A）、南非火、大气研究（SEAFIRE）、东南亚火试验、地中海环境生态、社会、文化、历史和火信息系统研究（FIRESCHEME）等项目。国际社会也将成立一个中心机构，协调各国之间的合作，交换林火信息，更好地进行林火管理的研究。

第六届世界林火大会于2015年10月在韩国召开，会议旨在增强国际之间林火方面信息交流，继续深化森林防火国际合作，携手各国共同推进全球森林火灾治理体系和治理能力建设，为创造一个更为安全、美丽的地球家园作出应有的贡献。

因此，各国应结合本国的林情、火情、社会经济状况，从林火的两重性出发，发挥火的有益一面，采用综合的林火管理对策。并加强区域及国际合作，共同应对森林火灾给人类带来的挑战。

【本章小结】

本章主要讲述了世界森林防火状况、各国森林防火工作进展、世界森林防火研究机构以及我国森林防火科研现状与展望。森林防火意义非常，国外林业先进的国家设有相应组织、机构，通过学习各国防火工作，借鉴国外先进防火方法和设备，将有利于提高对本国防火工作的管理和安排。我国防火步入现代化，对林火研究、林火监测、防火投资等方面愈加重视，注重加强国际合作。通过本章学习，使学生充分学习防火知识，更好地了解国内外防火概况。

【思考题】

1. 简述世界森林火灾发生概况？
2. 我国森林防火进展。
3. 简述加强国际合作对林火管理的重要性。

【推荐阅读书目】

1. 气候变化情景下中国林火响应特征及趋势. 王明玉，舒立福主编. 科学出版社，2015.
2. 林火生态与管理. 胡海清主编. 中国林业出版社，2005.

参考文献

舒立福,田晓瑞,寇晓军,1998. 计划烧除的应用与研究[J]. 火灾科学,03:62-68.

舒立福,田晓瑞,马林涛,1999. 林火生态的研究与应用[J]. 林业科学研究,04:422-427.

舒立福,王明玉,赵凤君,等,2005. 几种卫星系统监测林火技术的比较与应用[J]. 世界林业研究,06:49-53.

舒立福,王明玉,田晓瑞,等,2003. 我国大兴安岭呼中林区雷击火发生火环境研究[J]. 林业科学,06:94-99.

田晓瑞,舒立福,王明玉,等,2009. 大兴安岭雷击火时空分布及预报模型[J]. 林业科学研究,01:14-20.

赵凤君,舒立福,田晓瑞,等,2009. 气候变暖背景下内蒙古大兴安岭林区森林可燃物干燥状况的变化[J]. 生态学报,04:1914-1920.

赵凤君,王明玉,舒立福,等,2009. 气候变化对林火动态的影响研究进展[J]. 气候变化研究进展,01:50-55.

赵凤君,王明玉,舒立福,2010. 森林火旋风研究进展[J]. 应用生态学报,04:1056-1062.

刘晓东,张彦雷,金琳,等,2011. 北京西山林场火烧迹地植被更新及可燃物负荷量研究[J]. 林业资源管理,02:36-41.

魏志锦,刘晓东,李伟克,等,2015. 计划烧除对野生动物栖息地影响的研究综述[J]. 内蒙古大学学报(自然科学版),03:331-336.

金琳,刘晓东,张永福,2012. 森林可燃物调控技术方法研究进展[J]. 林业科学,02:155-161.

金琳,刘晓东,任本才,等,2012. 十三陵林场低山林区针叶林地表可燃物负荷量及其影响因子[J]. 林业资源管理,02:41-46.

郭怀文,刘晓东,邱美林,2012. 福建三明地区森林火险区划[J]. 东北林业大学学报,11:70-73.

朱敏,刘晓东,李璇皓,等,2015. 北京西山油松林可燃物调控的影响评价[J]. 生态学报,13:4483-4491.

周涧青,刘晓东,郭怀文,2014. 大兴安岭南部主要林分地表可燃物负荷量及其影响因子研究[J]. 西北农林科技大学学报(自然科学版),06:131-137.

田晓瑞，刘晓东，舒立福，等，2007. 中国森林火灾周期振荡的小波分析[J]. 火灾科学，01：55 - 59，67.

周润青，刘晓东，张思玉，等，2016. 不同火烧时间对杉木人工林土壤性质的影响[J]. 西北林学院学报，03：1 - 6，22.

孔繁盛，王景仁，2003. 航空化学灭火在森林消防中的应用[J]. 内蒙古林业，06：28 - 30.

缪坤和，周智生，2003. 火的起源与人类早期的取火法[J]. 云南消防，05：47 - 48.

胡海清，魏书精，孙龙，等，2013. 气候变化、火干扰与生态系统碳循环[J]. 干旱区地理，01：57 - 75.

陶玉柱，邸雪颖，2013. 火对森林土壤微生物群落的干扰作用及其机制研究进展[J]. 林业科学，11：146 - 157.

裴建元，严员英，叶清，等，2015. 10 种常绿阔叶树种理化性质的研究[J]. 中南林业科技大学学报，02：16 - 21.

张吉利，毕武，王晓红，等，2013. 雷击火发生的影响因子与预测研究进展[J]. 应用生态学报，09：2674 - 2684.

孙龙，王千雪，魏书精，等，2014. 气候变化背景下我国森林火灾灾害的响应特征及展望[J]. 灾害学，01：12 - 17.

苗庆林，刘耀香，田晓瑞，2014. 林火管理对火动态的影响[J]. 世界林业研究，04：42 - 47. 王正非，1984. 目前世界各国护林防火和林火研究概况[J]. 森林防火，Z1：30 - 36，39.

陈桂琛，彭敏，黄荣福，等，1994. 祁连山地区植被特征及其分布规律[J]. 植物学报，01：63 - 72.

王明玉，2009. 气候变化背景下中国林火响应特征及趋势[D]. 北京：国林业科学研究院.

王秋华，2010. 森林火灾燃烧过程中的火行为研究[D]. 北京：中国林业科学研究院.

赵兴华，1993. 保护地球上最大的物种基因库——森林[J]. 云南林业，01：23.

高昌海，赵晓林，宋小兵，等，1998. 爆发火形成的机制[J]. 林业科技，04：24 - 25，29.

王明玉，李涛，任云卯，等，2009. 森林火行为与特殊火行为研究进展[J]. 世界林业研究，02：45 - 49.

邢曼曼，2016. 气候变化对森林火灾的影响及预防对策的探讨[J]. 科技视界，06：18 - 319.

刘魏魏，王效科，逯非，等，2016. 造林再造林、森林采伐、气候变化、CO_2 浓度升高、火灾和虫害对森林固碳能力的影响[J]. 生态学报，08：2113 - 2122.

郭帅，2016. 我国森林火灾地域分布特征[J]. 科技经济市场，08：160 - 161.

贾坡，王建，1956. 人类用火的历史和火在社会发展中的作用[J]. 历史教学，12：7 - 10.

林其钊，朱霁平，张慧波，1998. 森林大火中飞火行为的研究[J]. 自然灾害学报，03：33 - 39. 吴玉明，2008. 森林对人类生活环境的影响和作用[J]. 现代农业科学，12：66 - 67.

戴兴安，周汝良，李小川，等，2008. 森林燃烧中的特殊火行为研究进展[J]. 世界林业研究，01：47 - 50.

孙世洲，1998. 关于中国国家自然地图集中的中国植被区划图[J]. 植物生态学报，06：44 - 46，48 - 58.

贺红士，常禹，胡远满，等，2010. 森林可燃物及其管理的研究进展与展望[J]. 植物生态学报，06：741 - 752.

满东升，2014. 森林火灾现场起火点和起火原因探究[J]. 恩施职业技术学院学报，01：38 - 40.

孙龙，鲁佳宇，魏书精，等，2013. 森林可燃物载量估测方法研究进展[J]. 森林工程，02：26 - 31，37.

张思玉，2013. 我国森林火灾特点的动态分析[J]. 森林防火，02：15 - 19.

陶玉柱，邸雪颖，金森，2013. 我国森林火灾发生的时空规律研究[J]. 世界林业研究，05：75 - 80.

魏云敏，鞠琳，2006. 森林可燃物载量研究综述[J]. 森林防火，04：18 - 21.

丛燕，高昌海，蔡建文，2012. 森林灭火机具组合使用的研究[J]. 林业机械与木工设备，08：25 - 26.

马瑞升，杨斌，张利辉，等，2012. 微型无人机林火监测系统的设计与实现[J]. 浙江农林大学学报，05：

783-789.

阎铁铮, 郭冶, 于泽蛟, 等, 2014. 提高航空化学灭火能力的对策[J]. 森林防火, 04: 43-45.

陈景和, 王家福, 赵廷翠, 等, 2015. 我国与世界森林资源评估分析[J]. 山东林业科技, 03: 94-96.

李岩泉, 寇晓军, 张明远, 等, 2015. 国外森林航空化学灭火技术的发展[J]. 林业机械与木工设备, 09: 4-5, 9.

张鹏, 2015. 现代消防通信新技术[A]. 中国武汉决策信息研究开发中心、决策与信息杂志社、北京大学经济管理学院. 决策论坛—系统科学在工程决策中的应用学术研讨会论文集(上)[C]. 中国武汉决策信息研究开发中心、决策与信息杂志社、北京大学经济管理学院.

魏志锦, 2015. 新巴尔虎草原黄羊生境适宜度评价及景观特征研究[D]. 北京: 北京林业大学.

彭萱亦, 吴金卓, 栾兆平, 等, 2013. 中国典型森林生态系统生物多样性评价综述[J]. 森林工程, 06: 4-10, 43.

肖强, 肖洋, 欧阳志云, 等, 2014. 重庆市森林生态系统服务功能价值评估[J]. 生态学报, 01: 216-223.

吴霜, 延晓冬, 张丽娟, 2014. 中国森林生态系统能值与服务功能价值的关系[J]. 地理学报, 03: 334-342.

唐丽玉, 毛行辉, 陈崇成, 等, 2015. 基于FARSITE的林火蔓延三维可视化模拟[J]. 自然灾害学报, 02: 221-227.

田晓瑞, 戴兴安, 王明玉, 等, 2006. 北京市森林可燃物分类研究[J]. 林业科学, 11: 76-80.

吴志伟, 贺红士, 胡远满, 等, 2012. FARSITE火行为模型的原理、结构及其应用[J]. 生态学杂志, 02: 494-500.

田晓瑞, 刘斌, 2011. 林火动态研究与林火管理[J]. 世界林业研究, 01: 46-50.

王海淇, 郭爱雪, 邸雪颖, 2011. 大兴安岭林火点烧对土壤有机碳和微生物量碳的即时影响[J]. 东北林业大学学报, 05: 72-76.

陈鹏宇, 2014. 大兴安岭南部森林和草甸过渡地区的林火模拟研究[D]. 北京: 中国林业科学研究院.

周润青, 2014. 大兴安岭南部主要森林类型可燃物负荷量及其潜在地表火行为研究[D]. 北京: 北京林业大学.

易维, 黄树松, 王凤阁, 2016. 高分四号卫星在森林火灾监测中大显身手[J]. 卫星应用, 05: 49-51.

Thayjes Srivas, Tomas Artes, Raymond de Callafon, et al. , 2016. Wildfire Spread Prediction and Assimilation for FARSITE Using Ensemble Kalman Filtering[J]. Procedia Computer Science, 80: 897-908.

Akli Benali, Ana R Ervilha, Ana C L Sá, et al. , 2016. Deciphering the impact of uncertainty on the accuracy of large wildfire spread simulations [J]. Science of the Total Environment, 569-570: 73-78.

Jacob J La Croix, Qinglin Li, Jiquan Chen, et al. , 2008. Edge effects on fire spread in a disturbed Northern Wis-consin landscape[J]. Landscape Ecology, 23: 1081-1092.

Renata M S Pinto, Akli Benali, Ana C L Sá, et al. , 2016. Probabilistic fire spread forecast as a management tool in an operational setting[J]. SpringerPlus, 5: 1205.

Ainsworth John, BuchanIain, 2009. Preserving consent-for-consent with feasibility-assessment and recruitment in clinical studies: FARSITE architecture[J]. Studies in health technology and informatics, 147: 137-148.

Pinto Renata M S, Benali Akli, SáAna C L, et al. , 2016. Probabilistic fire spread forecast as a management tool in an operational setting[J]. SpringerPlus, 5(1): 1205.

Yasushi Okano, Hidemasa Yaman, 2016. Hazard curve evaluation method development for a forest fire as an external hazard on nuclear power plants [J]. Journal of Nuclear Science and Technology, 53(8): 1-11

Michele Salis, Maurizio Laconi, Alan A Ager, et al. , 2016. Evaluating alternative fuel treatment strategies to reduce wildfire losses in a Mediterranean area[J]. Forest Ecology and Management, 368: 207 - 221.

Thomas P Sullivan, Druscilla S Sullivan, 2016. Wildfire, clearcutting, and vole populations: Balancing forest crop protection and biodiversity[J]. Crop Protection, 85: 9 - 16.

Timothy Neale, Jessica K Weir, Tara K McGee, 2016. Knowing wildfire risk: Scientific interactions with risk mitigation policy and practice in Victoria, Australia [J]. Geoforum, 72: 16 - 25.

Andres Susaeta, Douglas R Carter, Sun Joseph Chang, et al., 2016. A generalized Reed model with application to wildfire risk in even-aged Southern United States pine plantations [J]. Forest Policy and Economics, 67: 60 - 69.

Fantina Tedim, Vittorio Leone, Gavriil Xanthopoulos, 2016. A wildfire risk management concept based on a social-ecological approach in the European Union: Fire Smart Territory[J]. International Journal of Disaster Risk Reduction, 18: 138 - 153.

Vinod Mahat, Uldis Silins, Axel Anderson, 2016. Effects of wildfire on the catchment hydrology in southwest Alberta[J]. Catena, 147: 51 - 60.

David Aagesen, 2004. Burning monkey-puzzle: Native fire ecology and forest management in northern Patagonia [J]. Agriculture and Human Values, 21(2/3): 233 - 242.

Burney D A, DeCandido R V, Burney L P, et al., 1995. A Holocene record of climate change, fire ecology and human activity from montane Flat Top Bog, Maui[J]. Journal of Paleolimnology, 13(3): 209 - 217.

Michael R Coughlan, Aaron M Petty, 2012. Fire as a dimension of historical ecology: a response to Bowman et al. [J]. Journal of Biogeography, 40(5): 1010 - 1012.

Christopher I Roos, David M J S Bowman, Jennifer K Balch, et al., 2014. Pyrogeography, historical ecology, and the human dimensions of fire regimes [J]. J. Biogeogr., 41(4): 833 - 836.

Justin R Dee, Eric S Menges, 2014. Gap ecology in the Florida scrubby flatwoods: effects of time-since-fire, gap area, gap aggregation and microhabitat on gap species diversity[J]. J Veg Sci, 25(5): 1235 - 1246.

Michelle C Agne, Travis Woolley, Stephen Fitzgerald, 2016. Fire severity and cumulative disturbance effects in the post-mountain pine beetle lodgepole pine forests of the Pole Creek Fire [J]. Forest Ecology and Management, 366(4): 73 - 86.

Alcaiiz M, Outeiro L, Francos M, et al., 2016. Long-term dynamics of soil chemical properties after a prescribed fire in a Mediterranean forest (Montgrí Massif, Catalonia, Spain) [J]. Science of the Total Environment, 572: 1329 - 1335.

Claire M Reed-Dustin, Ricardo Mata-González, Thomas J Rodhouse, 2016. Long-term fire effects on native and invasive grasses in protected area sagebrush steppe [J]. Rangeland Ecology & Management, 69 (4): 257 - 264.